CHEMIE DER ILLUSIONEN

INTOXIKATION

KRISTINA SCHIPPLING

MATTHIAS A. K. ZIMMERMANN

PSYCHO-THRILLER

καδμος

Wer in einem blühenden Frauenkörper
das Skelett zu sehen vermag,
ist ein Philosoph.

Kurt Tucholsky (1890–1935)
Journalist und Schriftsteller

INHALT

AYAHUASCA

ERSTER TEIL

1

Wie sich der Körper auflöst, langsam seine Form verschwindet und zu etwas Anderem wird. Dieser Gedanke ging Kara durch den Kopf, als sie sich auf die Matratze legte und die Wolldecke an sich zog. Der Schamane reinigte den Raum mit weißem Salbei und streute Salz in die Ecken des Zimmers. Er rief die Himmelsrichtungen an mit den verschiedenen Symbolen für die Elemente Erde, Luft, Feuer, Wasser, die er jeweils bei der passenden Richtung in den Händen hielt. Ein Stein, eine Feder, eine Kerze, ein Fläschchen mit Flüssigkeit. Keiner sollte diesen Raum mehr verlassen. Dann setzte er sich in die Mitte neben seine Utensilien: ein Stück Fell eines Wolfes, eine kleine Räucherschale, Feuerzeug, eine Kette, mehrere Becher und eine Schüssel, in der das giftige Kraut in einem Sud zum Trinken aufbereitet wurde. Der Schamane begann rhythmisch zu trommeln. Kara dachte über das Verlassen ihres Körpers nach, über Heilung und Loslassen. Ob sie jemals in ein Gleichgewicht finden würde? Sie bezweifelte es. Dieses Kraut hieß Ayahuasca und sollte den Körper absichtlich intoxikieren, um somit Entgiftungsprozesse in den Gang zu setzen. Kara war gespannt. Unruhig drehte sie sich immer wieder, änderte ihre Haltung, während alle anderen schon ganz versunken waren in die tiefen Töne der vibrierenden Trommel. Irgendwann ging der Schamane herum und gab jedem Teilnehmenden einen Becher vom Sud. Kara nahm ihren entgegen und trank alles auf einmal. Es schmeckte widerlich. Der Schamane nickte ihr aufmunternd zu. Sie lehnte sich wieder zurück. Ihr wurde schummrig ...

... und Kara hört nur noch das Trommeln, immer wieder und wieder ein tiefer Schlag, der sich fortsetzt in ihren Gedanken, der weitergeht, Wellen schlägt. Bei jedem Schlag vibriert ihr Kopf. Sie sieht Bilder vorbeirauschen. Gesichter, die ihr Angst machen – Fratzen von Fremden. Das Licht, sie schaut ins Licht, in die Glühbirne an der Decke. Die Fratzen verschwimmen und verschwinden. Die Birne hängt einfach so herunter, ohne Schirm. Irgendwann sieht sie nur noch den Glühfaden, das Licht zieht sich in Streifen durch den Raum. Sie fängt an zu frieren, greift nach der Wolldecke, legt sich hin. Es ist ihr, als wäre etwas an ihrem Bein, als säße etwas auf ihr, eine Raupe, sie greift danach und hat es in der Hand, einen braunäugigen Schmetterling. Er bewegt langsam seine Flügel und fliegt zum Fenster auf. Sie sieht an sich herunter und erschrickt, so viele Insekten auf ihr. Es krabbelt in allen Öffnungen und auf der Haut. Kara will sie abschütteln, doch ihr Körper gehorcht ihr nicht mehr. Die Spinne ist riesig und kriecht an ihr hoch, doch Kara kann sich nicht bewegen. Sie krabbelt über ihr Gesicht und dann hinein in ihren Mund, kriecht weiter in ihr herum. Kara kann es fühlen, als wäre in ihr nur ein Hohlraum, den die Spinne nun bewohnen würde. Woher kommen diese Insekten? Wie es krabbelt, summt und zischt. Giftiggrün, braun, schwarz oder purpurrot, sie alle wollen in sie hineinkriechen.

Neben ihr liegt jemand, sein Kopf ist so klein, er ist viel zu klein für seinen Körper. Dann schwillt er an, der Kopf wächst und bläht sich mehr und mehr auf, während er irgendwas sagt. Kara findet es lustig, sie muss lachen. Eine Schabe, unglaublich groß und dunkel, klammert sich um ihren Hals. Ein nagendes Tier. Es klackt mit seinen Beinen. Die Widerhaken bohren sich in Karas Fleisch. Sie beugt sich vor Lachen, wie seltsam. Plötzlich wird ihr speiübel. Sie sackt in sich zusammen und krümmt sich wie eine Schnecke.

Der Schamane bittet um Ruhe. Kara hört wieder auf die Trommel. Sie sieht Szenen aus ihrer Kindheit, wie sie im Sport auf der Bank sitzen bleibt, keiner sie in die Mannschaft wählt. Ihre Zunge fühlt sich plötzlich ganz trocken und pelzig an. Ihre Ohren summen. Sie schluckt ein paar Mal. Dann geht es wieder. Sie hat dieses eigenartige Zeug genommen, das kann noch Stunden anhalten. Kara sieht ihre Mutter in ihrer alten Küche sitzen. Das Geschirr – sie hat es schon längst vergessen. Die kleinen Tassen mit dem blauen Rand, genau, so sah es damals aus. Der Moment, als sich ihre Mutter enttäuscht von ihr abwendet. Kara fühlt wieder diesen Schmerz, den sie so sehr in sich vergraben hat. Eine Spinne kriecht langsam, lautlos über den Küchentisch. Ihre Mutter sieht nicht auf. Dann fällt die Spinne auf den Boden und krabbelt davon, Kara sieht sie nicht mehr. Wenn sie noch einmal anfangen könnte, all die verlorene Zeit für nichts. Sie hört, wie ihre Mutter weinend aufsteht und geht. Ihr Schuldgefühl zerreißt sie. Das alles, das will sie nicht mehr sehen. Sie schließt die Augen, mit geschlossenen Augen sieht sie in sich hinein, Farben kommen und gehen, mal lila, mal blau, dann wieder rötlich. Sie bilden bunte, sich ausdehnende, sich kräuselnde Kreise – als würde sie Steinchen ins Wasser werfen. Sie öffnet die Augen wieder. Ein giftroter Käfer sitzt auf ihrer Hand und starrt sie aus seinen Facettenaugen an. Wie ekelhaft! Sie schüttelt ihn ab. Er fällt herunter. Irgendwann dämmert sie vollkommen weg.

Sie erwacht und muss sich beinahe übergeben. Tüten sind schon bereitgestellt. Sie kann den Brechreiz gerade noch unterdrücken, würgt und hustet, sie atmet tief ein und will aufstehen, um aufs Klo zu gehen. Kara muss sich festhalten, der Raum schwankt. Was für ein Trip! Aber es geht noch weiter. Wieder taucht sie in wirre Träume ein. Sie sieht ihre Mutter, die sich enttäuscht abwendet. Das kann sie nicht ertragen. Dieser Schmerz. Kara fühlt sich schuldig und wütend. Allein gelassen. Wenn sie damals es nicht versucht hätte, wenn! Das Schuldgefühl ist unerträglich. Eine Spinne seilt sich von der Decke ab und kriecht auf dem Boden weiter.

Kara steht auf und kommt zu Bewusstsein, der Schamane bittet sie, sich wieder hinzulegen. Aber Kara will von alldem nichts mehr wissen. Tränen steigen in ihr auf. Nein, sie würde hier nicht weinen. Nicht vor allen Leuten. Der Schamane bittet sie eindringlich, zu bleiben. Kara reißt sich los, sie sucht ihre Sachen zusammen. Gegen ihre Kraft und Größe von fast zwei Metern kommt der Schamane nicht an und er versucht es auch gar nicht erst. Die Tasche wirkt aufgequollen und fasst sich seltsam feucht an, aber im nächsten Moment ist sie wieder trocken.

Kara sucht ihre Jacke und zieht sich die Stiefel an. Der Schamane spricht jetzt sehr eindringlich mit ihr. Sie könne doch nicht gehen, der Entgiftungsprozess sei noch gar nicht abgeschlossen. Es sei wichtig, Gefühle von Schmerz, Wut und Schuld zu verarbeiten. Morgen würde sie alles besser verstehen, sie solle bitte jetzt bleiben! Kara wird fast handgreiflich. Sie herrscht ihn an. Was bildet dieser Typ sich eigentlich ein? Sie drückt ihn wütend beiseite und schlägt die Tür hinter sich zu.

Die Stufen unter ihren Füßen sind weich wie Plastilin, sie hat das Gefühl einzusacken, aber sie weiß, dass es nur dieses ekelhafte Ayahuasca-Kraut ist. Sie wird schon nach Hause kommen. Ihr Handy vibriert. Sie braucht ewig, um es in der Tasche zu finden. Als sie endlich draufsieht, erkennt sie, dass der Schamane versucht hat, sie zu erreichen. Kara schüttelt gleichgültig den Kopf. Den Kreis nicht verlassen und morgen käme noch die Entgiftung. Die kann sie sich sparen. Sie schwankt, als sie über die Straße Richtung U-Bahn geht. SMS ploppen auf. Aber das interessiert sie gerade nicht. Heulen will sie wirklich allein, das geht keinen was an. Und die alten Dramen bleiben bitte da, wo sie waren. Entgiftung hin oder her.

Die Straße dehnt sich und dunkelt sich ab. Wenn sie auf den Asphalt guckt, scheint es ihr, als wäre er flüssig und zieht sich auseinander. Was für ein Trip! Ein Mann mit Windhund schiebt sich an ihr vorbei. Die zähnefletschende, wässrige Schnauze. Sein Gebell dröhnt in ihrem Kopf wie durch einen weiten Tunnel. Ihr wird speiübel. Sie bleibt kurz stehen und ihr ist so, als sähe sie einen giftgelben Feuersalamander in einem Erdloch verschwinden. Seltsam. Der Magen beruhigt sich langsam. Plötzlich fühlen sich ihre Hände ganz heiß an. Die Läden um sie herum blinken grell. Autos flitzen in gleißenden Linien an ihr vorbei. Alles dröhnt intensiver. Sie atmet tief ein und aus. Im Mund hat sie einen bitteren Geschmack. Kara reißt sich zusammen und versucht, neben dem Geblinke und Geblitze der Clubs und Cafés, die U-Bahn zu erkennen – den weißleuchtenden Buchstaben ›U‹ auf blauem Untergrund. Irgendwo müsste er doch sein. Nur wo? Lautlos formt sie das »U« mit ihrem Mund. Unerwartet schweben die Schriften über den Läden in der Luft; dann ziehen sie sich wieder hinunter an die Stelle, wo sie hingehören.

Berlin-Kreuzberg, bunt, trashig, abgefackelt, voller Menschen und krass schmutzig. Der Dreck quillt in den weiten, kalten Straßen. Street Art, Blockbauten. Die Menschen sind sich fremd hier. Kara läuft am Istanbul Market vorbei, die Einkaufswagen stehen auf dem Gehweg, die Früchte blitzen und bewegen sich in ihren Boxen. Das Blau der Markise überstrahlt in einem Moment alles, Kara kneift wieder die Augen zusammen. Sie geht die seltsam schwingende Straße immer weiter. Endlich sieht sie den Buchstaben ›U‹ in unmittelbarer Nähe aufleuchten.

Haltestelle ›Kottbusser Tor‹. Das Kotti. Unter der Brücke haben die Obdachlosen ihre geklauten Einkaufswagen und Matratzen zu einem kleinen Raum zusammengeschoben, geschützt vor den Blicken der Passanten. Kara bleibt stehen und sieht lange auf das Schild. Es saugt sich zusammen und wird plötzlich zu einem kleinen, weiß-blauen Ball. Sie kneift die Augen zu und öffnet sie erneut. Das Schild ist wieder da. Hier ist sie richtig.

Stufe für Stufe zur U-Bahn. Ihr strömt die kalte Luft entgegen, und mit ihr der beißende Geruch von verbranntem Frittieröl. Darin verborgen das geruchslose, gesundheitsschädliche Acrylamid, ein weißes, kristallines Pulver. Kara kennt sich bestens aus. Sie denkt an die Strukturformel von Nikotin und sieht das Molekül klar umrissen vor sich herschweben – das Stickstoffatom N und das Wasserstoffatom H in einer Kombination aus einem hexagonalen Pyridinring und einem fünfgliedrigen Pyrrolidinring, sowie die Methylgruppe CH_3, die an den Pyrrolidinring gebunden ist. Eine Substanz mit neurotoxischer Wirkung, ein karzinogener Stoff, ein Nervengift. Weil Kara selber Kette raucht, verdrängt sie diesen Gedanken schnell wieder.

Stufe für Stufe zur U-Bahn. Die Wände sind aschgrau, dann aber beginnen sie violett und rosarot zu glühen. Die Graffitis vor ihr heben sich vom Grund ab, die Outlines und Tags verschmelzen schattenhaft und neonleuchtend ineinander, wie kleine Flüsse, wenn man von oben draufschauen würde. Kara schüttelt ihren Kopf, sie kneift die Augen kurz zu; die Wände im Wildstyle entfärben sich langsam wieder zu einem Aschgrau.

Die Bahn kommt in vier Minuten. Das geht ja. Kara will sich nicht setzen. Unter ihren Füßen schwankt es. Sie hat den Eindruck, zu wachsen und noch viel größer zu werden, als sie ohnehin schon ist. Die wenigen Leute hier neben ihr werden immer kleiner. Schließlich fährt die Bahn ein und alles ist wieder normal.

Kara steigt ein und setzt sich nun doch. Dann fängt es wieder an. Ob noch etwas anderes in dem Sud war als das Kraut? Sie schließt die Augen und sieht Farben und Formen kommen und gehen, sich luftig ausbreitende Kreise, mal erdbraun, mal feuerrot, mal wasserblau. So ist es zu ertragen. Langsam kommt sie zur Ruhe und kann ein paar klare Gedanken fassen. Vielleicht lässt die Wirkung des schamanischen Krauts etwas nach. Kara braucht eine Pause. Die Stadt rauscht an ihr vorbei. Ein Meer aus Lichtern und Farben im schwarzen Himmel. Mal fährt sie durch das Dunkel, dann sieht sie wieder auf Berlin.

Berlin ist keine Stadt, Berlin ist eine ewig auf sie einprasselnde Flut von allem, ein Orkan, in dessen Auge sie einmal nur stillstehen will und der sie mitzieht in einen neuen Strudel. Sie kann es nicht kontrollieren, sie kann sich nicht kontrollieren, sie geht einfach unter, taucht ab in die Tiefen und Untiefen der Möglichkeiten, ständiges Wandeln, zu viel Freiheit, zu wenig Halt. Kara hält sich an der Stange fest, die weich wie Wachs zu werden scheint und in ihren Händen zerfließt. Ihr ist schwindlig und schwummrig. Sie öffnet langsam die Augen. Was fängt sie an, denkt sie, was fängt Berlin mit ihr an und was hat Berlin nur aus ihr gemacht? Lachende Touristen in der U-Bahn, sie sind weit gereist mit ihrem Gepäck – junge Frauen und Männer aus Indien in farbigen Gewändern, sie machen Selfies. Kara wird sie nie wiedersehen – zumindest nicht in diesem Leben, vielleicht in einem nächsten, denkt sie. Wer weiß das schon so genau. Ein hagerer Mann, vielleicht Mitte dreißig, ohne Zähne im Mund, mit eingefallenen Wangen und gelb verfärbter Haut geht an ihr vorbei. Er scheint dem Tod näher als dem Leben. Was ist mit ihm passiert? Was ist mit ihr passiert? Kara hält sich fest.

Umsteigen in die nächste Bahn. Einfach dem Strom nach. Alles fließt. Die Menschen eilen die Treppen hinunter und hinauf. Eine bunte, flirrende Menge. Immer wieder neue Gesichter. Kara krallt ihre Finger in die Tasche, fühlt das Innenfutter. Jetzt geht es wieder. Sie atmet erleichtert aus. Der Boden wird langsam fest unter den Füßen. Sie folgt dem Schwarm und lässt sich von ihm mitreißen. Ein Hin- und Herreißen. Ein Kommen und Gehen. Sie alle haben ihr eigenes Ziel, wollen irgendwohin, nirgendwohin. Kara wird es nie erfahren.

Die Bahn kommt schnell. Schon ist sie drin. Wie es die Leute schaffen, sich direkt gegenüberzusitzen, Gesicht zum Gesicht, und dennoch aneinander vorbeiblicken können. Sie schaffen es. Stadt an Stadt und kein Ende. Riesige Gebäude, keiner weiß, was in ihnen ist. Häuserblock an Häuserblock. Wahllos immer Neues, ohne Konzept, ohne erkennbare Ordnung. Die Stadt hört nie auf zu wachsen und sich in alle Richtungen zu weiten. In dieser Metropole gehen die monumentalen Bauten einfach unter. In kleineren Städten hätten sie herausgeragt, hier fügen sie sich dem endlosen Strom an Architektur. Sie versinken wie sie selbst im Morast des alltäglichen Wahnsinns, denkt Kara. Wer ist eigentlich nicht verrückt? Wem geht es gerade mal gut? Vielen sieht sie es ja auch nicht an. Jeder ist hier fremd. Dem Fremden vertrauen. Aus den Angeln gehoben, von allem abgeschnitten, aber nur so kann sie sich neu erfinden, neu finden. Jetzt. Die Bahn fährt weiter. Immer noch spürt Kara die Wirkung des Ayahuascas, aber sie hat ein wenig Kontrolle wieder. In diesem Zustand würde sie gern malen, die Kraft fließt nur so aus ihr heraus. Sie ist ja bald zu Hause. Ihr Blick ruht auf einem alten Mütterchen ihr gegenüber. Langsam beginnt der Kopf der Frau anzuschwellen. Ihre Augen platzen fast aus dem Schädel heraus. Kara kneift wieder die Augen zu, um klar zu bleiben. Es ist also noch nicht vorbei. Sie hatte nur ein paar ruhige Minuten. Jetzt hört sie Wasser dahinströmen und wie aus weiter Ferne rufende Menschen darin ertrinken, als wären die Menschen winzig wie Puppen. Aber auch das bildet sie sich nur ein. In ihrem Nacken glaubt sie, einen Luftzug zu spüren, doch die Fenster sind alle fest versiegelt. Neben ihr spielt jemand mit seinem Feuerzug und macht nervtötende Klickgeräusche. Dann ein Krachen. Irgendwem ist ein Blumentopf runtergefallen, die Erde liegt verschüttet auf dem Boden. Kara krallt sich in den Sitz der U-Bahn fest. Nichts von alledem passiert wirklich.

Wie sich die Stadt auflöst, langsam ihre Form verschwindet und zu etwas Anderem wird. Alles hier wandelt sich und nichts ist zu halten. Die Berliner Mauer. Im Boden und in den Straßen immer noch als Mahnmal, mitten durch Berlin. Der Riss durch die Stadt, auch Bruchstücke, letzte Wände, Zeugnisse der Zerrissenheit. Ostberlin und Westberlin. Die DDR und die deutsche Wiedervereinigung. Was bleibt? Erinnerungen. Geschichten. Museen. Die Stadt pulsiert. Die rasenden Bilder und der ganze Lärm, alles vollzieht sich gleichzeitig – es ist, als würden Vergangenheit und Gegenwart in einem ungestümen Zeitstrom zusammenfließen. Kara fühlt sich ergriffen, als würde der Strom sie mit sich reißen, sie immer tiefer hinabziehen wie ein mächtiger Strudel. In Kara ist es plötzlich still. Die Stadt dringt in sie ein, durch die Ohren, durch den Mund, durch jede Hautpore und Kara kann es nicht verhindern. Sie ist wie gelähmt, atmet tief ein. Die U-Bahn fährt immer noch. Immer weiter. Die nächste muss sie raus. Dann hängt sie wieder ihren Gedanken nach. Die unerträgliche

Wut wird ein wenig kleiner. Auch jetzt könnte sie schreien oder um sich schlagen. Aber sie reißt sich zusammen und bleibt sitzen. Jetzt kommt ihre Station, Dahlem-Dorf. Sie steht auf und hält sich am Griff fest. Alles schwankt noch. Sie erstickt für kurze Zeit das Brennen in ihr, sodass sie frei atmen kann. Kara muss atmen, nur für einen Moment. Alles andere ist ihr nicht mehr wichtig. Sie steigt aus.

Nur wenige Menschen folgen ihr zum Ausgang. Sie spart sich den Bus und läuft die Königin-Luise-Straße entlang in Richtung Universität. In dem Moment wird sie selbst zur Königin. Vor ihr türmen sich palastartige Kuppeln auf, die Gewächshäuser des Botanischen Gartens. Mit ihrem tausendfältigen Bestand an Pflanzen gleichen sie einem Dschungelgemälde Henri Rousseaus. Kara denkt an Naive Malerei, künstlerische Arbeiten von Autodidakten, an ihre fantasievolle, unmittelbare Ausdruckskraft, die das Einfache und Ursprüngliche betont. Rousseaus beeindruckende Komposition *Der Traum* von 1910. Die schöne Nackte auf dem Sofa – ein viktorianischer Diwan in einem Dschungel. Im Dickicht verbergen sich wilde Tiere, darunter Löwen, Affen, Vögel, eine Schlange und ein Elefant. Sie alle lauschen der exotischen Melodie einer dunklen Gestalt, die Flöte spielt. Die auf dem Sofa liegende Frau hört das Flötenspiel zum ersten Mal unter dem Rascheln der Tiere. Kara beschließt, durch den Botanischen Garten zu gehen, sie will noch die Pflanzen ansehen, in Rousseaus Urwaldfantasien eintauchen, sich ganz darin verlieren.

Wenn sie sich bewegt, fängt wieder alles zu fließen an. Nicht mehr ganz so krass wie am Anfang, aber sie will die Pflanzen in ihrem Rausch erleben. Sie geht also, jetzt etwas schneller, in den Botanischen Garten hinein, man kennt sie hier. Der Wärter nickt ihr zu, sie nickt zurück. Vibrierender Boden unter ihren Füßen. Immer wieder bleibt sie stehen. Das Grün der Pflanzen hat einen unglaublich starken Farbton. So ein Grün hat sie noch nie zuvor gesehen, es ist saftig und strahlend. Unfassbar. Kara berührt die wächsernen Blätter und hat den Eindruck, das Chlorophyll würde in ihre Hand fließen, die Blätter würden kristallin und transparent werden, während sich ihre Hand langsam mit dem Grün vermischt und sie das flaue Gefühl überkommt, zu einem pflanzenartigen Wesen zu mutieren. Unglaublich! Wie sich ihr Körper auflöst, langsam seine Form verschwindet und zu etwas Anderem wird. Sie kneift wieder die Augen zusammen und sieht gewöhnliche grüne Blätter. Im Gewächshaus ist es eine warmfeuchte Atmosphäre, stickig und sonderbar. Ayahuasca zeigt noch einmal seine letzte Wirkung. Kara sieht die Pflanzen wachsen. Immer voller und üppiger dehnen sie sich zum Dach. Plötzlich hört sie helle Töne. Kakteen in vielfältigen Formen – einige rund und gedrungen wie Kugeln, andere mit ausladenden, ohrenartigen Auswüchsen und wieder andere, die sich in die Höhe recken, als ob sie mit erhobenen Armen tanzen – verflechten sich ineinander, und das Geräusch ihrer Kaktusstacheln erzeugt ein Knistern und Klingeln, das mehr einem Gezirpe gleicht. Kara greift zum Geländer. Sie spürt ein Brummen, das von einer Palme kommt. Der Stamm vibriert und summt in einem tiefen Ton. Langsam werden die Pflanzen wieder kleiner und auch die Geräusche verschwinden. Die Wirkung lässt immer mehr nach. Inzwischen dämmert es ...

... und Kara kam wieder zu sich. Was für ein Trip, dachte sie. Das war vielleicht ein Erlebnis! Die Intoxikation wirkte noch etwas nach. Die Pflanzen behielten ihre Gestalt und Farbe. Nur manchmal schwankte der Boden ein wenig. Aber Kara hatte jetzt schon fast ihre Kontrolle wieder. Sie war an dem Trip interessiert gewesen, nicht am Entgiftungsprozess und den Heilwirkungen. Das musste sie zugeben. Kara hatte keine Ahnung, dass dieser psychedelisch wirkende Stoff sie in ein Trauma ihrer Kindheit zurückversetzen würde. Vielleicht hätte sie nicht gehen sollen. Vielleicht war es ein Fehler gewesen. Sie fühlte sich gerade sehr verletzlich. Sonst war sie eher abweisend und gern für sich allein. Aber jetzt brauchte sie irgendwen, den sie mochte. Jemand, der bei ihr blieb.

Womöglich war der ältere Professor hier irgendwo. Sie wollte ihm zuhören. Kara saß oft allein im Botanischen Garten und malte die Pflanzen. Seit Jahren kam sie immer mal wieder die Vormittage hierher. Eine kleine Oase der Ruhe, die sie an ihr Leben von früher erinnerte, an die Studentenzeit und die naiven Träume. Der Glaube, dass Erfolg sie glücklich machen könnte, dass dann alles gut sei. Nun war sie erfolgreich und nichts war gut. Aber die Erinnerung war noch da und so saß sie eben im Botanischen Garten, skizzierte und malte und wollte sich dabei wie vor zehn Jahren fühlen. Hier hielt der ältere Professor seine Botanikvorlesungen. Sie kannten sich flüchtig. Kara konnte ihn gut leiden. Sie genoss die Stille in den Gewächshäusern, die tropische Wärme und Feuchtigkeit.

Hier war sie wie in einer fernen, fremden Welt. Einer Welt, die ihr nicht mehr gehörte und vielleicht nie wirklich gehört hatte. Der Professor war noch da. Sie sah ihn ganz weit hinten bei seinen Studierenden stehen und etwas erklären. Kara kam näher.

Es roch plötzlich nach Fäulnis und verdorbenem Fleisch. Kara bekam eine Gänsehaut. Lag hier irgendwo ein Kadaver herum? Ein totes Tier vielleicht? Immer noch hielt die Wirkung des Ayahuascas an, dachte sie. Das war ja Wahnsinn. Es erinnerte sie an Verwesung. So mochten wohl Leichen riechen, wenn sie sich zersetzten – wenn sämtliche Stoffwechselfunktionen im Körper nach und nach erloschen, die Muskeln sich verhärteten, die Leichenstarre einsetzte und die Phasen der Verwesung begannen. Ihr wurde übel bei dem Gedanken. Diesen ekelhaften Gestank konnte sie nur schlecht ertragen. Kara mochte eigentlich modrige Gerüche und sie liebte es, Orte aufzusuchen wie die sogenannten Lost Places, aufgegebene Liegenschaften, bei denen Gebäude und Objekte längst verlassen worden waren und die durch ihr Verrotten diesen Orten einen ganz eigenen, bizarren Charme gaben – sie musste gleich an den vorgestrigen Zeitungsartikel denken, wo über einen solchen Lost Place in Berlin berichtet wurde, der saniert und wieder flottgemacht werden sollte. Das waren Orte voller Mystik, denen die Vergänglichkeit anhaftete und die durch sie auch etwas Friedliches ausstrahlten.

Kara kniff immer wieder die Augen zusammen und hielt sich die Hand vor den Mund, doch der verwesende Geruch blieb hartnäckig. Der faulige Gestank wurde heftiger, je näher sie dem Professor und den Studierenden kam, die um eine ungewöhnlich aussehende und hochgewachsene Pflanze standen und sie bestaunten. Kara musste husten, so sehr roch es. Sie stellte sich neben die riesige Pflanze. Inzwischen hatte sie begriffen, dass der Gestank nicht auf den Einfluss des schamanischen Pflanzensuds zurückzuführen war, sondern der Wirklichkeit angehörte.

»Was diesen durchdringenden Geruch verströmt, ist die Titanenwurz«, erklärte der Professor und sah dabei gespannt in die Runde, »der weltweit größte Blütenstand aus dem indonesischen Urwald, beheimatet im tropischen Sumatra. Ihre Ruhephase kann viele Monate oder sogar Jahre dauern, und wenn sie gedeiht, bleibt die Blüte nur etwa 48 bis 82 Stunden geöffnet. Vor einer Stunde hat sich das Hochblatt geöffnet. Ich empfehle

Ihnen dringend, sich diesen außergewöhnlichen Moment nicht entgehen zu lassen und« – der Professor brach überrascht ab, als er die großgewachsene Frau erkannte – »Kara! Wie schön, Sie zu sehen!« Sie nickte ihm zu und lächelte dabei flüchtig.

Der Professor trug wie immer ein abgewetztes Sakko und ein verblichenes Hemd. Mit seinen langen, weißen Haaren wirkte er, als wäre er direkt aus der Ära der 68er Jahre und der Flower-Power-Bewegung entsprungen. Sie waren beide Außenseiter. Vom Ausgesonderten zum Besonderen. Durch ihr Können jedoch durften sie sich ihren Stil erlauben und sich so kleiden, wie sie es wollten. Vielleicht mochte Kara diesen älteren Herrn deshalb so gern, weil er ins Innere des Menschen sah und nicht nur auf der Oberfläche verweilte. Seine Kleidung schien sagen zu wollen: Mir kommt es nicht auf die Oberfläche an. Bei mir zählt der Geist und das Talent. Kara war lange schon einen Schritt weitergegangen. Ihr Outfit sagte: Ich lehne Oberflächlichkeit ab und ich falle gern mal aus dem Rahmen. Ich bin eine Rebellin und keine, die Lust hat, sich anzupassen. Und das war sie auch. Weiß wie Porzellan war sie geschminkt, ihre Haut tätowiert und gepiercт, schwarz gefärbte Haare mit Irokesenschnitt und ihre Kleider dunkel wie die Nacht. Sie mochte sich so. Jedes ihrer Tattoos hatte eine besondere Bedeutung. Ihr Krafttier, den Panther, hatte sie sich auf den Oberarm stechen lassen. Sie hatte inzwischen viele Tattoos an Stellen, die normalerweise durch Kleidung verdeckt waren. Heute trug sie ein gestacheltes Halsband und einen schwarzen Lippenstift. Sie war groß, sportlich und schlank. Unübersehbar. Sie wusste, dass sie androgyn auf andere wirkte und furchteinflößend sein konnte. Mit der schwarzen Kleidung glich sie dem Panther, ihrem Krafttier. Sie fühlte sich auch gern wie ein Raubtier, ihre giftgrünen Augen blitzten bei dem Gedanken auf. Als Kind war sie einfach nur dürr gewesen und unscheinbar. Die anderen Kinder fanden sie lächerlich schmal und blickten auf sie herab. Jetzt aber war sie in die Höhe geschossen und drahtig. Sie machte den Menschen lieber Angst, als dass sie noch einmal sich dem Spott aussetzte. Außenseiter blieb sie so oder so. Die Stiefel betonten ihre Ablehnung des nur Weiblichen. Sie war nicht das kleine brave Weibchen, das sich anpasste. Was sie mal als junges Mädchen versucht hatte und woran sie so oft gescheitert war, hatte sich ins Gegenteil verkehrt. Jetzt stand sie zu ihrer Größe! Sie war inzwischen froh darüber, anders zu sein, nicht zur Masse zu gehören.

Sie betrachtete die bestialisch riechende Pflanze aus der Distanz – sie ragte ungefähr drei Meter in die Höhe. Wie ein Kelch hatte sich die Titanenwurz geöffnet. Außen zeigte sich das braunrote, trichterförmige Hochblatt, innen umhüllte es den großen, gelblichen Kolben. Eine sexuelle Deutung war nicht zu übersehen, stand doch das Hochblatt symbolisch für Weiblichkeit, während der Kolben männliche Assoziationen weckte. Dass es so etwas in der Natur gab, unglaublich! Der sexuelle Akt mit dem Geruch der Verwesung und alles in einer sprießenden Blüte vereint. Dazu öffnete sich die Blüte nur äußerst selten – ganz wie im wahren Leben. Erotik und Leidenschaft waren rar gesät, ihnen folgte oftmals schon der metaphorische Verwesungsgeruch einer Trennung oder eines langanhaltenden Dramas. Was für ein Schauspiel der Natur! Und so erläuterte der Professor auch gerade den lateinischen Namen dieser Pflanze: »Amorphophallus Titanum.« Die Studierenden kicherten ein bisschen. Die Titanenwurz erblühte in malerischer Kraft. Wie gerne hätte Kara diese indonesische Riesenblume auf der Leinwand festgehalten. Doch der Brechreiz erzeugende Gestank drängte sie schnell wieder von diesem Gedanken ab. Nein! In die Nähe dieser Pflanze wollte sie kein zweites Mal kommen. Mit einem flüchtigen Zunicken verabschiedete sie sich vom Professor und ging zum Ausgang.

Kara atmete auf, der Verwesungsgeruch wich dem Herbstduft. Trotzdem hatte es ihr gutgetan, im Botanischen Garten den Ausführungen des Professors zu dieser ungewöhnlichen Pflanze zu lauschen. In Sichtweite der Gewächshäuser erreichte sie einen U-förmigen Wohnblock, der den Innenhof dunkel umschloss. Sie durchquerte jenen Innenhof und öffnete die Tür neben dem Garagentor. Endlich war sie wieder klar, das Schamanengift hatte in seiner Wirkung nachgelassen, sich in ihrem Körper verflüchtigt. Sie fühlte sich immer noch so verletzlich, die Erinnerungen der Kindheit vor Augen. Die Wut und der Schmerz ließen sich gerade kaum verdrängen. Eigentlich ging es ihr schlechter als besser. So viel zur Heilung. Aber sie hatte sich halbwegs gefangen, hatte auch ihre Sinne wieder und wenn sie morgen sich in die Arbeit stürzte, würde sie schon in ihren alten Rhythmus zurückfinden.

Ihr Atelier befand sich in einer industriellen, nun leerstehenden Lagerhalle, die bis in den Innenhof des Wohnblocks hineinreichte. Im Parterre malte sie, in den offenen oberen Etagen wohnte sie. Kara brauchte Platz, kleine enge Räume waren nichts für sie. Sie musste sich ausbreiten, um sich wohlfühlen zu können. Sie zündete sich erst einmal eine Zigarette an. Mit geschlossenen Augen zog sie den Rauch tief in ihre Lungen. Endlich konnte sie entspannen. Dann schaute sie stolz auf ihre großformatigen, noch unfertigen Gemälde. Die Welt wollte sie, die Museen und Sammler hatten schon reserviert, da waren die Bilder noch gar nicht gemalt. Demnächst bekam sie auch noch eine Ausstellung in einer der besten Galerien hier in Berlin. Was wollte sie mehr? Wen interessierten die alten Familiendramen? Auf die vierzig zugehend hatte sie es verdammt weit gebracht in ihrem Leben. Das sollte ihr erst einmal einer nachmachen. Sie hatte ihre Millionen auf dem Konto, sie könnte jetzt auch aufhören zu malen und sich ein Haus kaufen oder eine Yacht. Aber das war nicht ihr Ding. Sie brauchte die Arbeit und zog es vor, in einer Lagerhalle zu wohnen, inmitten von Leinwänden, Malmitteln, Pinseln und Spachteln sowie Kanistern mit Natronlauge. Sie liebte den Geruch von Ölfarbe und Terpentin, das Aufspannen der Leinwände und Festtackern am Holzrahmen, die herumliegenden Lappen, die Eimer, dieses ganze Zeug, was eher an einen Baumarkt als an eine Villa einer steinreichen Frau erinnerte. Nie waren die Arbeiten abgeschlossen, ständig veränderte sich etwas, Utensilien kamen dazu, Staffeleien wurden neu bezogen, alles blieb in Bewegung, der Raum konnte atmen.

An einer Wand hatte sie Artikel aus Zeitungen über ihr künstlerisches Schaffen sorgfältig angepinnt. Sie schnitt noch immer akribisch jeden Bericht aus, obwohl die Sammlung mittlerweile recht umfangreich und unübersichtlich geworden war. In einem der neuesten Artikel aus einem Art-Magazin stand, dass Kara Kowalski in ihren Ölgemälden, die durch den Einsatz von Natronlauge sowohl verätzt als auch verfremdet werden, subtile und intensiv emotionale Darstellungen kreiere. Es wurde beschrieben, dass ihre Werke von einem postapokalyptischen Stil und einem dystopischen Realismus geprägt seien, die eine beeindruckende Symbiose eingingen. Weiter hieß es, dass sie mit einem gekonnten Mix aus verschiedenen Techniken eine einzigartige, zugleich rohe und sensibel nuancierte Qualität in ihre Malerei bringe. Dies führe den Betrachter in Bilderwelten, die sowohl von Zerstörung als auch von tiefer, berührender Schönheit gezeichnet seien.

Das zu lesen, löste in ihr ein überwältigendes Gefühl aus. Wenn sie sonst etwas fühlte, dann war es meist Wut. Wut, die sie noch schneller und ehrgeiziger arbeiten ließ und die sich in expressiven Bildmotiven entlud. Sie malte fantastische Gemälde, groß und bunt. Aber eigentlich war alles klein und grau in ihr. Und jetzt wusste sie auch, woher diese Wut kam. Die Wut aus ihrer Kindheit. Keiner würde diese Gemälde je zu Gesicht bekommen. Sie verätzte alles, ihr stummer Schrei gegen diese Stadt, gegen diesen lärmenden Dreck, gegen die Menschen. Und doch war diese Stadt gut zu ihr. So viele gingen unter und sie stieg auf. In ihr und mit ihr stieg Kara auf. Vielleicht weil alles, was diese Stadt ausmachte, in sie eingedrungen war, und sie selbst davon taub und ungestüm wurde, weil sie Berlin war, und Berlin war sie. Dieser eine Moment, in dem sie ein herrliches Gemälde langsam mit Natronlauge übergoss, in dem sich die Lauge durch die Farbpigmente und die Grundierung fraß. Dieser eine Moment, in dem sich das Bild auflöste, sein Inhalt langsam verschwand und zu etwas Anderem wurde. Es verschaffte ihr solche Genugtuung, alles zu zerstören. Aber zerstörte sie überhaupt oder erschuf sie neu? Ansichtssache. Was sie da auch tat, es befriedigte sie. Ein Glück war sie so erfolgreich. Denn zu etwas anderem, als diesem kurzen Moment der Befreiung nachzulaufen, wäre sie gar nicht fähig gewesen. Sie konnte nur so.

Kara drückte ihre Zigarette aus, während der Rauch sich in den hohen Wänden ihres Ateliers verlor. Sie dachte über ihre Inspirationsquellen nach, als ihr Blick auf einen ausgeschnittenen Zeitungsartikel von vorgestern fiel: ›Berliner Spreepark: Lost Place erwacht aus Dornröschenschlaf‹, titelte die Schlagzeile. Darunter waren mehrere Fotos abgedruckt – ein verwaistes Riesenrad, beschädigte Dinosaurierskulpturen, das katzenhafte Drachengesicht einer Achterbahn. Der Artikel beschrieb die Geschichte des einstigen Freizeitparks der DDR im Norden des Plänterwaldes, gegründet 1969 und seit 2002 geschlossen. Inzwischen hatte sich das heute abgeriegelte Gelände in einen geisterhaften Ort verwandelt. Kara spürte, dass dieser Lost Place genau das bot, wonach sie suchte: eine Quelle der Inspiration für neue Kunstwerke. Unbedingt wollte sie diesen Ort aufsuchen, angezogen von der mystischen Atmosphäre und der Faszination für das Verlassene und Verfallene.

Jetzt gerade porträtierte sie Menschen mit Entstellungen – Personen, denen Nasen, Augen oder sogar eine ganze Gesichtshälfte fehlten. Es war nicht einfach, Zugang zu solchen Menschen zu finden, doch Kara schaffte es immer wieder. Einmal auf Leinwand festgehalten, besprühte sie ihre Porträts mit Natronlauge. Sie hatte eine gefährliche Maltechnik entwickelt, die den Einsatz schwerer Atemschutzmasken mit Kohlefilter, sprühdichter Schutzanzüge, von Einmalhandschuhen und einer effizienten Lüftungsanlage erforderte. Natronlauge war ihre bevorzugte toxische Substanz. Natriumhydroxid spaltet die Esterbindungen der Fettsäuren in der Ölfarbe, was zu einer Verseifung und Zersetzung der Farbstruktur führt. Gerade dieses bizarre, von ihr erfundene Vorgehen war es gewesen, das ihr vor ein paar Jahren zum Durchbruch verhalf. Es hatte alles angefangen, als sie vor Wut ein misslungenes Gemälde damals noch mit Terpentin übergoss und es so verunstaltete. Einer Galeristin war dieses Zeugnis ihres Selbsthasses aufgefallen. Sie wollte es haben. Das war der Anfang. Seitdem rissen sich alle um ihre Bilder. Ihre inzwischen realistischen, bis ins kleinste Detail ausgeführten Ölgemälde bekamen durch das Auftragen von Natronlauge eine postmoderne Note: An einigen Stellen zerging die Farbe, an anderen Stellen verblich das Bildmotiv, und die Gemälde durften nur hauchdünn besprüht werden, ansonsten zersetzte die Substanz die Ölfarbe, durchdrang Grundierung und Leinwand und fraß sich tief in das Keilrahmenholz.

Es verschaffte ihr solche Genugtuung, das Zerfressen der Farbe und das sich Auflösen des Gemalten anzuschauen. Sie malte diese wortlosen, lebenden Geschöpfe, nur um später ihr Werk zu zerstören, die Natronlauge über die Bilder fließen zu lassen. Die Natronlauge fraß sich durch die strahlenden Farben. Je greller, desto besser. Obwohl ihr die Stille so gefiel, war doch zu viel Stadt in ihr, als dass sie noch so hätte malen können wie früher. Die Bilder waren schon vergangen, mit dem ersten Pinselstrich war ihr Sterben schon besiegelt. Sie konnte alles malen, große Werke oder sinnlose, alberne Strichzeichnungen. Es wurde so oder so zerstört und zersetzt. Die Werke, kaum hatte sie ihnen ein wenig Leben eingehaucht, starben durch ihre Hand, wurden vernichtet vor ihren Augen, die kleinen wie die großen. Ohne den Tod wurde das Leben oberflächlich, erst mit dem Tod bekam es seine Tiefe. Der Tod und der Schmerz waren ihre strengsten Lehrer. Es hatte nichts Trauriges für sie, vielmehr war der Tod das Maß der Dinge, der Formen. Er war abstrakt, unmöglich ihn in Worte zu fassen, und dennoch so konkret in jeder seiner Ausformungen. Es gab so viele Tode und doch nur den einen, der immer wiederkehrte. Der Schmerz zwang ihr Ego in die Knie und öffnete ihr eine Pforte ins Übersinnliche und Dämonische. Mit jedem Schmerz starb etwas in ihr und sie bekam das Gefühl, durchlässig zu werden, ihren Körper ein Stück weit zu verlassen und dem Leben besonders nahe zu sein. Ähnlich des Laugenbesprühens ihrer Bilder, was in ihr ein Gefühl der Befreiung auslöste, befreite der Schmerz sie für einen Augenblick von dieser tauben Lähmung, die sonst über ihr wie eine dunkle Wolke hing und nicht zu weichen vermochte. Insofern war dieses Ayahuasca genau der richtige Kick für sie. Nur erinnern wollte sie sich nicht mehr. Aber sonst war der Sud fantastisch in seinen Wirkungen. Manchmal mochte sie den Schmerz, er holte sie zurück ins Leben. Er durchbrach für einen Moment ihren Panzer und sie konnte sich wieder fühlen. Er vermochte es, sie zur Besinnung zu bringen, wenn sie sich zu sehr verloren hatte. Aber es war nicht gut für sie, das weiterzuverfolgen. Der Schmerz war für sie wie eine Erweckung, doch er musste wohl dosiert werden. Er durfte nicht zur Gewohnheit werden. Früher hatte sie sich manchmal geritzt, aber nicht an den Armen, wo es alle sehen konnten, sondern an den Oberschenkeln, manchmal auch zwischen den Schenkeln, wenn es ihr besonders schlecht ging. Das hatte sie sich mühsam abgewöhnt. Sie drückte stattdessen ihr stachliges Armband ein wenig in ihr Fleisch, nur soweit, dass es keine Spuren hinterließ, dann ging es wieder. Sie hatte sich wieder gefangen.

Kara drückte schon die zweite Zigarette aus und stieg die Treppen hoch. Sie hatte es gar nicht bemerkt, dass sie sich noch eine angesteckt hatte. Das Rauchen hatte schon fast eine unbewusste Mechanik bekommen. Sie wollte früh aufstehen, es lag viel Arbeit vor ihr. Die Kleider abstreifend, ging sie den streng getakteten Ablauf des morgigen Tages durch. Hose und Jacke legte sie auf einen Kleiderständer aus Tierknochen. Ein starkes Teil. Der würde auch zum Schamanen passen, dachte sie. Kara schlug die Bettdecke zurück, legte sich hin und blickte auf den Traumfänger über ihrem Bett, der als Schutzschild gegen die Schattengebilde ihrer nächtlichen Ängste dienen sollte. Neben dem Nachttisch lagen ein paar rostige Metallröhren, die sie für den Zusammenbau einer menschengroßen Skulptur gekauft hatte. Ihr geisterte da eine irre Idee durch den Kopf. Hierfür benötigte sie einen Winkelschleifer, mehrere Metallsägen und ein Schweißgerät. Gleich morgen früh wollte sie in den Baumarkt fahren und sich die Ausrüstung besorgen. Kara gähnte, sie war todmüde. Ein letztes Mal fiel ihr Blick auf den Traumfänger über ihrem Bett – ihren Albtraumfänger. Dann löschte sie das Licht der Nachttischlampe.

Kara wälzte sich hin und her. Sie konnte in diesem leeren, großen Bett nicht einschlafen. Eine Freundin wäre gut, ein Mensch, der sie so nehmen würde, wie sie war. Ob sie doch ihr Schlafzimmer noch einmal umgestalten sollte? Oder in eine andere Gegend ziehen? Den Wohnblock mit seinem stillen Innenhof und ihr weiträumiges Atelier in der Lagerhalle wollte sie nicht missen. Die Anwohner mochten sie zwar nicht, was zu erwarten war, aber das störte Kara nicht im Geringsten. Im Gegenteil, ihre verächtlichen Blicke amüsierten sie. Hierbleiben oder vielleicht doch wegziehen? Sie grübelte. Das würde ja doch nichts ändern. Die Freundin gab es weder hier noch dort. Da war sie schon steinreich und trotzdem war es nichts mit der Liebe. Jetzt weinte Kara doch ein wenig in ihr Kissen. In diesem Moment war sie wieder das junge, dünne Mädchen, das keiner wollte, und erneut sah sie ihre Mutter vor sich. Sie drehte sich ein paar Mal hin und her, zerknüllte ihr Kissen, schluchzte und sank schließlich vollkommen erschöpft in einen unruhigen Schlaf.

2

Nur wenige Stunden später riss ein unerwartetes Geräusch Kara aus ihrem Schlaf. Was war das? Sie glaubte, ein verdächtiges Rumoren unten im Atelier zu hören. Kara horchte auf. Dann schepperte es. Panisch schoss sie in die Höhe. Ein Einbrecher! Nervös tastete sie nach einer dieser Metallröhren, konnte keine finden und griff stattdessen nach ihrem Schlagring. Besser als gar nichts, schoss es ihr durch den Kopf, als sie Stufe für Stufe jemanden die Treppe hinaufkommen hörte. Sie versteckte sich hinter einem Schrank und hielt den Atem an. Ein Lichtkegel blitzte vor ihr auf. Geblendet erkannte Kara nur einen Schattenriss. Wie eine Wildkatze setzte sie instinktiv im richtigen Moment zum Sprung an, stürzte sich auf den Einbrecher und schlug zu. Jetzt kam ihre Wut erst richtig hoch. Immer und immer wieder schlug sie auf ihn ein, so fest sie nur konnte. Der Einbrecher versuchte sich zu wehren und zu fliehen, aber er hatte keine Chance. Kara hatte die Kontrolle verloren. Sie schrie ihren Schmerz und Hass heraus und trat um sich. Plötzlich war er weg.

Voller Adrenalin ließ sich Kara auf ihr Bett fallen, den Schlagring immer noch in der Hand, bereit sich erneut zu verteidigen. Langsam kam sie zu sich. Sie hatte einen kurzen Moment, in dem sie einmal keine Wut fühlte, einfach nur so dasaß, ohne rasende Gedanken, ohne Schmerz. Dann kam die Angst wieder zurück. Sie stand auf. War der Einbrecher wirklich geflohen oder lauerte er vielleicht noch irgendwo? Als sie die Beleuchtung der Lagerhalle einschaltete, realisierte sie, dass er über das Treppengeländer mehrere Meter in die Tiefe gefallen war. Mit dem Gesicht zum Boden lag er neben einer Staffelei.

Ihre Hände krampften sich ums Geländer. Hastig stieg sie die Treppe hinab und näherte sich mit rasendem Puls dem reglosen Körper, der in einer Lache aus Blut lag. Sie drehte ihn um. Erschrocken wich sie zurück. Es war ihr Ex-Freund. Für eine Weile setzten ihre Gedanken aus. Sie beobachtete, wie Leons Blut sich langsam auf dem Boden ausbreitete, eine dunkelrote Lache von zähflüssigem Glanz. Ihr war, als hätte jemand die Zeit angehalten. Die Stille war fast zu hören. Sie saß da und dieses

Anhalten von allem, dieser plötzliche Stopp, ließ das ungekannte Gefühl von innerem Frieden in ihr aufsteigen. Es war fast ein heiliger Moment. Dann setzten ihre Gedanken wieder ein. Kara schämte sich für den Frieden in ihr in so einem Augenblick und verurteilte sich dafür. Was war sie nur für ein Mensch? Wie eine Bestie war sie über Leon hergefallen! Sie hatte ihn wiedersehen wollen und gleichzeitig Angst davor gehabt. Doch dass sie ihn so wiedersehen würde, hätte sie sich nicht vorstellen können. Kara begriff das alles noch gar nicht. Es war wie ein Film, der vor ihr ablief, dessen Echtheit sie aber stark bezweifelte. So sehr die Liebe zu Leon sie erfüllt hatte, so schmerzhaft waren die schweren Zeiten mit ihm gewesen. Und nun lag er da und sie stand hilflos daneben. »Du dämlicher Idiot!«, flüsterte Kara fast zärtlich. »Warum musstest du hierherkommen?« Sie fühlte seinen Puls, aber etwas in ihr wusste schon, dass er tot war. Sie wollte es noch nicht wahrhaben. Eben noch hatte er gelebt. Vor einer Stunde war ihre Welt noch halbwegs in Ordnung gewesen. Jetzt lag er mit gebrochenen Knochen und offenem Schädel vor ihr auf dem kalten Betonboden und sie war eine Gefangene – eine, deren Schicksal schon besiegelt war. Kara bekam Panik. Der Schweiß brach ihr aus. Sie steckte sich eine Zigarette an und harrte neben dem Toten aus. Er wachte nicht mehr auf. Sie raufte sich die Haare. Wie oft hatte sie diese Lippen berührt, wie vertraut ihr sein Körper war und jetzt, wo ihm das Blut und die Hirnflüssigkeit aus dem Kopf liefen und die Lache immer größer wurde, war er ihr ganz fremd. So fremd, dass ihr vor ihm graute. »Leon«, murmelte sie vor sich hin. Sie wusste nicht, wie sie ihm die Augen schließen sollte und ließ ihn einfach liegen. Er war ganz warm, als würde er noch leben. Kara bekam eine Gänsehaut und fing an zu frieren. Dann wurde ihr langsam klar, dass sie nicht ewig hier mit ihm sitzen konnte und dass ihr Leben weitergehen musste. Sie überlegte angestrengt und zog an ihrer Zigarette.

Kara stand auf und holte ihr Handy. Den Rettungsdienst zu rufen, machte keinen Sinn, Leon konnte nicht mehr geholfen werden; und die Polizei zu benachrichtigen, wäre auch keine gute Idee. Immer wieder blickte sie nach unten zu dem Toten. Sie konnte es nicht begreifen. Dann las sie die vielen Nachrichten von dem Schamanen. Er schrieb, dass sie sich ausruhen und den nächsten Tag wiederkommen sollte, um den Prozess der Entgiftung abzuschließen. Es gäbe Erstverschlimmerungen in den

Heilungsprozessen und sie solle unbedingt auf sich aufpassen, vorsichtig sein mit ihren Gefühlen in diesem Zustand. Er hätte sie nicht gehen lassen dürfen und mache sich große Sorgen. Ein Kreis könne nicht einfach so gebrochen und verlassen werden, wenn er geschlossen wurde. Das war dann wohl zu spät. Wäre sie doch nur dort geblieben. Dem Schamanen konnte sie keine Vorwürfe machen. Wieder war da dieses unerträgliche Schuldgefühl. Ihr Ex-Freund hatte sie wegen häuslicher Gewalt angezeigt. Sie wurde damals von der Polizei vorgeladen und schließlich trennten sich die beiden. Am Ende der Beziehung hatten sie sich nur noch gestritten. Nun glaubhaft darzulegen, sie hätte aus panischer Angst ihrem Ex-Freund den Schädel zertrümmert, weil sie ihn für einen Einbrecher gehalten und übers Treppengeländer gestoßen hatte, war schier unmöglich. Das würde doch keiner glauben! Die Polizei würde es sehr viel wahrscheinlicher so auslegen, als ob sie ihren Ex-Freund im Wutrausch erschlagen hätte, zumal sein zerschundenes Gesicht ja von unzähligen Blutergüssen übersät war. Der Fall wäre für die Ermittler wohl eindeutig. Karas Gedanken kreisten. Sie wurde immer verzweifelter. Das konnte nicht nur Totschlag, sondern eine Verurteilung wegen Mordes nach sich ziehen! Dies bedeutete lebenslänglich, und womöglich würde das Gericht die besondere Schwere der Schuld feststellen, was mindestens fünfundzwanzig Jahre Knast hieß, ohne Bewährung auf vorzeitige Entlassung!

Nervös nestelte sie an ihrem blutbesudelten Schlafanzug herum und steckte sich wieder eine Zigarette an. Ihr Leben war jetzt nicht einfach vorbei, nein, sie musste sich zusammenreißen. Sie ging nicht in den Knast, das kam nicht infrage. Kara musste die Leiche aus der Lagerhalle schaffen und sie irgendwo ablegen, weit weg, sodass die Tat nicht mit ihr in Verbindung gebracht werden konnte! Doch wie sollte sie das anstellen? Sie durfte von niemandem gesehen werden. Doch der Versuch, eine Leiche in diesem Wohnblock unbemerkt zu beseitigen, schien nahezu unmöglich. Zudem war ihre DNA überall an der Leiche; auch würde sie automatisch zum Kreis der Tatverdächtigen gehören, denn Kara war polizeilich registriert aufgrund der vorgefallenen häuslichen Gewalt. Sie hatten sich beide geschlagen in einem Streit. Sie hatten die Kontrolle verloren. Jedoch war Kara viel stärker als Leon gewesen und somit hatte sich Leon das Recht herausgenommen, sie zur Schuldigen zu machen, sich von ihr zu trennen und sie anzuzeigen. Dass er sie auch in die Seite geboxt hatte, schien er vergessen zu haben. Andererseits hatte sie ihm damals auch die Nase gebrochen. Sie hatte eben Kraft und wusste sich zu verteidigen. Daran war nichts falsch. Kara konnte nicht immer nur die alleinige Schuld an allem haben. Es war eindeutig eine Notwehrhandlung mit ungewollten Folgen oder ein Notwehrexzess gewesen. Doch würde das ein Gericht auch so sehen? Sie holte tief Luft und versuchte, keine Emotionen aufkommen zu lassen, sondern ihr weiteres Leben zu schützen. Es wäre klug, die Leiche in ihrem Atelier einzulagern, vielleicht sie einzubetonieren und Jahre später, wenn der Fall in Vergessenheit geraten war und der Verwesungsprozess den Körper vollständig abgetragen hatte, das Skelett fortzuschaffen.

Aufgelöst setzte sich Kara auf einen Stuhl und drückte den Zigarettenstummel aus. Das perfekte Verbrechen, schoss es ihr durch den Kopf: Ein Mensch verschwindet, ohne Spuren zu hinterlassen. Sie musste nun schnelle und richtige Entscheidungen treffen, kein Fehler durfte ihr unterlaufen. Sie würde das schon schaffen! Ihr Blick schweifte über die noch unvollendeten Gemälde, die Farbpigmente in den Regalen, über einen Kanister mit Natronlauge, die gestaffelten, noch unbemalten Leinwände, die Skizzen auf ihrem Tisch. Sie sah wieder zum Kanister mit der Summenformel ›NaOH‹. Kara überlegte. Fleisch kann in Natriumhydroxid aufgelöst werden und mit genügend Natronlauge müsste demzufolge ein menschlicher Körper zersetzt werden können. In ihrem Atelier befanden sich so einige volle Kanister. Die würden doch ausreichen! Um letzte Gewissheit zu haben, öffnete Kara ihren Laptop. Es war jetzt ›02:31 Uhr‹ und noch genügend Zeit, um die Leiche verschwinden zu lassen. Sie war doch nicht auf den Kopf gefallen und konnte das schaffen; sie hatte schon so vieles geschafft, was vorher unvorstellbar gewesen war!

Kara recherchierte auf Google. Sie informierte sich über Säuren und Basen: ›Abhängig von der Art und Konzentration der Säure können entweder das Weichgewebe oder die Knochen zersetzt werden. Es ist jedoch nicht möglich, beides gleichzeitig mit derselben Säure effektiv zu zersetzen. Laugen hingegen, wie Natriumhydroxid oder Kaliumhydroxid, sind in der Lage, sowohl Weichgewebe als auch Knochenmaterial über einen längeren Zeitraum hinweg aufzulösen, wobei sie insbesondere bei der Zersetzung von organischen Substanzen wie Fetten und Proteinen effektiv sind.‹ Kara recherchierte weiter und stieß auf eine chemiebasierte Bestattungsmethode: ›Die alkalische Hydrolyse, auch bekannt als flammenlose Einäscherung oder Wasserverbrennung. Dabei werden Verstorbene in einen Edelstahltank gelegt, der anschließend hermetisch verschlossen wird. In diesem Tank wird der Leichnam mit einer starken alkalischen Base, wie Natronlauge, behandelt. Die Base wird in einem Prozess, der einem verschließbaren Druckbehälter ähnelt, auf 150 bis 160 Grad Celsius erhitzt. Durch die Kombination von Hitze und Druck sowie der chemischen Reaktion des Natriumhydroxids erfolgt eine rasche Zersetzung der Körpergewebe. Nach einem Zeitraum von zwei bis drei Stunden bleiben nur mineralisierte Knochenreste und eine viskose Flüssigkeit zurück. Diese enthält keine DNA mehr.‹ Kara blickte auf. Das war die Lösung! Wenngleich auch eine scheußliche!

Sie entkleidete den Toten und hievte ihn in die Badewanne seitlich der Staffeleien. Es war grauenhaft, Leon so zu sehen. Aber sie riss sich zusammen. Wie ihr Ex-Freund nackt, voller Blut und mit zertrümmertem Schädel in der Wanne lag und sie mit glasigen Augen anstierte. Sie hätte fast wahnsinnig werden können. Sie konnte ihm seine Augen nicht schließen, sie wollte ihm nicht an die Augen fassen. Wie machte man sowas? An den Wimpern nach unten ziehen? Sie hatte keine Ahnung. Kara drehte seinen Körper in der Wanne, um sich seinem Blick zu entziehen, sie wollte ihn nicht mehr ertragen. Seine Kleider entsorgte sie zusammen mit dem Schlagring, dem verräterischen Tatwerkzeug, in einem Müllsack.

Kara schlüpfte in den Schutzanzug und zog sich die Atemschutzmaske über. Die Lüftungsanlage schaltete sie auf volle Leistung, um die gefährlichen Laugendämpfe abzusaugen, danach öffnete sie alle Fenster. Dreißig Kanister benötigte sie. Vorsichtig goss sie die Natronlauge in die Wanne. Leise zischte und kräuselte es. Kara mochte gar nicht hinsehen, aber sie blieb stark. Behutsam befüllte sie die Wanne, bis der Körper in Natronlauge ertränkt war. Ob Leon noch etwas spürte? Ob sein Geist jetzt neben ihr stand? Unsinn! Die Wanne umwickelte sie mit Aluminiumfolie, um die toxischen Dämpfe zu minimieren. Sie legte mehrere Bretter darüber und umstellte die Badewanne mit vier Regalen. Es half ihr, jetzt funktionieren zu müssen, sich konzentrieren zu müssen. Sie führte mechanisch alles Notwendige durch. Das lenkte ab von dem Unvorstellbaren, was geschehen war und niemals hätte passieren dürfen.

Nun galt es, die Nerven zu bewahren und abzuwarten. Fünf, vielleicht sechs Tage. Sobald der Körper zersetzt und im Abfluss runtergespült worden war, wäre es doch fast so, als sei Leon nie hier gewesen; und wenn er nie hier gewesen war, so konnte er auch unmöglich hier gestorben sein; und wenn er hier nicht gestorben war, so gab es auch kein Verbrechen; und gab es kein Verbrechen, so musste sich Kara auch keiner Schuld bewusst sein und hatte nichts zu befürchten, beruhigte sie sich. Sie würde weder umziehen noch sich eine Freundin suchen, nicht bevor sämtliche Spuren in dieser Lagerhalle doppelt und dreifach beseitigt waren. Sie musste mit allen Eventualitäten rechnen. Die Polizei würde höchstwahrscheinlich Nachforschungen anstellen. In ein bis zwei Wochen würde sie auch hier auftauchen und sie verhören. Da musste sie stark sein, sich nichts anmerken lassen. Keine Drogen nehmen, keine schamanischen Trancesitzungen, nichts Auffälliges. Sie hatte jetzt zu funktionieren. Kein einziger Fehler durfte ihr unterlaufen.

Blut effektiv zu entfernen war eine chemische Herausforderung, und Kara spürte, wie die Angst in ihr wuchs. Sie nutzte eine kalte Wasserlösung mit Kochsalz, um die Blutspritzer aus ihrer Kleidung zu entfernen. Für den Boden griff sie zu einem aggressiven Fleckenentferner, der auf Lösungsmitteln basierte. Sie zitterte vor Erleichterung, als sie sah, wie das Glyzerin die eingetrockneten Blutflecke aufweichte – denn sobald das Blut fest getrocknet und zu einem braunen Farbton oxidiert wäre, konnte es nur noch mit einem Spachtel vom Betonboden, der abgenutzt und porös war, abgekratzt werden. Akribisch wischte Kara die Blutlache auf, sie reinigte jeden Bereich, in dem sie Leons verräterische DNA vermutete. Ihr Puls raste, und es fiel ihr immer schwerer, die wachsende Panik zu unterdrücken und die Beherrschung nicht zu verlieren. Sie fluchte. Sie schrie. Kara wurde von dem chemischen Durcheinander fast in den Wahnsinn getrieben! Sie verwendete als Nächstes eine Speziallösung, die bei Kontakt mit Eiweißen schäumte, um sicherzustellen, dass selbst mikroskopisch kleine Blutreste nicht mehr vorhanden waren. Das gründliche Entfernen der DNA bereitete ihr die größten Sorgen, da genetische Informationen äußerst empfindlich auf forensische Untersuchungen reagierten. Abschließend desinfizierte sie alles mit Wasserstoffperoxid.

Kara lag die ganze Nacht wach bis zum Morgengrauen und dachte über die Ereignisse der vergangenen Stunden nach. Sie sah auf den Traumfänger. Unverändert hing er da. Genau, nichts hatte sich verändert, versuchte sie sich einzureden. Aber es gelang ihr nicht. An Schlaf war nicht mehr zu denken. Es quälte sie der Gedanke, dass sie nur einmal sich hätte einfügen müssen und bei dem Schamanen hätte bleiben sollen. Er hatte die Teilnehmenden vorher lang und eindringlich informiert. War das jetzt ihre Strafe? Was würde noch kommen? Wenn sie nicht von der Justiz zur Rechenschaft gezogen werden würde, dann vielleicht von einer höheren Macht? Sie zog doch das Negative regelrecht an. Warum musste gerade ihr so etwas passieren? Konnte es so etwas wie Karma geben? Karma, das hieß zu glauben, dass jede Ursache ihre Folge hatte und dass die Folge stärker in ihrer Wirkung war als die Ursache, wie ein winziger Samen, der zu einem großen Baum erwachsen kann. Vielleicht war der Unfall Leons die Folge aus den vorangegangenen Streiten, die zu Handgreiflichkeiten wurden, bis schließlich Leons Tod daraus resultierte. Nur woher kam diese Wut? Sie hatten sich doch geliebt und wollten sich nicht weh tun. Nur das stimmte nicht, Leon hatte ihr immer wieder weh getan, gemeine Dinge gesagt, seinen Hass an ihr ausgelassen. Kara hatte nur reagiert, sich verteidigt. Was hätte sie denn machen sollen? Sich nicht verteidigen? Einfach seine Grausamkeiten ertragen? Vielleicht hätte sie früher gehen sollen, ja bestimmt. Nur wenn man einmal liebt, ist es nicht leicht zu gehen. Gehen fühlt sich wie Sterben an. Woher kam denn diese ganze Wut? Aus ihrer Kindheit, vielleicht aus früheren Leben? Sicherlich kam das alles aus ihrer Kindheit, aus der Hilflosigkeit und Ohnmacht, die sie als Kind erfahren hatte, der Angst verlassen zu werden. Ein Baby stirbt, wenn es von der Mutter verlassen wird. Es kann sich nicht artikulieren, nur schreien. Wenn die Mutter die Hilferufe überhört, dann hat es keine Chance. Kara dachte, dass wir alle irgendwo noch in uns drin dieses Kind und seine Hilflosigkeit spürten. Aber sie war erwachsen, sie konnte sagen, wo ihre Grenzen waren, was sie fühlte und brauchte. Trotzdem war es mit Leon so schwer gewesen. Sie hätte sich ihm vielleicht mehr anvertrauen müssen, ihre Gefühle und Gedanken ihm sagen, ihre Bedürfnisse, ihre

Grenzen. Doch Kara war immer nur in ihrer Angst oder Wut gefangen. Sie schützte sich vor dem anderen und es war ja auch dringend notwendig, sich zu schützen, wie sie durch Leon erfahren hatte. Wut, das war doch Verteidigung, Abwehr, das musste erst einmal nichts Schlechtes sein. Nur kontrollieren sollte man sie. Kara schüttelte den Kopf. Sie hätte sich einfach schon bei seiner ersten Handgreiflichkeit trennen müssen, nicht zurückschlagen dürfen. Einfach loslassen müssen. Das nächste Mal, wenn ihr so etwas passierte, würde sie stärker sein. Sie würde sich augenblicklich nach so einer Eskalation trennen. Das nahm sie sich fest vor. Kara stand immer noch vollkommen neben sich und versuchte die ganze Zeit sich zu fassen. Sie konnte gerade gar nichts mehr ertragen. Weder sich selbst noch andere. In diesem Moment hätte sie dem Schamanen alles geglaubt, auf ihn gehört und alles getan, um die Dinge ungeschehen machen zu können. Doch Leon lag da unten mit aufgerissenen Augen in der Natronlauge ertränkt und nichts an dieser Tatsache war mehr zu ändern.

Kara konnte kein Auge zutun, es ging einfach nicht. Zu sehr nahm sie das Geschehen mit, die Bilder von der Badewanne hatten sich tief in ihr Gedächtnis eingebrannt. Sie entschied, ihr Tagesprogramm wie gewohnt durchzuziehen, möglichst unauffällig zu bleiben und nichts zu tun, was sie in irgendeiner Weise verraten könnte. Heute hatte sie wichtige Besprechungen in der Galerie, ihre nächste Kunstausstellung sowie Verkäufe an Sammler und Museen mussten besprochen werden. Am Mittag würde sie wieder in ihrem Atelier sein und bis dahin – Kara blickte verstohlen auf die Regale, welche die Badewanne vollständig verdeckten – hatte die Natronlauge die Leiche schon längst weiter zersetzt. Kara versuchte, zuversichtlich zu sein: Die hochprozentige Natronlauge würde ihr großes Problem zum Verschwinden bringen. Nach wie vor aufgewühlt, verließ sie die Lagerhalle.

Die Gespräche in der Galerie hatten länger als angenommen gedauert, es waren jedoch erfreuliche Neuigkeiten gewesen. Wie der Galerist ihr mitteilte, würde ihr ein internationaler Kunstpreis verliehen werden und auch sonst entwickle sich ihre Karriere prächtig. Er redete die ganze Zeit auf sie ein, erzählte von bevorstehenden Kunstmessen und Treffen mit bedeutenden Sammlern, von Museen und Kunsthäusern. Alle wären sie an ihren Werken interessiert. Mit ausdruckslosem Gesicht saß Kara dabei und war vollkommen übermüdet, sie nickte an passender Stelle, aber die Worte rauschten nur so an ihr vorüber. Sie konnte an nichts anderes als an Leons Körper denken. Es war alles so schnell passiert. Sie hatte sich doch bloß bedroht gefühlt. Wenn sie nur nicht so viel Kraft gehabt hätte, dann wäre das alles vielleicht gar nicht passiert. In ihr brodelte es, die Angst kochte über. Sie hätte die Lagerhalle unter keinen Umständen verlassen dürfen! Was, wenn jemand sich zwischenzeitlich, während sie hier saß, Zugang verschafft hatte? Spielende Kinder vielleicht oder neugierige, kunstinteressierte Anwohner. Hatte sie die Lagerhallentür wirklich abgeschlossen? Und was war eigentlich mit der Hintertür? War die überhaupt verriegelt? Dann gab es da ja noch ihren Geheimraum, von dem niemand etwas wissen durfte. All die Spekulationen fraßen sich immer tiefer in ihre Hirnwindungen hinein – so wie auch die Natronlauge sich Tropfen um Tropfen zu Leons Knochen vorarbeitete.

Kara kehrte am späteren Nachmittag heim und wollte sich vor Müdigkeit überwältigt nur noch ins Bett legen und schlafen. Doch schon beim Aufschließen ihrer Lagerhallentür war sie sofort wieder in diesem Horrorfilm von gestern und aus ihrem sorglosen Leben herausgerissen, hin zur Badewanne mit dem in der Lauge liegenden toten Leon. Sie bekam Gänsehaut. Dann holte sie tief Luft und sagte sich, dass bestimmt nicht mehr viel von Leon übrig sei und das Problem sich längst in ihrer Wanne aufgelöst hätte. Mit klopfendem Herzen und einem Magen, der sich zusammenzog, je näher sie der Wanne kam, warf sie einen Blick auf das, was sich hinter den Regalen verbarg. Kara erschrak. Leon sah so schlimm zugerichtet aus, aber das Furchteinflößendste war, dass er noch da drin lag. Ihr wurde schlecht. Der Anblick war ekelerregend und die Leiche hatte angefangen zu stinken. Und das war noch gar kein Ausdruck! Kara beugte sich über die Wanne. Es war eine unerträgliche chemische Brühe, die sich da vor ihr entwickelte. Der Verwesungsprozess war in vollem Gang. Die Flüssigkeit nagte an dem sich erhärteten Leichnam. Aber auch der tote Körper selbst begann wohl, sich von innen her zu verdauen. Kara konnte es kaum mitansehen. Das Gewebe schien ineinander zu fließen und alles löste sich auf – jede Faser, jede Sehne, jede Ader, jeder Muskel, vielleicht sogar jede einzelne Zelle, dachte Kara. Wenn sie ganz nah war, über der Wanne gebeugt verweilte und sich alles in seinen Einzelheiten betrachtete, machte es ihr gar keine so große Angst mehr. Wenn sie nicht daran dachte, dass es ein Mensch war, der sich dort verflüssigte und nur die ineinanderfließenden Formen betrachtete, war es zu ertragen. Sie hatte seltsamerweise nur Angst, als sie ihren Blick abwandte und darüber nachdachte, dass dieser tote Körper Leon war. Aber Leon fühlte nichts mehr, seine sich auflösende Hülle hatte nichts mit dem Menschen zu tun, den sie einmal gekannt hatte und doch spürte sie, wie ihr langsam schlecht wurde beim Anblick seiner wächsernen Augen, die sich im Laugenbad zersetzten. Denn die aggressive Natronlauge durchdrang die zähe Struktur der Hornhaut, brach die festen Disulfidbrücken des Keratins auf und machte aus den einst klaren Augen eine trübe, sich langsam auflösende Masse; eine viskose, gelartige Substanz.

Das war nun doch zu viel! Kara kam der Mageninhalt hoch und sie rannte aufs Klo. Kniend übergab sie sich und traf gerade noch rechtzeitig das Becken. Einen Moment hatte sie den Anblick ertragen wollen, doch es war zu viel für sie gewesen. Noch einmal würgte sie das Essen hoch und erbrach sich. Dann war ihr Magen vollkommen leer. Kara fühlte auch eine innere Leere. Sie fing an zu weinen. Sie verlor wieder einmal die Kontrolle und die Tränen rannen ihr vor Panik herunter. Eine Weile saß sie heulend da und ihr Körper zog sich zusammen. Sie fühlte sich vollkommen alleingelassen und als wäre sie jetzt von allen getrennt, könnte sich keinem mehr öffnen, als war das Band zwischen den anderen und ihr, das eh schon so dünn gewesen war, nun endgültig zerrissen. Kara beruhigte sich langsam und ging zum Waschbecken. Dort wusch sie ihr Gesicht mit kaltem Wasser. Die Schminke war verschmiert und konnte ihre Gesichtshaut mit den ersten Fältchen nicht mehr verschleiern, war sie doch bereits neununddreißig. Es war ihr in dem Moment egal. Warum hatte sich die Leiche nicht aufgelöst? Die Natronlauge hatte Teile des Gesichts zerfressen und Leon vollkommen entstellt. Die Kieferknochen traten aus den Wangen, die Augäpfel waren ausgetrübt. Das Bild seiner Augen ging ihr nicht aus dem Kopf. Aber vom Auflösen des Körpers war hier keine Spur in Sicht. Hätte sie nicht einfach wiederkommen und eine braune Brühe in ihrer Wanne vorfinden können? Vielleicht höchstens noch ein Stück Knochen? Warum war das alles nur so unerträglich? Warum musste es Leon auch noch im Tod ihr so schwer machen? Wäre sie ihm doch nie begegnet – damals, als sie sich einen Panther tätowieren lassen wollte, sie ins Tattoostudio ging und Leon ihr das Tiermotiv stach. So hatten sie sich kennengelernt. Kara hätte schreien mögen, doch das war in Anbetracht der neugierigen Nachbarschaft wirklich keine gute Idee.

Kara setzte sich an ihren Laptop und recherchierte erneut auf Google. Beim fieberhaften Durchfliegen der Artikel über ›alkalische Hydrolyse‹ fiel ihr auf, dass ein Leichnam in stark basischem Natriumhydroxid erhitzt wurde und sich die organischen Körpermaterialien durch die Kombination von Hitze und der chemischen Reaktion der Natronlauge in wenigen Stunden auflösen ließen. Stimmt, das hatte sie überlesen und nun erinnerte sie sich wieder. Das war also ihr Problem. Sie hatte die Leiche nicht erhitzt. Wie sollte sie das nun wieder anstellen? Kara beschloss, erst einmal in Ruhe abzuwarten. Vielleicht würde sich Leons Körper auch ohne die Zugabe von Hitze auflösen, vielleicht hatte sich das Problem ja morgen bereits in Natronlauge aufgelöst und sie musste nur noch eine Nacht überstehen!

3

So lebte und überlebte Kara den nächsten Tag und die folgende Nacht mit der sich langsam zersetzenden Leiche Leons. Quälende Müdigkeit zehrte an ihr. Ihre Augenlider wurden bleiern, und es fiel ihr zunehmend schwerer, sich auf die makabre Aufgabe in ihrem Atelier zu konzentrieren. Jede Stunde, die sie neben der sich zersetzenden Leiche verbrachte, entzog ihr mehr und mehr Kraft. Die ständige Anspannung und der schreckliche Anblick, ließen sie kaum zur Ruhe kommen. Selbst in den wenigen Momenten, in denen sie versuchte zu schlafen, war sie von den chemischen Gerüchen und dem Geruch menschlicher Verwesung gequält, die sie umgaben. Immer noch war die Leiche als solche gut zu erkennen. Der Geruch wurde von Stunde zu Stunde stechender, ätzender und intensiver. Die Lüftungsanlage lief ununterbrochen. Doch selbst mit der auf höchste Stufe hochgedrehten Lüftungsanlage verschwanden die bestialischen, beißenden Gerüche nicht. Kara überlegte, ob sie vielleicht in den Baumarkt gehen und einen Gasbrenner kaufen sollte. Wenn sie die Natronlauge mit der Leiche erhitzte, würde ihr Problem endlich gelöst, in der Wanne aufgelöst, werden.

Sie machte sich auf den Weg zum Baumarkt. Dort angekommen suchte sie sich gleich mehrere Gasbrenner aus, indem sie die Beschreibung auf der Verpackung las. Beraten lassen wollte sie sich auf keinen Fall. Sechs Gasbrenner sollten fürs Erste genügen, entschied sie. Ihr fiel auch ein Flammenwerfer ein, denn der könnte noch viel mehr Hitze erzeugen. Doch sie hatte keine Ahnung, wie sich die Lauge und ihre gesamte Einrichtung – das Mobiliar und die Malereien – mit einem Flammenwerfer vertrugen. Den konnte sie sich ja notfalls immer noch besorgen. Mit gesenktem Kopf und ein wenig verstört um sich blickend, kaufte sie die Geräte. Sie fühlte sich wie ein gehetztes Tier, von unsichtbaren Jägern verfolgt. Der Mann an der Kasse fragte sie, ob sie denn auch eine Gasbrennerschutzmaske habe. Sie verneinte, ging noch mal zurück und kaufte sich auch mehrere Masken. So viel zur unauffälligen Maskerade, dachte Kara. Sie machte sich durch ihr Verhalten eher noch auffälliger, als sie ohnehin schon war. Wenn sie nach Hause kam, musste sie sich unbedingt einen Atemschutz aufsetzen, das ganze Zeug war einfach zu giftig für sie. Als sie um die Ecke in ihre Straße bog, fiel ihr ein, dass ein Tauchsieder vielleicht besser gewesen wäre. Doch nun wollte sie nicht wieder zurückgehen. Die ganzen Gasbrenner mussten erst einmal reichen.

Der Anblick einer Menschenansammlung auf dem Innenhof jagte Kara einen kalten Schrecken ein. Unsicher ging sie auf die Leute zu. Mehrere Anwohner hatten sich versammelt. »Ein Todesfall«, hörte sie jemanden aufgebracht flüstern. Was denn passiert sei, wollte Kara von einer Anwohnerin wissen. »Irgendjemand ist in seiner Wohnung verstorben«, war die Antwort. »Wahrscheinlich Frau Grubach aus dem vierten Stock. Niemand hat sich um die fast neunzigjährige Dame gekümmert und seit Wochen hat sie niemand mehr ihre Wohnung verlassen sehen. Sie muss vor mehreren Wochen verstorben sein.« Kara wich dem Blick der Nachbarin aus und sah verwirrt um sich. »Riechen Sie den Leichengestank denn nicht?«, hakte die Anwohnerin nach und schaute sie dabei eindringlich an. »Frau Grubachs verwesender Körper muss schon seit Wochen in der Wohnung liegen! Aber erst heute Morgen ist der Geruch den Bewohnern aufgefallen!«

Mehrere Kinder läuteten Sturm bei der alten Dame. Plötzlich öffnete sich ein Fenster, Frau Grubach streckte ihren Kopf heraus und krächzte: »Ich bin fit wie ein Turnschuh. Wer faselt hier etwas von meinem Tod?« Die Kinder rannten lachend weg. Frau Grubach war also wohlauf. Kara schwante Übles. »Jemand anderes muss verstorben sein«, hörte sie einen Anwohner flüstern. Wieder redeten alle aufeinander ein. Fragen über Fragen. »Die Polizei ist verständigt und wird in Kürze hier sein«, beruhigte der Hausmeister die aufgebrachten Anwohner, die immer zahlreicher wurden und aufgeregt diskutierten. In Karas Magen rumorte es, obwohl sie kaum etwas gegessen hatte. Angespannt und von dem ganzen Tumult im Innenhof überfordert, rettete sie sich in ihr Atelier.

Wie befürchtet war ihre Lüftungsanlage überhitzt und ausgestiegen. Die Drähte waren durchgeschmort, die Maschine defekt, wie sie feststellte. Der Gestank der Leichenzersetzung sammelte sich in der Lagerhalle in kaum zu ertragender Weise und entwich den offenstehenden Fenstern. Der Geruch würde die Polizei augenblicklich in ihr Atelier führen und die Badewanne mit der Natronlauge würde gefunden werden! Als Erstes schloss sie jedes einzelne Fenster. Dann kramte sie eine ihrer Atemschutzmasken aus einem Spindschrank hervor. Schließlich nahm sie einen der Gasbrenner und begann damit, die Leiche zu bearbeiten. Sie konnte kaum hinsehen. Außerdem machten die Geräte einen Lärm, als würden sie fauchen, als ob ihre Lagerhalle zu einer Drachenhöhle geworden wäre. Durch das Erhitzen entwickelten sich nur noch mehr Gestank und toxische Dämpfe. Kara fluchte und trat gegen die Wanne. Fast wäre die Leichenbrühe übergeschwappt. Sie musste sich beherrschen.

Stunden lang erhitzte sie die Wanne ununterbrochen und brauchte hierfür alle sechs Gasbrenner, die sie gekauft hatte. Es wurde etwas besser, der Körper schrumpfte ein klein wenig in sich zusammen und wurde dunkel. Und er zersetzte sich allmählich auch schneller. Zumindest hatte Kara den Eindruck. Nach einer weiteren Stunde konnte sie einfach nicht mehr. Ekelhafteste Dämpfe schwelten im Raum. Der Geruch war unerträglich geworden, wenn er das nicht schon vorher gewesen war und Kara hatte einfach keine Kraft mehr, diesen von Natronlauge zerfressenen und von der Hitze verschmorten Körper noch weiter zu bearbeiten. Wenn das jemals irgendwer sehen würde! Warum konnte diese verräterische Leiche, die ihr ganzes Leben zu zerstören drohte, nicht einfach weg sein. Sie hatte früher immer gedacht, dass sie Probleme hätte, aber das war ein Irrtum. Jetzt hatte sie welche! Alles war relativ. Die Leiche, wie ihr unlängst klar geworden war, ließ sich nicht einfach so und ohne weiteres auflösen. Es galt nun, Vorkehrungen zu treffen, um das Schlimmste abzuwenden. Ihr kam da eine Idee. Sie räumte die Atemschutzmaske und die Gasbrenner weg, zog sich um und holte einen Rollwagen. Dann verließ sie die Lagerhalle über die Hintertür.

Außer Atem betrat Kara den Botanischen Garten. In Kürze würde das Gewächshaus schließen, Besucher sah sie keine. Die Titanenwurz mit ihrem Leichengestank war das Einzige, was Kara jetzt noch helfen konnte. Wenn es ihr gelänge, die Riesenblume ungesehen in ihr Atelier zu schaffen, konnte sie der Polizei den Leichengestank plausibel erklären. Gerade als sie versuchte, mit aller Kraft die Riesenblume auf ihren Rollwagen zu hieven, wurde ihr die schiere Unmöglichkeit der Aufgabe klar. Die bestimmt sechzig Kilo schwere Titanenwurz war nicht nur massig, sondern auch sperrig und unhandlich. Kara überlegte fieberhaft nach einer Lösung. Die Zeit drängte! Eine Hebelstange vielleicht, um die Riesenblume anzuheben, oder einen Flaschenzug, um das Gewicht zu verteilen und leichter bewegen zu können. In diesem Moment hörte sie eine Stimme hinter sich.

»Was machen Sie denn da?«

Kara drehte sich um. Ein Glück war es der gutmütige Professor, den sie so gernhatte.

»Kara, meine Liebe, ist Ihnen nicht wohl?«

»Herr Professor, ich muss diese wundervolle Blume unbedingt haben!«, säuselte Kara. »Ich kaufe sie Ihnen ab, koste es, was es wolle.«

»Sie ist unverkäuflich. Der Botanische Garten gehört zur Universität und als Lehrstuhlprofessor der Biologischen Fakultät obliegt mir die Verantwortung des Botanischen Gartens, insbesondere der wertvollsten Pflanze dieses Gewächshauses. Aber das wissen Sie doch, das brauche ich Ihnen nicht zu erklären!«

Ihren einzigen Kontakt, dem sie ein wenig vertraute, machte sich Kara scheinbar nun auch noch kaputt. Sie insistierte hartnäckig und fragte immer wieder, ob sie die Titanenwurz nicht doch ausleihen oder kaufen könne. Der Professor aber schüttelte den Kopf. Schließlich brach es aus Kara heraus: »Was ist nur mit Ihnen los! Jeden erdenklichen Preis würde ich Ihnen bezahlen! Jeden!« Aufgebracht ging sie mehrere Schritte auf den Professor zu. Dieser wich ängstlich zurück, als er zu der düsteren, zwei Meter großen Frau aufsah, die ihn anstierte, als wolle sie ihn zerfleischen. So gut kannte er sie nun auch wieder nicht. Der Professor verschränkte die Arme und räusperte sich. Kara begriff gerade noch rechtzeitig, dass ihre Impulsivität sein Vertrauen in sie und die Bindung gerade zu zerstören drohte. Genau das wollte sie vermeiden. Sie beherrschte sich also, drückte ihr stacheliges Armband in die Haut, und entschuldigte sich bei ihm. Er entspannte sich wieder und fragte sie schließlich:

»Warum wollen Sie diese indonesische Pflanze denn unbedingt haben? Wozu brauchen Sie die Amorphophallus Titanum denn?«

Sie wissen doch, dass ich eine Künstlerin bin«, betonte Kara eindringlich. »Lange habe ich auf die Gelegenheit gewartet, die indonesische Riesenblume zu porträtieren – mit Öl auf Leinwand und in Sfumato. Sie hat mich inspiriert!« Wohlwollend richtete sie ihren Blick auf die Pflanze. Ein Hoffnungsschimmer blieb, dass der Professor seine Meinung änderte. »Es ist das braunrote Hochblatt in Trichterform, das einen großen, gelblichen Blütenkolben umschließt, was mich fasziniert«, fuhr sie fort, bemüht um eine gewählte Ausdrucksweise, in der Hoffnung, dadurch beim Professor mehr Anklang zu finden.

Der Professor runzelte die Stirn. Dass eine solche Persönlichkeit wie Kara sich dazu herabließ, ein Gewächs stehlen zu wollen, konnte er nicht begreifen. Dennoch kannte er sie schon eine Weile und mochte sie. Was war nur in sie gefahren? Sie war ja vollkommen närrisch. Er seufzte und fummelte an seinem verknitterten Sakko herum. Er wollte die renommierte Künstlerin und interessante Persönlichkeit nun auch nicht unnötig verärgern. Wo sie doch genau wie er eine solche Begeisterung für Botanik zeigte.

Kara, die bemerkte, dass der Professor seine Haltung verändert hatte, schlug ihm einen Tausch vor: die Titanenwurz ausleihen zu dürfen und der Universität dafür eines ihrer Ölgemälde zu überlassen. Nach kurzem Überlegen willigte der Professor schließlich ein. Das Gemälde einer solch bedeutenden Künstlerin für die Universität kostenlos zu erwerben, konnte er sich einfach nicht entgehen lassen. Er würde seine kostbare Pflanze schon wiederbekommen, beruhigte er sich. Er kannte Kara doch. Sie war einfach zu euphorisch in ihrer Liebe zu den Pflanzen gewesen und war sich vermutlich gar nicht bewusst darüber, dass sie fast einen Diebstahl begangen hätte. Weil sie ihm eines ihrer Werke nun auch noch schenken wollte, fasste er wieder Vertrauen zu ihr. Sie verdiente doch gut als Künstlerin, nein, es konnte ihr nicht um Diebstahl gehen. Er wollte sie in ihrem künstlerischen Schaffen nicht behindern und die Riesenblume könnte er für die Schenkung eines Gemäldes in solch hohem Wert durchaus für eine Nacht einmal ausleihen. Zudem blühte die Titanenwurz unregelmäßig alle paar Jahre für nur wenige Tage. Das Gemälde hingegen währte ewig.

Gemeinsam hievten sie die Riesenblume auf den Rollwagen und schoben sie behutsam auf die Straße. Der Professor begleitete Kara zum Hintereingang der Lagerhalle, wo sie die Titanenwurz in ihr Atelier schieben konnte. Am nächsten Tag, entsprechend ihrer Verabredung, plante der Professor, ihr Atelier zu besuchen, um die Kunstwerke zu begutachten und die indonesische Pflanze zurück in den Botanischen Garten zu bringen. »Morgen Mittag Punkt zwölf!«, betonte der Professor bei seiner Verabschiedung. Kara nickte brav.

Kaum hatte Kara die indonesische Riesenblume neben der von Regalen verdeckten Badewanne abgestellt, eine Staffelei mit Leinwand aufgebaut und eine flüchtige Vorzeichnung gemacht, pochte es an der Lagerhallentür – besonders heftig, wie es ihr schien. »Polizei! Aufmachen!«

Kara öffnete verkrampft die Tür. »Guten Tag. Was gibt es?«

»Uns wurde vom Hausmeister ein auffälliger Geruch gemeldet. Der ganze Innenhof riecht danach und direkt hier riecht es besonders stark. Wir wollen uns einmal umsehen.«

Kara trat zur Seite, sechs Polizisten kamen in die Lagerhalle. »Du meine Güte! Haben Sie hier eine Leiche versteckt?«, fragte einer der Polizisten halb im Scherz. Kaum hatte er das gesagt, schlug ihm der Geruch noch intensiver entgegen; der Gestank zersetzten Gewebes, verstärkt durch die beißende Schärfe der Natronlauge, hüllte alles ein. Die Luft in der Lagerhalle war durchdrungen von fauligen Innereien und dem penetrierenden Gestank verkochter Körperflüssigkeiten, ein Mix aus Verfall und Verwesung, der jedem im Raum den Atem nahm. Die Polizisten hielten sich die Hand vor den Mund und Kara, die sich halbwegs an diesen infernalischen Geruch gewöhnt hatte, versuchte, ihre Anspannung zu überspielen und antwortete mit erzwungener Lockerheit: »Sie haben vollkommen recht. Dieser besondere Duft kommt aus meinem Atelier. Und zwar von der größten Blume der Welt.« Sie wusste nicht, woher sie die Selbstsicherheit nach diesen Tagen des Wahnsinns nahm, aber sie gab alles und spielte ihre Rolle perfekt. Immer wieder drückte sie ihr stacheliges Armband in die Haut, was sie beruhigte.

Misstrauisch musterten die Kriminalbeamten Kara. Drei von ihnen sahen sich akribisch in der Lagerhalle um, während die anderen drei ihr eine Reihe präziser Fragen stellten. Kara antwortete mit möglichst knappen Antworten, um keinen Verdacht zu erwecken.

»Warum befindet sich diese stark riechende Pflanze in Ihrem Atelier?«, war die erste Frage.

»Ich fertige ein Porträt von ihr an«, antwortete Kara.

Ein anderer Polizist fügte hinzu: »Woher haben Sie diese Pflanze?«

»Sie stammt aus dem Gewächshaus gleich nebenan.« Kara deutete in Richtung des Botanischen Gartens.

»Wie konnten Sie diese Riesenblume dort ausleihen?«, fragte der dritte Polizist.

»Mit einer speziellen Genehmigung des Botanik-Professors«, erklärte Kara.

Derselbe Polizist hakte nach: »Warum genau möchten Sie diese Pflanze porträtieren?«

»Aufgrund ihrer außergewöhnlichen Gestalt und den Farben«, sagte Kara.

Der zweite Polizist wollte wissen: »Haben Sie keine Bedenken, dass der Geruch die Anwohner stört?«

»Nein, das habe ich nicht«, entgegnete Kara selbstsicher und korrigierte sich umgehend: »Ich hatte bisher keine Bedenken, nun aber wird mir bewusst, dass der Geruch eine Belästigung für die Anwohner darstellt.«

»Unternehmen Sie etwas, um den Geruch einzudämmen?«, fragte der erste Polizist.

Kara nickte: »Ja, ich bemühe mich darum.«

»Und wie genau?«, bohrte derselbe Polizist nach.

»Ich halte alle Fenster geschlossen. Außerdem habe ich einen effizienten Luftreiniger, der aber leider gerade nicht funktioniert.« Kara deutete auf ihre an der Lagerhallenwand montierte Lüftungsanlage, die mit einer Reihe von robusten Ventilatoren und Luftkanälen ausgestattet war.

Schließlich wollte der dritte Polizist wissen: »Wie lange wird die Pflanze noch in Ihrem Atelier bleiben?«

»Bis spätestens morgen Mittag«, antwortete Kara.

Die Kriminalbeamten nickten einander zu und da der Gestank einfach unerträglich war, wollten sie das Atelier auch bald wieder verlassen. Sie durchquerten nur schnell noch die Lagerhalle, sahen sich da und dort um. Ihre misstrauischen Blicke schweiften über die Gemälde und Staffeleien, über die Tische mit den Skizzen und Malmitteln und auch über die vier Regale, die zu einem auffälligen Rechteck mitten im Raum zusammengestellt dastanden. Für die Polizisten schien hier alles in Ordnung zu sein, mit Ausnahme des abnormen Gestanks natürlich. Kara atmete erleichtert aus. Nur noch ein Moment und sie wäre wieder allein und in Sicherheit.

Doch dann hatte einer der Polizisten begonnen, die verwinkelten Wände abzuklopfen, und es schien ihm, als befände sich ein Hohlraum dahinter.

Er winkte die fünf anderen Polizisten herbei und zeigte ihnen seine Entdeckung. »Gibt es hier noch weitere Räume? Ich sehe nirgends eine Tür«, sagte er misstrauisch und sah Kara dabei eindringlich an.

Kara spürte eine eisige Welle durch ihren Körper strömen. Ihr Geheimraum! Er hatte doch tatsächlich ihren Raum entdeckt, von dem niemand etwas wissen durfte! Am allerwenigsten die Polizei! Sie krallte ihre Finger in die Tasche, fühlte das Innenfutter, drückte ihr Stachelarmband in die Haut und antwortete mit einer Stimme, die sie mühsam ruhig hielt: »Die Halle, wie Sie sehen können, ist überdimensioniert für eine einzelne Person wie mich. Also habe ich all die Wände hier einbauen lassen. Die Halle wird dadurch übersichtlicher. Hinter den Wänden ist nichts weiter als ungenutzter, leerer Raum.«

»Verstehe«, erwiderte der Polizist, während er weiterhin die Wände absuchte. »Aber haben Sie hier keine Blaupausen oder Baupläne von der Halle? Irgendwas, das uns zeigt, wie der ursprüngliche Zustand war?«

Kara spürte, wie ihr Herzschlag sich beschleunigte. »Leider nicht. Die Halle wurde vor langer Zeit gebaut und die ursprünglichen Pläne sind verloren gegangen.«

»Verloren gegangen? So wichtige Baupläne?«, hakte einer der Polizisten misstrauisch nach.

Kara versuchte, ihre aufkommende Nervosität zu verbergen und antwortete: »Ich habe die Halle vor Jahren in einem ziemlich heruntergekommenen Zustand erworben, müssen Sie wissen. Der inzwischen verstorbene Immobilienmakler war ein älterer Herr, der kaum noch Unterlagen besaß. Die meisten Dokumente, darunter auch die ursprünglichen Pläne, waren im Laufe der Zeit verloren gegangen oder wurden entsorgt. Er konnte mir daher keine Baupläne aushändigen, als ich die Halle kaufte.« Ihre Stimme klang ruhiger, als sie sich fühlte, aber in ihrem Inneren brodelte es nur so vor Angst.

Ein älterer Polizist, der bis dahin schweigend dabeigestanden hatte, räusperte sich. »Ich erinnere mich, dass in dieser Halle früher chemische Stoffe, insbesondere toxische Substanzen, gelagert wurden, bevor man hier den Wohnblock errichtete. Kurz davor musste die Halle stillgelegt werden, da das Unternehmen in Insolvenz ging.« Sein Blick schweifte durch den Raum, als würden die Bilder vor seinem inneren Auge erscheinen.

»Insolvenz, richtig, ich erinnere mich.« Kara spürte, wie die Anspannung weiter zunahm. Sie musste schnell denken und passende Antworten geben, um die Situation zu entschärfen.

In diesem Moment trat ein anderer Polizist, der bisher im Hintergrund geblieben war, vor. »Es ist nur, wir müssen sicherstellen, dass hier nichts Illegales vor sich geht. Können Sie uns nicht doch den Bereich hinter den Wänden zeigen?«

Kara zögerte einen Moment, dann antwortete sie: »Wie ich bereits sagte, ist da nur leerer Raum. Ich nutze ihn nicht. Es gibt dort nichts zu sehen.«

»Aber warum dann die ganze Mühe, abgeschlossene Räume zu errichten?«, hakte derselbe Polizist nach. »Es wäre doch einfacher gewesen, die Halle in ihrem ursprünglichen Zustand zu belassen und lediglich offene Trennwände einzusetzen.«

»Es ist eine Sache der Ästhetik«, entgegnete Kara schnell. »Ich bin Künstlerin. Ich brauche eine Umgebung, die Inspiration und Kreativität fördert. Ein großer Raum wirkt da eher entmutigend und einengend.«

»Einengend? Bei den Dimensionen, die diese Lagerhalle aufweist? Die Wände sind doch angeblich zum Verkleinern da, wieso dann einengend?« Die Polizisten tauschten skeptische Blicke aus, bevor sie sich erneut Kara zuwandten. »Frau Kowalski, bitte lassen Sie uns den Bereich hinter den Wänden überprüfen!«

Kara schluckte schwer und versuchte, ruhig zu bleiben, was kaum noch möglich war. Sie spürte, wie eine lähmende Kälte sie von innen her erfasste. »Wie ich schon sagte, es ist nur leerer Raum. Ich würde es Ihnen ja zeigen, aber ich habe momentan so viel zu tun und die Unordnung hier überall! Es wäre mir wirklich unangenehm!« Kara verlor ihre Fassung und stammelte plötzlich nur noch unzusammenhängende Worte.

»Sie zeigen uns jetzt augenblicklich den Raum, Frau Kowalski!«, forderte einer der Polizisten auf, und die anderen stimmten ihm bekräftigend zu.

Kara, fest entschlossen, sich zu verteidigen, erwiderte: »Haben Sie denn überhaupt einen Durchsuchungsbefehl? Sie können doch nicht einfach so in mein Atelier eindringen, ohne meine Zustimmung! Dies ist schließlich ein Privatgelände, und Sie haben kein Recht, ohne Erlaubnis hier einzutreten!« Ihre Worte widerhallten im Raum, während sie sich bemühte, ihre Beherrschung zu bewahren.

Einer der Polizisten trat vor, sein Gesichtsausdruck unmissverständlich ernst. »Frau Kowalski, normalerweise benötigen wir einen Durchsuchungsbeschluss. Aber wenn wir begründeten Anlass zur Annahme haben, dass sich hier etwas Verbotenes oder Beweismaterial für eine Straftat befindet, können wir gemäß den gesetzlichen Bestimmungen auch ohne Durchsuchungsbeschluss handeln.« Sein Blick fixierte Kara. »Angesichts der Tatsache, dass diese Halle früher für die Lagerung toxischer Substanzen genutzt wurde und wir starke Gerüche festgestellt haben, die bis in den Innenhof dringen, ist eine Durchsuchung mehr als gerechtfertigt.«

Kara spürte, wie ihre Knie schwach wurden, wie es ihr zunehmend schwerfiel, sich aufrecht zu halten. Durch ihre Frage hatte sie sich nun endgültig verdächtig gemacht und in eine verbale Sackgasse manövriert! Verzweifelt rang sie darum, passende Gegenargumente zu finden.

»Frau Kowalski, keine weiteren Verzögerungen!«, forderte der Polizist mit einer Stimme, die keinen Widerspruch duldete. »Zeigen Sie uns sofort diesen Raum! Andernfalls sehen wir uns gezwungen, entsprechende Maßnahmen zu ergreifen.«

Kara merkte, wie ihr die Situation nun endgültig entglitt, ein stechendes Gefühl der Panik durchfuhr sie. Mit zitternden Händen führte sie die Kriminalbeamten zu einer Stelle, wo die Wände aus Sperrholz zu einem rechten Winkel zusammenkamen. Sie griff nach einer Kante und zog daran, wobei die Wand sich zwar leicht bewegte, aber sich nicht öffnete. Stattdessen kam dahinter festes Material zum Vorschein. »Die Wände sind mit massivem Holz und Stahlplatten verstärkt«, erklärte Kara den Kriminalbeamten mit brüchiger Stimme. »Um da durchzukommen, bräuchten wir einen Trennschleifer und zusätzlich ein Schweißgerät. Ich habe beides nicht da.« Kara hatte sich inzwischen wieder etwas beruhigt und erklärte, dass ihre Aufregung daher rührte, dass sie um ihre Ölgemälde bangte – wertvolle Kunstwerke, die für eine bevorstehende Ausstellung bestimmt waren. »Ein Trennschleifer würde Holzstaub aufwirbeln, der sich in der noch feuchten Ölfarbe festsetzen könnte, und meine Gemälde sind nicht gegen solche Beschädigungen versichert«, argumentierte sie geschickt.

Die Polizisten sahen sich die verstärkte Wand genau an. Sie versuchten nun selbst einen Einblick zu gewinnen und erkannten an einem winzigen offenen Spalt, dass dahinter tatsächlich nur leerer Raum sein musste. Sie hielten es für unangebracht, das private Eigentum weiter zu beschädigen und deuteten Karas Nervosität als Sorge um ihre Gemälde. Die Tatsache, dass die Wand fest versiegelt war und keine Tür oder andere Zugangsmöglichkeit zu diesem Raum gefunden werden konnte, überzeugte sie letztendlich davon, dass Kara Kowalski nichts Verdächtiges zu verbergen hatte.

Ein Polizist wandte sich an Kara, sein Ton war bestimmt, aber nicht unfreundlich. »Frau Kowalski, ich verstehe, dass Sie als Künstlerin eine besondere Umgebung für Ihre Arbeit benötigen, einschließlich dieser riesigen Pflanze, die Sie abmalen. Dennoch müssen Sie sich um die Eindämmung des Geruchs kümmern, von dem die Anwohner sich belästigt fühlen, und zwar unverzüglich.« Er hielt kurz inne und fügte dann hinzu: »Und seien Sie sich darüber im Klaren, dass wir, sollten weitere Beschwerden eintreffen, gezwungen sind, wiederzukommen.«

Kara nickte anstandslos. »Natürlich, ich kümmere mich sofort darum.«

Ein letztes Mal noch warfen die Kriminalbeamten prüfende Blicke in die Lagerhalle. Dann gingen sie durch die Hintertür hinaus.

Erleichtert, aber zugleich vollkommen erschöpft, sank Kara auf das Sofa. In diesem Moment wurde ihr erst wirklich bewusst, wie sehr die Anspannung und die Begegnung mit der Polizei sie mitgenommen hatten. Sie fühlte sich zutiefst aufgewühlt. Die Titanenwurz hatte sie vor dem Gefängnis bewahrt! Sie holte tief Luft und musste kurz danach aufstoßen, so eklig roch es. Ihr war bewusst, dass es nicht nur der Geruch der Pflanze war, den sie einatmete, sondern auch der Gestank der sich zersetzenden Leiche. Gern hätte sie ihrer eigenen Geschichte Glauben geschenkt. Doch Leons Leiche war immer noch da.

Schaumbläschen hatten sich gebildet. Seltsam verrenkt, verätzt, verschrumpelt und in der Wanne eingekeilt lag der Körper in der Natronlauge. Kara hatte es gewagt, nachzusehen. Es war ein Anblick, der sämtliche Splatterfilme und alle Gore-Szenen, die sie jemals gesehen hatte, übertraf. Kara fand keine Worte dafür. Sie verbarrikadierte die Wanne wieder mit den Regalen und wandte sich der Leinwand mit der Skizze der indonesischen Riesenblume zu. Still begann sie zu arbeiten. Ihr kam der Gedanke, dass sie gerade das erste Bild in ihrem Leben als Mörderin malte. Dann redete sie sich wieder gut zu, dass sie sich nur verteidigt hatte und unter Drogeneinfluss überreagiert hatte und malte weiter. Obwohl Kara die

Wanne, so gut es ging, zu verdrängen suchte, konnte sie an nichts Anderes mehr denken. Die Bilder von Leons totem Körper hatten sich tief in ihr Gedächtnis eingegraben.

Als die Geräuschkulisse draußen unvermittelt lauter wurde und ein plötzliches Poltern sie zusammenzucken ließ, warf Kara einen verstohlenen Blick aus dem Fenster. Die Polizei informierte die Anwohner über die Ursache der Geruchsbelästigung. Einige klopften derweil an Karas Garagentor mit der Bitte, die seltene Pflanze sehen zu dürfen. Doch Kara reagierte nicht und schon bald leerte sich der Innenhof. Die Aufregung hatte sich gelegt. Sie holte den Müllsack mit Leons Kleidern und dem Corpus Delicti – dem Schlagring – und verließ über die Hintertür den Lagerraum.

Mit dem Auto fuhr Kara ziellos in östliche Richtung, weiter und immer weiter die Straße entlang, irgendwohin, nirgendwohin. Sie sehnte sich nach einem abgeschiedenen Ort, an dem sie sich erst einmal beruhigen konnte von der ganzen Aufregung und an dem sie niemand gleich erkannte. Einem Lost Place vielleicht. Sie musste ja irgendwo Leons Kleider mit samt dem Schlagring ungesehen entsorgen können. Kara sah nervös auf die Straße. Häuserblock an Häuserblock. Berlin zog an ihren Autofenstern vorbei und vermischte sich mit ihren hitzigen, hirnrissigen Gedanken. Ihr kamen vergessene Orte in den Sinn, brachliegende Gelände, auf denen kaum Menschen waren. Eine solche Gegend schien ihr perfekt zu sein, um sich der verräterischen Dinge zu entledigen. Und sie wusste auch schon, wo sie jetzt hinwollte.

Kara war im Spreepark angekommen. Sie stieg aus dem Auto und blickte sich vorsichtig um. Niemand war hier. Die Stille war unheimlich, nur das Rauschen der Spree war zu hören. Kara warf als Erstes den Schlagring ins Wasser. Sie sah den Wellenringen zu und erinnerte sich wieder an die Trance des Ayahuasca-Suds. Sie fühlte, wie ihre Gedanken langsam vorbeirauschten, wie auch die Spree still weiterfloss, sie endlich wieder frei atmen konnte, ein unendlicher Kreislauf. Ihr kam es wie eine Ewigkeit vor, als sie berauscht und mit erweitertem Bewusstsein von der Schamanensitzung nach Hause gekommen war. Dabei war es erst wenige Tage her – als hätte der Besuch beim Schamanen in einem anderen Leben stattgefunden.

Tief im Spreeparkinneren, bei einer Feuerstelle, entzündete sie schließlich Leons Kleider mit Brandbeschleuniger. Sie sah dem Lodern der Flammen und dem Knistern der Funken zu, bis die verräterischen Beweismittel in der Redoxreaktion mit dem Sauerstoff als Oxidationsmittel verschwunden waren. Nichts als Asche blieb übrig. Kara fühlte sich elendig beim Gedanken an Leon. Aber der Ort hier gefiel ihr, er war so eigenartig still und schön, niemand außer ihr schien hier zu sein, und die sie umgebenden, teilweise monströsen Wesen beflügelten ihre Fantasie.

Kara folgte einem Pfad. Überall ragten Monumente des einstigen Vergnügungsparks in die Höhe, überwuchert und der Natur schon längst ergeben, wirkten diese stillen Zeugnisse nur noch sonderbarer, verwirrten und verwunderten sie. Ihr Blick fiel auf ein Drachenmaul in schillernden Regenbogenfarben. Es glich jedoch mehr einer Wildkatze und war die Tunnelöffnung einer Achterbahn. Der Wind zog durch die verrosteten Strukturen und ließ das Riesenrad knirschend sich langsam drehen. Unweit davon entdeckte Kara ein Karussell, das von einer dicken Schicht Herbstblättern überdeckt war. Auf einem trüben Teich sah sie Schwanengondeln ziellos dahintreiben. Sie folgte einem anderen Weg, der sie tiefer in den Spreepark führte. Ein verwittertes Wikingerschiff, das von zwei querliegenden Brücken betreten werden konnte, lenkte ihren Blick auf sich. Kara konnte sich lebhaft die fröhlichen Rufe der Parkbesucher vorstellen, die einst hier entlangfuhren. Lokomotivschienen kreuzten ihren Weg und mündeten in den Schlund eines Wolfsrachens. Daneben befand sich eine Wildwasserbahn. In der Ferne machte sie riesenhafte Dinosaurierskulpturen aus.

Es war total bizarr hier, dachte sie begeistert. Morbide und zugleich märchenhaft, ein verwunschener und verwilderter Ort. Ein Lost Place, wie ihn Kara brauchte, um große Kunst erschaffen zu können. Nur bedrückte es sie, den Spreepark deshalb aufgesucht zu haben, um die Tatortbeweismittel zu entsorgen. Sie war zu erschöpft, um jetzt gleich wieder loszufahren, die letzten Tage hatten ihr übel zugerichtet. So konnte es nicht weitergehen! Das würde sie keine zwei Wochen mehr aushalten! Sie ging zu ihrem Auto zurück. Immer wieder machte sie sich Vorwürfe, doch auch die Stille und Schönheit des Orts blieben ihr noch in den Gedanken. Sie klappte den Fahrersitz nach hinten und döste nach wenigen Momenten des Grübelns vollkommen erschöpft weg.

4

Kara erwachte aus ihrem ersten durchgehenden Schlaf seit Leons Tod. Erschrocken griff sie nach ihrem Handy und sah, dass es bald Mittag war. Ihr Navigationssystem zeigte an, dass sie ungefähr dreißig Minuten bis zu ihrer Lagerhalle benötigen würde. Der Professor hatte angekündigt, sie um Punkt zwölf mittags in ihrem Atelier zu besuchen. Das würde verdammt knapp werden, schoss es Kara durch den Kopf. Sie drehte den Zündschlüssel um und trat aufs Gaspedal – die Reifen quietschten auf dem Asphalt, als ihr Auto lospreschte. Im Rückspiegel sah sie, wie der Spreepark allmählich kleiner wurde und schließlich ganz aus ihrem Sichtfeld verschwand.

Als sie in die Straße vom Botanischen Garten einbog, erkannte sie schon von weitem den Professor auf den Wohnblock zugehen. Über die Hintertür betrat sie gehetzt die Lagerhalle und richtete sich in ihrem Atelier ein. Der Leichengestank war intensiver als am Vortag und kaum auszuhalten. Es klopfte. »Hallo!«, hörte sie den Professor rufen. »Einen Augenblick bitte!«, antwortete Kara. Sie drückte einen Hebel und ließ das Garagentor hochfahren in der Hoffnung, der Verwesungsgeruch würde sich mit der Herbstluft durchmischen und einigermaßen erträglich sein.

»Wie beeindruckend!«, sagte der Professor, als er eintrat. »So intensiv habe ich die Titanenwurz noch nie gerochen! Wenn ich es nicht besser wüsste, dann würde ich meinen, dass hier eine richtige Leiche am Verwesen ist. Erstaunlich, dass die Amorphophallus Titanum in ihrem Atelier so intensiv riecht!« Er hatte die großen, faszinierten Augen eines Kindes. Seine Begeisterung für die Wissenschaft war geweckt. Der Professor schaute sich ihre Gemälde an, Kara ging neben ihm her. In der ganzen Lagerhalle waren ihre großformatigen Werke aufgestellt, teils an der Wand hängend, teils noch unfertig auf Staffeleien stehend. »Die Stimmungen in Ihren Gemälden rufen bei mir die mystischen Welten von Hieronymus Bosch und H. R. Giger in Erinnerung, während Ihr Malstil vielschichtig und innovativ ist und Sie immer wieder etwas Neues wagen«, äußerte sich der Professor voller Anerkennung. Kara nickte stumm. »Sie müssen wissen«, fuhr der Professor fort, »dass ich im Nebenfach Kunstgeschichte studiert habe. Kunst ist neben der Botanik meine große Leidenschaft. Raten Sie mal, wer mein Lieblingskünstler ist?«

»Henri Rousseau«, sagte Kara.

»Wie kommen Sie auf diesen Maler?«, fragte der Professor erstaunt.

»Henri Rousseau, wie Sie wissen, hat unzählige Stunden im Botanischen Garten von Paris verbracht. Er hat sich dort von all den exotischen Pflanzen inspirieren lassen. Seine Bilder sind wie Träume, voller fremdartiger Schönheit. Vielleicht lieben Sie ja gerade das an seinen Gemälden – diese Mischung aus echter Botanik und wilder Fantasie. Seine Dschungelbilder sind voll von Pflanzen, die es so im echten Dschungel gar nicht gibt, und Tieren, die er nie wirklich gesehen hat. Das ist doch faszinierend, oder? Für Sie als Botanik-Professor müsste das wie ein Rätsel sein – echte Pflanzenarten, die in völlig neuem Kontext auftauchen. So als ob der Botanische Garten selbst zu einem Kunstwerk wird, das man betreten kann. Da entdeckt man ständig neue Details, neue Muster, immer wieder eine andere Sicht auf die Natur.«

Der Professor schaute Kara überrascht an. Er kramte ein Taschentuch aus seinem Sakko hervor und tupfte sich die Stirn. »Sie verblüffen mich, Kara!«, begann er mit viel Begeisterung in der Stimme und räusperte sich. »Sie scheinen wirklich eine gute Menschenkennerin zu sein. Ich hätte es nicht treffender formulieren können. Ich muss gestehen, ich habe es nicht für möglich gehalten, dass Sie mich so durchschauen können. Als wäre ich ein offenes Buch für Sie. Das ist ja fast schon beängstigend.« Wieder räusperte er sich und strich sein Sakko dabei glatt.

Kara lächelte und wollte gerade eine Antwort geben, als sie hinter ihrem Rücken ein Geflüster und Gemurmel hörte. Mehrere Anwohner hatten sich ins Atelier geschlichen, um die Kunstwerke zu betrachten. Noch nie hatte irgendjemand vom Wohnblock das abgeschottete Atelier zu Gesicht bekommen, von dem regelmäßig in Zeitungen und Magazinen berichtet wurde. Immer mehr Anwohner betraten neugierig die Lagerhalle. Ausgerechnet jetzt, dachte Kara mit Entsetzen. Wo kamen denn all die Menschen bloß her? Warum konnte sie nicht einfach in Ruhe gelassen werden? Ihre Nerven lagen blank. Wenigstens hatte sie diese Nacht geschlafen, sonst hätte sie jetzt nicht die Kraft gehabt, in so einer Situation auch noch stark zu bleiben. Sie wollte dem ein Ende setzen und die Masse rausscheuchen, doch dafür müsste sie das Garagentor schließen, was den Leichengestank wieder unerträglich machen würde.

»Eine Leiche! Eine Leiche!«, brüllte eine Schar von Kindern aufgeregt umherrennend. »Irgendwo in dieser Halle ist eine Leiche versteckt! Es stinkt nach einer Leiche! Lasst sie uns suchen!« Und schon bald sammelte sich die Kinderschar um die vier, quadratförmig zusammengestellten Regale. »Wir haben sie gefunden! Hinter den Regalen ist die Leiche versteckt!«, riefen die Kinder triumphierend und mit vereinten Kräften waren sie drauf und dran, die Regale wegzuschieben. Sie riefen sich immer wieder unverständliche Worte zu, drei aufgeregte Jungen voran: Justus, etwas pummelig und das Gehirn des Trios, Peter, athletisch und der Mutigste von ihnen, und Bob, der ordentliche und sorgfältige Organisator der Gruppe. Kara war nicht entgangen, dass die drei cleveren Jungs schon mehrmals um ihre Lagerhalle geschlichen waren, und sie hatte mitbekommen, wie sie sich gegenseitig ihre Namen zuriefen und sich Anweisungen erteilten. Während sie den Wohnblockinnenhof neugierig inspizierten, hatte Kara den Kindern kaum Beachtung geschenkt, da sie in ihnen keine reale Bedrohung sah. Doch jetzt schien es, als ob Justus, Peter und Bob kurz davor waren, ihr düsteres Vorhaben aufzudecken!

Kara wurde schwindelig, sie musste sich an einer Staffelei festhalten. Sie wollte die Kinder wegscheuchen, konnte sich aber, gelähmt vor Schreck, kaum mehr bewegen, zudem drängten sich jetzt die Erwachsenen um die Regale. Der Professor, besorgt um seine Titanenwurz, scheuchte behände die Kinder und Erwachsenen weg. »Nicht doch!«, rief er. »Seid vorsichtig und haltet Abstand zu dieser wertvollen und seltenen Pflanze, die zugegebenermaßen einen unglaublich morbiden Duft verströmt.« Er hielt eines der Kinder fest am Arm und tadelte es, nicht weiter an dem Regal herumzureißen. Es war der Junge, der Justus hieß. Kara rang nach wie vor darum, ihre Fassung wiederzuerlangen. Ihre Finger umkrallten das Holz der Staffelei und ihre Knöchel waren schon weiß geworden. Selbst ihr Stachelarmband brachte sie gerade nicht zur Besinnung. Der Professor war nicht kleinzukriegen. Er beschützte seine Titanenwurz, breitete die Arme vor den Regalen aus und rief: »Nun ist es aber gut, liebe Kinder!«

Die Kinder wichen zurück, dennoch waren sie nicht ganz einverstanden und wollten ihre Neugier befriedigen.

»Der Gestank kommt aber gar nicht von der Pflanze!«, rief Justus energisch, »er kommt von dem, was sich hinter den Regalen befindet! Er kommt nämlich von der Leiche!«

Der Professor lachte laut auf und auch mehrere Anwohner lachten mit. Die schreienden Kinder wurden schließlich von ihren Müttern eingesammelt, die kleineren bei der Hand genommen und aus dem Atelier gezerrt. Zu sehr hatte die Titanenwurz die Kinder mit ihrem Geruch aus der Fassung gebracht, außerdem hatten sie in einem Kunstatelier nichts verloren, wie die Erwachsenen meinten. Der Professor, vor der indonesischen Riesenblume stehend, hatte nun die volle Aufmerksamkeit und begann einen Vortrag über diese weltgrößte Blume zu halten.

Nach und nach leerte sich die Lagerhalle, bis nur noch Kara und der Professor zugegen waren. Die kühle Nachtluft strömte herein und der Verwesungsgeruch war beinahe verschwunden. Inzwischen hatte Kara sich wieder gefangen. Sie schaute nach, ob noch alle ihre Bilder vorhanden waren und sie nicht bestohlen worden war. Anscheinend war aber alles an seinem Platz.

»Viel ist von der Amorphophallus Titanum noch nicht zu sehen!«, sagte der Professor und deutete auf die Vorzeichnung.

Kara nickte bedrückt.

»Wissen Sie was?«, sagte der Professor, »Sie können die Titanenwurz gern noch ein wenig in Ihrem Atelier behalten.«

Kara blickte ihn überrascht an. »Geht das denn? Die Blume fehlt doch jetzt im Botanischen Garten. Viele Leute reisen doch von weit her, nur um diese Pflanze zu sehen, wenn sie wenige Tage blüht.«

»Machen Sie sich darüber keine Sorgen«, sagte der Professor. »Sie sind eine bedeutende Künstlerin und Ihr Schaffen hat Vorrang. Die Titanenwurz bleibt in Ihrem Atelier, sodass Sie die indonesische Riesenblume in aller Ruhe porträtieren können. Ich würde mich über das Gemälde von der Amorphophallus Titanum sehr freuen, das Sie unserer Fakultät als Schenkung überlassen wollen. Malen Sie Ihr Bild ruhig erst einmal zu Ende. Nun aber muss ich los, an der Universität findet eine Konferenz statt.«

Kara nickte zustimmend und bedankte sich. Die beiden verabschiedeten sich. Als der Professor gegangen war, ließ sie das Garagentor herunter und verriegelte sämtliche Türen mehrfach mit einem Sicherheitsschloss. Niemand sollte mehr ihr Atelier betreten, niemand! Vorsichtig rückte sie die Regale zurecht. Ihr schien es wie ein Wunder, dass die Leiche nicht entdeckt worden war. Sie konnte von Glück reden, dass die Feststellungen der Kinder als bloße Flausen abgetan worden waren – wie so oft wissen Kinder mehr von der Wahrheit als Erwachsene. Kara musste einfach alles geben, sich konzentrieren und fokussieren. Sie durfte sich nicht von ihren Gefühlen leiten lassen. Beinahe wäre die Leiche gefunden worden! Sollte sie jetzt nachschauen, ob sich Leons Körper endlich zersetzt hatte? Sie konnte einfach nicht mehr. Sie wollte sich diesem ekelhaften Anblick nicht noch einmal stellen. Jetzt gerade hatte sie einfach nicht die Kraft dazu. Der Tag hatte zu viel von ihr abverlangt. Und es stank ja auch noch bestialisch, bestimmt lag der verschrumpelte, steif gewordene Körper immer noch dort drin. Wie ein verletztes Tier schlich sie um die Stelle ihrer größten Wunde herum – der Wanne hinter den Regalen –, räumte noch auf und ging dann hoch, um sich schlafen zu legen. Die Stufen nahm sie inzwischen mit Bedacht und nur sehr langsam. Sie hielt sich am Geländer fest, hatte sie doch Leons Sturz ständig vor Augen. Sämtliche Türen waren mehrfach verriegelt und niemand mehr sollte ihr Atelier betreten können. Sie wollte endlich einmal allein sein. Nur in der Einsamkeit fühlte sie sich beschützt und konnte etwas entspannen. Mit diesen beruhigenden Gedanken, dass sie alles mehrfach gesichert und verschlossen hatte, schlief sie ein.

5

Der Tag begann ruhig. Kara hatte sich mittlerweile an den durchdringenden Pflanzengeruch und den noch intensiveren Verwesungsgeruch halbwegs gewöhnt, sodass diese schwere Duftmischung für sie inzwischen einigermaßen erträglich war. Sie trank Schwarztee, rauchte Shisha und blickte versonnen aus dem Fenster in den leeren stillen Innenhof. Nur das Blätterrauschen im Baum war zu hören. Die dunkle Außenwelt erwachte in leuchtenden Herbstfarben. Klares Licht durchflutete das Atelier; die Strahlen fielen so hell ein, dass sie die Staubkörner darin schweben sehen konnte. Es war ein angenehmer Herbsttag, ein perfekter Tag mit optimalen Verhältnissen, um die Titanenwurz zu porträtieren. Dieser Tag würde hoffentlich nur Gutes für sie bereithalten, dachte Kara.

Nach der Grundierung und Vorzeichnung auf der Leinwand begann sie mit Ölfarben, die erste von mehreren lasierenden Farbschichten aufzutragen, wobei sie das Eisenoxidrot und das Chromgelb behutsam mit dem Zinkweiß und dem Chromoxidgrün ineinander verlaufen ließ, um einen sanften und nebelhaften Sfumato-Effekt zu erzielen. Mit jeder zusätzlichen Schicht vertiefte sie die Farbintensität und schuf noch feinere Übergänge.

Bis zum Mittag hatte sie die vierte Farbschicht aufgetragen. Der Verwesungsgeruch war sichtlich milder geworden und störte kaum noch. Zudem funktionierte die Lüftungsanlage wieder. Bedeutete der milde Geruch nicht, dass die Leiche sich endlich aufgelöst hatte? Ein perfekter Tag. Kara war zufrieden. Ohne dass sie irgendwer störte, kam sie zügig voran mit dem Malen. Doch als sie die dritte Farbschicht auftragen wollte, hörte sie von draußen ihren Namen rufen. Es war die Stimme des Professors, wie Kara erkannte. Da sie sämtliche Türen verriegelt und die Schlüssel noch oben im Schlafzimmer liegen hatte, drückte sie den Hebel, um das Garagentor zu öffnen. Sie schaltete auch gleich die Kaffeemaschine ein. Ein Tässchen Kaffee würde dem Professor sicher guttun. Als sie sich aber dem nun offenstehenden Garagentor zuwandte, glaubte sie ohnmächtig werden zu müssen.

»Heute Morgen kam mir eine wunderbare Idee!«, rief der Professor enthusiastisch. »Kunst und Botanik bilden in ihrem Atelier eine faszinierende Symbiose. Und diese einmalige Gelegenheit darf der Biologischen wie auch Kunsthistorischen Fakultät nicht vorenthalten werden, wie ich finde. Außerdem habe ich die angereisten Besucher, die die Titanenwurz so gern sehen wollen, gleich mitgebracht.« Er drehte sich um und deutete auf die unzähligen Menschen, die sich im Innenhof versammelt hatten und mit neugierigen Blicken nur darauf warteten, sich ins Atelier zu drängen. »Ist das nicht wundervoll? Viele Studierende der Kunstgeschichte und der Biologie sind extra hierhergekommen, um Ihre Werke und die indonesische Riesenblume zu erleben! Hier haben wir sogar einen Professor für Botanik aus Japan und seine Frau, die nur für die Titanenwurz angereist sind. Letztes Jahr ist unsere gemeinsame Herausgeberschrift erschienen. Und nun sind wir alle hier zusammen. Zudem« – der Professor deutete auf die beiden neben ihm stehenden Personen, die wuchtige Fotoapparate bei sich trugen – »konnte ich zwei namhafte Journalisten motivieren, über die Amorphophallus Titanum und ihre Kunst eine Reportage zu schreiben. Was sagen Sie nun? Das habe ich doch gut hinbekommen, nicht wahr? Ich glaube, heute wird einer der besten Tage des Jahres!«

Kara musste sich an ihr Garagentor lehnen. Sie blickte die Masse an Menschen an, die vor ihr stand. Warum? Kara war sprachlos. Das bisschen innere Ruhe vom Morgen war längst einer Panik gewichen, die sie nur mit größter Mühe verbergen konnte. Ihr wurde es heiß in den Schläfen, eiskalt lief es ihr den Rücken hinab. Sie schwitzte und fror gleichzeitig, wenn das überhaupt möglich war. Ängstlich überblickte sie noch einmal die Menschenmasse aus Studierenden, zwei Reportern, dem Professor, und wie sie erkennen konnte, spähten viele Anwohner aus ihren Fenstern und waren drauf und dran, sich wieder in den Innenhof zu begeben. »Nein«, stotterte Kara leise, »nein, ich kann heute niemanden empfangen, ich –«

»Wundervoll!«, rief der Professor. »Die Künstlerin ist sprachlos vor Glück! Immer nur hereinspaziert! Kommt, es ist genug Platz für alle in diesem riesigen Atelier!« Und als er dies sagte, strömte die Menschenmenge in die Lagerhalle. Wie ein Zirkusdirektor schleuste er die ganze Menge hinein. Er lachte dabei und winkte allen zu. Sie alle winkten fröhlich zurück. Der Professor wusste nicht, was er tat.

Kara konnte ihr Gleichgewicht kaum mehr halten vor Fassungslosigkeit. Benommen setzte sie sich auf ein Sofa. Ein fürchterlicher Tumult war über die so friedliche Stille hereingebrochen; doch es sollte noch schlimmer kommen, denn Kara hörte aus der Ferne schon die Kinder brüllen: »Eine Leiche befindet sich hinter den Regalen! Hinter den Regalen ist eine Leiche versteckt!« Dieses Mal würde sie nicht durchkommen. Noch ein zweites Wunder gab es nicht. Sie war völlig verzweifelt. Sie drückte ihr stacheliges Armband in die Haut, bis sie sich langsam wiederfand.

Mit ihren Handykameras fotografierten die Studierenden jeden Winkel der Lagerhalle. Penibel wurden die Kunstwerke diskutiert, über dem Atelier lag ein leidenschaftliches Stimmengewirr. Als Kara aufstand, wurde sie sogleich von einem Blitzlicht getroffen. Geblendet kniff sie die Augen zusammen. Einer der Journalisten stellte ihr Fragen über Fragen, die sie geduldig zu beantworten versuchte – ständig schielte sie zu den Regalen hinüber, wo bereits die Kinder mit neugierigen Blicken herumstanden. Sie konnte sich kaum konzentrieren und haspelte die Antworten nur so hinunter. Sie hoffte, der Journalist möge bald fertig sein; doch der redete unermüdlich weiter. Als sie aber sah, dass sich die Kinder nun tatsächlich an den Regalen zu schaffen machten, zwängte sie sich durch die Menschenmenge. Harsch packte sie zwei der Kinder, schüttelte sie gehörig durch und zischte: »Schert euch fort oder ich schneide euch die Zungen raus!« Es waren zwei der drei Jungen, die schon einmal in ihrem Atelier die ganze Kinderschar gegen sie aufgehetzt hatten: der athletische mit Namen Peter und der galante Junge, der Bob hieß. Wieder wurde Kara von einem Blitz getroffen – der zweite Journalist hatte sie fotografiert – und das gleißendhelle Licht machte sie für kurze Zeit blind.

»Eine Leiche ist hinter den Regalen versteckt«, hörte sie erneut den pummeligen Justus sagen.

»Wirklich?«, fragte der Journalist.

»Ja! Ja! Ja!« Die Kinder riefen wild durcheinander. »Eine Leiche!«

Der Journalist schmunzelte. »Wollen wir nachsehen, was sich hinter den Regalen befindet?«

»Ja! Genau! Unbedingt!«, schrien die Kinder aufgeregt, allen voran Justus, Peter und Bob. Kara bekam keine Luft mehr. Sie begann, zu hyperventilieren. Auch ihr Armband half nicht mehr.

»Nur Flausen habt ihr im Kopf!«, knurrte eine erboste Stimme. Das war der Professor, der besorgt um die Titanenwurz war, denn die Kinder kamen der Blume gefährlich nahe. Sie tobten um die Pflanze herum, versuchten wieder an den Regalen zu rütteln, sie beiseite zu schieben. »Geht weg! Sofort! Ihr habt hier nichts zu suchen!«, schimpfte er und die Kinder ergriffen die Flucht in Richtung Ausgang.

Kara atmete durch. Das war gerade nochmal gut gegangen. Für einen Moment hatte sie geglaubt, der Journalist würde tatsächlich eines der Regale wegschieben, um spaßeshalber die Aussage der Kinder zu prüfen. Ihr Atem normalisierte sich. Dennoch waren nach wie vor viel zu viele Menschen hier in der Lagerhalle.

»Heute ist wohl der letzte Tag, an dem die Amorphophallus Titanum blüht«, erklärte der Professor den Journalisten. »Ich wäre euch sehr dankbar, wenn ihr mir dieses kostbare Gewächs von allen Seiten fotografieren könntet.«

Einer der Journalisten merkte an: »Hierfür müssten wir die Pflanze aber mehr in die Mitte des Raumes rücken, denn sie steht zu nahe bei den Regalen.«

»Nein, nein«, wandte der Professor ein, »die Titanenwurz darf nicht bewegt werden, sie befindet sich jetzt in ihrer empfindlichen Schlussphase und könnte beschädigt werden. Ihr merkt ja selbst, dass er kaum noch seinen typischen Geruch absondert. Umso öfter eine Pflanze verstellt wird, umso mehr gerät sie aus ihrem natürlichen Gleichgewicht, erst recht unsere Titanenwurz in ihrem letzten Erblühen! Rückt stattdessen lieber die Regale weg!« Kara wollte dazwischen gehen, doch so schnell konnte sie gar nicht reagieren, da hatten die Journalisten bereits das vordere der vier Regale zur Seite geschoben. Sie rief »Nein!«, aber es hörte sie keiner. Das »Nein« war ihr im Hals stecken geblieben, solche Angst hatte sie. Gleich würden alle die Überreste von Leon entdecken. Was würde der Professor sagen? Sie knetete ihre Finger. Ihre Haut war vom vielen Drücken des stacheligen Armbands ins Fleisch schon ganz rot und wund. Schweißperlen traten auf ihre Stirn. Gleich war es mit ihrem bisherigen Leben vorbei. Die mit Aluminiumfolie umhüllte und mit Brettern zugedeckte Badewanne kam zum Vorschein; und als die Journalisten auch die restlichen Regale zur Seite rückten, stand die Wanne jetzt frei im Raum, für jeden gut sichtbar.

Das Wegrücken der Regale lenkte die Aufmerksamkeit der Studierenden auf die Titanenwurz. Mit ihren Handys fotografierten sie die Riesenblume. Um die indonesische Pflanze auch aus ungewohnter Perspektive ablichten zu können – von oben herab –, stieg einer der Journalisten auf die Bretter, die über die Badewanne gelegt waren und den grässlichen Anblick als Letztes noch verdeckten. Kara wurde schwindlig. Das morsche Holz knirschte und knackte, und wie Kara erkannte, würden die Bretter bald nachgeben und der Journalist in die Brühe mit der aufgelösten Leiche fallen. Geistesgegenwärtig packte sie ihn an den Beinen und stellte ihn auf dem Boden ab. »Bitte! Ich mische hier Farbe an! Bitte seien Sie doch vorsichtig!« Eine bessere Ausrede war ihr in dem Moment nicht eingefallen. Der Journalist protestierte und wollte sich nur auf den Rand der Wanne stellen. Da würde doch nichts kaputtgehen, redete er auf sie ein. Schließlich riss ihr der Geduldsfaden und sie hob ihn hoch. »Ich messe zwei Meter«, sagte sie, »auf meinen Schultern können Sie die Riesenblume aus noch steilerer Perspektive fotografieren.« Der Journalist fand seine neue Perspektive ungemein amüsant, hockte sich auf Karas Schulter und fotografierte wie wild die Riesenblume. Auch die anderen Gäste wirkten belustigt. Kara wurde regelrecht zur Akrobatin, Hauptsache die Menge wurde von der Wanne abgelenkt.

Als Kara den Journalisten absteigen ließ, bemerkte sie mit Entsetzen, dass ein korpulenter Student auf der Badewanne Platz genommen hatte. »Steh auf! Weg von der Wanne!«, fuhr sie ihn an. Sie zog an seinem massigen, schwabbeligen Unterarm. Die anderen Besucher schauten und schnatterten. Einige kicherten. Kara bot einen seltsamen Anblick. »Ich muss doch sehr bitten!«, rief der Professor. Er fühlte sich schuldig. Immerhin hatte er die ganzen Leute hergebracht. »Bitte erheben Sie sich doch!« Nur langsam richtete sich der träge Student auf – eines der Bretter knickte ein – und er trottete fort.

Eine viskose Brühe, die in ihrer Konsistenz an Motoröl erinnerte, konnte Kara unter der durchgerissenen Aluminiumfolie erkennen und ein strenger Geruch nach Verwesung stieg auf. »Was ist denn das für eine eigenartig riechende Brühe?«, wollte eine Studentin wissen. Doch der Professor wedelte mit den Armen und bat lautstark alle Gäste um Ordnung. Er dirigierte die Journalisten, alles wieder so herzurichten, wie es vorher gewesen war. Damit zog er sämtliche Aufmerksamkeit auf sich. Die Studentin trat beiseite, als sie merkte, dass die beiden Journalisten damit beschäftigt waren, die vier Regale an ihren vorherigen Platz zu rücken. Erleichtert atmete Kara auf. Die Badewanne war nicht mehr zu sehen und auch die Studentin schien ihre Frage zwischenzeitlich wieder vergessen zu haben. Alle hörten auf das Kommando des Professors, der in seiner Rolle als Zirkusdirektor regelrecht aufging. Ein richtiger Showmaster war er. Kara hatte ihn noch nie so erlebt. In wenigen Minuten war das Atelier wiederhergestellt. Der Professor entschuldigte sich noch einmal für die Unannehmlichkeiten. »Aber dafür kommen Sie morgen in die Zeitung! Das war es doch wert!«, lachte er sie strahlend an. Sie zwang sich zu einem Lächeln und bedankte sich bei ihm. Als wäre sie nicht sowieso schon ständig in der Zeitung und als würde sie noch mehr Medienrummel gerade jetzt brauchen. Die ersten Gäste wollten nun gehen. Kara entkrampfte sich langsam und bedankte sich bei ihrer Verabschiedung.

Als der Abend hereinbrach, legte sich das Stimmengewirr. Die letzten Studierenden verließen nun auch die Lagerhalle und es waren nur noch der Professor und Kara im Atelier. Endlich, nach endlosem Monologisieren, erhob sich auch der Professor guten Mutes. Er streckte sich beim Erheben vom stylishen Sofa, das die Form und Farbe zweier sinnlicher Lippen hatte, und sah sichtlich zufrieden aus. Er hatte wirklich nicht die leiseste Ahnung. Wie gern hätte Kara gleich allesamt hinausgeworfen oder besser gar nicht erst hineingelassen, doch das war einfach nicht möglich gewesen. Sie hatte das alles aushalten müssen, bis auch der Letzte gegangen war. Andernfalls hätten die Leute nur Verdacht geschöpft.

Gemeinsam hievten sie die indonesische Riesenblume auf den Rollwagen, schoben sie durch die Hintertür und brachten sie zum Botanischen Garten zurück. »Ein prächtiges Exemplar, unsere gute Titanenwurz!«, meinte der Professor und schaute ganz vernarrt auf seine Pflanze. Nun endlich verabschiedeten auch sie sich. »Was für ein wunderbarer Abend, Kara! Sowas müssen wir öfters machen.« Kara säuselte gekonnt zurück. Ihr fiel ein Stein vom Herzen. Wieder grenzte es an ein Wunder, dass sie um Haaresbreite davongekommen war. So drückten sich beide herzlich und zufrieden – die eine erleichtert, der andere erfüllt. Der Professor spürte auch Karas gute Stimmung und missdeutete sie. Wie war es nur möglich, dass sie bei allen Strapazen und Gefahren unentdeckt geblieben war, fragte sich Kara auf dem Rückweg. Sie war wohl doch eine brillante Schauspielerin. Oder konnten sich die anderen einfach nicht vorstellen, dass es wirklich eine Leiche gab? Vielleicht hatten der Professor und seine Gäste einfach zu wenig Imagination. Egal. Hauptsache, sie konnte alles vertuschen und durfte endlich in ihr altes Leben zurückkehren.

Wieder in ihrem Atelier angekommen, hörte Kara leise Geräusche. Jemand war noch hier in ihrer Lagerhalle und machte sich an den Regalen zu schaffen. Stockdunkel war es. Sie knipste einen Scheinwerfer an und richtete ihn auf die Regale. »Ihr schon wieder!«, rief sie und lief auf die Kinder zu, die ertappt und mit offenen Mündern dastanden. Sie packte gleich alle drei grob am Arm und fauchte sie an: »Was habt ihr hier zu suchen?« Doch keiner traute sich, auch nur ein Wort zu sagen. Kara zog sie zum Sofa hinüber. »Hinsetzen!«, herrschte sie die Jungen an und richtete einen weiteren Scheinwerfer auf die drei. Geblendet von dem grellen Licht hielten sie sich die Hände vors Gesicht. Kara drehte den Scheinwerfer um und gegen sich selbst. Karas gepiercter, blasser Gothic-Punk-Look, das Panther-Tattoo, die gestylten schwarzen Haare, das Stachelhalsband und ihre giftgrünen Augen kamen bei den Jungen eigentlich gut an, dennoch blieben die drei angespannt. »So habe ich es ja gar nicht gemeint«, redete Kara in einem nun gefassteren Ton als bevor und bückte sich zu ihnen hinab. Daraufhin beruhigten sie sich ein wenig. »Ihr könnt mir gern über euch erzählen, ich bin sehr gespannt«, sagte sie versöhnlich. Das Trio nickte. Justus erklärte zuerst, dass sie drei in Berlin Ferien machten und bei seinen Verwandten in diesem Wohnblock untergekommen seien. Sie kämen aus Rocky Beach, einer Stadt an der kalifornischen Westküste. Peter fügte hinzu, dass ihre Begeisterung für Alfred Hitchcocks Kriminalfälle sie dazu inspiriert habe, in einem alten Wohnwagen auf einem Schrottplatz ihre eigene Detektivzentrale einzurichten. Bob nickte und betonte, dass ihre Leidenschaft für Rätsel sie schon in viele Abenteuer geführt habe und dass ihr Berlin-Aufenthalt voller Geheimnisse sei. Kara hörte ihnen aufmerksam zu, zeigte sich interessiert und wollte dann von ihnen wissen: »Verratet mir doch mal eines: Wie seid ihr in meine Lagerhalle reingekommen? Alle Türen waren doch fest verschlossen.« Zuerst wollte keiner der drei etwas sagen, Bob und Peter sahen verlegen auf den Boden. Dann aber kramte Justus in seiner Hosentasche herum und zog etwas Glänzendes, Gekrümmtes heraus. »Ein Dietrich. Aha!«, sagte Kara erstaunt und nahm ihn Justus sofort aus der Hand. »Sieh an! Ihr seid ja richtig gerissen!« Die drei grinsten. Sie zwinkerte den dreien mit einem Lächeln zu und fragte dann ernst: »Wissen eure Eltern von dem Dietrich und dass ihr damit in fremde Wohnungen einsteigt?« Die drei schüttelten erschrocken ihre Köpfe und baten Kara eindringlich, niemanden etwas davon zu erzählen, schon gar nicht ihren Berliner Verwandten. »Okay«, sagte Kara locker. Sie nahm einen Stuhl und setzte sich zu ihnen hin. Die drei warfen sich erstaunte Blicke zu. Wollte diese hippe Lady nun tatsächlich dichthalten? »Ich sage zu niemandem auch nur ein Sterbenswörtchen«, versicherte Kara, »wenn ihr mir schwört, nie wieder auch nur in die Nähe meines Ateliers zu kommen. Haben wir uns verstanden?« Peter und Bob nickten eifrig, eine große Erleichterung war ihren Gesichtern anzumerken. Nur Justus sah so aus, als wäre er damit nicht ganz einverstanden.

Kara brachte die drei Jungen nach draußen und klärte sie beim Hinausgehen über diesen leichenartigen Geruch auf: Sie hätte vor ein paar Tagen in der Wanne eine größere Menge Dispersionsfarbe angerührt, weil sie die Wände der Lagerhalle neu streichen müsse. Und da es sich um konservierungsmittelfreie Farbe handle, könne es schon mal passieren, dass die Emulsion aus Füllstoffen, Binde- und Lösungsmitteln nach nur kurzer Zeit einen fauligen Geruch absondere. Die Farbe kann zwar immer noch verwendet werden. Aber klar. Kara nickte. Das riecht natürlich verdächtig nach Verwesung und es wäre nun an der Zeit, sie bald mal aufzubrauchen. Die drei hatten noch Fragen. Aber Kara schüttelte den Kopf. Nein, sie könne ihnen die Wanne nicht zeigen. Es sei schon sehr spät. Überdies müssten sie schon längst zu Hause sein. Behutsam schob sie die drei Jungen aus der Tür und schloss ab.

Nun endlich war sie allein! Wieder hatte sie einen schrecklichen Tag überstanden. Wie hielt sie das alles bloß aus! Kara warf noch einen Blick in die Wanne. Die Leiche hatte sich schon gut aufgelöst, jedoch waren immer noch zu große Teile seines Körpers in der Brühe. Vor allem Leons Beine und Waden waren noch fast vollständig vorhanden, da sie ein wenig aus der Brühe ragten. Ekelhaft! So konnte sie ihn noch nicht entsorgen. Eine Weile bearbeitete sie die Wanne mit dem Gasbrenner, sodass sich die

Brühe erhitzte und der Auflösungsprozess der Leiche schneller voranging. Sie drückte die Beine tiefer in die Brühe, dass sie wirklich vollständig von der Natronlauge verdeckt waren. Die großen Stücke wurden kleiner, zerteilten und zerfaserten sich. Nun konnte es nicht mehr lange dauern. Nur noch wenige Stunden! Nur diese Nacht noch wollte sie die Wanne so stehenlassen, dachte Kara. Sie arbeitete und arbeitete, hielt mehrere Gasbrenner gleichzeitig an die Wanne, um die Brühe immer noch mehr zu erhitzen und aufzukochen, sodass sie morgen früh gleich alles entsorgen konnte.

Nach drei weiteren Stunden mit den Gasbrennern und unter der Atemschutzmaske gab sie auf. Sie war vollkommen fertig. Morgen würde sie alles den Abfluss hinunterspülen. Nur noch eine Nacht! Und dann würde sie endlich durch sein mit der Sache.

Kara legte sich ins Bett. Sie war übermüdet und so gereizt und fertig, dass sie gar nicht mehr klar denken konnte, und sie brauchte einen klaren Kopf. Sie musste jetzt schlafen. Bis zum Mittag wollte sie durchschlafen. Dann würde nichts mehr übrig sein von Leon. Sie würde sich erst einmal ein paar Wochen zu Hause verkriechen. Ihr sollte die nächsten Tage keine Menschenseele begegnen und wenn sie Termine hatte, die sie nicht absagen konnte, würde sie diese auf das Minimum beschränken. Denn sie musste Fassung bewahren. Ruhig zu bleiben, war in dem Moment wichtiger als ihre Karriere. Ruhig zu bleiben, nicht aufzufallen, war gerade das Wichtigste. Es kostete sie alle Kraft, war sie doch eigentlich ein impulsiver Mensch, der überall auffiel.

6

Bereits drei Stunden später, nachdem sie eingenickt war, wurde sie von einem Handyton geweckt. Ihres konnte es nicht sein, das klang ganz anders. Sie schlug die Decke zurück und eilte die Treppe hinab ins Atelier.

Das Handy lag unter einem Heizkörper. Einer der Studierenden musste es dort verloren haben. Kara schaltete es ein und meldete sich genervt mit einem knappen »Ja?« Eine Antwort blieb aus; und gerade als Kara das Mobiltelefon wegwerfen wollte, hörte sie eine knisternde, tiefe Stimme sagen: »Hier ist die Polizei. Wer ist dort?« Erschrocken legte Kara auf. Es war Leons Mobiltelefon. Wie konnte sie das bloß übersehen haben! Die Batterie war beinahe aufgebraucht, doch sie hatte noch ein paar Prozent Energie – und in diesem entscheidenden Moment gelang es der Polizei, das Mobiltelefon zu orten! Offenbar war es bei seinem tödlichen Sturz unter den Heizkörper gefallen. Kara wusste, dass es nun nicht mehr lange dauern konnte, bis die Polizei hier war. Sie vergegenwärtigte sich, dass die Lagerhallentür und das Garagentor fest verschlossen waren. Würde die Polizei hier eintreffen, so stünde sie erst einmal vor verschlossenen Türen. Sämtliche Eingänge hatte Kara zur Sicherheit ihrer Kunstwerke verstärken lassen und sie konnten nicht ohne weiteres aufgebrochen werden. Die Polizei würde also Spezialwerkzeuge benötigen, um sich Zugang zur Lagerhalle zu verschaffen. Das gab ihr den Vorsprung, den sie so dringend benötigte. Hoffentlich hatte sich die Leiche nun endlich in der Natronlauge aufgelöst. Kara hatte nun keine Zeit mehr, noch die Nacht abzuwarten. Sie schaltete sämtliche Lichter aus, nur einen einzigen Scheinwerfer richtete sie auf die Regale.

In Schutzanzug und Atemschutzmaske schob sie die Regale zur Seite, nahm die Bretter von der Wanne und entfernte die Aluminiumfolie. Sie hoffte so sehr, dass Leons Körper endlich verschwunden war. Und tatsächlich, Kara atmete auf: Die Hydrolyseprozesse hatten Haut, Fleisch und Fettgewebe, sowie Muskelmaße und innere Organe in der Natronlauge fast vollständig zu einer dickflüssigen Substanz aufgelöst, während die Knochen als feste Bestandteile zurückblieben. Diese Reste ließen sich entsorgen. Sie musste nur den Stöpsel ziehen. Mit Gummihandschuhen fischte sie in der ekligen Brühe herum und hatte in wenigen Sekunden den Stöpsel gezogen. Doch der Pegel senkte sich kaum, denn die ölige Konsistenz war in den unteren Lagen noch klumpig und zäh. Ihr wurde wieder speiübel, aber sie riss sich zusammen. Mit einem Besenstiel rührte Kara um, verdünnte die Masse, die einst ein Mensch gewesen war mit Wasser aus der Brause und immer wenn ein Stückchen Haut, ein paar Haare samt Kopfhaut oder Knochen und Knorpel den Abfluss versperrten, zog sie alles heraus und warf es dann in einen Eimer neben der Wanne. Kara konzentrierte sich voll auf die Arbeit. Sie wechselte ein paar Mal die Gummihandschuhe, da sie sich recht schnell in der Lauge auflösten. Bei einem halben Finger, den sie herausfischte, wurde ihr es doch zu viel. Sie musste würgen. Weil sie jedoch lange nichts gegessen hatte, kam auch nicht wirklich etwas hoch außer ein wenig Magensäure und es ging weiter. Immer und immer weiter, rühren, Stückchen herausfischen, ablaufen lassen. Kara kämpfte um ihr Leben. Sie verlor das Zeitgefühl. Nach über einer Stunde – endlich, endlich – war Leons aufgelöster Körper im Abfluss runtergespült. Es war nur eine Stunde gewesen, in der sie seine Reste entsorgt hatte. Schwer zu glauben!

Erleichtert atmete Kara auf, denn die Natronlauge hatte ihre Wirkung getan und ihr Ex-Freund war endlich verschwunden – fast so, als hätte er sich in Luft aufgelöst. Genaugenommen hatte sich jedoch das weiche Gewebe seines Körpers in seine chemischen Bestandteile aus Aminosäuren, kurzen Peptiden, Zuckern und Mineralien aufgelöst. Wie auch immer.

Den Eimer mit den Resten spülte sie nach und nach das Klo hinunter. Sie waren ein Glück klein genug, um sich auf diese Weise entsorgen zu lassen. Dann wusch sie alles fein säuberlich aus. Einen Aufschub würde sie sich nicht verzeihen. Nur war dies der erste mögliche Moment gewesen, um den toten Körper endlich entsorgen zu können. Warum nur hatte dieses Handy noch Akku gehabt. Es musste neu sein, weil es so lange durchgehalten hatte. Nun war es zu spät, nun hatte die Polizei sie schon geortet. Sie konnte nichts mehr tun. Ein paar Mal lief sie um die leere Wanne herum, überprüfte die Toilette, den Eimer. Gasbrenner, Atemschutzmaske, Gummihandschuhe und Schutzanzug hatte sie in mehreren Spindschränken verstaut. Aber diese Dinge konnte sie als Künstlerin auch besitzen. Endlich hatte sie es geschafft. Morgen würde sie in ihrem neuen, alten Leben aufwachen. Ohne Leiche, ohne Probleme. Einfach in die Galerie gehen, im Atelier die indonesische Riesenblume malen. Vielleicht den Botanischen Garten besuchen. Einfach nur in Ruhe ungestört leben dürfen. Zufrieden und todmüde ging sie zum Scheinwerfer. Sie knipste das Licht aus, der Morgen dämmerte bereits.

»Kara Kowalski?«, hörte sie eine tiefe Stimme hinter sich sagen.

Sie schrie kurz auf. Erschrocken drehte sie sich um. Damit hatte sie nicht gerechnet. Ein opulenter, zwei Meter großer Mann Mitte fünfzig, in einen schweren Mantel gekleidet, mit fahlem Gesichtsausdruck und streng gekämmten, gewachsten Scheitel stand hinter ihr. »Ja, die bin ich. Und wer sind Sie bitte? Wie kamen Sie hier herein?«

»Mein Name ist Wolf«, sagte der Mann mit dichtem Schnauzer, während er seinen Dienstausweis hervorholte. »Ich bin Kommissar bei der Kriminalpolizei. Ihre Hintertür war nicht abgeschlossen, und da es sich hier um eine Lagerhalle handelt, dachte ich, der Ort sei möglicherweise verlassen. Ich wollte sicherstellen, dass hier alles in Ordnung ist.«

»Natürlich war die Hintertür abgeschlossen«, entgegnete Kara wütend, hatte sie doch mehrfach ihre Schlösser überprüft. »Was wollen Sie? Wer gibt Ihnen das Recht, hier einfach einzudringen? Ich wohne und arbeite hier. Sie haben mich zu Tode erschreckt!«

Der Kommissar lächelte und steckte seinen Dienstausweis zurück in die Tasche seines Mantels. »Ich bin von der Polizei, wie bereits gesagt. Sie brauchen keine Angst zu haben, es sei denn« – der Kommissar lächelte wieder – »es sei denn, Sie haben etwas zu verbergen.« Sein schneidiger, scharfer Scheitel glänzte im einfallenden Morgenlicht.

»Was denn zu verbergen?« Der hatte vielleicht Nerven. Jeden anderen hätte sie sofort rausgeschmissen, aber bei der Polizei ging das schlecht. Als wäre Kara nicht gerade todmüde, hungrig und völlig überreizt, als wäre das nicht schon mehr, als sie überhaupt ertragen konnte! Nein, sie musste jetzt auch noch ein Verhör über sich ergehen lassen. Doch dieser Mann würde ihr Leben nicht zerstören. Leon war tot, ihm konnte nicht mehr geholfen werden, aber sie hatte noch ein Leben und sie hatte verdammt viel zu verlieren. Der Mann ging in der Lagerhalle herum und sah sich die Bilder an. Er nahm sich Zeit und zwirbelte an seinem Schnauzer, als würde er nachdenken. In diesem Moment wurde Kara die Zerbrechlichkeit ihres Lebens bewusst. Wie schnell hatte sich alles verändert. Nur ein falscher Augenblick und ihr Leben war schon zu etwas Anderem geworden. Erst nach einer Weile sah der Kommissar zu ihr und beantwortete ihre Frage mit einer Gegenfrage:

»Ein Verbrechen vielleicht? Haben Sie ein Verbrechen begangen?«

Kara schüttelte ungestüm den Kopf.

»Na also, dann kann Ihrerseits auch keine Besorgnis bestehen. Ich möchte nur ein paar Fragen stellen und bin auch gleich wieder weg.«

»Okay«, sagte Kara, sie setzte sich auf ihr rotes, lippenförmiges Sofa und zündete sich eine ihrer schwarzen Zigarette an. Der Kommissar setzte sich dazu. Durch seine beeindruckende Erscheinung, die würdevolle Haltung und fürstliche Gangart schüchterte er Kara ein. Sie hatte ganz vergessen, dass Körpergröße so verstörend wirken konnte, da sie ja selbst immer nur auf die anderen herabsah.

»Leon Löschner, sagt Ihnen dieser Name etwas?«

»Das ist mein Ex.«

»Wann und wo haben Sie ihn zuletzt gesehen?«

Kara machte ein nachdenkliches Gesicht. Da sie im Besitz seines Mobiltelefons war und dieses verdammte Handy noch Akku hatte, konnte sie ihn ja nur vor wenigen Tagen gesehen haben. »Vor ein paar Tagen«, antwortete sie deshalb.

»Wann denn genau?«, forschte der Kommissar nach.

»Ich weiß es nicht genau, aber unsere letzte Begegnung dauerte nicht lang. Wie gesagt, er ist mein Ex. Ich habe ihn sehr schnell wieder abgewiesen. Ich wollte nicht lange mit ihm sprechen.«

»Leon Löschners Mobiltelefon wurde vor ungefähr einer Stunde in dieser Lagerhalle geortet. Wie erklären Sie sich das?«

Kara stand auf, öffnete eine Schublade und gab dem Kommissar das Mobiltelefon. »Er hat es bei mir liegen lassen, vergessen und nicht wieder abgeholt. Die ganze Zeit lag das Handy in dieser Schublade, ich habe es nicht angerührt. Heute Nacht klingelte es plötzlich. Ich wurde aus dem Schlaf gerissen. Ich ging dran und da ich am anderen Ende niemanden hörte, legte ich wieder auf.«

»So, so«, murmelte der Kommissar und zwirbelte an seinem Schnauzer. »Finden Sie es nicht merkwürdig, dass Herr Löschner sein Mobiltelefon nicht zurückhaben wollte?«

»Ich dachte, ehrlich gesagt, weil ich mich getrennt hatte, dass er einen triftigen Grund suchte, um notfalls wiederkommen zu können. So ein kleiner Trick, um sich bei mir wieder melden zu müssen und nicht als anhänglich zu gelten. Ich hatte ihn schon erwartet, aber er kam nicht. Und ja, das fand ich dann schon ein wenig merkwürdig. Ich wollte mich aber aus der Situation der Trennung heraus nicht bei ihm melden. Da war ich einfach zu stolz.«

»Laut der Aussage seiner Mutter hatte sich Herr Löschner von Ihnen getrennt«, bemerkte der Kommissar, »wegen häuslicher Gewalt, die Sie ihm angetan haben.«

Kara setzte sich wieder aufs Sofa, zündete sich eine nächste Zigarette an und erwiderte: »Wenn seine Mutter das so behauptet.« Der Stolz ihres bescheuerten Ex-Freundes! Natürlich hatte er in seinen Augen sie verlassen und nicht andersherum. Kara war schon wieder wütend auf diesen Mann, der ihr so viele Probleme bereitete. Hätte er sich nicht einfach nur von ihrem Leben fernhalten können?

Der Kommissar schüttelte den Kopf. »Der Vorfall wurde polizeilich dokumentiert und in die Akten aufgenommen. Seine Verletzungen waren erheblich. Es wurden Fotos gemacht. Sie scheinen eine gefährliche Person zu sein, Frau Kowalski.«

Kara schwieg. Nur so konnte sie die Wut über die neuen Fakten, die sie gerade erfuhr, beherrschen. Und das musste sie, sonst machte sie sich nur noch verdächtiger.

»Herr Löschner wird vermisst«, fuhr der Kommissar fort. »Beunruhigt Sie das?«

»Ja«, sagte sie knapp und hielt sich zurück. Die Kontrolle zu behalten, kostete sie alle Kraft. Er hatte sie ernsthaft angezeigt? Wie konnte er nur. Er war eingebrochen und hatte ihr das Leben zur Hölle gemacht mit seinem Sturz. Und vorher hatte er ihr das Leben auch schon zur Hölle gemacht. Und hoffentlich hatte sie in der Zukunft endlich Ruhe vor ihm. Er verfolgte sie noch nach seinem Tod. Es war unfassbar. Er hätte doch nicht einbrechen müssen. Er hätte sie in der Beziehung nicht so quälen müssen, bis sie ausrastete und zuschlug. Warum? Sie hatte einfach nur glücklich sein wollen. Mehr nicht. Nun war sie die gefährliche Person, aber er war das Opfer. Das war nicht fair. Es war nicht alles schwarz oder weiß. Sie hatte auch unglaublich gelitten in dieser Beziehung und sie war keine Perverse oder kaltblütige Mörderin. Sie war einfach nur verzweifelt und hatte auch einmal glücklich sein wollen. Der Kommissar sah sie durchdringend an.

»Können wir auf Ihre uneingeschränkte Hilfe zählen bei der Suche?«

»Natürlich.« Kara hielt ihre Verzweiflung nicht mehr aus und konnte ihre vor Aufregung zitternden Hände nicht mehr kontrollieren; also stand sie auf und kochte dem Kommissar einen Kaffee. Sie drückte mal wieder ihr Stachelarmband unbemerkt in die schon geröteten Hautstellen. Das lenkte sie ab und sie fasste sich. Mit dem Kaffee kam sie zurück und setzte sich wieder. Der Kommissar bedankte sich höflich und trank.

»Haben Sie eine Ahnung, wo ihr ehemaliger Freund jetzt sein könnte?«, fragte der Kommissar, und während er dies fragte, schweifte sein Blick über die Badewanne. Er sah hinüber zu den Kanistern mit Natronlauge und fragte: »Warum steht denn bei Ihnen eine Wanne mitten im Atelier und was wollen Sie mit der ganzen Natronlauge?«

Kara schoss in die Höhe. »Ich bin gerade dabei, eine ordentliche Menge Ölfarbe herzustellen. Der Termin einer großen Ausstellung naht und ich muss noch einige Gemälde malen, dafür brauche ich viel Leinöl und Bindemittel.« Kara wies auf die Regale, die mit Pigmenten, Harzen, Lacken und verschiedenen Lösungsmitteln vollgestellt waren.

Dem Kommissar entging Karas Nervosität nicht. Er bohrte weiter. »Ja, ja. Natürlich. Logisch, mit der Wanne«, murmelte er in einem zu freundlichen Ton. »Aber was ist mit den Natronlaugenkanistern, die zu Haufen neben der Hintertür stehen? Wozu brauchen Sie diese Unmenge an hochprozentiger, gefährlicher Substanz?« Der Kommissar lächelte schließlich und bemerkte: »Damit könnten Sie ja einen ganzen Menschen auflösen. Nicht wahr?« Wieder zwirbelte er konzentriert an seinem Schnauzer.

»Die Natronlauge ist Teil meiner Maltechnik.« Kara ging zu ihrer Pinnwand mit den Zeitungsartikeln, nahm mehrere davon ab und gab sie dem Kommissar. »Das können Sie alles hier nachlesen, die Verwendung von Natronlauge ist meine ganz eigene Technik.«

»Interessant, interessant«, murmelte der Kommissar, faltete die Zeitungsartikel und steckte sie in seine Manteltasche.

Nervös zündete Kara sich eine weitere Zigarette an. »Ich würde mich freuen, wenn ich die Artikel wiederbekommen könnte. Ich sammle sie. Um Ihre vorherige Frage noch zu beantworten: Ich weiß beim besten Willen nicht, wo mein Ex-Freund jetzt sein könnte. Ich lasse es Sie aber wissen, sobald ich ein Lebenszeichen von ihm habe. Seine Mutter haben Sie ja bereits aufgesucht. Ich denke, ich weiß auch nicht mehr als sie.«

»Hier sind meine Kontaktdaten«, meinte der Kommissar und reichte Kara eine Visitenkarte. »Sie können mich jederzeit anrufen, Ihre Nummer habe ich ja bereits. Womöglich wird Ihre Hilfe uns entscheidend weiterbringen, ich habe da so eine Vorahnung. Die Artikel bekommen Sie schon zurück und, ja genau, seine Mutter befragen wir ein weiteres Mal, bestimmt wird ihr noch mehr einfallen. Meinerseits gibt es keine weiteren Fragen, vorerst.« Mit seinem eigenartigen Lächeln und seiner angsteinflößenden Freundlichkeit, die Kara nicht geheuer waren, verabschiedete er sich.

Kara setzte sich wieder aufs Sofa und zündete sich eine neue Zigarette an, bereits die vierte. Nachdenklich zog sie den Rauch tief in ihre Lungen. Der Kommissar hatte eine beängstigende Art – ein undurchschaubarer, kalter Typ, viel zu höflich. Hinter seiner Freundlichkeit lag etwas Bedrohliches. Sie hatte das Gefühl, dass sie für ihn wie ein offenes Buch zu lesen war; er hatte diesen alles durchdringenden Röntgenblick, der ihr durch Mark und Bein ging. Kara war sich sicher, dass er etwas ahnte. Kommissar Wolf von der Kriminalpolizei hatte genau die richtigen Fragen gestellt, hatte nach der Wanne und der Lauge geforscht und er hatte sie beobachtet. Sie konnte ihre Nervosität nicht verstecken. Er sah ihr an, wie fertig sie war, dass sie vor ihm etwas zu verbergen versuchte. Sie beobachtete, wie er die Lagerhalle, diskret wie er gekommen war, wieder verließ. Und weg war er.

Die Hintertür verriegelte und verbarrikadierte sie und überprüfte sie mehrmals. Es war ihr ein Rätsel. Wie war er nur reingekommen? Er machte also vor einem Gesetzesbruch nicht Halt, verschaffte sich einfach Zugang. Beängstigend. Dann beschloss Kara, nicht nur mit Putzmitteln, sondern von Grund auf mit allem, was sie hatte, ihre Lagerhalle noch einmal zu reinigen und auch die Utensilien im Schrank noch auf einer Müllkippe, weit von ihrem Zuhause entfernt, zu entsorgen. Sie wollte absolut sichergehen. Kara schleppte mehrere Kanister zur Badewanne. Sie schrubbte die Wanne, den Eimer und auch den Boden mit der Natronlauge, immer und immer wieder. Sie schüttete gleich drei volle Kanister in die Badewanne, um den Abfluss so gut wie nur möglich von den festgesetzten Rückständen zu reinigen. Selbst ihre Toilette reinigte sie überaus gründlich, und zusätzlich verwendete sie Bleichmittel und Ätznatron. Dann putzte sie nochmals alles gründlich durch, wobei sie die Kanister mit Salzsäure und Schwefelsäure verwendete, die sie vor längerer Zeit einmal für ein Kunstprojekt angeschafft hatte und dann doch nicht gebrauchen konnte.

Alles war jetzt blitzblank. Leons DNA durfte ja hier sein, sie war mit ihm zusammen gewesen. Also konnten sich auch Spuren seiner DNA in ihren Räumen befinden. Wenn sie die Wanne noch mehr bearbeiten würde, könnte das eher verdächtig wirken. Schon jetzt sah sie aus wie neu. Aber Kara kam nicht zur Ruhe. Mit der Schleifmaschine fing sie auch noch an, den Boden zu bearbeiten, jene Stelle, wo sich eine Blutlache gebildet hatte. Penibel reinigte und schliff sie jeden Winkel ihres Ateliers, überstrich den Boden und das Geländer mit Dispersionsfarbe, sodass die Blutspuren wirklich nicht mehr nachzuweisen waren. Schließlich fuhr sie noch ihre Utensilien – die Gasbrenner, die Handschuhe, den Schutzanzug, die Atemschutzmasken und die Gasbrennerschutzmaske – weg. Auch den gründlich ausgewaschenen Eimer nahm sie zur Sicherheit mit und entsorgte alles weit entfernt von ihrem Zuhause in einem Müllcontainer.

Am späteren Abend kam sie endlich zur Ruhe. Zittrig saß sie auf ihrem geliebten, knalligen Sofa. Sie aß endlich einmal ordentlich, schon ging es ihr etwas besser. Sie stellte sich unter die heiße Dusche, kochte sich danach noch einen Tee und kuschelte sich in ihre Decke. Kara fühlte sich schon fast wieder wie ein Mensch. Trotzdem nagten Gewissensbisse an ihr, sie fragte sich ständig, wie das alles hatte passieren können, und verfiel schließlich in einen unruhigen Schlaf.

7

Wie sich der Körper auflöst, langsam seine Form verschwindet und wiederkehrend als Albtraum sich in allen Einzelheiten offenbart: Arterien, Augen, Bauchspeicheldrüse, Beckenboden, Beinknochen, Bizepsmuskeln, Blinddarm, Bronchien, Brustbein, Dickdarm und Dünndarm, Ellenbogengelenke, Fersen, Fettgewebe, Fingernägel, Gallenblase, Gaumenmandeln, Geschlechtsorgan, Gesichtshaut, Haare, Halswirbelsäule, Handgelenke, Jochbeine, Kiefer, Kniegelenke, Leber, Lendenwirbel, Lippen, Luftröhre, Lungenflügel, Milz, Nasenscheidewand, Nieren, Oberschenkelknochen, Ohrenmuscheln, Rumpf, Schädelknochen, Schambein, Schienbein, Schilddrüsenknorpel, Schlüsselbeine, Schulterblätter, Sehnen, Speiseröhre, Sprunggelenke, Steißbein, Stimmbänder, Venen, Wadenbeinknochen, Zähne und Zahnfleisch. Kara sah alle Teile des menschlichen Körpers an sich vorbeiziehen, langsam begreifend, dass sie unter Wasser war, dass sie nicht mehr Kara und doch wieder Kara war, ein Tier, wiedergeboren als eine Kanalratte, in einem späteren Leben wohl wissend, dass Leons makabres Verschwinden ihr ein schlechtes Karma beschert hatte und sie fortan in dunklen Schächten existieren musste, jenem Ort, an dem sie ihren Ex-Freund hinuntergespült hatte. Und so schwamm sie inmitten seiner Körperteile, während die Luft in ihren Lungen immer weniger wurde und sie zunehmend an ihrem Gewissen zu ersticken drohte – ein Gepolter gegen das Garagentor beendete diesen Albtraum und ein anderer Albtraum brach über Kara herein.

»Hier ist die Polizei! Machen Sie sofort auf!« Kara schreckte hoch. Dieses Mal bekamen sie ihre Tür also nicht auf. Sie sprang aus dem Bett und rief den Polizisten entgegen, dass sie gleich kommen würde. Eilig zog sie sich etwas an. Hörte es denn nie auf, fragte sie sich. Sie ließ das Garagentor hochfahren. Mehrere Polizisten, darunter auch Kommissar Wolf, traten ein. »Wir würden uns gerne hier umsehen!«, sagte er. »Setzen Sie sich doch bitte hin!« Kara folgte kommentarlos und setzte sich auf ein Sofa. Sie hatte alles getan, was sie tun konnte, alle Spuren vernichtet, und wenigstens hatte sie geschlafen. Mehrere Polizisten behielten sie im Auge. Einer setzte sich zu ihr, als würde er sie überwachen wollen.

Nach wenigen Minuten – der Kommissar hatte sich in der Lagerhalle umgesehen – sagte er zu Kara: »Wie ich es mir gedacht habe. Höchstwahrscheinlich haben wir es hier mit einem Tatort zu tun. Würden Sie uns begleiten? Wir möchten mit Ihnen reden, Frau Kowalski!«

Kara erschrak. Nun also doch noch? Was hatte sie übersehen? Die Gedanken kreisten in ihrem Kopf. Aber sie wehrte sich nicht. Viel zu panisch war sie, um irgendetwas entgegnen zu können.

Ein großer Wagen fuhr vor. Leute von der Spurensicherung in Anzügen stiegen aus und riegelten die Lagerhalle mit einem Sperrband ab. Aus einem anderen Wagen sprangen nervös bellende Spürhunde. Kara wollte nicht mitgehen, sie wollte hier die Fragen beantworten und zusehen. Eine Rechtsbelehrung folgte. Umgehend wurde sie in Handschellen gelegt. Zwei Polizisten brachten sie raus aus der Lagerhalle – sie zitterte am ganzen Leib. »Eine Unverschämtheit!«, krächzte Frau Grubach, die alte Dame, aus ihrem Fenster im vierten Stock. »Immer auf die Fremdartigen, die nicht ins Schema passen! Die werden als Erstes mitgenommen!« Kara hörte das. Ihr war nicht bewusst gewesen, dass Frau Grubach so viel Mitgefühl für sie übrighatte. Mehrere Anwohner lugten neugierig aus ihren Fenstern und wieder andere betraten, teilweise noch im Morgenmantel, in Karas Richtung starrend, den Innenhof. Kara hätte alles gegeben, sich in dem Moment einfach in Luft auflösen zu können. Sie konnte die Blicke ihrer Anwohner nicht ertragen, sie gafften und kamen immer noch näher. Hatten die kein eigenes Leben? Was ging es sie denn an? Wenigstens hatte die Alte ein paar gute Worte für sie gehabt. Kara wurde zu einem Polizeiauto geführt und konnte es noch immer nicht fassen. Beim Einsteigen wurde ihr die Hand auf den Kopf gehalten, Kara bückte sich, dann saß sie auch schon im Auto; die Wagentür knallte zu. Zügig fuhren sie los.

Berlin rauschte unwirklich an ihr vorbei – die Blockbauten, die Straßen, die Menschen. Es kam ihr so vor, als wäre es das Letzte, was sie von der Welt noch sähe, bevor sie für Jahrzehnte im Gefängnis verschwand.

In der Polizeidienststelle, nachdem die Untersuchungen in der Lagerhalle abgeschlossen waren, nahm Kommissar Wolf mit einer bedenklichen Ruhe Platz an seinem opulenten Bürotisch. Seine beiden Assistenten standen hinter ihm. Nachdenklich zwirbelte er an seinem Schnauzer, während der akkurate Scheitel in seinem Haar glänzte. Kara, der ein Kaffee gereicht wurde, ließ diesen unberührt. Der Kommissar fixierte sie mit eindringlichem Blick. »Nur zu!«, forderte er sie auf, worauf Kara stumm den Kopf schüttelte. »Dann eben kein Kaffee«, murmelte er, richtete seinen Kragen und streckte sich. »Ihre Situation ist prekär«, verkündete er mit einer Stimme, die keinen Zweifel ließ.

Kara gab keine Antwort. »Meine Theorie, Frau Kowalski«, fuhr der Kommissar fort, »ist, dass Sie Ihren ehemaligen Freund getötet haben. Das Motiv entzieht sich noch meiner Kenntnis, aber Ihre Neigung zur Gewalt ist offensichtlich, wenn man Ihre Polizeiakte liest. Sie haben seinen Körper nach der Tat in Natronlauge aufgelöst.« Er pausierte und fixierte sie mit einem Blick, der gleichermaßen wissend und berechnend war.

Kara schwieg beharrlich. Diese direkte Anschuldigung hatte noch niemand ausgesprochen, und sie klang weitaus brutaler, als es gewesen war. Sie sah sich überhaupt nicht als gewalttätige Wahnsinnige, die ihren Ex-Freund kaltblütig ermordet hatte. Trotzdem blieb sie ruhig, obwohl sie selbst nicht genau wusste, wie ihr das gelang.

»Die Unmengen an Kanistern, die Sie für Ihre künstlerischen Arbeiten benötigen – wie ja in unzähligen Zeitungen berichtet und auch im Internet nachzulesen ist –, kamen Ihnen dabei wohl sehr gelegen.«

»Darf ich meine Artikel wiederhaben?«, erkundigte sich Kara mit belegter Stimme.

»Selbstverständlich, Frau Kowalski«, antwortete der Kommissar, während er sich Kaffee nachschenkte. »Sie erhalten Ihre Artikel rechtzeitig zurück.« Er fuhr fort: »Also haben Sie den Leichnam in einer mit Natronlauge gefüllten Badewanne aufgelöst und die Wanne über Nacht penibel gereinigt. Die Blutspuren – und hier wird es interessant – fraßen sich in Ihren Boden aus abgenutztem, porösem Beton, den Sie abgeschliffen und Tage später, bei einem zweiten Reinigungsgang, mit Dispersionsfarbe überstrichen haben. Die Farbe ist an einigen Stellen noch ganz frisch. Das habe ich selbst überprüft. Und wollen Sie mir wirklich weismachen, dass Sie all die leeren Kanister nur für Ihre Malerei verwendet haben? Für Ihre Bilder hätten doch ein oder höchstens drei Kanister ausgereicht. Wozu brauchten Sie also so viel ätzende, gefährliche Substanz, hm?«

Kara sammelte ihre ganze Konzentration und erwiderte mit ruhiger Stimme: »Am vorherigen Tag haben zahlreiche Studierende mein Atelier besucht. Mehrere Wissenschaftler und zwei Journalisten waren auch anwesend. Ich habe meine sonst kaum betretene Lagerhalle gründlich gereinigt und für diesen Anlass hergerichtet. Dabei habe ich alte Farbflecke vom Boden entfernt, ihn abgeschliffen und neu mit Dispersionsfarbe gestrichen. Meine Badewanne, die voller Farbe war, reinigte ich gründlich mit Natronlauge. An diesem Tag hielt ein mir bekannter Professor einen Vortrag über eine indonesische Pflanze, dessen Blüte ich seit Langem studiert habe. Diesen Besuch haben zwei Journalisten dokumentiert; der Artikel darüber wird in wenigen Tagen erscheinen.«

Der Kommissar nickte. »Wir sind bereits informiert und haben mit Ihrem Botanik-Professor gesprochen. Er bestätigte den Besuch unzähliger Studierender aus den biologischen und kunsthistorischen Fakultäten. Interessanterweise erwähnte er, dass die indonesische Riesenblume in Ihrem Atelier intensiver nach Verwesung roch als im Botanischen Garten.« Ein Lächeln umspielte seine Lippen. »Ich durchschaue Ihre Taktik, Frau Kowalski!«, sagte er triumphierend und zwirbelte an seinem Schnauzer. »Meiner Einschätzung nach haben Sie vor acht Tagen den Leichnam in die Natronlauge gelegt.«

»Vor acht Tagen?«, wiederholte Kara ungläubig.

»Exakt! Vor acht Tagen«, bekräftigte der Kommissar und fuhr fort: »Mehrere Anwohner meldeten einen Verwesungsgeruch. Der Hausmeister alarmierte die Polizei. Und am Nachmittag wurde Ihre Lagerhalle von Kriminalbeamten durchsucht. Ich habe den Bericht dazu gelesen.«

»Ich habe Ihnen doch schon gesagt, dass ich die indonesische Pflanze portraitiere«, erwiderte Kara nachdrücklich. »Der Professor wird Ihnen das sicher bestätigt haben.«

Der Kommissar nickte, sein gewachster Scheitel glänzte im Licht. »Natürlich, das hat er. Aber es gibt da einen Widerspruch in Ihrer Geschichte, der Ihre Theorie ins Wanken bringt. Der Hausmeister meldete den Verwesungsgeruch am Vormittag bei der Polizei. Der Professor jedoch sagte aus, dass er Ihnen die Titanenwurz erst am Nachmittag geliehen hätte. Folglich konnte der Geruch nicht von der Pflanze stammen. Es scheint vielmehr, als käme er – höchstwahrscheinlich – von einem Leichnam.« Kommissar Wolf schien es fast zu genießen, Karas sorgfältig aufgebaute Argumentation zu entkräften, als würde er Stück für Stück Holzsteinchen wie bei einem Jenga-Turm herausziehen, nur um zu beobachten, wie das Ganze schließlich in sich zusammenstürzte.

Kara schüttelte entschieden den Kopf. »Nein!«, entgegnete sie bestimmt und verschränkte ihre Arme. »Nein!«

Doch der Kommissar grinste nur finster. »Oh doch, Frau Kowalski. Sie haben die Titanenwurz in Ihr Atelier gebracht, um den Geruch des sich zersetzenden Leichnams zu übertünchen. Ich muss anerkennen, dass Sie wirklich clever sind. Ihr Plan war ausgeklügelt und hätte beinahe funktioniert. Sie wären fast mit einem perfekten Mord davongekommen und –«

»Das ist völlig absurd, was Sie mir da unterstellen wollen!«, unterbrach Kara ihn aufgebracht. »Eine Leiche in Natronlauge auflösen? Wie könnte ich auf so eine grässliche Idee kommen? Ich bin Künstlerin, keine Chemikerin!«

»Lassen Sie mich ausreden«, entgegnete der Kommissar. »Das stärkste Beweisstück steht noch aus.«

Was konnte denn noch kommen? Kara funkelte ihn böse mit ihren wilden, giftgrünen Augen an. Dieser große, imposante und hochintelligente Mann jagte ihr einen Schauer über den Rücken. Sie war sich sicher, an alles gedacht zu haben. Doch sie sammelte all ihren Mut, um weiterhin selbstbewusst aufzutreten.

Kommissar Wolf fuhr ungerührt fort: »Unsere IT-Forensiker haben Ihren Internetverlauf untersucht und sind auf Ihre Online-Recherche in Google nach ›alkalischer Hydrolyse‹ gestoßen.« Er warf Kara einen durchdringenden Blick zu, überflog dann den Bericht der IT-Forensik und begann zu sprechen: »Wie Sie sehr wohl wissen, handelt es sich hierbei um eine Bestattungstechnik, bei der Verstorbene in einem Prozess, bei dem der Körper in Natronlauge erhitzt wird, aufgelöst werden. Vor acht Tagen, um exakt 02 Uhr 31, haben Sie diese Methode im Internet recherchiert, und nur Stunden später haben Sie erneut nach ›alkalischer Hydrolyse‹ gesucht. 02 Uhr 31«, sagte der Kommissar und deutete mit seinem Minenbleistift auf die Zeitangabe und das Datum im forensischen Bericht. »Das war sehr wahrscheinlich die Mordnacht.« Er lehnte sich zurück und blickte eindringlich auf die ihm gegenübersitzende Verdächtige. »Sie sehen also, Frau Kowalski, die Beweislage gegen Sie ist erdrückend.«

Kara schwieg lange. Dann meinte sie fest: »Ich werde nichts mehr sagen, bis mein Anwalt hier ist.«

8

Kara verbrachte die Nacht auf der Wache, da sie Hauptverdächtige war und die Aussagen des Professors sie schwer belasteten. Ihr wurde erklärt, dass Untersuchungshaft bei Flucht- oder Verdunkelungsgefahr angeordnet wird. Sie sollte am folgenden Tag weiter vernommen werden. Sie erkannte schnell, dass die vorliegenden Indizien, obwohl Kara sie in ein verdächtiges Licht rückten, nicht für eine Anklage ausreichten. Ein Widerspruch in ihrer Aussage während der Vernehmung könnte zu einer Anklage führen, daher beschloss sie, nichts weiter ohne einen Anwalt zu sagen. Am nächsten Morgen wurde ihr ein Pflichtverteidiger zur Seite gestellt, den sie jedoch ablehnte. Stattdessen engagierte sie einen renommierten Strafverteidiger.

Die Beweislage der Polizei, wie ihr erfahrener Anwalt schnell feststellte, war brüchig: Der Professor, nach intensiver Befragung unsicher geworden, konnte sich plötzlich nicht mehr genau erinnern, ob er Kara am Vormittag oder, wie er zuerst glaubte und bei der Polizei zu Protokoll gegeben hatte, am Nachmittag im Botanischen Garten getroffen hatte. Der Anwalt nutzte geschickt die Unsicherheit des Professors aus, indem er gezielt nach Details forschte, die die Unschärfe seiner Erinnerungen offenlegten und dadurch die Beweiskette der Anklage gegen seine Mandantin schwächten. Der Professor zweifelte zunehmend an der Genauigkeit seiner eigenen Erinnerung. Es schien ihm absurd, dass sie so viele Menschen in einen Raum einladen würde, in dem sie angeblich einen Leichnam versteckt halten sollte. Er fragte sich zudem, ob die Polizisten von den übermütigen Zeugenaussagen der drei Kinder beeinflusst worden sind. Schließlich zog er seine Aussage zurück, da er nicht riskieren wollte, Kara Kowalski, eine bedeutende Künstlerin, die er hochschätzte und die gerade seine Amorphophallus Titanum porträtierte, zu belasten. Zudem plante sie, das Gemälde der Universität zu schenken und hatte alle seine Gäste in ihre Lagerhalle eingeladen. Er entschied, Kara zu vertrauen und anzunehmen, dass er sich geirrt haben musste, wie er bei der Polizei zu Protokoll gab.

Der Anwalt legte überzeugend dar, dass die Online-Recherche nach Bestattungsmethoden nicht notwendigerweise verdächtig war. Er argumentierte, dass in Zeiten, in denen im Internet täglich nach den unterschiedlichsten Themen gesucht wird, seine Mandantin unabsichtlich auf Seiten gestoßen sein könnte, die unter den Stichworten ›alkalische Hydrolyse, flammenlose Einäscherung, Wasserverbrennung‹ aufgeführt waren. Ein paar Klicks im Internet, vor allem wenn sie mit ihren täglichen Arbeitsmaterialien und Begriffen wie ›Natronlauge, NaOH, Natriumhydroxid‹ in Verbindung standen, machten Kara noch lange nicht zur Verdächtigen. Er erklärte, dass seine Mandantin ihr Wissen über die toxische Substanz erweitern wollte, um mögliche Gefahren in ihrem Atelier abzuwenden.

Die Spurensicherung fand zwar DNA des Vermissten in der Badewanne und auf dem Mobiliar, aber das war zu erwarten, da Leon Löschner eine Beziehung mit Kara Kowalski geführt hatte. Nur an einer Wand konnten mittels Luminol-Tests winzige Blutflecken des Vermissten gesichert werden. Der Anwalt argumentierte, dass diese Spuren nicht zwingend auf einen Mord hinwiesen. Er wies anhand von Polizeiakten nach, dass es in der jüngsten Vergangenheit mehrfach zu häuslicher Gewalt zwischen seiner Mandantin und ihrem Ex-Freund gekommen war. Kara gab dies zögerlich zu, betonte aber, dass ihr Ex-Freund zuerst handgreiflich geworden war und sie sich lediglich verteidigt hatte. Auf dem Boden wurden verdächtige Spuren festgestellt, bei denen man vermutete, dass Kara durch Abschleifen und Übermalen versucht haben könnte, Blutreste des Toten zu beseitigen. Der Anwalt versicherte jedoch, der eigentliche Grund für diese Maßnahmen sei gewesen, dass seine Mandantin alte Farbflecken entfernen wollte, um die Lagerhalle für ihre Besucher herzurichten – eine Erklärung, die sie bereits beim ersten Polizeiverhör vorgebracht hatte.

Das Auffinden von Leon Löschners Mobiltelefon in Karas Lagerhalle war nachvollziehbar. Es war nicht unüblich, dass frisch getrennte Partner versuchten, einen Zugang zur ehemaligen Beziehungsperson zu behalten. Der Anwalt betonte, dass das Vorhandensein des Mobiltelefons im Atelier seiner Mandantin nicht zwangsläufig auf ein Verbrechen hindeutete. Seine Mandantin hatte sich, nachdem sie die Beziehung beendet hatte, verständlicherweise nicht darum bemüht, das Mobiltelefon zurückzugeben. Sie hatte Angst vor einem erneuten Aufeinandertreffen nach seinen gewalttätigen Ausbrüchen.

Die vorhandenen Beweise waren nicht ausreichend für eine Anklage. Die Staatsanwaltschaft erklärte, dass die gefundenen Hinweise keine schlüssige Indizienkette bildeten, die eine Verurteilung rechtfertigen würde. Daher wurde keine Anklage gegen Kara erhoben und sie wurde nach drei Wochen Untersuchungshaft entlassen. Mit dem Abschluss des Falls erhielt Kara eine Entschädigung für die unrechtmäßig erlittene Haft. Leon Löschner galt von nun an als vermisst.

Kara konnte nichts nachgewiesen werden. Sie hatte diese Tage überlebt und durfte endlich wieder in ihren gewohnten Alltag zurückkehren. Plötzlich liebte sie ihr Leben, mit dem sie zuvor so unzufrieden gewesen war. Nein, sie saß nicht im Knast wegen ihres furchtbaren Ex-Freundes. Ja, sie hatte Geld und war eine angesehene Künstlerin. Nur weil die Liebe nicht funktionierte, brauchte sie nicht unglücklich zu sein. Bei wem funktionierte es schon mit der Liebe? Sie schloss die Tür zu ihrer Lagerhalle auf. Das war ein Abend der Erlösung. Es war noch einmal alles gut gegangen für sie. Karas künstlerische Karriere entwickelte sich prächtig. Die Ausstellung in der Galerie hob den Wert ihrer Werke auf dem internationalen Kunstmarkt weiter an. Noch reicher wurde sie, noch mehr Anerkennung erntete sie. Es ging wieder bergauf.

Doch dann, an einem Spätherbsttag, erreichte sie eine E-Mail, die alles veränderte. ›Ich habe ALLES gesehen‹, stand in der Betreffzeile. Kara konnte es nicht glauben, als sie diesen denunzierenden Satz las. Sie öffnete die boshafte E-Mail, in der von einer horrenden Geldforderung die Rede war. Das Geld sollte sie in einem Bahnhofsschließfach binnen sieben Tagen deponieren. Ansonsten würde die Polizei verständigt und der Mordkommission die im Anhang gesendete Videodatei zugespielt. Mit zittriger Hand klickte sie auf das Icon mit der Filmrolle. Die Datei sprang auf und Kara sah sich selber – in gestochen scharfer HD-Auflösung –, wie sie den reglosen Körper in die Badewanne hievte und mit Natronlauge übergoss. Ihr entfuhr ein entsetzlicher Schrei. Sie trat gegen ihr Tischbein und schmiss den Laptop auf ein Sofa. Wer war das? Wer versuchte sie da zu erpressen? Kara war ganz aufgebracht. Sie kippte eine Staffelei um und kreischte. Nun hatte sie die Vergangenheit also doch noch eingeholt und ihr Leiden und Kämpfen könnten völlig umsonst gewesen sein! All die Mühe, all die Aufregung für nichts? Sie konnte es einfach nicht fassen. Ihre

Wut zerriss sie. Sie wollte nichts mehr hören oder sehen und schloss die Augen. In solchen Momenten hätte Kara normalerweise zu hartem Stoff gegriffen, doch sie musste bei klarem Verstand bleiben. Sie wollte diese perfide Person finden, die sie aus dem Hinterhalt erpresste. Wer immer der Erpresser auch war, sie musste ihn zum Schweigen bringen. Nur wie? Kara löschte die Videodatei aus dem Anhang und verschob die E-Mail in den Papierkorb. Das beruhigte sie ein klein wenig. Sie stand auf und lief unruhig in der Lagerhalle auf und ab. Nein, sie würde nicht aufgeben. Sie war nicht irgendwer. Sie hatte ihre Millionen geschafft, sie hatte sich bis an die Spitze ihrer Kultur gekämpft. Sie hatte diese ekelhafte Leiche Stückchen für Stückchen vor den Augen der anderen verschwinden lassen. Sie war nicht irgendeine Irre. Sie war Kara Kowalski! Die gefragteste Malerin des 21. Jahrhunderts. So eine Leiche würde ihr nicht das ganze künstlerische Œuvre zerstören. Sie malte für die Ewigkeit!

Kara saß auf ihrem geliebten lippenförmigen Sofa und rauchte Shisha. Sie hatte sich wieder schuldig gefühlt. Sie hatte sich wieder als Kind gefühlt, so als würde sich ihre Mutter von ihr abwenden. Hilflos und bedroht. Sie hatte sich wieder verloren. Aber damit war jetzt Schluss. Dann wurde sie eben zur Mörderin. Keine Menschenseele beschmutzte und vernichtete ihr künstlerisches Erbe, für das sie lebte und für das sie bereit war, alles zu geben. Hier ging es um mehr als nur um den Knast oder ein verpfuschtes Leben. Hier ging es um ihr Schaffen, um sie als Auge des 21. Jahrhunderts. Nur sie konnte die Verletzlichkeit des modernen Menschen porträtierten. Es ging um das Bewahren der wichtigsten Kunstwerke ihrer Zeit. Wer würde denn von einer Mörderin noch Kunstwerke ansehen wollen? Sie dachte an Louis Althusser, der seine Frau wie in Trance erwürgt hatte und auch noch ein Buch darüber geschrieben hatte. *L'avenir dure longtemps – Die Zukunft hat Zeit.* Ja, so mochte das wohl sein. Aber sie nahm ihre Entgleisungen mit ins Grab. Die Kunst war ihr Leben. Sollte man ihr den Mord an Leon Löschner anhängen, dann war sie tot, dann war alles, worauf ihr Leben zielte, die Kunst, nicht mehr möglich und ihr ruhmreicher Name in den Schmutz gezogen. Sie musste diesen Erpresser so schnell wie möglich finden. Sie würde ihn zum Schweigen und zum Verschwinden bringen.

LYSERGSÄUREDIETHYLAMID

ZWEITER TEIL

9

Wie sich die Dinge entflammen, langsam ihre Formen sich verdunkeln, sich auflösen und zu Asche verbrennen. Dieser Gedanke ging Malina durch den Kopf, als sie ins Feuer schaute und dabei zusah, wie Sperrholz, Kartonagen und Laken oxidierten und im Feuer verschwanden. Heimlich beobachtete sie die Jugendlichen, wie sie um die brennenden Dinge standen und irgendwas besprachen. Sie roch es gleich, dass die Jungs dort alle kifften. Dann übergaben sie sich irgendwas. Malina begriff. Da war wohl noch mehr im Gange. Es war besser, wenn sie im Verborgenen blieb. Sie saß in einem kleinen stillgelegten Tunnel, das Innere eines Drachens, sein aufgerissenes Maul, der Eingang für die einstige Achterbahn. Vielleicht glich der Drachenkopf auch einer Wildkatze mit dieser Schnauze und den schlitzförmigen Augen, ein in die Höhe ragendes Fünfeck, sein Maul das Tor ins Innere, ins Dunkel. Malina sah dem Feuer zu, wie die Funken herumirrten unter dem schwarzen Himmel.

Seit dem Nachmittag war sie im Spreepark herumgestreift und hatte sich die noch übrig gebliebenen Attraktionen angesehen. Beim Lesen eines Zeitungsartikels neugierig geworden, war Malina einfach losgezogen und hatte gedacht, vielleicht fände sie hier an diesem mystischen Ort neue Inspiration für ihr Schreiben. Der Abend war angebrochen und mit ihm kamen die ungebetenen Gäste. Nebel lag schon über den wild wuchernden Gräsern und Sträuchern des verlassenen Vergnügungsparks. Die Großstadt hatte sich verflüchtigt, war in der Dämmerung verschwunden, nur noch von fern hörte sie Autos vorbeirauschen, es hätte auch ein Fluss sein können.

Ihr wurde kalt, sie sah wieder zum Feuer und hätte jetzt gern seine Wärme gespürt, doch saß sie viel zu weit weg. Malina liebte dieses Knistern und Flackern, das Tanzen der Flammen und die Glut. Sie schaute gebannt zu dem großen Feuer hinüber und konnte sich gar nicht satt sehen. Schon als Kind hatte sie diese Aufregung gespürt, die mit dem Zündeln und den Flammen einherging. Auch jetzt wurde sie immer kribbeliger und atmete hastig. Hitze stieg in ihr auf. Sie starrte weiter wie gebannt in die verführerisch züngelnden Flammen. Malina konnte ihren Blick nicht mehr vom Feuer abwenden – da sprangen plötzlich zwei Männer in Uniform hinter den Bäumen hervor! Jetzt wurde es ernst. Sie richteten ihre Waffen auf die Jugendlichen, einer floh, der Polizist rannte ihm hinterher. Malina stockte der Atem. Sie hatte solche Angst. Sollte sie hier versteckt bleiben und warten, bis die Gefahr vorüber war? Weitere Polizisten tauchten wie aus dem Nichts auf und hatten auch noch Hunde dabei. Sie musste hier weg! Hastig griff sie nach ihrer Tasche. Die führten eine Drogenrazzia durch und die Hunde würden sie auf jeden Fall riechen.

Sie schlich im Nebel aus der Drachenhöhle heraus, schon fing einer der Rottweiler an zu kläffen. Dann rannte sie, so schnell sie konnte. Ein Polizist hatte sie bereits bemerkt und folgte ihr. Er rief, sie solle stehenbleiben. Aber dann würde sie mit irgendwelchen Drogendelikten in Verbindung gebracht werden und sie war unerlaubt auf das Gelände eingedrungen – sie käme wegen Hausfriedensbruch dran. Die Hunde bellten. Malina rannte auf das sich im Wind drehende, knirschende Riesenrad zu. Sie sah Lichtkegel durch den Nebel huschen und hörte nun auch die Sirenen anderer Polizeiautos. Das wurde eng für sie. Würde sie es noch bis zum Zaunloch schaffen, durch das sie eingestiegen war? Warum war sie nur dortgeblieben? Die Flammen hatten sie so sehr fasziniert, sie hatte sich einfach nicht abwenden können – das Feuer war wie eine Sucht, es hielt sie gefangen.

Beim Riesenrad angekommen, hielt sie einen Moment inne. Sie sah die suchenden, grellen Lichtkegel der Polizisten, wie sie jeden Winkel des Parks durchkämmten. Die Rottweiler jagten durch den Nebel. Malina musste weiter, sie durfte keinesfalls stehenbleiben. Vor ihr blitzte auch schon ein Blaulicht auf. Sie erkannte gerade noch rechtzeitig, dass der Eingang, das Zaunloch, längst von Polizisten umstellt war. Sonst wäre sie schon draußen gewesen. Aber so leicht machten es ihr die Polizisten nicht. Sie überlegte kurz, ob sie in eine Gondel des Riesenrads steigen sollte, sodass kein Hund mehr an sie rankommen würde. Doch sollte sich das stillgelegte Riesenrad mit dem Wind nach oben drehen, so käme sie nicht mehr herunter und die Rottweiler hätten sie bald entdeckt. Nein, das war keine gute Idee. Sie lief also wieder los, rannte kreuz und quer in Hoffnung, einen anderen Ausgang zu finden.

Ein Karussell mit einer gigantischen Teekanne in der Mitte und Sitzen, die wie Teetassen aussahen, in denen früher wohl Kinder gesessen hatten, ragte im Nebel auf. Darüber ein modriges Zelt und auch ein verfallenes Wärterhäuschen zum Karten abreißen. Ringsum nur Dickicht. Bilder ihrer Kindheit stiegen vor ihrem gesitigen Auge auf, wie sie mit dem Feuer spielte, nicht aufpasste und die Gardinen in Brand gerieten. Ihr Vater war damals so böse mit ihr gewesen.

Malina lief weiter. Im Dunkel merkte sie nicht, wie sie auf ein Gewässer zulief und mitten im Rennen rutschte sie plötzlich ab und glitt ins Wasser. Sofort zuckte sie zurück. Ihre Beine waren nass geworden. Sie fluchte leise. Hinter ihr blitzten herannahende Lichtkegel auf und sie hörte Hundegebell lauter werden. Malina begriff: Das war ihre einzige Chance. Sie musste durch diesen Teich, an den verlassenen Schwanengondeln vorbei. Denn die Hunde würden ihre Spur hier nicht weiterverfolgen können. Das Wasser war eiskalt. Dennoch war es eine milde Nacht. Sie würde es schon schaffen. Malina glitt also wieder hinab in den kalten Teich. Sie atmete tief durch. Es kostete sie alle Kraft, die Kälte auszuhalten. Ihre Tasche hielt sie mit ausgestreckten Armen hoch, dass sie nicht nass wurde. Das Wasser reichte ihr nur bis zur Hüfte. In der Kälte zog sich alles zusammen. Ihre Füße begannen zu kribbeln. Sie musste sich beeilen. Bis die Kälte unerträglich wurde, musste sie drüben sein. Unter ihren Füßen spürte sie Algen und Steine. Ein Glück trug sie Turnschuhe. Nach wenigen Minuten war sie drüben. Sie stieg aus dem Teich, hielt sich an den Wurzeln der Bäume fest, um sich hochzuziehen. Da hörte sie auf der anderen Seite schon das Kläffen eines Rottweilers. Das war knapp!

Malina lief weiter ins Gestrüpp hinein, ihr Herz überschlug sich vor Angst. Immer noch huschten Lichtkegel durch den Nebel, überall waren sie – hinter ihr, neben ihr, vor ihr! Jetzt ging es um Sekunden, wenn sie den Hunden entkam, würden sie ihre Fährte verlieren. Sie lief und lief, gelangte schließlich an eine Art Brücke, darunter ein Wikingerschiff. Malina kam nicht so schnell vorwärts in den schweren, nassen Hosen und Schuhen. Sie blickte sich um. Hier waren keine Lichtkegel mehr, auch keine Hunde. Die Sirenen hörte sie noch von Weitem. Malina ging nun langsamer. Sie war erst einmal entkommen. Diese querliegende Brücke bestand aus zwei Zugängen, links und rechts, mit denen man von den Seiten ins Schiff einsteigen konnte. Sie ging den einen Zugang hinauf und fand ein vortreffliches Versteck, um endlich einmal durchatmen zu können.

Ein paar Minuten saß sie einfach nur da und versuchte zu sich zu kommen. Das Adrenalin schoss immer noch durch ihre Adern, ihr Herz schlug wie wild. Dann beruhigte sie sich langsam. Ihr Plan war aufgegangen. Sie hatte diese Hunde abgehängt. Malina blieb nun, einmal in Sicherheit, eine Weile in diesem Wikingerschiff sitzen. Sie zog ihre Hose und ihre Schuhe aus, weil die Nässe mit der Kälte vermischt unerträglich wurde. Auch wenn es immer noch furchtbar kalt war, war es hier windgeschützt und ohne die nassen Klamotten wesentlich wärmer. Sie wrang die nasse Hose aus, so gut es ging. Auch aus ihren Socken presste sie alles Wasser heraus und zog sie dann wieder an. Malina bewegte sich immer wieder, mühte sich, um warm zu bleiben. Sie wollte weder eine Erkältung noch eine Blasenentzündung bekommen. Im Rennen war es zwar kalt gewesen, aber sie hatte nicht so gefroren wie jetzt beim Sitzen. Selbst als sie durch den Teich gewatet war, hatte sie sich genügend bewegt, um warm zu bleiben. Nun stieg die Kälte langsam auf. Malina kramte in ihrer kleinen Tasche und zog ihr Handy hervor. Es war schon eine Stunde vergangen seit der Flucht. Sie krabbelte vorsichtig aus dem Wikingerschiff, um die Lage zu checken. Es schien alles ruhig zu sein. Um sie herum dichter, dunkler Nebel. Sollte sie sich hinauswagen oder lieber noch warten? Malina entschied sich, ihre Hose und die Turnschuhe wieder anzuziehen. Die feuchten Klamotten waren unangenehm, doch was sollte sie tun? Wenn sie hier noch länger ausharrte, würde sie sicher krank werden. Also zog sie los, sie würde schon davonkommen. Malina war viel zu aufgeregt, um noch lange dort im Wikingerschiff auszuharren. Im Vergnügungspark gab es viele verschlungene Wege, auf einem davon würde sie schon nach draußen finden.

Sie kletterte über Lokomotivschienen und ging geradewegs auf einen aufgerissenen Wolfsrachen zu, darunter wieder Wasser. Das war aufregend und angsteinflößend zugleich. Die Zähne des Wolfs schimmerten hell in der Nacht. Fast schien er ihr im Dunkel lebendig zu werden und mit seinem aufgerissenen Maul nach ihr zu lechzen. Doch Malina wusste ja, dass er nur zu den Skulpturen des Vergnügungsparks gehörte. Über dem Wasser lag immer noch der Nebel. Sie passte auf, wohin sie trat, tastete sich fast blind über die Schienen. Noch einmal wollte sie nicht nass werden. Im Wolfsrachen angekommen, lief sie weiter über die Schienen, bis sie schließlich wieder draußen war. Mit dem Laufen kam die Wärme wieder zurück. Ein Glück hatte sie nur kurze Zeit gefroren, dort auf dem Wikingerschiff. Das Waten durch den Teich kam ihr jetzt fast ein bisschen übertrieben vor. Andererseits hätte sie richtig in Schwierigkeiten kommen können, wenn sie diese Hunde nicht abgehängt hätte.

Sie lief auf eine wellenförmige Konstruktion zu, deren Umriss sich geheimnisvoll gebogen gegen den dunklen Himmel abzeichnete. Nein, hier war weder ein Lichtkegel zu sehen, noch ein kläffender Hund. Sie dachte beim Anblick der vermoderten Wildwasserbahn wieder an ihre Kindheit. Auch ihre Vergangenheit war überwuchert von Gestrüpp, längst verschüttet und lag im Dunkel. Heute konnte Malina tun und lassen, was sie wollte. Ihre Eltern waren streng gewesen, ihre Mutter hatte sich immer dem Vater angepasst. Ihr Vater war cholerisch gewesen, regte sich über alles auf und musste auch alles, was die anderen taten, kontrollieren. Nach außen hin gaben sie ein perfektes Bild einer glücklichen Familie, doch ihr Vater übte mit der Verfügung über jegliche Geldausgaben eine unglaubliche Macht über die Familie aus. Alles, was Freude machte, musste mit ihm abgesprochen und diskutiert werden. Leider kostete so ziemlich alles etwas, was Freude bereiten konnte. So isolierte sich Malina schon als Kind von den anderen, denn ihr war es peinlich, den Kindern sagen zu müssen, dass ihre Eltern zwar das Geld für dieses oder jenes Hobby hatten, jedoch ihr Vater keine Notwendigkeit darin sah, ihr Geld zu geben, sei es für den Ballettunterricht oder den Kinobesuch. Sie wäre gern ein fröhliches Kind gewesen, hätte gern mit den anderen gespielt. Sie fühlte sehr genau, dass ihr Vater etwas falsch machte, dass in ihrer Familie etwas anders war als bei den anderen Kindern. Dort fing es an mit dem Zündeln. Wenn sie konnte und an etwas Geld herankam, besorgte sie sich ein paar Wunderkerzen. Sie begann auch da schon, Streichhölzer oder Feuerzeuge zu sammeln. Einmal kaufte sie eine Öllampe, die eine größere Flamme hervorbrachte und teuer war. Es gab einen großen Streit, bei dem Malina die Lampe wieder zurückbringen musste. Sie schämte sich damals so sehr, diese Lampe wieder in den Laden bringen zu müssen und das Geld zurückzuverlangen.

Da Malina also kaum Freunde hatte und auch sonst selten rauskam, war das Feuer eine der wenigen Freuden, die sie im Leben empfand. Sie experimentiere, wie sie die Flamme größer werden lassen konnte. Einmal machte sie auch ein kleines Feuer am Waldrand nahe ihrer Wohnung. Keiner entdeckte es. Es war ihr gut gehütetes Geheimnis, ihre Waffe gegen die kalte Welt. Später, als sie schon fast kein Kind mehr war, wurde sie Teil einer Bande. Endlich hatte sie Freundinnen, endlich gehörte sie mal dazu und war kein Außenseiter mehr. Sie brachen in leerstehende Häuser ein, geisterten herum, richteten sich aus altem Sperrmüll ein Lager ein und spielten Flaschendrehen. Malina beobachtete, wie ihre Freundinnen sich verliebten und sich das Herz brechen ließen. Keine der Bindungen hielt lang. Sie verstand damals schon, dass es schwer sein musste, wenn man im Leben eine feste Bindung, einen richtigen Partner suchte. Eines Abends verlor sie dann auch ihre Unschuld, sie war die letzte, ihre Freundinnen hatten schon Erfahrungen gesammelt. Ein Junge war noch geblieben, die anderen waren längst gegangen. Sie machten schließlich ein Feuer, Malina hatte wie immer ein paar Streichhölzer dabei. Beim Feuer kamen sie sich näher und begannen zu kuscheln und zu knutschen. Malina blickte in die Flammen, als es geschah. Es war ein unglaublich schönes erstes Mal.

Nur leider hielt die Beziehung nicht lang. Nach ein paar Monaten hatte der Junge schon eine andere. Wenig später zerstreute sich auch die Bande. Was blieb, war die Feuerstelle. Malina ging immer wieder dorthin, entzündete in der Baracke ihr Feuer, spürte die Erregung, wenn sie in die Flammen blickte. Die Menschen kamen und gingen. Ihre Beziehungen waren so zerbrechlich. Aber ihre Beziehung zum Feuer blieb, sie machte Malina auf einer gewissen Weise unverwundbar. Sie musste diese Leidenschaft nur in ihren Grenzen halten. Als es zu Hause eine Zeit lang unerträglich war, als ihre erste Beziehung in die Brüche gegangen war und ihre einzigen Freunde sich wieder verstreut hatten, nahm die Pyromanie überhand und sie entwickelte den Zwang, immer wieder ins Feuer schauen zu müssen, die Flammen spüren zu wollen, das Kribbeln, die Hitze und Aufregung zu fühlen. Das Feuer war damals ihre einzige Freude. Es war nicht so, dass ihr Vater sie geschlagen hätte. Es war mehr eine emotionale Gewalt, die Malina erlebt hatte. Entwertung, Kontrolle und Manipulation. Sie konnte nicht mehr vertrauen. Später hatte sie hier eine Liebschaft und dort, sie hatte auch keine wirklichen Freundinnen mehr, ließ keinen mehr an sich heran. Der Schmerz einer erneuten Trennung, sei es Freundschaft oder Liebe, wäre zu groß gewesen. Das blieb leider so. Sie war im Studium gern gesehen, war fleißig und konnte auch was. Auch hielt sie Bekanntschaften, doch diese gingen nie wirklich tief. Zuhause hatte sie sich eine große Öllampe gekauft und viele Kerzen in der Wohnung aufgestellt. Wenn sie jemanden für die Nacht mit in ihr Bett nahm, brannten alle Kerzen und die Öllampe. Die Männer empfanden das als romantisch. Ihnen fiel es nicht auf, dass Malina das Feuer brauchte. Vielleicht würden manche sagen, ihre Welt wäre arm, sie wäre einsam. Aber so fühlte sie sich nicht. Sie fühlte sich beschützt, sie fühlte sich gebunden. Es musste doch keiner wissen. Sie war nicht mehr bereit, sich einmal einem Menschen zu öffnen, sich zu binden und wieder so verletzt, manipuliert, verlassen zu werden. Wenn sie ihren Bekannten und Kommilitonen zuhörte, hatten die Mädchen oft nur Dramatisches zu berichten. Es gab ein oder zwei Glückliche unter ihnen, die in festen Beziehungen waren, sie zählten jedoch eher zur Ausnahme als zur Regel. Vielleicht stimmte etwas mit ihr nicht, das mochte schon sein, aber mit den Beziehungen der anderen stimmte auch vieles nicht.

In Gedanken versunken, lief sie weiter durch die Nacht. Wie aus dem Nichts tauchten plötzlich gespenstische Schattenrisse vor ihr auf. Als Erstes lichtete sich im Nebel ein umgekippter Tyrannosaurus Rex, mit abgerissenem Bein lag er auf dem Boden. Malina kannte die Namen noch aus der Schulzeit, ungewöhnliche Wesen faszinierten sie schon seit ihrer Kindheit. Sie ging weiter und stieß auf einen Stegosaurus, seine Rückenzacken waren abgeknickt, tiefe Risse durchzogen die verwitterte Skulptur. Schließlich kam sie an einem Apatosaurus vorbei, dessen riesige Gestalt von Graffiti übersät war. Die Dinosaurier schienen sie anzustarren und eine Angst, die eigentlich unbegründet und eher kindlicher Natur war, kroch in ihr hoch. Schnell lief sie weiter, getrieben in ihrer Suche nach dem Ausweg, und wusste schließlich nicht mehr, wo sie war. Sie blieb stehen und sah sich um. Dann rannte sie in eine neue Richtung. Plötzlich stand sie vor dem äußeren Absperrzaun. Sie folgte ihm und fand bald schon eine Stelle, wo sie darunter hindurchkriechen konnte.

Malina hatte es geschafft! Sie war draußen. Sie schlenderte durch ein Industrieviertel in Richtung Heimweg. Die Klamotten waren immer noch feucht. Malina orientierte sich an der Karten-App ihres Handys. Diese weiten, großen Straßen, durch die der Wind fegte, waren ihr unheimlich. Inzwischen war es nach drei. Sie brauchte eine Weile, bis sie eine Nachtbuslinie fand. Die wenigen Menschen, die noch unterwegs waren und ihr begegneten, sahen weg. Keiner bemerkte, dass ihre Kleider feucht waren. Ein Obdachloser richtete sich plötzlich auf, kam auf sie zu und schimpfte irgendwas vor sich hin. Malina ging schneller, er machte ihr Angst. Hoffentlich würde er nicht auch an der Bushaltstelle warten wollen wie sie. Malina schüttelte ihn wieder ab.

Endlich sah sie das Haltestellenschild. Ein grünes ›H‹ auf gelben Hintergrund mit einer grünen Umrahmung. Lautlos formt sie das »H« mit ihrem Mund. Dieses ›H‹ bedeutete ihr gerade mehr als alles andere. Es gab ihr Halt und es forderte sie auch dazu auf, innezuhalten. Halbwegs wieder bei Verstand setzte sie sich auf die Bank und wartete. Der Wind zog durch die nassen Kleider. Ihre Gedanken wichen einem Moment der Stille. Sie roch die frische Nachtluft, fühlte die feuchte Hose an ihren Beinen, die nassen Schuhe. Malina kamen die Bilder des Spreeparks noch einmal in den Sinn. Sie hatten sie zurück in ihre Kindheit geführt. Schließlich hatte sie einen Moment völliger Stille, als hätte jemand die Zeit angehalten, doch es war nur der Gedankenstrom, der plötzlich abriss. Sie nahm wahr und fühlte, roch, hörte ihre Umgebung, ohne diese zu bewerten oder zu benennen. Sie saß einfach da, ruhte in sich und schaute auf die dunklen Gebäude, auf die Straße, die Berliner Nacht. In diesem einen Moment fühlte sie sich vollkommen frei und glücklich. Eigentlich war doch alles in Ordnung. Warum machte sie sich nur so viele Gedanken? Dann kam der Bus.

Malina stieg ein, bezahlte die Fahrkarte, der Busfahrer nickte. Sie ging bis ganz nach hinten und setzte sich. Im Bus saßen nur wenige Personen. Einer stieg aus. Malina stand auf, sie musste die nächste raus. Dieses Mal kam der Anschluss gleich. Die Busse waren zeitlich aufeinander abgestimmt. Ein Glück. So ging es schnell. Noch war es mitten in der Nacht. Noch war der Morgen nicht gekommen. Auch beim dritten Umsteigen lief es recht flott. Sie wartete nur wenige Minuten. Dann war sie nah an ihrem Zuhause.

Sie ging die Königin-Luise-Straße entlang. Nein, eine Königin war sie nicht, dachte Malina. Sie mochte gut aussehen, ja, das schon. Sie mochte auch schlau sein. Aber für eine Königin war sie längst zu weit abseits geraten. Sie hatte sich viel zu weit entfernt von den Menschen. Sie war schon als Kind keine kleine Prinzessin gewesen und wie eine Königin hatte sie nie jemand behandelt. Die Leute kamen und gingen, sie machten ihr entweder Angst oder nervten sie. Aber sie erkannten in ihr nichts Besonderes oder Höheres. Die Macht einer Königin kam ja durch die Anerkennung einer erhöhten Position durch die anderen. Die anderen aber hatten ihr nie Macht verliehen. Sie war mehr eine Trickserin, als Kind hatte sie sich das Piratenkostüm ausgesucht und nicht das Kostüm der Prinzessin. Prinzessinnen waren doch langweilig. Die warteten ewig auf ihren Prinzen und wie sich das anfühlte, hatte sie ja schon erfahren. Sie sah sich mehr als Vagabund, als Einzelkämpferin. Sie gehörte in die freie Wildbahn und nicht in ein Schloss.

Endlich kam sie an der Kuppel des Gewächshauses vorbei und sah schon von weitem ihren Wohnblock – vereinzelt brannte da und dort noch Licht in den Fenstern. Bald wäre sie zu Hause, bald stünde sie in der schützenden Wärme, ging es Malina erleichtert durch den Kopf. Sie ging zügig und erreichte nach wenigen Minuten den Innenhof. Dann die Treppe hoch in den zweiten Stock, wo sie endlich ihre Tür zur Wohnung 25 aufschloss.

Nun war sie zu Hause. Als Erstes nahm sie eine heiße Dusche. Das tat gut. Jetzt musste sie richtig grinsen, was das für ein Abenteuer gewesen war. Erst dieses herrliche Feuer, dann die Flucht vor den Polizisten mit ihren Hunden durch den Spreepark und nun stand sie unversehrt unter der Dusche. Sie war noch ganz aufgedreht von allem.

Als sie aus der Dusche trat, war es schon nach fünf. Sie hatte nur noch wenige Stunden, bis sie in die Universitätsbibliothek musste. An Schlafen war nicht zu denken. Also beschloss Malina sich heute besonders schönzumachen. Sie suchte sich einen Song raus und drehte ihn laut. Dann hüpfte sie nackt durch ihre kleine Wohnung und suchte nach den passenden Klamotten. Vorm Spiegel zog sie sich Unterwäsche an und föhnte ihre Haare. Sie hatte den Körper schlechthin. Ihre Brüste waren fest, ihre Haut samtweich und glatt, ihr Po knackig. Sie war weder zu dünn noch zu dick und hatte ein hübsches Gesicht. Zum Modeln wäre sie mit ihren zarten hundertneunundfünfzig Zentimetern ein bisschen klein gewesen, aber sonst entsprach ihr Körper allem, was sie sich wünschen konnte. Ihre blonden Locken fielen in den Nacken. Malina sang ein wenig bei dem Song mit und tanzte wild herum. Sie hatte sich für eine dunkle Tweedhose und einen flauschigen Herbstpullover entschieden. Perfekt, dachte Malina, als sie sich frisch angezogen im Spiegel betrachtete. Ein wenig Mascara trug sie noch auf, hier und da ein bisschen Puder, dann war sie vollkommen zufrieden mit sich.

Sie ging ins Wohnzimmer zurück. Ihr Blick fiel auf die Sammlung von Streichhölzern, die sie in einer Glasschale sorgfältig arrangiert hatte. Von Werbegeschenken bis zu limitierten Exemplaren sammelte Malina einfach alles. Neben der Schale, auf derselben Kommode, präsentierten sich ihre Feuerzeuge in einer bemerkenswerten Vielfalt, darunter kunstvoll gestaltete Modelle. Luxusmarken in kuriosen Formen, ausgestattet mit besonderen Funktionen wie eingebauten Uhren oder Musikspielwerken zählten zu ihren Prunkstücken. Über dem Regal hing ein Plakat aus dem Film ›Die unendliche Geschichte‹, das den Drachen Fuchur zeigte, einen weißen Glücksdrachen, ein schlangenähnliches Geschöpf mit silbernen Schuppen und löwenartigem Kopf, das sich – so stand es im Buch – von Wärme, Luft und Sonnenstrahlen ernährte und blaues Feuer speien konnte. Schon so oft hatte Malina diesen Roman gelesen und kannte die Welt von Phantásien in- und auswendig. Sie liebte Drachen. Sie waren einfach herrliche Fabelwesen, voller Kraft und Würde. Auch wenn sie so viele Feuerzeuge besaß und immer eine kleine Schachtel Streichhölzer bei sich trug, hatte sie doch nie angefangen zu rauchen. Sie wollte sich solche Laster ersparen. Mit dem Blick auf ihre Sammlung im Regal fiel ihr die Schriftstellerin Ingeborg Bachmann ein, die, mit einer glühenden Zigarette weggedöst, sich selbst in Brand gesetzt hatte und mit schweren Verbrennungen am Leib schließlich im Spital verstorben war. Das würde ihr nicht passieren. Verbrennen würde sie sicherlich erst nach ihrem Ableben im Krematorium. Sie wischte die trüben Gedanken beiseite und ging in die Küche, um sich etwas zu Essen zuzubereiten.

Beim Frühstück switchte sie in ihrem Handy herum. Neben ihr lag der aufgeschlagene Zeitungsartikel von gestern, mit der Schlagzeile ›Berliner Spreepark: Lost Place erwacht aus Dornröschenschlaf‹. Malina konnte sich selbst nicht ganz begreifen. Warum auch hatte sie unbedingt diesen Lost Place aufsuchen müssen? Die Fotos in dem Artikel hatten eine große Anziehung auf sie ausgeübt. Dennoch war es eine ziemlich schlechte Idee gewesen, auf dieses verbotene Gelände zu gehen, beinahe hätte die Polizei sie erwischt. Dann fiel ihr ein, dass sie doch in diesem Wikingerschiff sehr gefroren hatte. Sie holte sich aus dem Badschrank Lutschbonbons für die Abwehrkräfte, in denen Vitamin C und Zink enthalten war. Damit würde sie schon nicht krank werden. Sie probierte noch einmal verschiedene Frisuren aus, entschied sich dann für locker hochgestecktes Haar mit einer Haarnadel, die an ein japanisches Essstäbchen erinnerte. Die hielt bei ihren Locken. Das sah sexy aus und betonte ihren schlanken Hals. Nun wurde sie plötzlich doch müde. Eigentlich hätte sie sich jetzt aufs Ohr legen mögen, doch nun war sie nur noch eine halbe Stunde früher als sonst, also entschied sie sich loszugehen. Die Gefahr, zu Hause völlig zu versacken, war einfach zu groß. Dann würde sie nicht mehr hochkommen und den Tag verschlafen. Also griff sie zum Laptop und zu ihrer Tasche, legte sich einen Schal in Scharlachrot um und machte sich auf den Weg in die Universitätsbibliothek.

10

Das Universitätsgebäude betretend blieb Malina mitten auf einer Stufe stehen, sie schaute verstohlen um sich, ein mulmiges Gefühl umfing sie. Der Job, den sie hier machen musste, war alles andere als eine Freude, sie empfand dabei nur Furcht. Dann ging sie zum Lift am anderen Ende des Ganges. Sie steckte den Fahrstuhlschlüssel ein – da bekam sie einen elektrischen Schlag. Das befeuerte ihre dunklen Ahnungen nur noch mehr, sie ahnte nichts Gutes. Der Lift zog sie in die Tiefe hinunter, bis ins letzte Untergeschoss. Hier war es stockdunkel, und weiter weg vom Tageslicht konnte man nirgendwo sonst sein an der Universität. Der Raum, in dem sie stand, verlor sich in der Weite und war klaustrophobisch, die Decke war unangenehm niedrig, ihr kam es so vor, als könne sie kaum aufrecht gehen. Am anderen Ende strahlte ein kaltes Licht. Auf dieses ging sie zu. Ihre Schritte ächzten auf dem Holzboden. Es roch nach altem Papier, staubig war es hier überall und ein unruhiges Summen sirrte durch die Stromleitungen. Malina drehte sich erschrocken um. Sie horchte in das Dunkel. War da was? Sie hatte geglaubt, etwas gehört zu haben, konnte aber, auch nach längerem Lauschen, das von ihr vernommene Geräusch nicht orten; sehen konnte sie hier unten erst recht nichts; zudem war der lichtlose Raum derart verwinkelt und unüberschaubar verworren – sie war von lauter toten Winkeln umgeben, verschachtelte Wände und quergestellte Regale, hinter die sie nicht schauen konnte und hinter denen sich alles Mögliche verbergen konnte.

Malina stand vor einem Digitalisierungsapparat, einem V-förmigen Buchscanner, der aus physischen Büchern virtuelle Daten wandelte. Der Apparat spendete hier das einzige Licht und warf mit seiner Beleuchtungseinrichtung lange Schatten in den Raum, was die Regale und staubigen Bücher nur noch unwirklicher erschienen ließ. Sie legte ihre Tasche auf einer modrigen Kiste voller alter Bücher ab und machte sich an die Arbeit. Der Bibliotheksbestand aus sämtlichen Büchern, Zeitschriften und Magazinen musste eingescannt werden. Er wurde laufend in einer Datenbank erfasst, die online zugänglich war. Die Karteikästen mit den Zettelchen hatten sich dadurch erübrigt. Die noch nicht eingescannten Bücher waren schon im System gelistet, die anderen enthielten einen Link zur digitalen Version und konnten heruntergeladen werden. Malina hatte vor mehr als zwei Jahren mit der Digitalisierungsarbeit begonnen. Schon seit längerem wurden an der Universität die Bestände digitalisiert. Fakultäten und Fachschaften waren mit V-Scanner ausgestattet worden. Aber ausgerechnet sie musste hier tief unten arbeiten. Nun stand sie vor den letzten Regalen und nahm mehrere Bücher heraus. Behutsam legte sie einen Folianten auf das V-förmige Vorlagenglas. Sie justierte die Strahlstärke des Lichts, das die Buchseiten erhellte, stellte den Winkel der Buchwiege von 90 auf 120 Grad ein und richtete am Monitor den V-Scanner ein. Dann drückte sie die Eingabetaste und die Vorrichtung setzte sich in Gang. Der vollautomatische Apparat blätterte lautlos mit einer feinen Ansaugpumpe die Seiten um, scannte den Buchdeckel, den Schmutztitel, das Impressum, das Verzeichnis und den Inhalt aus Millionen von Buchstaben. Innerhalb von Minuten war ein weiteres Digitalisat für die Online-Datenbank entstanden.

Die Scannergeschwindigkeit dieses Apparats löste in Malina Angst aus. Besorgt blickte sie auf die letzten Regale. Bald würden auch die letzten Bücher der Hauptbibliothek und der Zweigbibliotheken gescannt sein. Mit der vollständigen Digitalisierung aller schriftlichen Werke war Malinas Arbeit getan und der Arbeitsvertrag mit dem sicheren Einkommen würde sich auflösen. Das quälte sie. Denn eine andere bezahlte Arbeit hatte sie bis jetzt, trotz vieler Stellenbewerbungen, nicht finden können, sie hatte nur Absagen erhalten. Für Leute wie sie, die Geisteswissenschaften studiert hatten, war der Arbeitsmarkt dünn gesät, und sie war auf rare Jobs wie diesen hier dringend angewiesen; auch wenn sie solche Arbeiten abgrundtief hasste und der Ort ihr wie ein Verlies vorkam. Vergangene Woche hatte Malina viele Blindbewerbungen verschickt. Darunter auch eine an das Buchstabenmuseum. Zufällig hatte sie es im Internet entdeckt und die Beiträge und Bilder hatten sie neugierig gemacht. Die abgebildeten Exponate wirkten wie zu Raum gewordene Texte aus unzähligen Schriftzeichen. Das gefiel Malina. Ein faszinierender, abgespaceter Ort, an dem sie nur zu gerne als Kuratorin oder wissenschaftliche Assistentin arbeiten würde, sollte sich ihr die Gelegenheit dazu bieten!

Malina setzte sich an einen Tisch und packte ihren Laptop aus. Sie checkte ihren E-Mail-Account. Unzählige Absagen auf ihre Blindbewerbungen und nichts als Absagen! Auch das Buchstabenmuseum hatte ihr geantwortet. Malina klickte nervös auf die Datei und – auch wieder nur eine Absage! Malina seufzte, sie hatte sich mal wieder falsche Hoffnungen gemacht. Wie konnte sie auch ernsthaft daran glauben, dass sie so mir nichts, dir nichts zu einem Vorstellungsgespräch eingeladen werden würde? Dabei wäre das Buchstabenmuseum doch der perfekte Arbeitsplatz für sie gewesen und sie hätte hierfür ja auch ein geeignetes Studium mitgebracht. Sie öffnete eine weitere Datei. Ihre virtuelle Brieffreundin aus Japan hatte ihr eine Nachricht geschrieben, das lockerte ihre trübe Stimmung etwas auf. Sie waren wie seelenverwandt, über Jahre hinweg hatte sich ein angeregter Gedankenaustausch zwischen den beiden entwickelt, da sie sich regelmäßig auf Deutsch hin- und herschrieben. Japan. Ein faszinierendes Land, dachte Malina. Doch eine Reise dorthin war teuer. Und es würde wohl noch viel Zeit vergehen, bis sie sich einen solchen Urlaub leisten könnte, wenn überhaupt. Malina schrieb ihr zurück. Doch als sie die E-Mail abschicken wollte, schreckte sie auf. Sie spürte jetzt überdeutlich, dass irgendetwas nicht stimmen konnte und dass sie etwas aus dem Dunkel heraus unablässig beobachtete; also drehte sie sich um und flüsterte: »Ist da wer?«

Hinter einem der toten Winkel hervorkommend, sah sie auf einen wachsenden Schatten und hörte ein schweres Atmen. Malina bekam eine Gänsehaut. Dann folgte eine krächzende Stimme, die in giftigem Ton wisperte: »Ständig sind Sie zu spät! Heute waren Sie ausnahmsweise einmal pünktlich. Aber anstatt durchgängig zu arbeiten, lassen Sie sich immer wieder ablenken und checken die Mails auf Ihrem Laptop. Sie enttäuschen mich! Wenn es nach mir ginge, Frau Morgenstern, hätte ich Sie längst entlassen.«

Wie sie diesen Bibliothekar fürchtete! Er hatte sie also die ganze Zeit über klammheimlich beobachtet. Dieser Mensch widerte sie an. Ein riesiges Ungeziefer! Sein Vorgänger war auf Ende des letzten Semesters in Rente gegangen, zu ihm hatte Malina einen guten Draht gehabt, mit ihm hatte sie sich lebhaft unterhalten. Aber sein Nachfolger – wer immer das eigentlich sein mochte – war unmöglich, unerträglich und irgendwie irreal. Kein einziges Mal hatte sie ihn zu Gesicht bekommen. Sie wusste weder seinen Namen noch wie er aussah. Seinen Geräuschen zufolge, die er von sich gab, musste er recht alt sein. Normalerweise brannte hier Licht und alles war hell. Aber seitdem der vormalige Bibliothekar in Rente gegangen war, blieb es hier unten nur noch dunkel. Der neue Bibliothekar hatte alle Lichtschalter blockiert und die Sicherungen rausgenommen. War das nicht eigentlich verboten, sie im Dunkeln arbeiten zu lassen, fragte sie sich. Die Anwesenheit des alten, röchelnden Bibliothekars wurde mit jeder Sekunde unerträglicher.

»Wäre hier nur ein bisschen mehr Licht«, sagte Malina mutig, »würde mir das Arbeiten deutlich leichter fallen.«

»Verstehe! Mir aber brennt das ultraviolette Licht der Leuchtstoffröhren die Augen aus«, murmelte der Bibliothekar gehässig und sein Schatten verschwand hinter einem der Regale.

Malina wollte noch was sagen, aber er hatte sich bereits wieder davongeschlichen, lautlos und launisch. Sie stand auf und umlief nervös den V-Scanner. Dann setzte sie sich wieder an den wackeligen Tisch und vertiefte sich in ihren Laptopbildschirm. Doch das Dunkel der Ecken und die sie umgebenden toten Winkel, in die sich das Scannerlicht nicht wagte, machten ihr Angst. Immer wieder drehte sich Malina zu allen Seiten hin, denn sie beschlich das leise Gefühl, der Bibliothekar könnte sie aus jeder Ecke beobachten – was er vielleicht auch gerade tat.

Der V-Scanner hatte ein weiteres Buch abgearbeitet und sie arrangierte alles für das nächste. Dieses Mal bemerkte sie den Bibliothekar gleich, erschreckte sich dennoch und sagte scheu: »Ich komme gut vorwärts und bin mit den Folianten bald fertig« – sie zeigte in Richtung der Regale –, »als Nächstes werde ich die Enzyklopädien einscannen. Ist das so okay für Sie?« Doch er stand wie ein Geist in der Ecke, nur ein Schatten an der Wand, und antwortete ihr nicht. Das machte Malina nur noch mehr Angst. Wieder versuchte sie, ihn anzusprechen, aber seine Gestalt blieb im Dunkeln. Er bewegte sich, sagte dennoch nichts. Sie hörte wieder seinen Atem, das leise Keuchen. Ob er ihr etwas antun wollte? Würde sie ihn doch wenigstens einmal sehen können, für eine Sekunde nur. Er war wirklich nicht gerade jemand, dem sie im Dunkeln begegnen wollte. Und doch geschah genau das fast jeden Tag! Immer wieder überlegte sie, ob es nicht vielleicht ganz gut sei, wenn sie jetzt gleich diese Arbeit beenden würde.

Dann müsste sie eben erst einmal Sozialhilfe beziehen und irgendetwas würde sie dann schon finden. Alles war besser, als hier unten mit diesem schwer atmenden, schattenhaften Etwas auszuharren. Und als sie so darüber nachdachte, war er wieder zwischen den Regalen verschwunden.

Dann tauchte er an einer anderen Stelle ganz unerwartet auf, es war die verwinkelte Wand gleich hinter Malinas Sitzplatz. Nun war er ihr so nah wie noch nie. Sie hörte ein röchelndes Atmen, fuhr ruckartig hoch und wich mehrere Schritte zurück. »Ja? Was gibt es?«, sagte sie ängstlich. Doch keine Antwort. Sein Schweigen hielt sie kaum noch aus und ließ sie nahezu wahnsinnig werden, und fast hätte sie aufgeschrien, als es den Anschein machte, sein Schatten würde sich in der Ecke knicken, immer größer werden und über sie herfallen.

»Was es gibt!«, zischte der Bibliothekar böse. »Warum lassen Sie sich ständig ablenken und machen nicht Ihre Arbeit!«

Das war für Malina schließlich zu viel und sie sprach zu dem zusammengeknickten Schatten in der Ecke: »Ich gehe mal auf Toilette.«

Zum Lift eilend, spürte sie, wie der Bibliothekar ihr hinterherschlich – immer wieder drehte sie sich um. Als sie ihren Fahrstuhlschlüssel in der Aufregung nicht gleich finden konnte und schon glaubte, wieder umkehren zu müssen, sah sie seinen drahtigen Umriss wie eine Schattenspielfigur vor dem Apparat stehen und langsam auf sie zukommen, so dünn und lang waren seine Finger. Ein Insekt. Malina hatte solche Angst! Seinen schweren Atem mit den Knacklauten wusste sie kaum zu deuten, und eigentlich wollte sie es gar nicht wissen, wer oder was sich hinter diesem Schatten verbarg. Den Fahrstuhlschlüssel hatte sie endlich in ihrer Tasche gefunden, aber der Lift schien blockiert, also entschied sie sich dann doch für die Treppe und eilte mehrere Stockwerke hoch ins Erdgeschoss.

Als sie von der Toilette zurückkam, war er verschwunden. Sie beeilte sich, um die verlorene Zeit wieder einzuholen. Warum musste es hier auch so dunkel sein, ärgerte sie sich noch einmal. Das war doch ein regelrechtes Horrorkabinett und kein normaler Job! Wieder kroch die Angst in Malina langsam hoch. Unsinn, sagte sie sich, er wird mir schon nichts tun. Sie ging entschlossen zum Regal hinüber und zog mehrere Enzyklopädien heraus, die sie auf den Tisch mit dem Digitalisierungsapparat legte. Sie nahm eines der Bücher vom Stapel und stellte den Winkel der Buchwiege von 120 auf 150 Grad ein. Derweil das Buch digitalisiert wurde, setzte sie sich erneut an den Tisch und sah in ihren Laptop.

Sie öffnete eine Textdatei und scrollte hinunter. Das war ihr Romanmanuskript. Jahrelang hatte sie an diesem Werk geschrieben und wirklich Wort für Wort und Satz für Satz daran herumgefeilt. Vor ein paar Monaten war sie damit fertig geworden. Was hatte sie um dieses Buch gekämpft, Abschnitt für Abschnitt und Kapitel für Kapitel. Sie überflog die ersten und die letzten Seiten ihres historischen Fantasy-Romans – eine Geschichte über einen heranwachsenden indonesischen Mönch namens Ayu und seine Freundschaft zu einem Phönix. ›Nyawa‹. Das war der Arbeitstitel ihres Manuskripts. Das Wort stammte aus dem Indonesischen und bedeutete ›Seele‹. Die Geschichte handelte von den Reisen der Seele, welche die Hauptfigur auf der Insel Java in dem größten Tempel seiner Zeit, dem Borobudur, erlernte. Neben den Lehren des Sanskrits, der Kunde der Schrift, und den stündlichen Gebeten, den Übungen wie kalten Waschungen oder auch Übungen zur Kräftigung des Leibes verließ Ayu jede Nacht seinen Körper und ging auf Reisen, sah ferne Länder, reiste auch durch die Zeit in seine früheren Leben und in seine zukünftigen. Dabei begegnete er immer wieder einem Phönix, der nach jeder ihrer Treffen verbrannte und wieder auferstand. Eine innige Freundschaft entwickelte sich zwischen den beiden. Leider lernte Ayu wie so viele, die erst in der Stunde ihres größten Leids zu Gott fanden, durch schmerzliche Erfahrungen. Als seine Mutter im Sterben lag, war Ayu nicht bei ihr und hatte sich zuvor in Streit von ihr verabschiedet. Weit weg von zu Hause erschien sie ihm jedoch in einem Wald in der Nähe des Dorfes, bei dem er gerade seinen Onkel besuchte. Sie saß in der Abenddämmerung auf einem Stein und sprach zu ihm. Beide versöhnten sich und ihre Seele konnte schließlich Frieden finden. Diese Erscheinung veränderte das Leben von Ayu und er lernte auf dem Seil zwischen Schlafen und Erwachen zu balancieren. Seine Seele reiste fortan in den Welten und Zeiten umher. Und immer an seiner Seite jener Phönix, der aus einem seiner zukünftigen Leben zu ihm gekommen war. Ayu erlangte höchstes Bewusstsein. Er war imstande, tagelang voller Stille in sich zu ruhen, in dieser Zeit war er vollkommen leer, kein Gedanke und kein Gefühl störten seinen tiefen Frieden.

Das Erlernen der Seelenreisen hatte Malina nun als eine packende Geschichte aufgeschrieben. Sie hatte sich an bekannten Schriften Carlos Castanedas und anderen Gelehrten, Schamanen und Buddhisten orientiert; aber auch Michael Ende gehörte zu ihren Vorbildern. Seine Geschichten waren wie die leuchtenden Inseln aus ihrer verdunkelten Kindheit. Was für eine wunderbare und einzigartige Geschichte sie sich da ausgedacht hatte, ging es Malina voller Stolz durch den Kopf. Die Welt musste sie einfach lesen. Malina besaß einen eisernen Willen. Sie war verdammt zäh. Sie hoffte, mit fünfundzwanzig nun endlich eine richtige Schriftstellerin zu werden und von jetzt an nur noch schreiben zu dürfen. Ein sorgloses Künstlerdasein ohne finanzielle Ängste schwebte ihr vor. Sie wollte so erfolgreich sein wie die Künstlerin, die ihr gegenüber in der Lagerhalle wohnte und mit ihren Gemälden, die sie mit Natronlauge bearbeitete, berühmt geworden war. Malina seufzte. Aber so einfach war das alles nicht. Monatelang verschickte sie ihr Exposé und die Leseprobe, vor allem an den späten Abenden und in der Nacht, an einen Verlag nach dem anderen. Auch hatte sie es zuvor mit den Literaturagenturen probiert. Sie versuchte einfach alles. Aber ihr Bemühen blieb erfolglos. Meist hatte sie auch gar keine Antworten erhalten, und wenn, dann waren es Standardabsagen. Es quälte sie der Gedanke, was nun aus ihrem Roman werden sollte, und als sie grübelnd auf ihren Bildschirm starrte, sich ganz vertieft in ihre Sorgen an die Stirn fasste und immer wieder den Kopf schüttelte, überkam sie ein eigenartiges Gefühl. Denn sie hatte inzwischen bemerkt, dass der Apparat immer noch nicht den Digitalisierungsvorgang abgeschlossen hatte. Wie eigenartig. Egal wie dick ein Buch auch sein mochte, das Einscannen dauerte höchstens ein paar Minuten.

Malina stand auf und trat vor den V-Scanner. Wie seltsam! Die Ansaugpumpe blätterte immer noch auf den ersten Seiten. Dabei müsste er doch längst damit fertig sein. So viele Seiten konnte ein Buch doch gar nicht haben! Malina sah genauer hin und las die Seitenzahl 9786. Das konnte nicht stimmen! Unmöglich! Zudem war es bestimmt nicht mehr als drei Zentimeter dick. Sie brach den Scannvorgang ab und nahm das Buch behutsam aus dem Vorlagenglas.

Malina hielt ein ungewöhnliches Buch in ihren Händen. Es hatte ein Oktavformat und war mit einem schwarzen Leineneinband bezogen, der selbst unter dem grellen Licht der Beleuchtungseinrichtung wie Vantablack aussah. Sie drehte das Buch vorsichtig, betrachtete den Buchrücken und die verschiedenen Seiten; es besaß eine Fadenbindung; doch es war ohne Titel, ohne Angaben zu Autor oder Verlag. Auf der Rückseite fanden sich weder ein Klappentext noch eine ISBN-Nummer. Als sie den Buchdeckel vorsichtig öffnete und das Vorsatzpapier mit den geometrischen Verzierungen berührte, war sie erstaunt über dessen Beschaffenheit, die mehr an Sand als an Papier erinnerte – ein Material, das Malina noch nie zuvor berührt hatte. Sie blätterte durch die Seiten, die mehr Luft als Papier zu sein schienen. Mit jedem Umblättern entfalteten sich unzählige neue Seiten, als würde das Buch kontinuierlich aus sich selbst heraus neue Seiten entstehen lassen – ähnlich einem sich multiplizierenden Organismus. Zurück am Anfang merkte Malina sich Seite 69, doch bei erneutem Umblättern befand sie sich bereits auf Seite 1001. Sie schlug ungefähr die Mitte auf und war bei Seite 271828, am Ende des Buches stieß sie auf Seite 3141592653. Doch auch das war nicht das Ende; es schienen noch unendlich viele Seiten zu folgen.

»Was tun Sie da!«, herrschte sie plötzlich der Bibliothekar böse, aus einer Ecke herauskriechend, an und sein Schatten wurde gleich viel größer; dann trat er aus einem der toten Winkel hervor. »Legen Sie dieses Buch auf der Stelle wieder hin!«, mahnte er streng. Malina aber umklammerte es fest mit beiden Händen und trat mehrere Schritte zurück, sie war starr vor Angst. »Ich sage es nicht noch einmal!«, drohte er zornig und kam noch weiter aus dem Dunkel hervor, sodass Malina ihn beinahe sehen konnte. Sie versuchte das Licht vom Apparat aufzudrehen, um ihn deutlicher sehen zu können, da aber hatte der Bibliothekar bereits den Stecker gezogen und es war mit einem Mal stockdunkel um sie herum. Malina erschauderte. Sie zückte ihr Handy, um sich wenigstens mit einem schwachen Licht schützen zu können, sah dann aber, wie in dem trüben Schein der Bibliothekar gleich eines lauernden Insekts in der Ecke hockte. Langsam kroch er auf sie zu und kam ihr so nahe, dass sie seinen keuchenden Atem im Gesicht spürte. Sie kreischte und das Handy fiel ihr vor lauter Schreck auf den Boden. Unglücklicherweise lag das Display unten auf, sodass es wieder stockdunkel um sie herum geworden war.

Eine knochige Hand legte sich um das Buch und auch um Malinas Schulter. Sie schwitzte vor Angst und begann zu hyperventilieren. Immer noch hielt sie das Buch fest umklammert, immer noch wollte sie fliehen, immer noch sah sie keinen Ausweg aus dieser prekären Lage. Er blieb ihr jedoch nahe. Wieder traf sie sein modriger Atem, er hauchte ihr ins Gesicht und krallte die dünnen, knochigen Finger nur noch tiefer in ihre Schulter. Sie fand schließlich ein paar Worte und sagte mit zittriger Stimme:

»So was wie dieses Buch habe ich noch nie zuvor gesehen.« Malina versuchte ihm ein Kompliment zu machen, dann würde er hoffentlich von ihr ablassen. Er trat beiseite, die Finger lockerten sich, doch Malina stand immer noch vollkommen erstarrt da.

»Woher sollten Sie auch«, antwortete der Bibliothekar mit mürrischer Stimme und nahm ihr das Buch sogleich aus der Hand. »Ich habe es erschaffen, ein ganz besonderes Werk. Es gehört mir!«

»Ich wollte es Ihnen ganz bestimmt nicht wegnehmen. Es lag in einem der Regale bei den anderen.«

»Ich weiß. Aber nun vergessen Sie das Buch wieder!«

»Ja, natürlich!«, antwortete Malina immer noch ängstlich.

»Es braucht Sie nicht zu kümmern!«

»Ich bin Schriftstellerin, müssen Sie wissen. Bücher sind meine große Leidenschaft«, meinte sie schüchtern. Inzwischen hatte Malina sich ein wenig gefasst. Dennoch war ihr der Bibliothekar nicht geheuer.

»Ach ja? Schriftstellerin wollen Sie sein? Haben Sie denn schon etwas publiziert?«, bohrte er gehässig nach.

»Bisher leider noch nicht.«

»Dann sind Sie nur ein erfolgloser Schreiberling. Mehr nicht.«

»Da mögen Sie recht haben«, flüsterte Malina bedrückt. »Aber ich habe wirklich alles bei Literaturagenturen und Verlagen versucht. Was soll ich denn sonst noch machen?«

»Endlich still sein und mit dem Lamentieren aufhören!«

Malina schwieg. Er war wirklich ein Ekel. Gemein und grob, wenn nicht gar gefährlich. Sie hatte sich Mühe gegeben. Sie war bereit gewesen, nachdem er ihr solche Angst gemacht hatte, eine Konversation zu beginnen. Jetzt war sie es, die wütend schwieg und sich von ihm abwendete.

»Was wollen Sie denn? Macht es Ihnen Spaß, mich aus dem Dunkel zu beobachten?«, fragte sie schließlich gereizt.

»Mein Band befindet sich noch in der Entwicklungsphase«, erwiderte der Bibliothekar nachdenklich, ohne auf Malinas Frage einzugehen. »In seiner Vollendung soll daraus eine universelle Enzyklopädie entstehen, in der sich das gesamte Wissen der Menschheit wiederfindet – ein einzelnes Buch, das alle literarischen Werke der Welt enthält.«

Nun gab er sich also doch etwas Mühe. Sein Buch schien ihm wirklich wichtig zu sein. Sicherlich übertrieb er in seinen Ausführungen. »Ich verstehe nicht ganz«, antwortete Malina zögerlich.

»Ich erkläre es Ihnen nochmal: Der Bibliotheksbestand der Universität umfasst circa vier Millionen Einheiten. 98 Prozent dieser Datenmenge habe ich zu einem einzigen physischen Band zusammengefasst, das Buch, in dem sie vorhin geblättert haben.«

Das klang nach einem Zauberwerk! Malina konnte sich nicht vorstellen, dass solch ein bedrohlicher, bösartiger, alter Mann eine solche Erfindung zustande gebracht haben sollte. Er wollte sich doch nur wichtig machen. Aber da war dieses Buch mit seinen unendlich vielen Seiten. Sie wusste nicht mehr, was sie glauben sollte. Vier Millionen Bücher in einem einzigen Band vereint, der gerade mal schlanke drei Zentimeter Buchrücken maß. Wie war so etwas möglich? Vorsichtig horchte sie nach, wie das Buch entstanden sei, um zu überprüfen, ob es wirklich sein Werk war oder er es irgendwo gestohlen hatte. Schließlich gelang es Malina durch beharrliches, geschicktes Nachfragen, dem Bibliothekar ein paar Erklärungen zu entlocken. Er sprach von langjähriger Intertextualitätsforschung und enthüllte, dass er einen Apparat für Alphabetik, eine Intermedialitätsmaschine, entwickelt habe. Malina konnte sich unter alldem nichts Konkretes vorstellen. Und so hakte sie immer wieder nach, um Klarheit zu gewinnen. Doch er hüllte sich mehr und mehr in Schweigen und war bald wieder ganz der alte, wortkarge, bedrohliche Schatten in der Ecke. Letztlich verstummte er vollkommen. Malina wollte noch eine letzte Frage stellen, hörte aber den Bibliothekar nicht mehr neben sich röcheln. Wo war er? Sie vernahm ein Klickgeräusch. Der Digitalisierungsapparat leuchtete auf, das Kabel hatte er wieder eingesteckt. Endlich konnte Malina etwas sehen, der Bibliothekar war jedoch schon wieder lautlos in einem der toten Winkel verschwunden. Sie atmete erleichtert auf.

Malina hob ihr Handy vom Boden auf. Zum Glück war es nicht kaputtgegangen. Sie wandte sich wieder dem V-Scanner zu. Dieses besondere Buch ließ sie nicht mehr los, andererseits wollte sie nur noch weg von ihm und ihre letzten Stunden, die sie hier noch arbeiten musste, hinter sich bringen.

»Sie dürfen keinem von dem Buch erzählen!«, knurrte es wieder boshaft aus der Ecke.

Ruckartig drehte sich Malina um, sie hatte sich zu Tode erschrocken und geglaubt, der Spuk wäre nun endlich vorbei. Deshalb war er also noch da. Er wollte sein Buch beschützen. Vielleicht hatte er auch das Licht herausgedreht, damit keiner das versteckte Buch finden würde. Aber damit machte er sich doch nur noch verdächtiger, überlegte Malina.

»Reden Sie mit niemandem über das Buch!«, keifte er drohend und beinahe verzweifelt, als Malina ihm nicht antwortete.

»Warum?«, fragte sie schließlich.

»Es ist hochgefährlich!«

»Wieso denn das?«, fragte sie noch einmal.

»Fragen Sie nicht so dumm! Überlegen Sie doch bitte selbst!«

Malina wollte gerade etwas sagen, doch der Bibliothekar kam ihr zuvor.

»Dieses Buch«, begann er mit erfürchtiger Stimme, »ist mehr als nur ein literarisches Werk. Es ist ein Perpetuum mobile des Wissens. Jede Seite, die umgeblättert wird, erschafft eine neue, als würde das Buch sich endlos in die Tiefen der Vorstellungskraft winden.« Sein Schatten wuchs plötzlich aus der Ecke heraus, sodass Malina erschrocken zurückwich und beinahe hingefallen wäre. »Ich weiß selbst nicht genau, was es ist oder was es sein könnte! Es ist wie« – er suchte verzweifelt nach Worten – »wie ein Irrgarten ohne Ausgang. Stellen Sie sich vor, ein Buch, dessen Seiten wie eine Möbiusschleife beschaffen sind, bedruckte Papierflächen also ohne Anfang und ohne Ende. Dieses Buch ist ein Universum in sich selbst, ein expandierender als auch kollabierender Kosmos an dem sich die Grenzen zwischen Logik und Traum auflösen. Zumindest kommt es mir so vor. Und wie es das tut!« Der Bibliothekar schien nun ganz in seinen Gedanken versunken, fast so, als würde er selbst von dem unendlichen Potential des Buches verführt, und sein Schatten zog sich in die Ecke zurück. »Es könnte gefährlich sein,« fuhr er fort, »nicht nur im metaphorischen Sinne. Was, wenn es ein schwarzes Loch der Literatur ist, das alles um sich herum verschlingt? Was, wenn es die Grenze unserer Realität aufbricht? Wir wissen nicht, was passiert, wenn wir die letzte Seite erreichen – oder ob es überhaupt letzte Seiten geben kann, solang die Welt existiert, die dieser Band enzyklopädisch dokumentiert!«

Malina lauschte gebannt. Das Buch war nicht nur eine kühne Kuriosität, es war ein Tor zu etwas, das jenseits ihres Verständnisses lag. Ein Tor, das vielleicht besser verschlossen bleiben sollte. Nun packte sie die Neugier erst recht und sie wollte dieses unendliche Buch unbedingt haben! Malina versuchte dem Bibliothekar eine weitere Antwort zu entlocken, um an dieses ominöse Werk zu kommen.

Er aber hatte sich bereits lautlos zurückgezogen. Leise hörte sie ihn noch aus einem der toten Winkel ihr zuflüstern: »Wenn Sie ernsthaft Schriftstellerin werden möchten, so müssen Sie hartnäckig bleiben. Verlage sind verworrene Orte. Suchen Sie sich einen aus, von dem Sie glauben, dass Ihr Werk dort ins Programm passt. Dann gehen Sie dorthin und überzeugen die Verantwortlichen. Anders erreichen Sie nichts!«

Es war bereits Mittag. Ihre Arbeit hier unten war für heute getan. Schnell noch loggte sie sich in ihren Account ein und schickte die E-Mail an ihre Brieffreundin in Japan ab. Malina überlegte. Der Ratschlag vom Bibliothekar war eigentlich nicht schlecht. Sie hatte doch erst kürzlich von einem der renommiertesten Verlage Berlins eine recht wertschätzende Absage erhalten, die weder vorformuliert noch standardisiert war. Sie scrollte auf ihrem Bildschirm nach unten und fand schließlich die besagte E-Mail. Der Verlagsleiter selber hatte ihr geschrieben. Ihn wollte Malina heute Nachmittag aufsuchen und von ihrem Manuskript überzeugen. Sie musste es noch einmal versuchen.

11

Malina saß in der U-Bahn. Alles in ihr hoffte, dass sie vielleicht doch noch den Verlagsleiter umstimmen könnte. Berlin rauschte an den Fensterscheiben vorbei. Stadt an Stadt. Quartier an Quartier. Ein Organismus, dachte sie. Ein wuchernder Organismus aus Gebäuden, Straßen, Verkehrssystemen und Menschen, die sich darin zurechtzufinden versuchten, um sich ihren Platz in der Gesellschaft zu erkämpfen, um etwas Außergewöhnliches aus ihrem Leben zu machen, um ihre Träume zu verwirklichen. Malina seufzte. Unbedingt wollte sie Schriftstellerin werden. Sie konnte sich wirklich nichts anderes vorstellen, als an einem Schreibtisch zu sitzen, mit Worten zu jonglieren, ihren Ideen freien Lauf zu lassen und dabei immer tiefer einzutauchen in die Welt der Fantasie – wie sich die Gedanken sammelten, langsam eine Form annahmen und zu einem Text wurden. Das Schreiben war ihre einzige, große Passion.

Malina stieg schließlich aus und nach wenigen Minuten stand sie schon vor dem Gebäude. Ein unruhiges Gefühl überkam sie, als sie das steinerne Relief erblickte, das in voller Größe im Eingangsbereich des Verlagshauses prangte. Sie brauchte einen Moment, um die beiden Märchenszenen zu erkennen. Auf der linken Seite waren zwei Kinder abgebildet, die eine alte Frau in einen flammenden Ofen stießen. Die Frau mit Kopftuch und Warze auf der Hakennase konnte nur eine Hexe sein. Hier handelte es sich wohl um *Hänsel und Gretel*. Dann musste die rechte Abbildung auch ein Märchen sein. Ein kleines Männchen mit wutverzerrtem Gesicht und viel zu großem Kopf packte sich mit beiden Händen am Fuß und riss sich selbst in der Mitte entzwei. Es zerrte an seinem Bein, der Riss reichte ihm bis zur Brust. Malina blieben das Lagerfeuer und der angedeutete Wald im Hintergrund nicht unbemerkt. Wieder ein Feuer! Das Männchen musste eindeutig *Rumpelstilzchen* sein. Auch wenn es schaurige Szenen waren, in denen die Bösewichte bestraft wurden oder sich selbst bestraften, wurde Malina beim Anblick der steinernen Flammen eigenartig warm. Selbst in Stein gemeißelt verlor das Feuer seine Anziehungskraft nicht. Ein seltsames Relief hier am Verlagsgebäude!

Malina stieg in einen Lift ein und fuhr bis ganz nach oben. Es schmerzte sie, dass sie so viel Leidenschaft und Lebenszeit in ihr Manuskript investiert hatte und dennoch immer wieder Ablehnungen erhielt. Sie wusste, dass sie schreiben konnte, und dieses Mal würde sie auch den Verlagsleiter davon überzeugen können, so hoffte sie. Ihre Ängste schluckte sie tapfer hinunter und verließ den Lift.

Im obersten Stockwerk fand sie das gesuchte Zimmer dann auch. Es war die letzte Tür, ganz hinten, das Büro des Verlagsleiters. ›Bernd Brenner‹ stand auf einem Schild eingraviert. Malina klopfte an. »Ja, herein!«, hörte sie eine tiefe Stimme rufen. Ehrfürchtig trat sie ein.

Ein großer, heller Raum mit Pflanzen, einem gemütlichen Sofa und einem Familienfoto mit lachenden Kindergesichtern an der Wand erwartete sie. Inmitten dieses schönen Raums saß hinter einem edlen Schreibtisch der kleine Chef dieses großen Verlags. Er drohte fast hinter diesem Schreibtisch aus Massivholz zu verschwinden. Ein dünner Haarkranz zierte seinen voluminösen Kopf. Außerdem besaß er markante Augenbrauen. Mit gezieltem Blick schaute er Malina erwartungsvoll durch seine eckigen Brillengläser an, ein gekonntes Lächeln umspielte seine dünnen Lippen. »Ja, bitte, was wünschen Sie?«, fragte Herr Brenner.

»Vor ein paar Wochen hatte ich dem Verlag das Exposé und die Leseprobe meines Manuskripts per Post zugesendet«, begann Malina nervös und etwas unsicher zu reden, »sein Arbeitstitel lautete ›Nyawa‹ und ich bekam von Ihnen eine Mail.«

Herr Brenner hob seine buschigen Augenbrauen. Fast schien es Malina, dass sein Kopf riesig, sein Körper jedoch regelrecht verkümmert war. Als wäre er nur für diesen Schreibtisch erschaffen worden und brauchte seinen Körper eigentlich gar nicht. Es hätte auch lediglich ein sprechender Kopf sein können, der ihr freundlich antwortete: »Ja natürlich! Ich erinnere mich sehr genau an Ihr Manuskript. Ein interessantes und stringent komponiertes Werk mit einer äußerst sorgfältigen Sprache! Tiefgründig und philosophisch. Leider passt Ihre Geschichte nicht in unser Verlagsprogramm. Und auch jetzt, wo Sie sich hierherbemüht haben, kann ich Ihnen wieder nur dieselbe Antwort wie bereits in der Mail geben.«

Hatte dieser kleine, schmächtige Mann ihr gerade noch einmal abgesagt? Sie konnte es nicht fassen. Aller Mut wich aus ihr und ein ihr so vertrautes Gefühl, einfach nicht gut genug zu sein, stieg in ihr auf. Malina kullerte schließlich eine Träne herunter: »Wie soll ich dann meinen Roman je veröffentlichen können«, schniefte sie, »an welchen Verlag oder welche Literaturagentur ich mich auch wende. Die Tore bleiben verschlossen!«

»Es gibt eben nur ganz wenige Manuskripte, die das literarische Licht der Welt erblicken können«, erklärte Herr Brenner. »Verstehen Sie das bitte nicht als Wertung Ihrer Qualität. Ihr Manuskript ist wunderbar. Wirklich! Aber eine Buchveröffentlichung muss sich für den Verlag, der nun mal ein kommerzielles Unternehmen ist und unter großem wirtschaftlichen Druck steht, auch lohnen. Wir haben Ihren Text gründlich angeschaut und in einer unserer Verlagskonferenzen diskutiert, kamen dann aber zum Schluss, dass Ihr fantastischer Roman mit historischen Anleihen, so wunderbar er auch geschrieben sein mag, doch einen Tick zu besonders ist für unser Programm und aus dem gängigen Rahmen fällt; der Buchmarkt ist gerade wenig offen für einzigartige Werke, die keinem Genre zugeordnet sind; und finanzielle Einbußen wären zu befürchten.«

»Sie haben lediglich mein Exposé gelesen und die dreißig Seiten meiner Leseprobe von mir zugesandt bekommen«, entgegnete Malina bereits wieder gefasst. »Darf ich Sie bitten, mein ganzes Manuskript zu lesen? Ich werde Ihnen die 451 Seiten ausdrucken und per Post zusenden.«

Herr Brenner schüttelte entschieden seinen zu groß geratenen Kopf. »Sie haben mir offenbar nicht richtig zugehört. Es tut mir wirklich leid, aber auch wir müssen von etwas leben und uns den wirtschaftlichen Bedingungen anpassen und können nur die Geschichten drucken, die wir für markttauglich halten. Ihre Geschichte lässt sich keinem Genre einordnen, für einen historischen Roman sind die Seelenreisen des Mönchs zu fantasievoll, für einen Fantasy-Roman fehlen die Drachen und Dämonen, die Riesen und Ritter, der ganze Zauber. Da müsste richtig etwas passieren! In Ihren Passagen verliert sich der Mönch in Reflexionen und Selbstbetrachtungen. Sie schreiben wirklich gut. Eine schöne Sprache. Aber das will keiner so lesen. Sie verstehen mich, wir müssen verkaufen. Gerade in diesen unruhigen Zeiten müssen auch wir irgendwie überleben. Ich meine es doch nur gut und ich freue mich wirklich, dass Sie so viel geschrieben haben. Sicher werden Sie beim nächsten Roman von Anfang an die wirtschaftlichen Aspekte miteinbeziehen, meinen Sie nicht? Sie sind doch noch so jung, einer so talentierten Frau wie Ihnen, zudem noch mit einer solchen Ausstrahlung, stehen doch alle Tore offen! Es ist ja gar nichts verloren!«

»Sind Manuskripte denn für einen Verlag nicht wichtig?«, fiel ihm Malina ins Wort. »Verlage können ja nur dank der Manuskripte von Autoren existieren. Sie müssten doch um jedes Manuskript dankbar sein.«

»In diesem Punkt gebe ich Ihnen vollkommen recht«, sagte Herr Brenner und ein gekonntes Lächeln umspielte seine Lippen. »Unser Verlag ist in der Tat um jedes unverlangt eingesandte Manuskript wirklich dankbar. Insbesondere jetzt, wo es auf den Winter zugeht, sind wir auf unverlangt eingesandte Manuskripte dringend angewiesen.«

»Ich verstehe nicht ganz. Wie meinen Sie das?«

»Nun ja, wie meine ich das?« Herr Brenner druckste herum und verfiel ins Grübeln. »Es gibt doch nichts Schöneres als kreative Menschen, die Träume haben und gerade im Winter, in dieser dunklen, schweren Jahreszeit ist es einfach wunderbar, von solchen kreativen Köpfen zu lesen. Sie spenden einem eine gewisse Wärme, eine Hoffnung. Es geht diesen Menschen nicht ums Geld, sondern um etwas Ewiges, um Höheres. Diese Menschen und ihre Hoffnungen wärmen mich irgendwie, mir wird warm ums Herz bei diesen vielen, wunderbaren Manuskripten, verstehen Sie? Auch finde ich es immer wieder rührend, wenn Autoren Gedichte einreichen, die Lyrik ist nämlich meine liebste Freizeitlektüre, müssen Sie wissen.«

Malina nickte. Ja, sie fühlte sich angesprochen. So ein kreativer Mensch voller Hoffnungen, dem es nicht nur ums Geld ging, das war sie. Bevor sie jedoch etwas Zustimmendes antworten konnte, bat sie Herr Brenner schon wieder nach draußen.

Da stand sie wieder auf dem Flur und die Tür zum Verlagsleiterbüro hatte sich für sie endgültig verschlossen. Malina war zwischen dem Verständnis für die Ansichten des Verlagsleiters und ihrem eigenen Scheitern hin- und hergerissen. Sie wusste natürlich auch, dass die Herstellung von Büchern eine kostspielige und risikoreiche Sache sein musste und dass man, wenn die Bücher keiner kaufen wollte, ein Verlustgeschäft machte und keinem damit geholfen war. Weder dem Autor noch dem Verlag. Aber sie konnte sich einfach nichts anderes vorstellen, als Schriftstellerin zu sein. Sollte sie wirklich nur so dahinleben? Sie musste doch an etwas glauben, eine Vision haben, für etwas kämpfen. Sie hatte Jahre an diesem

Buch gesessen. Es war ein Wunder, dass sie es überhaupt vollendet hatte. Und nun sollte sie aufgeben? Es sich in die Schublade legen und das war es dann? Dafür hatte Malina ihr Buch nicht geschrieben.

Mit dem Lift fuhr sie statt ins Erdgeschoss aus Versehen in den Keller und betrat einen dunklen langen Flur. Inzwischen war sie wütend auf den Verlagsleiter geworden und glaubte, nur geschickt von ihm nach draußen geleitet worden zu sein. Eigentlich wollte sie schon wieder zurück in den Fahrstuhl und das Gebäude verlassen, da fühlte sie eine seltsame Wärme im Gesicht. Nun wurde sie doch neugierig und schritt behutsam den dunklen Flur entlang. Ganz vorn öffnete sich eine Tür und ein junger Mann mit einem Stapel von Manuskripten in beiden Händen lief ihr entgegen. Malina setzte ihr lieblichstes Lächeln auf, und da sie mit ihren schönen Gesichtszügen, ihrem weichen blonden Haar und ihrer zarten Figur eine sehr anziehende Wirkung auf den jungen Volontär hatte, entwickelte sich gleich ein recht vertrautes Gespräch zwischen den beiden. Der junge Mann nahm sie in den Nebenraum und bot ihr einen Blick hinter die Kulissen:

»Ausnahmslos alle unverlangt eingesandten Manuskripte werden hier zwischengelagert«, erklärte er dem gutaussehenden Mädchen und schaute ein paar Mal scheu an ihren glatten, langen Beinen hinunter. Malina versuchte die unzähligen überfüllten Regale zu überblicken, die einem schier endlosen, bis an die Decke reichenden Papierlager glichen. In den Ecken, an den Wänden, einfach überall türmten Manuskripte meterhoch auf. Malina staunte. Der Mann warf derweil heimlich einen Blick auf ihre reizvollen Rundungen. Die teilweise durchgebogenen Regale schienen die schiere Masse an Papier kaum mehr tragen zu können. Malina bat ihn, sich noch den Nebenraum ansehen zu dürfen. Und da sie diesem Mann sehr gefiel, musste sie nur mit ihren großen Augen »Bitte« sagen und er erfüllte ihr den Wunsch. Der Volontär öffnete eine schwere Tür und winkte Malina zu sich.

Eine sengende Hitze kam ihr beim Betreten des Raumes entgegen. Eine Verbrennungsanlage stand in dem dunklen, engen Raum und glühte sie grimmig und hämisch an aus zwei ovalen Öffnungen, die wie Augen aussahen, und einem quer gebogenen Eisengitter, das einem Mund glich. Malina wurde es heiß und sie zog kurzerhand ihren Pullover aus, sodass ihre enge Bluse zum Vorschein kam. Der junge Mann konnte nun gar nicht mehr den Blick von ihr lassen. Sie bemerkte es und lächelte. Sie wusste von ihrer zündenden Wirkung auf Männer und es gefiel ihr, sie so leicht in der Hand zu haben. Fragend sah sie ihn mit beinahe unschuldigem Blick an und erwartete eine Erklärung. Sie wusste auch, dass er sie eigentlich hier nicht hineinlassen durfte, aber der Mann verlor bei ihrem Anblick den Verstand. »Hier enden die unverlangt eingesandten Manuskripte«, rutschte es ihm heraus. »Dies ist die Heizungsanlage des Verlagshauses, das Herz unseres Betriebes. Im Winter schaufeln Praktikanten im Stundentakt das Papier in den Ofen, um die Verlagsräume zu heizen. Der Verlag ist dringend auf unverlangt eingesandte Manuskripte angewiesen, ohne sie könnten wir hier nicht arbeiten. Deshalb fordert der Verlag die Einsendung von Manuskripten ausschließlich per Post.«

Malina näherte sich dem Manuskripte fressenden Monstrum und sah tief in seinen Schlund hinein, die Verbrennungsanlage schien ihr unersättlich. Gierig blickte das glühende, ofenartige Gesicht sie an, als wolle es immer noch mehr Manuskripte. Der unwirkliche Ort hier unten befeuerte ihre Fantasie und sie vergaß in ihren hitzigen Gedanken, dass es auch ihre zu Papier gebrachten Ideen sein könnten, die in diesen Flammen für immer verschwanden. Ein Großbrand von reißender Schönheit geisterte ihr durch den Kopf, während sie Feuerwehrmänner vor Augen hatte, die mit Flammenwerfern ausgestattet waren, und unzählige Bücher sah, die in lodernden Flammen standen. Malina dachte sogleich an einen bestimmten Roman von Ray Bradbury. Wie hypnotisiert schaute sie dem oxidierenden Papier zu und verlor sich in Gedanken über die Ungerechtigkeit, die darin lag, Geschichten zu verbrennen und damit bemerkenswerte Zeugnisse menschlicher Kultur auszulöschen. Erschrocken wich Malina zurück. Sie traute ihren Augen kaum. Das war ja unfassbar! Dieser Verlag verheizte die Manuskripte von Autoren und damit auch ihre Ideen und Visionen, ihre Hoffnungen und Träume, alles, wofür sie kämpften und lebten. Malina fühlte sich wie in einem bösen Märchen gefangen. Wer heizte überhaupt noch mit Holz oder Papier? Sie blickte den jungen Mann wütend an. Er wich zurück und schien wie aus einer Trance zu erwachen. »Ich bringe Sie jetzt nach draußen. Sie dürften eigentlich gar nicht hier sein. Ich riskiere meinen Job mit dem, was ich Ihnen hier gezeigt habe. Also vergessen Sie das bitte und erzählen Sie keinem davon!«, sagte er ängstlich. »Aber ich hoffe, wir sehen uns bald wieder«, fügte er immer noch von ihrem Anblick angetan hinzu.

Malina erzählte ihm beim Hinausgehen von ihrem Manuskript und horchte ihn aus, ob er etwas für sie tun könne. »Leider sind meine Möglichkeiten wirklich begrenzt«, antwortete er. »Ich kann versuchen, Herrn Brenner von Ihrem Manuskript zu überzeugen, aber wenn er Sie einmal abgelehnt hat, wird das wohl so bleiben.« Er drückte ihr voller Gefühl die Hand. Sie ließ sich seine Nummer auf die Handfläche schreiben und versprach, sich bei ihm zu melden. Ihren Kontakt gab sie ihm allerdings nicht. Sie hatte nicht vor, ihn anzurufen. Er nützte ihr nichts. Und außer an ihrer Karriere war Malina an nichts anderem interessiert.

12

Von ihrem Fenster aus überblickte Malina den schattigen Innenhof. Es dämmerte bereits. Sie grübelte über das Buch mit den endlos vielen Seiten – vielleicht konnte sie das ominöse Werk dieses noch viel ominöseren Bibliothekars irgendwann einmal an sich bringen, sie musste nur die passende Gelegenheit abwarten und dann zugreifen, so wie sie es auch sonst immer tat. Doch hatte sie weder seine Ausführungen zur Herstellung richtig verstanden, noch wusste sie, wo er es verstecken würde. Ob sie ihn noch einmal fragen sollte? Sie brauchte jetzt dringend einen neuen Job, das war gerade viel wichtiger. Erfolgreich müsste sie sein, so wie die ihr gegenüberwohnende Künstlerin. Sie hatte immer geglaubt, dass sie mit der Fertigstellung ihres Manuskripts endlich die Anerkennung bekommen würde, die ihr zustand. Warum war diese Kara Kowalski so unglaublich erfolgreich? Waren mit Natronlauge besprühte Bilder wirklich hohe Kunst? Da war doch ihr Roman viel besser, sie konnte wenigstens schreiben. Ob Frau Kowalski wirklich malen konnte, musste erst einmal bewiesen werden. Ihre horrorhaften Bilder erinnerten sie an den polnischen Künstler Zdzisław Beksiński, der in seiner Wohnung in Warschau ermordet wurde. Malina war verärgert. Die Welt war einfach nicht gerecht. Wenn sie wenigstens einen vernünftigen Job hätte. Neidisch spähte sie in die Fenster der Lagerhalle. Die Künstlerin hatte so viel Erfolg und schier unendlich viel Geld, während sie, Malina, beinahe mittellos war – oder es bald werden würde! Das Arbeitsamt stand ihr bevor! Und ihren Roman wollte keiner haben! Es kam eben nicht darauf an, dass man schreiben konnte und welches Talent man hatte, nein, es war entscheidend, dass man ein Image hatte und in den Geschmack der Zeit passte und vor allem, dass die Themen, über die man schrieb, markttauglich waren; und dann brauchte man auch entsprechend viele Anhänger in den sozialen Netzwerken und auf Videoportalen und und und. Vielleicht waren die Verlage auch gar nicht schuld, vielleicht hatte einfach keiner Verantwortung dafür, dass hier nur das Geld zählte und nicht das Können. Müsste der Staat nicht etwas dagegen tun? Wie viele große Werke gingen eigentlich verloren? Und warum durften da irgendwelche Leute über die Veröffentlichung von Werken entscheiden? Vielleicht waren die gar nicht kompetent genug. Wer würde denn einen neuen Franz Kafka heute noch erkennen, wenn er nicht den Ansprüchen des Marktes genügte und nicht gut zu verkaufen wäre? Vielleicht sollte sie auch einfach ihr Manuskript mit Natronlauge überkippen und mal schauen, ob es dann jemand drucken wollte. Lächerlich! Was war diese Malerin überhaupt für eine komische Person? War eine dürre, riesige Gothic-Frau mit punkigem Irokesenschnitt so viel mehr gefragt als sie mit ihrem zarten Gesicht und ihren blonden Engelslocken? Der düstere Look, die ganzen Ketten und stacheligen Bänder waren doch geschmacklos und längst aus der Mode, wie Malina fand. Unmöglich! Warum nur wurde so jemand vom Schicksal auserwählt und war auserkoren, derart erfolgreich zu sein? Sie spürte so viel Schmerz und Wut in sich, fühlte sich abgelehnt und ungewollt. Nein, es war nicht gerecht.

Malina bekam die Nacht kein Auge zu. Sie hatte inzwischen zum ersten Mal in ihrem Leben richtige Existenzangst. Und so lehnte sie sich aus dem Fenster und betrachtete die funkelnden Sterne. Plötzlich bemerkte sie eine Person durch den Innenhof gehen. Diese schritt geradewegs auf die Lagerhalle zu, öffnete die Tür neben dem Garagentor und war gleich wieder verschwunden. Kurz darauf hörte Malina Gepolter und Geschrei! Als wäre etwas Schweres irgendwo heruntergefallen. Das Licht ging im Atelier an und die eben noch durch den Hof gekommene Person lag nun in einer Blutlache am Boden! Malina griff sofort nach ihrem Handy und filmte alles. Mit Entsetzen musste sie mit ansehen, wie die Künstlerin den toten Körper eines Mannes entkleidete und in einer Wanne aus Natronlauge verschwinden ließ, seine Kleider packte sie in einen Müllsack. Sie war Zeugin eines Verbrechens geworden! Wahnsinn! Die Kowalski hatte doch alles, die war Millionärin, bei der lief es doch super, dass sie jemanden umbringen würde, hätte Malina sich nie im Traum ausmalen können. Sie sah sich gleich noch einmal ihre Aufnahme an und sicherte sie erst einmal auf ihren Laptop. Dann kopierte sie die Videodatei auf einen USB-Stick und überlegte, ob sie den Film auch noch auf ihrer Cloud abspeichern sollte; ließ es dann aber bleiben. Eigentlich müsste sie jetzt die Polizei verständigen. Dennoch entschied sie sich dagegen und wollte der Sache erst einmal ihren Lauf lassen. Sie würde lieber noch abwarten und beobachten. Von ihrem Fenster aus hatte sie die Lagerhalle mit dem Atelier bestens im Blick – und Zeit hatte sie auch genug, sie arbeitete ja immer nur halbtags oder konnte sich dann eben krankmelden, um hier zu beobachten.

Die folgenden Tage befand sich Malina jede freie Minute am Fenster und beobachtete das Geschehen. Mit Verwesungsgerüchen fing alles an. Mehrere Anwohner störten sich am bestialischen Gestank der Leiche und sammelten sich im Innenhof, bis letztlich der Hausmeister die Polizei verständigte. Malina beobachtete, wie die Künstlerin die indonesische Riesenblume auf einem Rollwagen in ihr Atelier karrte. Kurz darauf kamen Polizisten, befragten Frau Kowalski und zogen wieder ab. Malina recherchierte im Internet die Titanenwurz und erfuhr, dass sie bestialisch riechen würde – wie ein faulender Kadaver, wenn sie blühte. Aha! Deshalb hatte die Kowalski die indonesische Pflanze angeschleppt. Um den Geruch der Leiche zu verbergen. Eine clevere Idee. Dieses Manöver hatte sie vorerst gerettet.

Doch bereits am nächsten Tag kam der Professor wieder, und da das Garagentor offenstand, drängten sich neugierige Anwohner in das Atelier. Die Künstlerin stand sichtlich überfordert da und wirkte hilflos. Malina zögerte, ob sie ebenfalls hinuntergehen sollte, entschied sich jedoch dagegen und wählte stattdessen, das Geschehen aus sicherer Entfernung zu beobachten. Tags darauf brachte der Professor unzählige Studierende mit und die Künstlerin befand sich in einer noch prekäreren Situation. Ihr Gesicht war vor Schreck erstarrt und das Entsetzen schien sich in ihre Züge eingebrannt zu haben. Malina musste an Edvard Munchs *Der Schrei* denken; denn genau so sah die Kowalski gerade aus! Richtig viele Leute drängten sich in die Lagerhalle, darunter Reporter. Es gab auch drei äußerst neugierige Jungen aus den USA und ihre Bande. Wie Malina sich erinnerte, als sie mit ihnen kürzlich ins Gespräch kam, hatten sich die drei nach einem Interpunktionszeichen benannt. Das detektivische Trio streifte ständig um die Lagerhalle und spürte instinktiv, dass etwas im Gange war. Das war ja spannend! Malina fieberte richtig mit, es war wie in einem Krimi.

In der späten Nacht, lange nachdem die Beleuchtung in der Lagerhalle erloschen war, bemerkte sie dort ein flackerndes, flammendes Licht und den Schattenriss der Künstlerin umhergehen – Malina vermutete, es könne von einem Schweißgerät oder gar einem Flammenwerfer stammen.

Wie durch ein Wunder passierte die kommenden Tage wieder nichts, die Frau hatte unheimliches Glück. Dann aber betrat ein opulenter Kommissar die Lagerhalle und führte eine längere Unterhaltung mit der Künstlerin. Der war ihr im wahrsten Sinne des Wortes gewachsen.

Am Tag darauf wurde sie schließlich verhaftet. Malina glaubte, dass die Dinge nun ihren gerechten Lauf nahmen. Wer war der Tote in der Wanne, fragte sie sich, und warum musste er sterben? Zu ihrem Erstaunen kam Frau Kowalski schließlich wieder zurück, als ob nichts gewesen wäre, und ging dem gewohnten Gang ihres Schaffens nach. Ihr Verbrechen blieb doch tatsächlich unentdeckt. Das war ja ein Ding! Malina fühlte die Macht, die sie über die Millionärin in der Lagerhalle besaß. Sie konnte entscheiden, ob diese berühmte Frau ins Gefängnis ging oder nicht.

Erst einmal tat Malina gar nichts. Halbtags ging sie in die Universitätsbibliothek. Dann waren die Digitalisierungsarbeiten abgeschlossen und ihr Arbeitsvertrag wurde aufgelöst. Malina landete beim Arbeitsamt. Dort setzte sie sich mit einem gemeinen Sachbearbeiter auseinander, der sie dann auch wie eine seiner nervigen Sachangelegenheiten und nicht wie einen Hilfe suchenden Menschen behandelte und ihr schon beim ersten Gespräch mit Leistungskürzungen drohte. Als das Amt auch noch auf sich warten ließ mit dem Geld und Malina nicht mehr wusste, wie sie über die Runden kommen sollte, entschied sie sich, Frau Kowalski um Geld zu erpressen. Sicherlich war das verdammt heikel. Malina wurde immer nervöser. Die schon längst vorgeschriebene E-Mail blieb vorerst noch ein paar Tage auf ihrem Laptop. Kara Kowalskis Mailadresse hatte sie inzwischen herausgefunden. Mit so einer Erpressung machte sie sich richtig strafbar. Das war keine Bagatelle wie Schwarzfahren oder sowas. Aber sie konnte auch mit keinem darüber reden. Denn vielleicht würde es auch nie jemand erfahren und sie hätte endlich ausgesorgt und könnte schreiben und wer weiß, vielleicht käme sie mit nur genug Geld auch in einen Verlag. Da ging es doch scheinbar nur um Geld und Wirtschaft. Sie hätte vielleicht ein ganz neues Leben. Endlich würde sie den ihr zustehenden Erfolg auch erleben. Und wenn sie ein weiblicher Franz Kafka wäre, überlegte Malina hochmütig, wäre dann nicht jede Minute ihres Schaffens entscheidend?

Würden später nicht die Literaturwissenschaftler jedes ihrer Fragmente und jeden noch so kleinsten Schnipsel von ihr sorgsam bewahren und alles zur sicheren Archivierung ins Deutsche Literaturarchiv Marbach überführen? Ihre Zeit war doch so kostbar und sie sollte diese wertvolle Zeit mit einem lächerlichen, dummen Job verschleudern?

Als sie sich beim zweiten Termin auf dem Amt endgültig mit dem Sachbearbeiter verstritt und er daraufhin ihre Leistungen kürzte und weitere Sanktionen androhte, war Malina außer sich vor Existenzängsten. In ihrer Verzweiflung zog sie die vorgeschriebene E-Mail auf einen USB-Stick und ging an einem Nachmittag zur Universitätsbibliothek, um sie abzuschicken. Es konnte doch nur noch besser werden, sagte sie sich. Von einer der vielen Computerstationen aus sendete sie der reichen Künstlerin die erpresserische E-Mail mit dem Betreff ›Ich habe ALLES gesehen‹ und forderte eine stattliche Summe, die sie in einem Bahnhofsschließfach binnen sieben Tagen zu deponieren hatte; ansonsten würde sie die Polizei verständigen und der Mordkommission die Videodatei zuspielen.

13

Kara kochte vor Wut. Wer wagte es, sie aus dem Hinterhalt zu erpressen! Den Leuten ging es doch immer nur ums Geld! Sie waren niederträchtig und habgierig, unfähig, sich selbst etwas aufzubauen. Und deshalb mussten sie andere erpressen! Wieder und wieder betrachtete Kara die Filmaufnahmen. Plötzlich kam ihr eine Idee. Sie griff zu einem leeren Blatt und skizzierte den U-förmigen Grundriss des Wohnblocks – ein achtstöckiger Plattenbau. Ihre Lagerhalle erstreckte sich bis in den Innenhof, umgeben von drei Seiten des Wohnblocks. Mit Hilfe der Kameraperspektive wollte sie den Aufnahmeort lokalisieren, das spezifische Fenster, von dem aus die Videodatei entstanden war. Sie hatte bereits die beiden Außenseiten des Blocks ausgeschlossen; die Perspektive war dort zu schräg. Stattdessen war der Blickwinkel nahezu frontal, beinahe auf gleicher Höhe mit ihrer Halle, nur leicht erhöht, nicht steil. Somit konnte nur der ihr gegenüberliegende Wohnblock der Ort der Aufnahmen sein, wahrscheinlich aus dem zweiten Stock, wie der Neigungswinkel nahelegte. Vertieft studierte Kara immer wieder die Videodatei. Bald war sie sich sicher: Das fünfte Fenster von links im zweiten Stock musste der Standort sein. Doch auch das vierte oder sechste Fenster kamen in Frage.

Diskret verließ Kara ihr Atelier durch die Hintertür und ging um den Wohnblock. Sie war sich sicher, dass die hinterlistige, heimtückische Person sie beobachten würde, sobald sie den Innenhof betrat. Im Eingangsbereich, wo sich die Briefkästen befanden, stellte sie fest, dass das fragliche Fenster zur Wohnung mit der Hausnummer 25 gehörte. Sowohl das vierte als auch das sechste Fenster waren Teil dieser bescheidenen Einzimmerwohnung im zweiten Stock. Damit war die Lage klar. Die Wohnung nebenan kam aufgrund des abweichenden Kamerawinkels nicht mehr infrage.

Kara nutzte die Gelegenheit, mit einem Anwohner, der gerade aus der Eingangstür kam, unbemerkt in den Wohnblock zu gelangen. Geräuschlos bewegte sie sich durch den Flur und verharrte für einen Moment vor der Wohnungstür bei Hausnummer 25. Hier war sie, nur durch eine Tür getrennt, der Person, die sie erpresste, so nahe.

Wieder draußen, warf Kara abermals einen Blick auf das Klingelschild. ›Malina Morgenstern‹, las sie – das war also der Name ihrer anonymen Erpresserin. Ein lyrischer Name für jemanden, der sich an Erpressung wagte, dachte Kara bitter. Aber ihre Zeit würde bald vorbei sein. Nachdem sie unabsichtlich ihren Ex-Freund getötet hatte, jagte ihr der Gedanke an einen Mord keinen wirklichen Schrecken mehr ein. Nicht, dass sie sich daran gewöhnt hätte. Sie verlangte ja nur nach Ruhe und Frieden für sich selbst. Und wer sie so erpresste, verdiente ihrer Meinung nach nichts Besseres!

Zielstrebig überquerte Kara den Innenhof. Ihr Blick fiel auf den Kastanienbaum, unter dessen Ästen überall stachelige Maronen am Boden lagen. Sie schritt auf die Lagerhalle zu und umrundete den Komplex – die Außenwände bestanden aus verwitterten Ziegelsteinen, ein metallenes Fenster dominierte die Frontseite, während kleine Dachluken das Innere spärlich erhellten. Geblendet vom Außenlicht, zog es Kara wieder ins beruhigende Halbdunkel der Halle, als sie durch die Hintertür trat.

Sie beschloss, sich als Nächstes in ihren Geheimraum zurückzuziehen, um dort in Ruhe ihren Plan, der bis ins kleinste Detail ausgefeilt war, sorgfältig zu durchdenken. Sie begab sich in einen Nebenraum, der als Lager diente. Überall waren Materialien zu sehen. Leinwände, die auf Keilrahmen aufgezogen waren, standen dicht beieinander in geordneten Reihen; einige davon bereits mit Grundierungsmitteln versehen. In einer Ecke waren Rollen von unbehandeltem Leinwandstoff neben einem Stapel leerer Keilrahmen gelagert. Kara schob einige dieser Rollen und Rahmen beiseite. Dahinter kam ein verborgener Durchgang zum Vorschein, der ins Dunkel führte. Kara tappte blind in dem fensterlosen Raum vorwärts, ihre Hände tasteten den Weg entlang der kühlen Wand. Schließlich fand sie, wonach sie suchte: den Lichtschalter.

Und da stand sie in ihrem Laboratorium. Wäre sie keine Künstlerin geworden und hätte sie ihr abgebrochenes Chemiestudium beendet, dachte Kara, so hätte sie bestimmt eine Karriere in der pharmazeutischen Industrie gemacht. Sie erinnerte sich, wie sie als Schülerin hinter einer Schutzbrille, ihre erste chemische Reaktion beobachtet hatte. Das Aufblitzen einer lilafarbenen Flamme durch Kaliumchlorid und das Entfachen eines grünen Feuers durch Kupfersulfat – begleitet vom schwelenden Geruch beider Chemikalien –, das war der Moment, in dem ihre Leidenschaft für die Chemie entfacht wurde. Aber es war dann doch alles ganz anders gekommen. Ihre Kreativität hatte sie zur Kunst gezogen, weg von den Reagenzgläsern und Formeln. Dennoch blieb die Faszination für gefährliche Stoffe.

Kara ging im Halbdunkel umher. Das diffuse Licht einer einzelnen Leuchtstoffröhre, die senkrecht von der Decke herunterhing, warf geteilte Schatten auf ein Regal, das bis unter die Decke reichte und mit allerlei Chemikalien gefüllt war. Ein Sammelsurium an Pulvern und Flüssigkeiten in Fläschchen glänzte durchsichtig, schimmerte zähflüssig und mehrfarbig. Einige der Substanzen bewahrte Kara in einem speziellen Sicherheitsschrank auf, insbesondere die leicht entzündlichen. An einer freistehenden Wand prangte ein großes Periodensystem als Tapete, und daneben stand ein altes, von Rost angegriffenes Digestorium mit einer entsprechend patinierten Abzugshaube. Überall waren handgeschriebene Notizen von Strukturformeln und experimentellen Skizzen angepinnt oder angeklebt. Hinter einem säurefesten Labortisch, auf dem sich unterschiedlichste Messzylinder und ein Mikroskop befanden, stand ein Stuhl, auf dem wissenschaftliche Artikel und Anleitungen sich stapelten.

Kara liebte dieses Chaos. Trotz des Durcheinanders herrschte in ihrem Laboratorium eine kreative Ordnung, ein System, das nur sie verstand und das ihr erlaubte, ihre Experimente mit einer Präzision durchzuführen, die ihren künstlerischen Ambitionen entsprach. Sie fühlte sich von den Möglichkeiten, die ihre Chemikalien boten, inspiriert und war stolz auf ihre Fähigkeit, gefährliche Substanzen zu handhaben. Intoxikation, dachte Kara. Sie wollte ihre Erpresserin intoxikieren, sie vergiften und für immer zum Schweigen bringen. Welche Stoffe hinterließen wohl kaum oder keine Spuren, überlegte Kara, und sah sich in aller Ruhe um.

Dann zog sie ein Chemiebuch aus dem Regal. Sein Umschlag hatte eine rote Umrandung und war mit dem Piktogramm eines Schädels und gekreuzten Knochen versehen. ›Toxikologie‹ lautete sein Titel und er stach in schwarzer, serifenloser Schrift auf gelbem Hintergrund hervor. Kara blätterte die Seiten durch und studierte das Inhaltsverzeichnis. Ihr Interesse wurde von einem Kapitel über ein Nervengift gefesselt: ›VX – eine geruchlose, organophosphorhaltige Substanz, die hauptsächlich durch Einatmung und Hautkontakt in den menschlichen Organismus gelangt. Typische Symptome nach der Aufnahme sind zunächst Übelkeit, dann progressive Lähmung der Atemmuskulatur und Muskelkrämpfe, die binnen Minuten Atemstillstand und potenziell den Tod zur Folge haben können.‹ Kara las diese Zeilen mit einem Anflug von Unbehagen und fand sie dennoch faszinierend.

Dann zog ein anderer Abschnitt ihre Aufmerksamkeit auf sich, ein Kapitel über den häufig in Kriminalromanen erwähnten Todesbringer: ›Arsen – eine Substanz, die den Zellstoffwechsel stört und Schäden an der Desoxyribonukleinsäure verursacht. Zu den Vergiftungssymptomen zählen zunächst Magen-Darm-Beschwerden, die sich zu multiplem Organversagen mit neurologischen Beeinträchtigungen, Kreislaufkollaps und akuter Niereninsuffizienz entwickeln können. Der Tod folgt oft innerhalb von Stunden oder Tagen durch fortschreitende Zellzerstörung und den Zusammenbruch essenzieller Körperfunktionen, vor allem des Herz-Kreislauf-Systems.‹ Arsen als Mittel der Wahl – dieser Gedanke durchzuckte Kara. Doch gleichzeitig empfand sie eine tiefe Abneigung und Abscheu. Lag es an der Angst vor den möglichen Konsequenzen oder an der Erkenntnis der damit verbundenen Grausamkeit?

Karas Blick glitt weiter und blieb an einem Abschnitt über ein starkes Schmerzmittel hängen, das auch als potente Droge bekannt war und in Form von Tabletten oder Tropfen intravenös verabreicht wurde: ›Morphin – ein aus Opium gewonnenes Alkaloid und ein starker μ-Opioid-Rezeptor-Agonist, kann bereits in einer Einzeldosis von 0,2 Gramm bei Erwachsenen ohne Opioidtoleranz tödliche Atemhemmung hervorrufen.‹ Ein Schauer lief ihr über den Rücken. Die Idee, jemandem absichtlich so großes Leid zuzufügen, brachte sie zum Zögern. Sie stellte sich die Frage, ob sie es über sich bringen könnte, über Leben und Tod zu entscheiden, selbst wenn ihr Zorn ihr noch so berechtigt schien.

Als sie weiterblätterte, stieß Kara auf ein Kapitel, das die tödlichen Folgen einer Insulinüberdosis beleuchtete: ›Insulin – in erhöhter Menge kann es zu akuter Hypoglykämie führen, mit Symptomen wie anfänglichem Herzrasen und Schwitzen, gefolgt von Übelkeit und einem Gefühl der Kälte, ausgelöst durch neuroglykopenische Effekte. Im weiteren Verlauf können zerebrale Dysfunktionen entstehen, einschließlich Konzentrationsstörungen und motorischen Koordinationsschwierigkeiten.‹ Während sie dies las, spürte Kara eine wachsende Beklommenheit. Ein solch qualvoller

Tod! Konnte sie sich wirklich dazu durchringen, einen anderen Menschen einem solchen Schicksal auszusetzen?

Sie blätterte weiter und stieß auf einen Abschnitt, der die Gefahren einer bestimmten Substanzgruppe hervorhob: ›Dioxine – polychlorierte Dibenzo-p-Dioxine und Dibenzofurane mit einer langen Halbwertszeit. Sie sind im Körper stabil, reichern sich im Fettgewebe an und können eine Vielzahl von Gesundheitsproblemen verursachen.‹ Nachdem Kara den Abschnitt zu Ende gelesen hatte, schüttelte sie nachdenklich den Kopf. Die potenziellen Auswirkungen von Dioxin waren beängstigend: Herzrhythmusstörungen, Hautschäden, Leberkrebs sowie Karzinome in Lunge, Schilddrüse und Nebennieren. Sogar Leukämie und Tumoren in den Atmungsorganen waren die Folge. Sie konnte sich nicht vorstellen, jemandem ein solch tragisches Schicksal zu wünschen.

Schließlich stieß sie auf einen Abschnitt über ›Rizin – ein hochtoxisches Pflanzenprotein. Schon 400 bis 800 Mikrogramm können tödlich sein, wobei der Tod meist innerhalb von 36 bis 72 Stunden nach der Einnahme eintritt. Rizin lässt sich im Blut mittels immunologischer Tests bis zu 48 Stunden und in der Leber bis zu 2 Wochen nach der Aufnahme nachweisen.‹ Kara horchte auf – dieses Toxin könnte genau das sein, wonach sie suchte. Rizin war post mortem nur schwer im Körper nachweisbar, es sei denn, man suchte gezielt nach seinen Antigenen. Aber das setzte voraus, dass der Pathologe, der den Leichnam obduzierte, schon von Anfang an eine Rizinvergiftung vermutete. Dies ist jedoch unwahrscheinlich, da Rizinvergiftungen selten sind und die Symptome unspezifisch erscheinen.

Sie klappte das Buch zu und stellte es zurück ins Regal. Kara fühlte sich hin- und hergerissen zwischen der Absicht nach Rache und dem Respekt vor dem Leben anderer. Rizin, so heimtückisch und tödlich, dass es kaum Spuren hinterließ, war die geeignete Substanz für ihren Plan, da war sich Kara sicher. Doch während sie die Seiten über dessen Wirkung umblätterte, kamen wieder Zweifel in ihr auf. War sie wirklich bereit, diesen Schritt zu gehen? Kara hielt inne. Doch, das war sie, entschied sie schließlich. Sie war dazu bereit. Mittels einer Spritze könnte sie das Nervengift ihrer Erpresserin während des Schlafs in die Venen injizieren und sie dann sich selber und ihren heftigen Fieberkrämpfen überlassen. Kara überlegte, dass die Frau wohl erst einmal ins Krankenhaus gehen würde, wo die Ärzte vorerst von einer schweren Entzündung ausgingen. Bereits am nächsten Tag fiele sie schon ins Koma. Und circa vier Tage später wäre sie dann tot. Doch während Kara dies durchdachte, stieg in ihr die Angst hoch. Was, wenn etwas schiefging? Was, wenn sie entdeckt würde?

Kara nahm wieder das Chemiebuch zur Hand und recherchierte die Inhaltsstoffe. Rizin konnte sie mühelos herstellen, alles, was sie brauchte, war in diesem geheimen Giftlabor, ihrer toxischen Werkstatt, vorhanden. Ihr Blick schweifte über den Kantentisch aus Edelstahl. Ein Organismus aus gebogenen Gefäßen verwinkelte sich über die Arbeitsfläche und kombinierte Reagenzgläser mit Rundkolben und Spiralkühler mit Standzylindern; dazwischen waren Tropftrichter, Destillierbrücken und U-Röhren montiert, darunter Bunsenbrenner aufgestellt. Kara war hier ganz in ihrem Element.

Sie schlüpfte in einen Laborkittel, zog Schutzhandschuhe an und setzte sich eine Sicherheitsbrille auf. Dann machte sie sich sogleich an die Herstellung von Rizin. Während sie arbeitete, kamen ihr wieder Erinnerungen an ihre Studienzeit, an die Tage, als sie noch voller Hoffnung und Idealismus war, bevor das Leben sie in diese dunkle Ecke gedrängt hatte. Jede ihrer Handbewegungen war durchdrungen von Gedanken an die Gegenwart und ihre Vergangenheit, ein ständiges Abwägen zwischen dem, was sie einst war, und dem, was sie nun zu tun bereit war.

14

Sie wartete drei Tage. Dann schien ihr der Zeitpunkt günstig. Es war nach Mitternacht. Unter dem nebligen Schleier der Spätherbstnacht plante sie, sich Zugang zur Wohnung der Hausnummer 25 zu verschaffen. Ihr Ziel war es, der dort schlafenden Person Rizin in die Adern zu injizieren. Diese Methode schien simpel, wirkte rasch und das Beste daran war, dass sie diesmal keine Leiche in Natronlauge auflösen musste – eine unangenehme Angelegenheit, die sie bei ihrer Nachbarin also vermeiden konnte. Sie war überzeugt, dass niemand Verdacht schöpfen würde, niemand würde jemals einen Mord vermuten. Selbst wenn die Polizei etwas herausfände, hatten viele ihrer alleinstehenden Nachbarn um diese Zeit kein Alibi. Für Kara gab es keine andere Wahl. Sie wollte die Angelegenheit endgültig klären. Denn würde sie nachgeben, auf die Geldforderung eingehen, so könnte alles eskalieren und sie am Ende lebenslang im Gefängnis landen, möglicherweise sogar in Sicherungsverwahrung. Außerdem würde es kein Ende nehmen, die Erpesserin wäre sicherlich nicht mit einer einmaligen Zahlung zufrieden. Das konnte und durfte sie nicht zulassen! Sie wollte nicht im Gefängnis verrotten! Sie war doch nicht Millionärin, hatte sich ihr ganzes Leben mühsam bis an die Spitze gekämpft, um dann für den Rest ihrer Tage hinter Gittern zu verbringen. Nein! Niemals! Sie würde diese Erpressung schon zu händeln wissen und in ein paar Tagen wäre alles vorbei: die Videodatei gelöscht, die einzige Zeugin tot und ihr Leben könnte einen Neuanfang nehmen.

Behutsam, und so unauffällig wie möglich, betrat Kara den gegenüberliegenden Wohnblock. Sie bewegte sich leise die Treppe hinauf zum zweiten Stock. Mit einem Dietrich, den sie einem der drei Jungen abgenommen hatte, gelang es ihr, sich geräuschlos Zugang zur Hausnummer 25 zu verschaffen. Die Wohnungstür stand nun offen. Und schon war sie in diesem karg möblierten Raum bei der fremden schlafenden Frau am Fenster. Sie suchte nach ihrer Spritze mit dem Rizin. Bald hatte sie auch den Laptop entdeckt, den sie mitnehmen und vernichten wollte. Mit der Giftspritze in der Hand und bereit zum Angriff, näherte sie sich leise dem

Bett. Malina schlief unruhig, sie strampelte die Decke weg und drehte sich gerade um, als Kara zum Zustechen ansetzen wollte. Doch während Kara die Schlafende beobachtete und auf den richtigen Moment wartete, kamen ihr wieder Zweifel. Sie setzte sich auf einen Stuhl, in einer dunklen Ecke fand sie Platz. Kara wagte kaum zu atmen. Was, wenn diese junge Frau sie gar nicht erpresst hatte? Was, wenn es jemand anderes gewesen wäre, der sich nur Zutritt zur Wohnung verschafft hatte? Diese Bedenken überfielen sie ausgerechnet jetzt! Jetzt in der ungünstigsten aller Situationen!

Kara wollte doch lieber noch einmal sichergehen und suchte das Zimmer nach einem Handy ab. Der Laptop hatte sicher ein Passwort und da müsste sie erst die Festplatte ausbauen, was sie in diesem Moment nicht schaffen konnte. Aber vielleicht gab es das Handy irgendwo, anhand dessen sie beweisen konnte, dass Malina sie erpresste. Kara wurde in einem kleinen Regal an der Wand fündig. Sie nahm das Ladekabel ab und klickte darauf herum. Das Handy hatte eine Gesichtserkennung. Sie hielt es über Malinas schlafendes Gesicht und sofort hatte es sich entsperrt, sodass sie die Videodatei finden und löschen konnte. Das wäre Beweis genug, um schnell die Spritze in die Adern der jungen, schlafenden Schönheit zu drücken. Doch Kara konnte es einfach nicht. Lange schaute sie Malina an. Diese feinen, natürlichen Gesichtszüge erinnerten sie an ein Gemälde des Klassizismus. Die *Zeichnende junge Frau* von Marie-Denise Villers, eine französische Malerin, kam ihr in den Sinn. Ein Bild, das eine Frau in seidenweißem Kleid zeigt, die in einem schlichten Raum vor einem Fenster mit zerbrochenem Glas sitzt. Kara empfand sich in diesem Moment selbst wie die Figur in einem Gemälde. Wieder betrachtete sie Malina, die junge Frau, die dem Gemälde so sehr ähnelte. Das Licht vom Handydisplay gab ihrer zarten Haut eine edle Blässe und ließ ihre blonden Locken, die sich sanft um ihr Gesicht legten, noch reizvoller erscheinen. Warum musste sie gerade hier auf dem Stuhl sitzen, mit den Gedanken, dieser Frau das Leben nehmen zu wollen? Warum wurde sie überhaupt erpresst? Hätte sie nicht einfach Frau Morgenstern in einem Café kennenlernen können? Sie hätten ein wenig über dies und das geredet, wären sich vielleicht sogar nahegekommen, wer konnte das schon so genau sagen? Aber da saß sie nun und die eine Stimme im Kopf feuerte sie an, es endlich zu tun und die andere sprach eindringlich dagegen.

Malina öffnete leicht ihre Augen. Kara reagierte in Sekunden und packte die junge Frau am Arm, die Spritze in der Hand. Noch bevor Malina wirklich wach war, schnauzte Kara sie an: »Erpresst du mich? Los, sag schon!« Sie hatte Malina fest im Griff und wollte es nun genau wissen, bevor sie ihr das Leben nahm. Sie wollte auf keinen Fall eine Unschuldige töten. Wie sie aus der Situation wieder herauskommen sollte, wenn Malina wirklich unschuldig wäre, wusste Kara allerdings auch nicht.

»Was soll das?«, stotterte Malina ganz außer sich. »Wie sind Sie hier hereingekommen?«

»Ich will jetzt wissen, ob du mich erpresst oder nicht!«, fauchte Kara sie an.

»Nein, warum sollte ich?«, stammelte Malina voller Angst.

Kara schüttelte den Kopf. »Du lügst, Mädchen!«

»Ich – ich«, begann Malina.

Kara fesselte die junge Frau ans Bett, die nur ein lockeres Shirt trug und mit großen, aufgerissenen Augen zu ihr hochsah. Malina Morgenstern schien einfach makellos zu sein. Kara hatte sie noch nie in der Gegend gesehen, obwohl sie Nachbarinnen waren. Wenn sie nur nicht so schön wäre, dachte Kara, dann wäre es bestimmt leichter. Die blonden Locken fielen ihr ins Gesicht. Karas Blick blieb erst an ihren wohlgeformten Brüsten und dann an ihren schlanken, langen Beinen hängen. Die Situation schien ihr über den Kopf zu wachsen. Nur einmal zustechen und es wäre vorbei, sagte sie sich immer wieder. Aber sie konnte einfach nicht. »Sag mir dein Passwort vom Laptop!«, murrte Kara mit tiefer Stimme und Malina spürte sofort, dass Karas Aggression abgenommen hatte, nur warum wusste sie nicht. »Das Passwort!«, forderte Kara noch einmal eindringlich. Malina schrie plötzlich laut um Hilfe. Kara packte sie und hielt ihr den Mund zu. Malina versuchte sie zu beißen und sich zu wehren, jedoch erfolglos. Kara zerriss ihr Betttuch und knebelte sie. »Das war keine gute Idee von dir!«, zischte sie. »Wenn du noch einmal so um dich schlägst, Malina, dann bekommst du diese Spritze hier!« Die Blonde schüttelte ängstlich den Kopf. Auch in diesem Zustand machte die junge Frau noch eine gute Figur. Erstaunlich! Kara betrachtete sie gedankenverloren. Da begriff Malina, warum sie noch am Leben war. Sie hatte eine Wirkung auf Kara Kowalski und somit eine Chance, diesen Angriff zu überleben. Wenn Kara jetzt noch nicht zugestochen hatte, würde sie es wahrscheinlich auch nicht so schnell tun, vorausgesetzt Malina verhielt sich richtig. »Von diesem Gerät aus hast du mir deine erpresserische Mail geschickt. Ja?« Malina nickte. »Lösche sie!«, befahl Kara. »Und lösche sämtliche Videodateien, die du von mir hast! Verstanden?« Sie knotete Malina vom Bettrand los und hielt sie fest am Arm. Mit nur einer freien Hand ließ Kara sie geduldig das Passwort eingeben. Dann zog sie Malina wieder weg, machte sie erneut am Bettpfosten fest und durchsuchte den Laptop. Sie wurde fündig. Diese unglaublich schöne Frau hatte Kara wirklich erpresst. Kara löschte die ganzen Dateien. Dann griff sie nach dem Laptop und überprüfte, wie sie die Festplatte herausnehmen und zerstören konnte. Malina wurde unruhig dabei. Kara bekam Wut. Nicht mal Malinas beschissene Daten konnte sie löschen. Diese Frau würde sie bis an ihr Lebensende quälen. Was für eine Situation. Warum war sie nur so unglaublich dumm? Warum verabreichte Kara ihr nicht einfach die Spritze? Stattdessen lockerte sie Malinas Knebel. »Ich bin Schriftstellerin, bitte nichts löschen, da sind noch wichtige Dateien drauf«, keuchte Malina. Kara sah sie an. »Schriftstellerin?«

Malina schaffte es, Kara in ein Gespräch zu verwickeln, sie erklärte ängstlich ihre finanzielle Notlage und deutete sogar auf einen Brief vom Arbeitsamt, in dem ihr alle Leistungen bis auf Weiteres gestrichen werden sollten. Kara begriff, dass sie einen verzweifelten Menschen vor sich sitzen hatte. Sie hätte heulen mögen. Stattdessen begann Malina zu schluchzen. »Waren das wirklich alle Videodateien?«, wollte Kara wissen. Malina nickte. Kara packte sie noch einmal fest am Arm: »Du lügst doch. Ich sehe es, dass du lügst! Komm schon, sag mir die Wahrheit, Malina!« Malina zeigte auf ihre Jackentasche und stotterte: »Da drin ist ein USB-Stick. Darauf befindet sich die allerletzte Videodatei. Ich schwöre es.« Kara nahm sich den USB-Stick, löschte ihn und spülte ihn das Klo hinunter. Dann griff sie schließlich doch nach dem Laptop, warf ihn mit voller Wucht zu Boden und trat mit ihren massiven Stiefeln mehrmals kräftig drauf, bis er zertrümmert war. Sie checkte noch einmal, dass sie auch wirklich die Festplatte zertreten und zerbrochen hatte. Alles war zerstört. Die Trümmerteile wollte Kara mitnehmen, bei sich drüben im Atelier in einen siedenden Kochtopf werfen, dann die verkochten Daten zusätzlich mit einem Hochleistungsmagneten demagnetisieren und schließlich in einen Müllsack packen und als Sondermüll entsorgen. »Tut mir leid, aber das musste sein!«, sagte sie. Malina hatte nun keine Beweise mehr gegen sie. Die letzte Waffe, die sie noch hatte, war ihre Schönheit, und diese spielte sie nun voll aus. Denn die Giftspritze lag immer noch in Karas Hand. Sanft flüsterte Malina auf Kara ein. Sie rückte ein wenig näher an die große, dünne Frau heran. Kara blieb es nicht unbemerkt. Sie stand verwirrt vom Bett auf und packte die Giftspritze wieder in ihre Tasche. Sie konnte Malina einfach nicht töten. Erst recht nicht, wenn sie enger zu ihr rutschte. Malinas Worte schienen Kara glaubhaft, ihre ganze Situation war nicht gelogen. Natürlich hatte sie versucht, ihre Beweise zu retten. Wenigstens das war ihr nicht gelungen.

Endlich brach alles aus Kara hervor, sie schluchzte nun auch und erzählte Malina ihre Erlebnisse von Anfang an. Es tat so gut, einmal alles loszuwerden. Malina schien sie sogar zu verstehen, aber vielleicht bildete sich Kara das auch nur ein. »Ich habe ihn nicht getötet, Malina, es war ein Unfall! Ein unkontrolliertes Gerangel im Dunkeln, er ist wirklich übers Treppengeländer gestürzt, ich habe ihn nicht erschlagen«, gestand sie flehend der immer noch angebundenen Frau. Schließlich löste Kara ihre Fesseln. Sie hatte eine unglaubliche Angst, was ihr nun bevorstand. Aber nichts geschah. Warum auch sollte Malina die Polizei rufen? Sie hatte längst begriffen, dass von Kara keine wirkliche Gefahr ausging. Sie mochte emotional sein und bei einem Einbrecher um sich schlagen, ja. Aber eine richtige, kaltblütige Mörderin war sie nicht. Kara entschuldigte sich immer wieder. Malina nahm sie in die Arme und küsste sie auf die Wange. Kara sah sie völlig verwirrt an. Wenn Malina die Polizei rufen würde, kam sie nicht ans Geld. Sie fragte Kara, ob sie vielleicht einen Ausweg wüsste, sie hatte wirklich kaum noch was zu Essen im Schrank. »Natürlich«, meinte Kara tonlos und suchte nach ihrem Portmonee. Noch einmal zuckte Malina zusammen, denn in der Tasche war auch die Giftspritze. Keine Angst, ich habe dir ja gesagt, dass ich nicht morden kann«, meinte Kara nachdenklich. Sie gab Malina alles, was sie gerade dabeihatte und das war nicht wenig. »Danke!«, wisperte Malina mit zuckersüßer Stimme. Genau das hatte sie gewollt. Geld.

»Ich muss jetzt gehen. Ich helfe dir immer gern aus und unterstütze dich, wo ich nur kann. Nur bitte lass doch die Sache auf sich beruhen, ja?«, sagte Kara sanft. »Den Laptop nehme ich mit, bitte versteh das, Malina!«

Kara hatte begriffen, dass diese Frau einfach nur dringend Geld brauchte und aus Verzweiflung eine Dummheit begangen hatte. Wenn sie sich nicht täuschte, würde Malina mit einer gewissen Zahlung zufrieden sein. Sie besprachen, wie sie das alles handhaben sollten und verabredeten eine Summe, die Kara Malina monatlich in einem verschlossenen, anonymen Umschlag in den Briefkasten werfen wollte. Kara war für eine monatliche Zahlung, so hätte sie Zeit, eine Lösung zu finden und verlor nicht so viel Geld auf einmal. Malina war nicht dagegen, schon gar nicht, wenn sie lebend und wohlauf davonkam. Und so einigten sie sich und verabredeten sich zu einem weiteren Treffen. Kara wollte Malina nicht so schnell aus den Augen lassen. Vielleicht plante sie doch etwas Heimtückisches. Malina war es recht. Beide mussten in so einer ungewöhnlichen Situation erst einmal Vertrauen fassen, wenn das überhaupt möglich war.

»Komm heute Nachmittag in mein Atelier«, sagte Kara und versprach ihr, den kaputten Laptop gleich durch einen besseren zu ersetzen. Das war hoffentlich Anreiz genug, um Malina zum Schweigen zu bringen. Umso länger die Bedrohung her war, umso besser sie die Frau kennenlernte, umso unwahrscheinlicher wurde ihre Festnahme. Gerade wenn sie Malina genau kennenlernte und Malina vielleicht sogar eine Bindung zu ihr aufbaute, würde sie sichergehen, dass alle Daten für immer vernichtet waren. Und wenn nicht, wenn Malina sie doch der Polizei auslieferte, dann war es eben so. Kara konnte sie einfach nicht töten. Sie hatte es ja wirklich versucht.

Malina nickte und setzte sich auf ihr Bett. Sie versuchte, ihre Gedanken zu ordnen. Welche unerwartete Wendung alles genommen hatte. Sollte sie wirklich zu Kara ins Atelier kommen oder schnell fliehen? Aber wohin und ohne Geld? Wenigstens hatte sie jetzt ein paar hundert Euro. Nein, Kara hätte ihr etwas antun können, aber sie hat es nicht. Wahrscheinlich würde sie wirklich Malina Geld geben und außerdem war Malina viel zu neugierig, um nicht zu ihr zu gehen. Malina sah auf. Kara war schon verschwunden.

15

Während der Nacht war Neuschnee gefallen und hüllte den Wohnblockinnenhof in ein kristallines Weiß. Kinder waren dabei, große Kugeln aus feinem Schnee zu formen, um daraus einen Schneemann zu bauen. Malina blickte gedankenverloren zum Himmel und betrachtete den Morgenstern. Wie ein absurder Traum hatte sich die gestrige Nacht angefühlt, in der ihre Welt wie von einem Schneegestöber durchmischt worden war. Vielleicht sollte sie Kara lieber fernbleiben, grübelte sie, immerhin war sie doch gefährlich. Malina dachte an die Künstlerin, die gestern weinend vor ihr gesessen und ihr alles gebeichtet hatte. Nein, Kara war nicht gefährlich, entschied sie. Kara war emotional, hatte sich nicht unter Kontrolle, aber sie war nicht kaltblütig, im Gegenteil: sie war viel zu hitzig. Malina hatte genau das erreicht, was sie wollte. Sie brauchte Geld. Sie wollte ein ruhiges Leben und sie wollte die Chance haben, endlich eine berühmte Schriftstellerin zu werden. Kara war berühmt und Kara fand sie attraktiv, das hatte sie die gestrige Nacht begriffen. Vielleicht gab es ein Risiko, dass sie Malina doch noch etwas antun könnte, das mochte sein. Andererseits war Kara vielleicht auch der Schlüssel in eine ganz neue Welt der Reichen und Berühmten. Eine Welt, in der sie, Malina, leben wollte. Die Verlockung siegte über die Angst.

Malina blickte auf die Uhr, es war Zeit, Kara im Atelier aufzusuchen. Erst überlegte sie, irgendetwas mitzunehmen, womit sie sich verteidigen könnte. Doch das würde Kara sicher gleich bemerken. Nein, es wäre besser, eine möglichst enge Verbindung zu ihr aufzubauen. Es würde schon klappen.

Sie klopfte an die Lagerhallentür und trat ein. Kara saß vor einer Staffelei und malte. »Malina!«, sagte sie bloß und legte ihren Pinsel beiseite. »Du bist ja wirklich gekommen. Deine Haare sind auf dem kurzen Weg hierher ja schneeweiß geworden.«

Malina spürte sofort, dass sie Kara in der Hand hatte und ihre Erscheinung Wirkung zeigte. Nun hatte sie gar keine Angst mehr vor ihr. Sie mochte kräftig und sehr groß sein, ja. Aber Malina fühlte sich innerlich stark und war emotional durchaus in der Lage, die Herausforderung zu meistern.

»Ich muss dir für dein Vertrauen wirklich danken. Setz dich bitte auf das Sofa!« Kara schaltete einen Heizlüfter an und stellte eine Aluminiumkanne mit Tee auf den Glastisch.

Malina lächelte. Die Flocken glitten in perlenden Tropfen an ihrem Haar herunter.

»Wie geht es dir? Ich hoffe, dein Arm tut nicht so weh, an dem ich dich gestern herumgezerrt habe. Es tut mir wirklich leid. Entschuldige bitte noch einmal!«

»Mir geht es gut. Mach dir keine Gedanken!« Malina konnte Karas Schuldgefühle regelrecht riechen. Sie war kein Psychopath, der Lust empfand, wenn andere Schmerzen hatten. Da hatte Malina in ihrem Leben schon andere Gestalten getroffen.

»Konntest du noch ein wenig schlafen, nachdem ich gegangen war?«, fragte Kara voller Anteilnahme.

Malina schüttelte den Kopf.

»Verständlich«, meinte Kara. »Ich habe dir das Geschenk besorgt, von dem ich die gestrige Nacht schon gesprochen habe – eine Wiedergutmachung.« Sie überreichte Malina eine noch zellophanverschweißte, flache Schachtel. Malinas Plan ging auf. Innerlich triumphierte sie.

»Du schenkst mir ja wirklich einen Laptop«, sagte sie zu Kara.

»Deinen alten habe ich leider kaputt gemacht.« Kara schielte mit schlechtem Gewissen zur Werkbank hinüber, darunter lag immer noch der Müllsack mit den Trümmerteilen, die sie noch kochen und demagnetisieren wollte und entsorgen musste. Sie schaute wieder Malina an und nickte ihr zu. »Also bekommst du einen neuen von mir. Um deine Daten tut es mir wirklich sehr leid.«

Malina nickte verständnisvoll. Die Daten waren nur ein Vorwand für sie gewesen, um die Videodatei zu erhalten. Ihr Buch hatte sie schon per E-Mail an sich selbst gesandt und in der Cloud abgelegt. Sonst hatte es gar keine weiteren Schriftstücke auf ihrem alten Computer gegeben, die so bedeutend gewesen wären. Malina ärgerte sich, dass sie die Videodatei nicht auch noch auf ihrer Cloud abgespeichert hatte. Sie betrachtete die Schachtel. Kara hatte ihr einen Laptop der teuersten Marke gekauft. Ihr

Computer war längst veraltet gewesen, rechnete nur noch langsam und stürzte regelmäßig ab. Nun hielt sie ein brandneues Modell von der Marke mit angebissenem Apfel in ihren Händen. »Danke. Danke vielmals!«, sagte sie und berührte geschickt Karas Finger.

Kara zitterte und genoss es gleichzeitig, Malinas Nähe zu spüren. Wieder bestätigte sich für Malina die Annahme, Kara würde sie sehr attraktiv finden und sie setzte diese Waffe gekonnt ein. Ihre Stunde war gekommen. Malina hatte schon viele missglückte Beziehungen, aber auch aufregende Liebschaften und parallel laufende Affären hinter sich gelassen. Sie war durchaus promisk, was ihr Liebesleben betraf, und konnte auch, wenn das Gegenüber ihr sympathisch war, ihre Erotik als Waffe einsetzen. Hier und da mal ein wenig anbändeln oder auch mal in der Kiste landen, bereitete ihr Vergnügen, verschaffte ihr Bestätigung und vor allem half es ihr bei Kara vielleicht weiter. Ihre ersten Erfahrungen hatte sie mit ihrer damaligen besten Schulfreundin gemacht, sie war deshalb auch bei Frauen erst einmal nicht abgeneigt. Nie würde sie wie Kara sich in einer einzigen Beziehung so zerfleischen und wäre emotional so sehr involviert gewesen. Da hätte sie einfach den Typen sitzen lassen und wäre weitergezogen. Kara schien nicht so umtriebig zu sein. Umso besser, denn dann würde sie sich umso fester an Malina binden und ihr liebend jeden Wunsch erfüllen. Für Kara bedeutete jede kleinste Berührung etwas. Malina sah es ihr genau an. »Sei bitte ehrlich zu mir, Malina. Reicht dir denn die vereinbarte monatliche Summe? Wir machen doch noch 1000 Euro mehr, ja? Und jetzt gleich gebe ich dir noch mal 10'000 Euro auf die Hand. Dann hast du erst einmal etwas.«

Das war sehr viel Geld für Malina, die wirklich jeden Euro zählte. Auch wenn es aus der Sicht einer Millionärin nur Peanuts waren, dachte sich Malina, dass es verdammt gut anfing für sie. Der Laptop musste mindestens 3000 Euro wert sein. Kara fühlte sich immer noch schuldig. Natürlich hatte Malina eine ganz andere Summe in ihre erpresserische E-Mail geschrieben, aber wenn Kara sie ein paar Jahre lang monatlich unterstützen würde, hätte sie die Summe auch wieder drin. Und allein mit Geld konnte sie auch noch nichts anfangen, sie wollte ja berühmt werden und wusste nicht, wie sie das anstellen sollte. Sie brauchte Kara für ein paar Jahre.

»Jetzt kann ich endlich erst einmal meine Miete zahlen. Ich dachte schon, ich fliege raus.« Ein Gefühl der Erleichterung durchströmte Malina, und sie atmete tief und befreit auf. »Du weißt ja, wie es mit Berlin und den Wohnungen gerade aussieht.«

Kara nickte. Langsam begriff sie, was Armut überhaupt bedeutete. Sie fühlte eine Angst in Malina und einen Druck, den sie überhaupt nicht kannte. Malina gab sich auch erst einmal mit kleinen Summen zufrieden. Sie schien wirklich ein lieber Mensch zu sein und war einfach hilfsbedürftig und verzweifelt.

»Erzähl mal von dir! Was hast du gelernt? Woher kommst du?« Kara spürte, wie ihre Neugier mit jedem Moment wuchs.

»Ich habe Literatur im Hauptfach und Kunstgeschichte im Nebenfach studiert«, erwiderte Malina kurz und ihr Gesichtsausdruck wurde nachdenklich.

Studiert hatte die junge, schöne Frau auch noch, dachte Kara. Das konnte doch gar nicht sein, dass sie keinen Job fand und dennoch lag gestern Nacht der Brief vom Amt auf ihrem Tisch. Es musste also stimmen. »Du hast auch Kunstgeschichte studiert. Wie interessant. Gibt es einen Künstler, der dir besonders gefällt?«, fragte Kara vorsichtig, um zu prüfen, ob Malina wirklich studiert hatte.

»Caspar David Friedrich«, antwortete Malina, und ihre Antwort kam sehr schnell.

»Und was fasziniert dich an ihm?«, hakte Kara nach.

»Seine Landschaftsmalerei vereint Leben und Tod, das Irdische und das Transzendente, alles verwoben in einer Atmosphäre tiefgründiger Melancholie und Hoffnung«, erklärte Malina, fast so, als würde sie aus einem kunsthistorischen Text zitieren.

Kara war verblüfft. Malina hatte scheinbar wirklich studiert und fand dennoch keine gute Arbeit. Eine so intelligente, schöne Frau, die im Keller einer Bibliothek täglich Bücher einscannte, wie sie ihr in der Nacht erzählt hatte, und keine bessere Stelle fand, das war ja gesellschaftlich wirklich ein starkes Stück. Kara, die schon jahrelang bahnbrechende Erfolge mit ihrer Kunst hatte und die Wirklichkeit gar nicht mehr kannte, konnte es sich einfach nicht vorstellen, dass ein Lebenslauf wie der von Malina überhaupt möglich war.

»Und du hast dich wirklich überall beworben?«, fragte Kara ungläubig. Malina nickte und schilderte die letzten Monate, die erfolglose Verlags-, Literaturagentur- und Stellensuche. Außerdem erzählte sie ihr von ihrem fertigen Manuskript. Kara holte ihren Laptop und wollte den Anfang des Romans lesen. Das war doch nicht möglich. Malina loggte sich in ihren Account ein und öffnete die Datei, die sie sich über E-Mail selbst geschickt hatte. Vorsichtig fragte Kara nach der Cloud. Malina hatte sich schon gedacht, dass sie noch einmal nachforschen würde und zeigte ihr die Cloud bereitwillig. »Wie ich schon sagte, ich habe dich nicht angelogen. Die Datei ist wirklich vernichtet.« Kara nickte und meinte erleichtert: »Gut.« Dann vertiefte sie sich in Malinas Romanmanuskript mit dem schönen indonesischen Namen für Seele – ›Nyawa‹.

Kara war erstaunt. Malina konnte wirklich gut schreiben. Wortgewandt und mit exzellenter Rechtschreibung hatte sie Seite für Seite verfasst. Kara überflog das erste Kapitel und blätterte dann weiter. Es war unvorstellbar für sie, dass Malina überall abgelehnt worden war. Malina zeigte ihr die Absageschreiben von den Verlagen und Literaturagenturen in ihrem E-Mail-Account. Tatsächlich. Das machte Kara sprachlos. Vor ihr saß eine studierte Kunstwissenschaftlerin mit einem fertigen, gelungenen Romanmanuskript und hatte vor ein paar Stunden nicht mehr gewusst, wie sie die nächste Miete zahlen sollte. Das war ja ein Ding. Kara dämmerte es langsam, dass sie in einer Subkultur lebte und dass das echte Leben jahrelang an ihr vorbeigezogen war. Zufällig hatte sie einen Nerv der Zeit getroffen, mit ihren besprühten Bildern, das war alles. Nach ihrem Studium hatte es gleich funktioniert und es war immer steiler nach oben gegangen. Malina war irgendwie rausgefallen aus dem System. Nochmal betonte sie, dass sie niemals die erpresserische E-Mail abgeschickt hätte, wenn sie nicht so verzweifelt gewesen wäre. Kara glaubte ihr. Sie wusste, dass Menschen, die in Not waren, anders handelten als Menschen, denen es gut ging. Welche Not das auch immer sein mochte, eine materielle oder eine emotionale. Glücklicherweise war es so gekommen, sonst hätte Malina die Videodatei einfach der Polizei überreicht. So hatte Kara ihr Leben retten können und gern unterstützte sie auch Malina, diese unglaublich schöne, junge Frau, die einfach kein Glück gehabt hatte, trotz all ihrer Talente.

Malina hatte das Gefühl, dass Kara an ihren Lippen hing. Sie schien sehr scheu zu sein und wenig Kontakte zu haben. Sie wollte es noch ein bisschen deutlicher werden lassen, dass sie sich durchaus etwas vorstellen konnte, um Kara stärker an sich zu binden. Wenn sie Kara, die sehr verliebt aussah, ablehnen würde, wusste sie, dass sie niemals diese Unterstützung weiter erfahren würde, die sie jetzt schon erfahren hatte. Sobald Kara keine Gefahr mehr sah, würde sie ihre Zahlungen einstellen und sich zurückziehen. Sie preschte also nach vorn. »Gern würde ich einmal von dir portraitiert werden«, sagte Malina vorsichtig. Sich in einem Werk einer so berühmten Künstlerin verewigt zu wissen, verschaffte ihr Genugtuung und vielleicht würde sie auch ihre Hüllen fallen lassen, wenn Kara sie richtig zu portraitieren wusste. Spätestens dann lag ihr diese erfolgreiche Künstlerin zu Füßen und nicht nur sie, der Weg zu ihrem eigenen Erfolg stand ihr offen.

»Also ein Porträt von dir«, erwiderte Kara mit spürbarer Begeisterung. »Ich würde dich wirklich gerne malen, Malina. Und stell dir vor« – sie lächelte –, »in der Art von Caspar David Friedrich. Ich sehe bereits eine Landschaft vor mir, in der du im Vordergrund stehst, umgeben von einer Abenddämmerung. Doch die genaue Komposition ist noch offen.« Kara hatte ein gutes Gefühl bei Malina. Und auch wie Malina dachte sie an ein Nacktportrait, aber das traute sie sich nicht zu sagen. Sie war unglaublich froh, dass sich die Dinge so sehr zum Guten gewendet hatten. Das wollte sie auf keinen Fall erneut ins Wanken bringen.

»Ich wollte schon immer portraitiert werden«, antwortete Malina wirklich berührt. »Oft habe ich davon geträumt. Ich weiß jetzt gar nicht, was ich sagen soll!« In Gedanken versunken, erinnerte sich Malina an einen ihrer Kurse in Kunstgeschichte und an das 1835 entstandene Ölgemälde *Die Lebensstufen*. Vor ihrem geistigen Auge entfaltete sich das Bild mit den fünf Personen am Ufer, umgeben von stillem Meer und heimkehrenden Segelschiffen – jedes Schiff und jede Person eine Allegorie auf die unterschiedlichen Stationen des Lebens.

»Dann stehst du mir also Modell. Ja? Bestimmt wirst du auch genügend Zeit finden zum Schreiben – du möchtest ja Schriftstellerin werden. Da versuche ich dir gern zu helfen, wo ich kann.«

»Das würdest du wirklich für mich tun?«, meinte Malina überwältigt. Dass sie so schnell zu dem kam, was sie wollte, überraschte sie. Wenn sie erst einmal ihr Buch hatte und auch wie Kara erfolgreich sein würde, dann spielte Geld auch endlich keine so große Rolle mehr, dann würde sie nur noch schreiben und Lesungen veranstalten. Es wäre das Leben, das sie sich immer gewünscht hatte.

Kara spürte, wie sehr sich Malina freute. Nun rutschte ihr doch noch eine erotische Anspielung heraus. Sie fühlte sich in Sicherheit, weil sie Malina ein Leben ermöglichen konnte, das sie sich wünschte. Kara wollte sich deshalb vortasten. Sie wollte wissen, ob Malina sie auch anziehend fand, und in diesem emotionalen Moment fragte sie Malina also: »Hättest du denn Lust, dich wie in Gerhard Richters *Ema (Akt auf einer Treppe)* darstellen zu lassen? Stell dir vor, du stehst auf den obersten Stufen, elegant und selbstbewusst, ein modernes Bild in fotorealistischer Maltechnik.« Im nächsten Augenblick wurde es Kara siedendheiß, denn sie war zu weit gegangen. Wie immer hatten ihre Emotionen sie irgendwohin getrieben, wie immer hatte sie sich einfach nicht unter Kontrolle. Sie hätte sich auf die Zunge beißen mögen. War es denn nicht genug, dass Malina sie nicht mehr bedrohte? Dass sie endlich in Frieden leben konnte? Nein, sie baggerte auch noch an der jungen Frau herum. Peinlich war das. Sie wendete sich ängstlich ab und erwartete, einen Korb zu bekommen. »Also du musst nicht, wenn du nicht willst«, fügte sie kleinlaut hinzu. »Ich könnte dich auch in einem abstrakten und kubistischen Stil malen, ähnlich wie Marcel Duchamp in seinem Werk *Akt, eine Treppe hinabsteigend.*« Malina aber strahlte. Sie als Aktmodell, in einer zeitgenössischen Malerei, ja, das entsprach genau ihrem Geschmack. Nun hatte sich die gute Kara Kowalski also schon nach vorn getraut, hatte sie gekonnt angeflirtet und Malina war klar, dass sie genau jetzt diese anfängliche Liebe erwidern würde, dass sie Kara auf gar keinen Fall ablehnte, dass sie Kara endlich dort hatte, wo sie sie haben wollte. An der Stelle, an der sie am verwundbarsten war und das Meiste ihr zu geben hatte. Kara würde ihr Buch schon in einen Verlag bringen und ihr die Miete zahlen. Und klar hatte Malina Lust, sich portraitieren zu lassen. »Gern«, antwortete sie mit einem verführerischen Lächeln. Kara konnte es nicht fassen. Für einen Moment war sie regelrecht erstarrt. Sie hatte eine Chance bei Malina, nachdem sie die Frau so bedroht hatte? Nach dieser ganzen Vorgeschichte?

Dann sprang Kara auf und suchte alles für das Portrait zusammen. Sie wollte nur die hochwertigsten Pigmente verwenden, die sie besaß, und entschied sich unter anderem für Rhodiumschwarz, Titandioxid-Weiß und Vermilion. Letzteres war ein lebhaftes Rotpigment aus natürlichem Quecksilbersulfid, das aufgrund seiner Toxizität nur äußerst schwierig zu beschaffen war.

»Setz dich auf den Schemel. Wir fangen gleich an. Bevor ich dein Gemälde mit Walnussöl auf Portraitleinwand beginne, werde ich mehrere Bleistiftskizzen und Kohlezeichnungen von dir machen, um dich besser spüren zu können.« Sie zwinkerte mutig Malina zu und die zwinkerte aufgeregt zurück. Dann begann Kara wie berauscht zu malen und Malina saß triumphierend auf dem Schemel. »Soll ich vielleicht mein Shirt schon mal ausziehen?«, fragte Malina gekonnt beiläufig. Kara sah sie ein wenig gierig an. »Wenn dir dann nicht zu kalt wird!« Malina kicherte: »Ach was!« und zog ihr Shirt über den Kopf. Sie hatte unglaublich schöne Brüste und saß nun im BH vor Kara auf dem Sessel. Kara wurde tatsächlich rot. Malina bemerkte es und grinste. Wie schnell sich so ein Schicksal doch drehen konnte! Zwischen den beiden Frauen, die sich in einer solchen Extremsituation kennengelernt hatten, war in der letzten Nacht eine Verbindung entstanden. Die geteilten Erlebnisse und intimsten, dunklen Geheimnisse hatten sie auf seltsame Weise aneinandergebunden. Keine von beiden hatte vergleichbare Erfahrungen. So eine geteilte Nacht musste erst einmal emotional verkraftet werden. Kara malte und malte. Dann kam sie schüchtern auf Malina zu und fasste sie sanft an der Schulter, um sie zurechtzurücken. Malina genoss die Berührungen. Sie mochte es, wenn jemand sie schön fand und berührte. Kara spürte, wie entspannt Malina ihre Berührungen geschehen ließ und strich ihr vorsichtig den Halter herunter. Malina mochte es. Sie streifte ihre Schulter und glitt dann langsam hinunter. Vorsichtig berührte sie ihre linke Brust. Malinas Atem wurde schneller. Kara war unglaublich nervös. Nun wusste sie, dass Malina ihre Zuneigung erwiderte. »Jetzt arbeiten wir aber erst mal«, brachte sie nur hervor und setzte sich wieder hinter ihre Skizzen.

Malina badete in Karas Aufmerksamkeit. Sie genoss es so sehr, dass diese Frau sie zu sich nahm, dass sie sich liebevoll kümmerte, dass ihr eine herrliche Zukunft bevorstand. Für Malina war Kara in Ordnung. Das Äußere war ihr gar nicht so wichtig. Kara war vielleicht etwas groß gewachsen, aber nicht hässlich. Sie war hinter ihrer blassen Schminke mit dunklen Akzenten und ihrem punkigen Gothic-Look eigentlich eher unscheinbar. Damit konnte Malina leben. Sie brauchte das Gefühl, die Kontrolle über sie haben zu können, angebetet zu werden, Macht über Kara zu haben. Und Kara gab ihr genau das, was sie brauchte, um sich wohl zu fühlen. Emotional und auch materiell. Sie hatte so nicht nur das Geld, sondern auch den Zugang zu Kunstkreisen. Malina wusste genau, dass, selbst wenn man Geld hatte, man bei den entscheidenden Verlagen nicht weiterkam. Sie hatte in Internetforen recherchiert und verzweifelte Posts gelesen, bei denen auch schon andere alles versucht hatten. Kara konnte ihr Buch irgendwo unterbringen. Sie hatte die Kontakte. Die waren unbezahlbar. Alles Geld der Welt brachte Malina trotzdem nicht in den renommiertesten Verlag hinein. Sie brauchte unbedingt die richtigen Kontakte und jemanden, der an sie glaubte. Genau das wollte Malina jetzt, emotionalen Halt und Karas Unterstützung. Dass sie eine Frau vor sich hatte, war Malina fast noch lieber. Sie mochte androgyne Frauen und fühlte sich von Reichtum und Erfolg stark angezogen.

Nach einer Stunde hatte Kara mehrere Zeichnungen angefertigt. Unter ihnen gab es auch Bilder, in denen sie nur Malinas Skelett skizziert hatte.

»Warum hast du mich als Skelett gezeichnet?«, fragte Malina.

»Um deinen blühenden Frauenkörper zu formen, muss ich zuerst dein Skelett sehen«, erklärte Kara.

»Du bist wirklich eine Philosophin«, meinte Malina voller Achtung.

Kara zeichnete ohne Pause weiter und hatte nach fünf Stunden nahezu zwanzig Skizzen angefertigt. Sie arbeitete wie in einem Rausch und Malina genoss es. Sie stand im Mittelpunkt. Genau da, wo sie hingehörte. Die beiden unterhielten sich angeregt und entdeckten viele Gemeinsamkeiten: Ihre Vorliebe für indisches Essen, die schönen Künste, Museumsbesuche, ihre Faszination für Weihnachtsbeleuchtung und überhaupt für Dekoration jeglicher Art und viele weitere gemeinsame Interessen ergaben sich bei den beiden im Verlauf des Nachmittags. Irgendwann fiel ihnen ein, dass sie etwas essen mussten. Kara kochte für Malina und Malina erzählte von ihrem schweren Leben, den schlechten Erfahrungen mit Männern. Sie waren sich einig. Auch Kara hatte ja wirklich genug Ärger mit ihrem Ex-Freund gehabt. Einen ganz besonderen Ärger!

Am späten Abend wollte Malina das Atelier verlassen. Als sie ihre Hand schon an der Türklinke hatte, spürte sie, wie Kara ihre Schulter berührte. Sie wusste, was jetzt kam und sie war offen dafür. Sie küssten sich leidenschaftlich. Kara konnte gut küssen, fand Malina. Kara war von ihren Emotionen vollkommen überwältigt und stand neben sich. Malina dagegen spürte die Aufmerksamkeit und die Macht, die sie über Kara hatte; fühlte sie selbst sich auch klein, hatte sie doch die volle Kontrolle über diese Zwei-Meter-Frau. Dieses Gefühl ließ sie innerlich wachsen. Schließlich verließ sie zufrieden die vollkommen verliebte Malerin.

16

Aufgewühlt verließ Malina ihre Wohnung. Sie war auf dem Weg zur Universitätsbibliothek und gerade extrem angespannt, in ihr zog sich alles zusammen vor Furcht. Der letzte Ort, an dem sie sein wollte, war eben dieser dunkle Raum im tiefsten Untergeschoss. Gestern Abend, nachdem sie bei Kara war und alles so gut für sie verlaufen war, hatte sie noch schnell ihren neuen Laptop eingerichtet. Als sie hektisch ihre E-Mails gecheckt hatte, war da eine Aufforderung von der Hausverwaltung in ihrem Briefkasten gewesen, unverzüglich ihren Fahrstuhlschlüssel abzugeben. Das hatte sie in der ganzen Aufregung doch tatsächlich vergessen. Aber die Rückgabe des Fahrstuhlschlüssels erwies sich als weitaus komplizierter als erwartet. Wie ihr erklärt wurde, bedurfte es zur Bestätigung der Rückgabe nicht nur ihrer eigenen Unterschrift, sondern auch die des Bibliothekars auf dem entsprechenden Formular. Dieses sollte sie vorab beim Sekretariat abholen. Es war der blanke Horror! Sie musste also noch einmal in diese düstere Tiefe hinabsteigen und sich mit dem schattenhaften Etwas konfrontieren. Am liebsten hätte sie Kara mitgenommen, die aber schlief noch fest und reagierte nicht auf ihre Handyanrufe. Also entschied Malina, die Sache allein durchzuziehen und sich ein allerletztes Mal ihrer Angst zu stellen.

Sie betrat das Universitätsgebäude und ging zügig aufs Sekretariat zu. Dort ließ sie sich das Formular geben. Wie immer, wenn sie hier war, umfing sie ein mulmiges Gefühl. Sie lief den Gang entlang, um am anderen Ende den Fahrstuhlschlüssel einzustecken und in die Tiefe hinunterzufahren.

Aus dem Lift aussteigend, war sie von Dunkelheit umgeben. Am anderen Ende strahlte ein kaltes Licht, auf das Malina mutig zuschritt, umgeben vom Geruch nach altem Papier und einem Sirren und Summen aus morschen Stromleitungen. Sie machte hier keinen Aushilfsjob mehr, sie würde notfalls sofort wieder umkehren, der Bibliothekar hatte ihr nichts mehr zu sagen! Das gab ihr den nötigen inneren Ruck und sie rief laut in die Ecke hinein, wo sie den herumschleichenden Bibliothekar vermutete, um die benötigte Unterschrift von ihm zu erhalten.

Ein Lichtkegel traf Malina plötzlich von hinten. Erschrocken drehte sie sich um und wich hastig zurück, wobei sie gegen den Digitalisierungsapparat stieß. Ein opulenter Schatten näherte sich ihr und hatte eine Taschenlampe auf sie gerichtet. Ihr Herz raste, sie bekam Panik, als sie die Umrisse weiterer Gestalten wahrnahm. Wie aus dem Nichts tauchten sie hinter den Regalen auf, die schneidenden Lichtstrahlen flackerten in der Dunkelheit, zuckten über Bücher und Kisten, glitten an Wänden und Boden entlang und zerteilten die Schatten in alle Richtungen, sodass Malina bald die Orientierung verlor in diesem bedrohlichen Labyrinth. »Kann hier endlich mal jemand das Licht einschalten!«, hörte sie eine Stimme sagen. Kaum waren diese Worte ausgesprochen, flackerten die Leuchtstoffröhren an der Decke auf und tauchten das Untergeschoss in grelles Licht.

Malinas Augen brauchten einen Moment, um sich an die plötzliche Helligkeit zu gewöhnen. Dann erkannte sie mehrere Kriminalbeamte sowie den Hausmeister. Und dann war da dieser imposante Kommissar, den sie von ihrem Fenster aus beobachtet hatte, wie er in die Lagerhalle eingedrungen war und den Tag darauf, in Gegenwart mehrerer Polizisten, Kara verhaftet und abgeführt hatte. »Was ist hier passiert?«, wollte Malina aufgeregt wissen und sah fragend den zwei Meter großen Mann an, der in grauem Mantel gekleidet, mit fahlem Gesichtsausdruck und streng gekämmten, gewachsten Scheitel vor ihr stand. Er zwirbelte angespannt an seinem Schnauzer, während er sich als Kommissar Wolf vorstellte. Dann erklärte er knapp, dass hier unten gerade Ermittlungen im Gang seien, und bat Malina, den Raum wieder zu verlassen. »Jetzt sofort«, betonte er. Malina erwiderte, dass sie nur kurz den Bibliothekar sehen müsste, um ihren Fahrstuhlschlüssel gegen seine Unterschrift abgeben zu können. Der Hausmeister nahm Malina beiseite. Er wirkte sehr ernst und regelrecht beklommen. Er brauchte lange, räusperte sich mehrfach, um dann endlich ein paar Worte zu finden. Stockend brachte er hervor: »Der Bibliothekar hat sich heute Morgen umgebracht! Vor ungefähr einer Stunde habe ich ihn gefunden. Dort hinten ist es passiert!« Der Hausmeister deutete ans andere Ende des Raumes.

Malina drehte sich um und sah das Personal der Spurensicherung, das gerade damit begann, den Raum zu untersuchen. Getrieben von einer übermächtigen Neugier, konnte sie nicht widerstehen und näherte sich dem Tatort. Sie beobachtete die Ermittler, wie sie in ihren Schutzanzügen methodisch und vorsichtig agierten, um keine Spuren zu verwischen. Akribisch dokumentierten sie biologisches Beweismaterial und hoben mit Pinseln, Pulver und Pinzetten sowohl Fingerabdrücke als auch Fasern hervor. Sie nutzten spezielle Lichtquellen, von Infrarotstrahlung bis Grünlicht, um unsichtbare Spuren zu enthüllen, und markierten diese mithilfe nummerierter Täfelchen. Ein Techniker verwendete ein Spektrometer zur Substanzanalyse. Malina näherte sich weiter dem Puzzle aus DNA-Analysen und toxikologischen Untersuchungen, während ein anderer Techniker die Szenerie fotografierte, um den Raumzustand festzuhalten. Alles zielte darauf ab, die Wahrheit hinter dem tragischen Ende des Bibliothekars zu entwirren, und Malina war fest entschlossen, ihn endlich zu sehen, jetzt, da sie die letzte Gelegenheit dazu hatte. Doch als sie sich dem Absperrband näherte, blieb ihr der Anblick des leblosen Körpers verwehrt, verdeckt durch den toten Winkel zweier Bücherregale. Plötzlich nahm sie einen Schatten wahr und zuckte zusammen. Kommissar Wolf stand direkt hinter Malina. »Nicht einen Schritt weiter!«, befahl er streng. Seine harschen Worte signalisierten unmissverständlich, dass sie am Tatort nichts zu suchen hatte. Kurzerhand wies er sie an, sich zum Hausmeister zurückzubegeben. Malinas Herz schlug heftig, als sie sich widerstrebend umwandte, während Kommissar Wolfs strenger Blick ihr folgte.

Ob es wirklich ein Suizid war, wollte Malina vom Hausmeister wissen, ob es nicht auch Mord oder ein Unfall gewesen sein könnte? Er schüttelte den Kopf. »Mir scheint, er hat sich vergiftet. Denn als ich ihn fand, waren seine Finger und seine Zunge geschwärzt – ein klares Zeichen einer Vergiftung, wie ich annehme.« Bedrückt schüttelte er den Kopf. »Es tat mir schon weh, wenn ich nur hingesehen habe. Dass Menschen sich so etwas selbst antun können, ist mir unbegreiflich!«

Malina hatte den Bibliothekar nie richtig zu Gesicht bekommen. Selbst im Tode hatte er sich noch vor ihr zu verbergen gewusst. Ein geisterhafter Schatten, so unwirklich wie sein Selbstmord. So irritierend, wie alles hier in diesem klaustrophobischen Untergeschoss. Sein gewählter Freitod ließ ihn nur noch düsterer erscheinen, ließ ihn nun vollkommen zu einem unerkannten Schatten im Dunkel werden. Wer war dieser Mensch gewesen? Sie wollte noch mehr wissen, fragte nach dem Namen dieses ominösen

Bibliothekars. Der Hausmeister war gern bereit, ihr noch mehr zu erzählen, auch er hatte das Bedürfnis, seine Eindrücke zu verarbeiten. Doch einer der Polizisten trat auf Malina zu und forderte sie auf Anweisung des Kommissars unmissverständlich auf, das Untergeschoss nun endlich zu verlassen. »Ich muss nur noch die Entgegennahme des Schlüssels bestätigen und ihr ein Formular unterschreiben«, entgegnete der Hausmeister und bat Malina, mit ihm zu kommen. Sie verschwanden hinter einer der verwinkelten Wände und begaben sich in einen der toten Winkel: das kleine, enge Büro des Bibliothekars. Der Kommissar rief den Hausmeister plötzlich zu sich, er hatte da ein paar wichtige Fragen. Der Hausmeister bat Malina, hier kurz zu warten, und Malina stand nun allein in dem beengten Raum.

Ihr Blick schweifte über die vollgestopften Regale, die Lektüre des Bibliothekars. Seine letzte Lektüre, das ›Zweite Buch der Poetik‹ des Aristoteles, das von der Komödie handelte, lag noch aufgeschlagen auf dem Tisch. Dann fiel ihr das Buch vom ›Struwwelpeter‹ auf. Natürlich kannte sie dieses Kinderbuch des Psychiaters Heinrich Hoffmann aus dem 19. Jahrhundert. Gleich hatte sie diese Bilder vor Augen vom kleinen Konrad, der die Daumen abgeschnitten bekam, weil er zu viel daran lutschte oder dem kleinen Suppenkaspar, der am Ende dünn wie ein Strich wurde und schließlich starb, weil er die Suppe nicht essen wollte. Grauenvolle Geschichten, einfach bestialisch! Sie waren doch längst überholt und konnten nicht ernsthaft kleinen Kindern heutzutage an die Hand gegeben werden. Sie selbst hatte sich immer vor diesem Buch gefürchtet, das lebhaft die scheußlichsten Folgen des Ungehorsams ausmalte und oft mit einem grauenvollen Tod der Kinder endete. Malina konnte sich auch noch sehr genau an eine Geschichte erinnern, in der ein Mädchen mit Streichhölzern spielte. Wie hieß es doch gleich? Sie schlug das Buch auf und suchte nach der Geschichte. Jeder Horrorfilm war leichter zu verkraften, als dieses scheußliche Kinderbuch. Gerade die beschriebenen Einzelheiten und das Ausmalen der Strafen bei den Kindern ließen in Malina auch heute noch ein ungutes Gefühl aufkommen. Kinder waren doch unschuldig. Wie konnte man ihnen mit so einem Buch nur solche Ängste einjagen. Da waren die wenigen Verse zu Paulinchen. Genau, Paulinchen hieß das kleine Mädchen. ›Die gar traurige Geschichte mit dem Feuerzeug‹. Schon das Bild mit dem kleinen, hübschen Mädchen, das ihre Puppe hielt und den beiden Kätzchen, die warnend ihre Tatzen hoben, weckte in Malina ungute Erinnerungen aus ihrer Kindheit. Dennoch konnte sie nicht wegsehen und schaute gebannt auf die Seiten. Das Paulinchen, was allein zu Hause war und sich ein Feuerzeug anzündete. Ein hübsches Spielzeug. Malina überkamen ganz eigenartige Empfindungen beim Lesen der Strophen. Sie fühlte den Schmerz, diese Einsamkeit, die sie so oft als Kind gefühlt hatte. Ihr fiel so vieles aus ihrer Kindheit ein, wie sie erst viel zu spät von einer Freundin das Radfahren gelernt hatte, weil ihre Eltern nie Zeit hatten für sie. Sie gaben vor, Malina zu lieben, doch sie waren so sehr mit ihrer komplizierten Beziehung zueinander beschäftigt, mit ihrer Arbeit und ihrem Leben, dass für Malina kaum Raum übrigblieb. Wenn sie wenigstens eine Reaktion gezeigt hätten, vielleicht auch eine schlechte, aber sie sahen Malina gar nicht. Sie nahmen im Grunde keinen Anteil an ihrem Leben. Das blieb auch später noch so. Nur wenn Malina besondere Leistungen erbrachte, dann waren sie stolz, dann schauten sie einmal zu ihr. Vielleicht hatte Malina deshalb so viel studiert, vielleicht hatte sie deshalb so sehr gekämpft, dass ihre Eltern sie endlich einmal wahrnehmen würden. In ihrer Kindheit hatte es begonnen mit dem Zündeln, mit dem Feuer als Ersatz für die fehlende Bindung, die ständige Einsamkeit. Malina wusste das, dennoch waren ihre Gefühle nun einmal an das Feuer gebunden und so oft hatte es sich als treuer Begleiter erwiesen. Eine Strophe las sie mehrmals hintereinander:

> Doch weh! Die Flamme faßt das Kleid,
> Die Schürze brennt; es leuchtet weit.
> Es brennt die Hand, es brennt das Haar,
> Es brennt das ganze Kind sogar.

Was für eine Strophe! Und die kleinen, weinenden Kätzchen. Nur die Schuhe blieben vom Paulinchen übrig. Das Mädchen verbrannte bei lebendigem Leib. Auch von Malinas einstigem kindlichen Vertrauen in die Welt war nur noch ein Häufchen Asche geblieben. Sie wollte gern glauben, dass es irgendwo glückliche Menschen geben musste, denen sie vertrauen konnte, die stabil waren, an denen sie sich festzuhalten vermochte. Doch solchen Menschen war sie bisher nicht begegnet. Die meisten kreiselten um ihre Probleme, waren voller Schmerz und Trauer. Wie sollte sie einem Menschen, der selbst so brüchig und innerlich verwundet war, sich anvertrauen? Nein, das war keine gute Idee. Sie hatte genug Verletzungen durchlitten; sie nahm sich selbst an die Hand, tröstete das kleine Mädchen in ihr, und beschützte sich, heute, wo sie erwachsen war. Malina stellte dieses giftgelbe Struwwelpeter-Buch wieder ins Regal. Kein Wunder, dass sie es hier an diesem Ort gefunden hatte.

Sie sah sich weiter um und schaute in die übrigen Regale hinein. Dann entdeckte sie plötzlich – ihr Herz machte einen Sprung – inmitten der Erzählbände von Jorge Luis Borges einen schwarzen Buchrücken. Malina vergaß vor Aufregung die düsteren Erinnerungen an ihre Kindheit und zog mit zitternder Hand das Buch heraus. Es war tatsächlich das titellose Werk mit den unendlich vielen Seiten! Vorsichtig öffnete sie seinen Buchdeckel. Und auch jetzt, als sie das Buch zum zweiten Mal in ihren Händen hielt, schienen die Seiten mehr aus Sand wie aus Papier und hatten eine eigenartige Beschaffenheit. Ganz aufgeregt öffnete sie es. Und als sie zu blättern begann, entfalteten sich die Seiten augenblicklich; jede Seite brachte neue Seiten hervor, und aus diesen wiederum entstanden zahlreiche weitere, die sich immer wieder teilten und vermehrten! Die Seitenzahlen multiplizierten sich rasant und schossen in die Höhe – 8, 13, 21, 34, 55, 89, 144, 233, 377, 610, 987, 1597, 2584, 4181, 6765, 10946, 17711, 28657, 46368, 75025, 121393, 196418, 317811, 514229, 832040, 1346269, 2178309, 3524578, 5702887, 9227465, 14930352, 24157817, 39088169, 63245986, 102334155, 165580141, 267914296, 433494437, 701408733, 1134903170, 1836311903, 2971215073 – und Malina wurde vom Zusehen ganz schwindelig, sie ließ das Buch fallen.

Noch ehe sie das unendliche Buch wieder aufheben konnte, war der Hausmeister schon zurück. Malina gab ihm den Fahrstuhlschlüssel und der Hausmeister unterzeichnete endlich das Formular. In der Ecke hinter ihr lag das auffällig schwarze Buch, dass er noch nicht entdeckt hatte. Die Unterschrift war schnell gesetzt, nun sah er sie fragend an, weil Malina immer noch dastand und nicht gehen wollte. Sie faselte etwas davon, dass ihr schwindelig geworden sei. Und da sie wirklich bleich aussah und nicht gelogen hatte, glaubte ihr der Hausmeister sofort. Nach wenigen Sekunden hatte sie sich wieder gefasst und bat ihn, ihr doch ein Glas Wasser von oben aus der kleinen Küchennische zu holen. Dieser Bitte kam der Hausmeister gern nach. Einer so freundlichen, jungen Frau mochte er so eine kleine Bitte nicht abschlagen. Malina war augenblicklich wieder allein und griff sofort nach dem Buch. Es passte jedoch nicht in ihre Handtasche. So verbarg sie es unter ihrem Wollpullover und klemmte es zwischen Shirt und Leggins fest. Wenn sie die Hände vor ihrem Körper hielt, müsste es gehen. Schon kam der Hausmeister zurück. Malina trank brav das Wasser in großen Schlucken aus und nickte ihm dankend zu – immer wieder fühlte sie das Buch ihr entgleiten und fürchtete, es könnte hinunterfallen, sie presste es fester an ihren Körper. Er ahnte nichts.

Mitsamt des Buchs verließ sie in etwas unbeholfenen Schritten die Bibliothek. Sie ging erst einmal direkt nach Hause, um diese kostbare Erfindung bei sich zu verstecken. Der Bibliothekar war tot, ihm nützte seine Erfindung nichts mehr. Aber ihr könnte sie vielleicht etwas nützen. Immerhin hatte sie noch ihr ganzes Leben vor sich, hatte gekämpft, studiert, sich beworben und alle Ablehnungen und Gemeinheiten ertragen. Jetzt endlich ging es aufwärts, jetzt hatte sie auch einmal Glück.

Zu Hause angekommen, suchte sie nach einem guten Versteck. Sie entschied sich, das unendliche Buch einfach erst einmal in ihrer Bücherwand hinter mehreren Bänden zu verstauen. Das war simpel und keiner würde etwas Besonderes dort vermuten zwischen all den Büchern. So war es bei diesem Bibliothekar auch unentdeckt geblieben. Das Beste schien ihr, sich so normal wie möglich zu verhalten und keinem von dieser Erfindung zu erzählen. Denn dieser einsame Bibliothekar hatte auch keinem etwas erzählt, nur ihr. Da war sie sich sicher.

Malina machte sich einen japanischen Tee mit einer Blüte, die in der Tasse aufging, und entspannte sich erst einmal auf ihrem Sofa mit einem ihrer Feuerzeuge in der Hand. Ein Klicken erklang bei jedem Drücken des Zünders. Mit ruhigen, fast meditativen Bewegungen ließ Malina die Flamme immer wieder aufscheinen – ein flackerndes Licht, das für einen Moment erschien und dann wieder verschwand, nur um beim nächsten Klick erneut zu entstehen. Malina beobachtete fasziniert, wie die Flamme bei jeder Betätigung des Feuerzeugs lebendig wurde, ein kurzer Schein in der Stille ihres dunklen Zimmers. Ihr Kopf schwirrte, als sie wieder an das unendliche Buch denken musste, an seine unzähligen Seiten, die sich immer weiter teilten; die Zahlen, die sich rasant vermehrten, tanzten wie lodernde Zeichen vor ihrem inneren Auge, eine Flut aus Sequenzen in einem unkontrollierbaren Feuer. Dieses Wirrwarr aus Zeichen und Flammen überwältigte sie schließlich, ließ ihre Gedanken in einem Strudel aus feurigen Seitenzahlen und brennenden Buchseiten versinken; dann glitt ihr die heiße Tasse aus der Hand. Malina sprang abrupt auf. Dieses unendliche Buch schien wirklich gefährlich zu sein, wenn es die Psyche so stark vereinnahmen konnte!

Sie lief in die Küche und kam mit einer Rolle Haushaltspapier zurück, um den verschütteten Grüntee aufzuwischen. Dann ließ sie sich wieder auf dem Sofa nieder und sank erneut in ihre Gedanken. Kara fiel ihr ein. Kara mochte vielleicht hitzig sein, aber sie war Malinas Trumpfkarte. Sie würde Malina schon in die Kunstwelt einführen und alles für sie tun. Malina schrieb eine Nachricht an die berühmte Malerin. Sie texteten sich eine Weile hin und her. Malina hatte sich inzwischen eine Kerze angezündet, benässte den Zeigefinger und ließ ihn, ohne sich zu verletzen, blitzschnell durch die Flamme gleiten. Ja, sie spielte ein wenig herum, sie spielte gern mit dem Feuer. Eine weitere Nachricht ploppte auf ihrem Handy auf, diesmal eine größere Chatblase. Kara wollte sie malen und sprühte nur so vor Ideen, was das Bildmotiv und die Bildkomposition anbelangte.

Malina holte eine Packung mit Teelichtern hervor, die brauchte sie, wenn sie Kara Modell stehen sollte. Mit den Teelichtern im Handtäschchen, neu aufgetragenem Lipgloss, nachgetuschten Wimpern und einem Hauch von Parfum machte sie sich hinüber in die Lagerhalle, die sie geschützt vor den Blicken neugieriger Anwohner über die Hintertür betrat. Sie war aufgeregt. Einem spannenden Nachmittag stand nichts mehr im Wege.

Kara empfand das Mitbringen, Aufstellen und Entzünden der Teelichter als eine liebevolle und romantische Geste. Sie verstand es als ein Zeichen von Malinas Zuneigung. Wieder durfte Malina sich auf den Schemel setzen und wieder sollte sie sich ein wenig entkleiden. Kara war unglaublich nervös und das gefiel Malina, wenn sie diese berühmte Künstlerin so aus der Fassung bringen konnte. Es verschaffte ihr ein Gefühl von Genugtuung. Trotz des Winters trug Malina ihren schönsten Rock, den sie sonst nur zu besonderen Anlässen anzog. Darunter hatte sie warme Leggins, sodass sie nicht fror. Zu Karas Lagerhalle war es ja auch nur ein Katzensprung. Sie mochte ihr Aussehen gern betonen. Kara bewunderte Malinas Eleganz, jedoch traute sie sich nicht, Malina zu verführen. Da sie jetzt schon viel für Malina empfand, wollte sie auf keinen Fall den ersten Schritt machen. Malina sollte selbst kommen, wenn sie sich wirklich wohlfühlte. Nicht, dass sie etwas tat, was sie hinterher bereuen würde. Malina spielte mit einer blonden Locke und kicherte immer wieder. »Ist warm hier, nicht?«, säuselte sie und zog vor Karas Augen die Leggins aus. »So ist es schon besser.« Kara setzte mit dem Malen ab, sie konnte sich nicht mehr konzentrieren. Malina sah es. Sie genoss so sehr die Aufmerksamkeit und welche Wirkung sie auf Kara hatte. Langsam öffnete sie ihren BH, streifte ihn locker ab und saß nur noch mit dem Rock und hohen Schuhen bekleidet vor Kara. Ihre langen übereinandergeschlagenen Beine lockerte sie kurz, sodass Kara einen Blick auf ihren Slip werfen konnte, dann schlug sie die Beine wieder übereinander. Kara begriff, diese Einladung konnte deutlicher nicht sein. Sie ließ den Pinsel fallen und ging zu Malina hin. Mit einem leidenschaftlichen Kuss wurde sie begrüßt. Kara strich Malina eine Locke aus dem Gesicht. Malina fragte mit ihren großen, unschuldigen Augen: »Willst du mich?« Kara nickte nur. Dann fing sie an, ihre festen Brüste zu streicheln und begann auch, diese sanft mit der Zunge zu liebkosen. Malina ließ alles geschehen. Sie glitt völlig hinein in den Genuss, stöhnte kurz auf. Kara sah, dass Malina an nichts mehr dachte, sich hingeben konnte. Dieser Moment, der für Kara doch eine Schwere hatte, sie hatte ihn sich schon so lange vorgestellt, und er war immer schwerer geworden, eben jenen Moment nahm Malina leichtherzig und verspielt wie ein kleines, sorgloses Tier einfach so hin. Kara tastete sich weiter vor und spürte die Lust der sich vor ihr genüsslich räkelnden Malina. Und Kara hatte zwischendurch immer wieder gezweifelt, ob Malina sie wirklich mochte. Jetzt waren alle Zweifel wie weggewischt. Sie begann, Malinas Körper mit ihrem Mund und ihren Händen zu erkunden. Kara ließ sich Zeit dabei, war diese erste Begegnung doch unwiederbringlich. Malina fand das alles unglaublich aufregend. Endlich hatte sie mal wieder etwas am Laufen. Kara war so sanft und gleichzeitig so verlangend. Malina ließ sich verwöhnen. Sie spürte, wie viel sie Kara jetzt schon bedeutete. Dann hielt Kara plötzlich inne und Malina sah zu ihr auf. Wie aus einem Rausch gerissen, kam sie langsam wieder zu Bewusstsein. Sie wollte wissen, was denn los sei. Kara schluckte. Dann flüsterte sie: »Wenn ich dich doch so halten, so erhalten könnte. Es soll nie wieder aufhören.« Malina stimmte ihr zu, aber dieses tiefe Gefühl machte ihr auch Angst. Dann tauchte sie jedoch gemeinsam mit Kara ab. Malina war hot, sie brannte förmlich darauf, es endlich zu tun und ihre Lust flammte immer stärker auf, sie wollte jetzt nicht reden. Kara war es so, als würde es nach endlosen Tagen der Sonne nach Regen riechen. Ein warmer, weicher Regen, der ihr Gesicht mit jedem Tropfen streichelte. Als wäre Malina eine laue Sommernacht, in die sie sich hineinlegte, eine Nacht, in der es zum ersten Mal nach Wochen leise zu regnen anfing. Sie duftete herrlich. Endlich fanden sie zueinander, Kara ganz auf Malina konzentriert, Malina hatte sich längst in ihrer Lust verloren. Sie kamen. Glücklich und ineinander geschmiegt schliefen beide auf dem Sofa ein.

17

Wintertage, die an meisterhafte Gemälde erinnerten, hüllten Berlin in schimmerndes Licht. Kinder hatten im Innenhof ihren Ideen freien Lauf gelassen und aus dem Schnee ein kleines Tierreich geformt. Zwei Mütter waren mitgekommen und hielten Förmchen in den Händen, mit denen sie Tiere aus Schnee gestalten konnten. Affen, Drachen, Löwen und Rhinozerosse. Manche waren sehr gelungen, anderen fehlte ein kleines weißes Ohr, auch ein Drachenflügel oder Löwenschwanz. Aber sie alle hatten sich hübsch aufgestellt und ließen sich nicht stören. Etwas weiter hinten unter dem weiß gewordenen Kastanienbaum stand ein ansehnlicher, kleiner Schneemann mit Rübennase und schwarzen Steinchenaugen. Malina fand diesen Anblick wirklich süß und machte mit ihrem Handy ein Foto. Sie schrieb ihrer Brieffreundin in Japan und hängte das Foto in den Anhang der E-Mail. Im nächsten Jahr plante sie eine Reise in das Land der aufgehenden Sonne, um die faszinierende fernöstliche Kultur kennenzulernen. Das Geld dazu hatte sie ja jetzt, einem Urlaub stand also nichts mehr im Weg. Zum ersten Mal seit langer Zeit konnte sie sich richtig auf ihre Zukunft freuen. Sie überlegte, wann sie das letzte Mal so glücklich gewesen war.

Mittags hatte sie einen Termin in einem Kundendienstzentrum am Kurfürstendamm. Ihr neuer Laptop wies noch einige Macken auf, und Malina hatte per E-Mail einen Servicetermin vereinbart. Sie nahm den Bus. Vor dem Fenster rieselte und rieselte es, und Malina kam es vor, als würde sich der Bus durch eine impressionistische Malerei bewegen. Die Welt draußen schien in leuchtenden Farben und flüchtigen Momenten eingefangen, wie in den Werken von Claude Monet oder Camille Pissarro, die solch winterliche Szenen subtil festhielten. Sie stieg aus und stand auch bald schon vor dem Laden. Neben dem Eingang prangte das Logo des Unternehmens.

In dem weiten Raum standen große Eichenholztische, auf denen die neuesten Modelle aktueller Multimediageräte präsentiert wurden. Malina fühlte sich blendend, denn sie merkte, dass so ziemlich alle Blicke auf sie gerichtet waren, perfekt, wie sie gestylt war, makellos und bildhübsch wie immer. Sogleich eilte ein Mitarbeiter auf sie zu und begann, sie ausführlich beraten zu wollen. Malina erklärte ihm, sie habe einen Termin vereinbart. Der Mitarbeiter bat sie, Platz zu nehmen und sich noch ein klein wenig zu gedulden. Malina setzte sich auf einen schicken Hocker und wartete auf ihren Berater.

Bald darauf nahm ein seltsamer Typ ihr gegenüber Platz und fragte sie dies und das. Er sprach vom Firmenlogo mit dem angebissenen Apfel, welches hier überall zu sehen war, das aber interessierte Malina nicht im Geringsten. Sie schwieg, ihr Blick verfing sich in dem Flockengeriesel vor dem Fenster. Doch er redete weiter vom Baum der Erkenntnis und von irgendeinem Mathematiker und Kryptoanalytiker, der sich mit einem vergifteten, zyankalihaltigen Apfel umgebracht haben soll. Die Leute hatten Probleme, dachte Malina und schaute interessiert in die Richtung, aus der ihr Berater wiederkommen würde. Malina hoffte, dass sie endlich diesen seltsamen Typen nicht länger ertragen müsste. Er versuchte sie immer wieder in ein Gespräch zu verwickeln, mit allen Mitteln ihr Interesse zu wecken; dabei stellte er sich auch noch so unbeholfen an, es war kaum mit anzusehen. Aus purer Höflichkeit gab Malina ein paar knappe Antworten, nickte immer mal wieder, drehte sich dann aber weg und schaute wieder zum Fenster hinaus. Plötzlich nahm das Gespräch jedoch eine überraschende Wendung. Denn er sprach nun von der Romanfigur Sherlock Holmes und wie Sir Arthur Conan Doyle Inspiration für seine Ideen gefunden hatte. Interessant, dachte Malina jetzt, und sah ihn zum ersten Mal genauer an. Vielleicht hatte sie sich ja doch in ihm getäuscht. Sie begann von ihren schriftstellerischen Ambitionen zu erzählen, ihrem großen Wunsch, Schriftstellerin zu werden und den vergeblichen Versuchen, eine Literaturagentur oder einen Verlag zu finden. Sie redete sich in Rage und konnte gar nicht mehr mit dem Erzählen aufhören. Er hörte ihr aufmerksam zu, versuchte sie zu trösten, empfahl ihr, sich mit einer Webseite zu promoten. Malina hatte keine, konnte sich auch keine leisten. Da bot er ihr an, kostenlos für sie eine zu erstellen. Das wiederum machte Malina skeptisch und der Typ kam ihr mit einem Mal wieder seltsam vor, sie kannten sich ja überhaupt nicht. Dennoch, so schien es Malina, war er ein brauchbarer Kontakt, denn über ihn käme sie kostenlos an eine Webseite heran, und das war schließlich nicht wenig, denn so eine Internetpräsenz kostete ja allerhand. Gerade wollte sie sich einen Kontakt von ihm geben lassen, da kam ihr Berater wieder.

Malina erklärte dem Berater die Macken ihres Laptops. Daraufhin verschwand der Berater, um einen zweiten Laptop mit Verbindungskabel zu holen, er wollte ein Analyseprogramm über ihre Hardware laufen lassen. Schon stand wieder der seltsame Typ vor ihr, der trotz seiner aufdringlichen Art nun irgendwie doch sympathisch wirkte. Immerhin, was nur wenige Männer bisher geschafft hatten, konnte er ihr gut zuhören. Das Gespräch entwickelte sich also weiter. Die beiden fanden zu ihrem Erstaunen heraus, dass sie in demselben Wohnblock wohnten. Malina war vollkommen verblüfft. Er war noch viel überraschter. Was für ein irrer Zufall! Nun, da sie beide wussten, dass sie im selben Haus wohnten, dachte Malina, konnte sie ihm auch ihren Namen sagen und sich vorstellen. Sie unterhielten sich weiter, er fragte sie nach Sicherheitslücken in ihrem Handy ab und Malina bekam Angst. Sie hatte gar keine Sicherheitsvorkehrungen getroffen. Letztlich gab sie ihm auch noch ihre Handynummer und dachte dabei an die Sicherheitslücken und an die kostenlose Webseite, die er ihr versprochen hatte. Was für ein unglaublicher Zufall, stellte Malina immer noch ganz erstaunt fest, als sie den Laden wieder verließ. Sie hatte jemanden getroffen, der sich für kreatives Schreiben begeisterte und zudem Experte im Erstellen von Webseiten war. Die Macken auf ihrem Laptop hatte der Berater beheben können, ihr Laptop funktionierte nun wieder einwandfrei und bald würde sie vielleicht auch noch eine eigene Webseite haben und sämtliche Sicherheitslücken auf ihrem Handy geschlossen haben.

Malina verbrachte mittlerweile fast täglich Zeit in Karas Atelier. Während Malina auf ihrem Laptop Gedichte und Geschichten tippte, widmete sich Kara dem Malen von Malinas Porträt. Beide waren sie leidenschaftlich in ihrem Schaffen vertieft, und das harmonierte hervorragend – Buchstaben und Pigmente verschmolzen zu gegenseitiger Inspiration in Literatur und Malerei. Sie standen sich inzwischen sehr nahe. Auch Malina, die sonst eher kühl war und sich nur schwer emotional öffnen konnte, begann langsam etwas für Kara zu empfinden. Verliebt war sie nicht, aber sie mochte Kara. Sie mochte vor allem ihr eigenes Leben, das Kara ihr ermöglichte.

Sie genoss es, geliebt zu werden und gewöhnte sich von Tag zu Tag mehr an die Malerin.

Berlin war schneeweiß geworden, es rieselte pausenlos. Es war eine Woche vor Heiligabend. Kara hatte Malinas Gemälde vollendet. Die Farbpalette, zusammen mit der meisterhaften Pinselführung, dem charakteristischen Malduktus und der atmosphärischen Lichtgestaltung, ließen die Malerei an den Stil Caspar David Friedrichs erinnern. Malina war ergriffen und tief berührt beim Anblick des Kunstwerks in Öl auf Leinwand, auf dem sie verewigt worden war. Im Gemälde steht Malina im Vordergrund, gekleidet in einen eleganten Mantel. Sie blickt nachdenklich auf eine verschneite Berliner Szenerie, die den Tiergarten in der Dämmerung zeigt. Die Silhouetten der aktuellen Gebäude verschmelzen mit dem schimmernden Schnee, während im Hintergrund das Brandenburger Tor als schattenhafte Erinnerung an die Vergangenheit steht. Der Himmel ist in dezenten Blautönen und einem verschwimmenden Kadmiumrot gehalten, durchbrochen von den Lichtern der Stadt, die ein Gefühl von Ruhe und Kontemplation erzeugen.

Eine stille Träne rann Malina über die Wangen. Sie wischte sie gleich wieder weg. »Das Bild bearbeitest du aber nicht mit Natronlauge«, meinte Malina schüchtern grinsend zu der Malerin. Kara nahm sie in den Arm. »Auf gar keinen Fall!«, raunte sie der schönen, jungen Frau ins Ohr. Lange hielten sich die ungleichen Frauen umschlungen. Kara nahm Malina bei der Hand und die beiden verließen die Lagerhalle durch die Hintertür.

Über ihnen eine klare Nacht. »Ich bin wirklich froh, dass ich dich getroffen habe«, sagte Malina zu Kara. Beide dachten an ihre erste Begegnung und mussten lachen. »Naja, es hat sich seit der ersten Begegnung ja ein Glück viel getan«, antwortete Kara ihr. Die Frauen liefen noch ein Stück durch den knisternden Pulverschnee, bevor sie sich ins Auto setzten. Dann fuhren sie ein bisschen durch Berlin.

Malina sah die Stadt an sich vorüberziehen, sie sah auf die Spree und den Molecule Man – eine riesenhafte Aluminiumskulptur aus drei menschenähnlichen Figuren, die sich in der Mitte berührten und deren Körperflächen mit unzähligen kreisrunden Löchern durchbrochen waren. Warum nicht, dachte sie. Solange sie ihre Kunst leben durfte, war ihr jedes Werk willkommen. Ob abstrakt oder traditionell, ob aus Farben oder Buchstaben, sie war für alles offen. Selbst Karas Natronlaugenbilder waren inzwischen interessant für sie geworden und sie hatte versucht, Karas Schaffen besser zu ergründen. Plötzlich war ihr eine tolle Idee gekommen. »Fahren wir doch zum Bahnhof Bellevue«, schlug Malina vor.

Eine halbe Stunde später waren sie in Berlin-Mitte. Sie standen vor den Stadtbahnbögen, unter denen sich auch ein Museum befand. Vor ihnen eine schlichte Tür, durch die sie in eine fast schon mystische Atmosphäre traten.

Um sie herum waren Buchstaben in allen Formen und Größen, von glühenden Schriftzügen mit Leuchtstoffröhren bis hin zu filigranen Holzbuchstaben, und Wörtern aus Stahl, Aluminium und Acryl. Eine Sammlung unterschiedlichster Typografien. Mal sorgsam geordnet oder wie zusammengewürfelt arrangiert. Schriftarten mit und ohne Serifen aus den 60er, 70er, 80er Jahren und Schriftzüge aus dem 21. Jahrhundert – schwungvoll und leicht, wie von Hand geschrieben oder mechanisch und geometrisch, wie aus der Schreibmaschine. »Wow!«, rief Kara begeistert, sie war das erste Mal hier. Auch Malina war ganz angetan und zwinkerte Kara zu: »Hier erlebt man buchstäblich Berlin.« Sie fühlte sich wie inmitten ihrer Texte – als ob sie sich auf einer begehbaren Manuskriptseite befände. Sie gingen durch die trashigen Räume mit Rundbögen, umgeben von leuchtenden Neonschildern, historischen Firmenlogos, künstlerisch gestalteten Ladenbeschriftungen und nostalgischen Werbetafeln, die einst das Stadtbild Berlins prägten. Das Buchstabenmuseum, wie Kara einer Informationstafel entnehmen konnte, war das erste seiner Art weltweit, das sich der Sammlung und Dokumentation von Buchstaben aus dem öffentlichen Raum widmete. Hand in Hand schlenderten sie immer weiter durch die Ausstellung, deren Schwerpunkt die Schrift als Brücke zwischen Kunst und Informationsvermittlung bildete. Beide erlebten sie, wie sich Schriften über Jahre veränderten, neue Formen annahmen und das Stadtbild dadurch ein anderes wurde. Neben detaillierten Erläuterungen zur Herstellung der einzelnen Exponate, tauchten sie in die geteilte Geschichte Berlins ein. Malina entdeckte ein ›U‹, ein Untergrundbahnschild aus der Ära der DDR, und direkt daneben eines aus der Neuzeit der heutigen Berliner Verkehrsbetriebe. Weiter hinten stießen sie auf andere Schilder, die die Jahre überdauert hatten, darunter das unverwechselbare Apotheken-Logo, geformt aus einem ›A‹, oder das ›H‹ des Bushaltestellenschilds.

Kara war besonders fasziniert von der Geschichte hinter dem ›E‹, das eine Explosion am Ende eines Filmdrehs überstanden hatte. »In Berlin gibt es einfach so viel zu entdecken«, meinte Kara. Malina nickte. »Ein einziges Leben würde nicht ausreichen, um all die besonderen Orte aufzusuchen, die Berlin zu bieten hat – da müsste man schon wiedergeboren werden«, meinte sie kichernd.

Als sie schließlich das Buchstabenmuseum verließen, umhüllte sie die Kälte des Winters erneut, und nun hatten sie ordentlich Hunger bekommen. Kara wollte Malina ein indisches Restaurant zeigen, das sie sehr mochte. Das ›Satyam‹ in der Goethestraße bereitete ausschließlich vegetarisches und veganes Essen zu, ganz nach Karas Geschmack. Sonntags hatten sie ein herrliches, immer wieder die Speisen wechselndes Buffet aufgebaut. Kara liebte dieses knusprige dünne Papadam-Brot und die Vielfalt der dazugehörigen Saucen. Ihr gefiel das warme, einladende Ambiente der Räume – das Gelb und das Gold auf dunklem Holz und überall geheimnisvolle Muster. Im Satyam befand sich im Hinterhof sogar ein kleiner Tempel. Noch dazu war das indische Restaurant in Charlottenburg in der Goethestraße in einem ihrer Lieblingsviertel, gleich neben der Universität der Künste, an der Kara vor Jahren studiert hatte. Lang war das her. Sie erinnerte sich gern an die hohen Räume, diese Künstlerateliers, die sich immer zwei Studierende teilten. Deshalb hatte sie sich ja auch die Lagerhalle ausgesucht, sie brauchte einfach hohe Räume, um sich richtig wohlfühlen zu können.

In dem ganzen Verkehr fuhren Kara und Malina an einem Hochhaus im Hansaviertel vorbei, bei dem sich unten ein Restaurant mit dem Namen ›Die Giraffe‹ eingemietet hatte. Über dem Eingang ragte eine Leuchtreklame in Gestalt einer Giraffe empor und durchbrach mit ihrem gelben Neonlicht die Dunkelheit. Malina konnte das Restaurant beim Vorbeifahren nicht erkennen. Jedoch deutete Kara kurz auf das Hochhaus, dann schwieg sie aber. Warum dachte sie in so einem glücklichen Moment ausgerechnet an ihren toten Ex-Freund, der sie einmal in dieses Restaurant mitgenommen hatte. Da waren sie auch gerade frisch verliebt gewesen und ihr furchtbarer Ex hatte ihr damals ausgerechnet erzählen müssen, dass von diesem Hochhaus, in dem sie saßen, sich schon einige zu Tode gestürzt hatten. Leon hatte einen Sinn fürs Makabre gehabt. Damals hatte sie sich ein Tattoo auf den Oberarm von ihm stechen lassen. So hatten sie sich kennengelernt. Kara hätte wissen müssen, dass diese Beziehung nur schiefgehen konnte. Inzwischen fand sie auch einen Parkplatz gleich neben dem indischen Restaurant.

Hungrig geworden betraten die beiden das Satyam. Die Luft war erfüllt von den Düften verschiedener Gewürze – Ingwer, Kardamom und Kurkuma –, die sich mit den Düften frisch zubereiteter Naan-Brote und scharfer Currygerichte vermischten. Sie setzten sich an einen der Holztische, die alle mit einer Glasplatte geschützt waren und legten Mäntel und Taschen ab. Vorsichtig fragte Malina: »Was wolltest du denn eben mir sagen?«

»Ach nichts«, meinte Kara, die sich wieder einmal darüber ärgerte, dass sie sich in ihren Emotionen und Gedanken so schnell zu verlieren vermochte und bei so einer engen Bindung man ihr alles aus der Nase ziehen konnte.

Sie bestellten Tandoori und Biryani als Hauptgerichte, dazu jeweils einen Chai-Tee und einen Mango-Lassi, zum Dessert wählten sie Rasgulla und Rasmalai. Dann aber bohrte Malina nach: »Komm sag schon, wir wollten uns doch vertrauen, Kara?«

Kara schüttelte den Kopf. »Ach, es ist einfach eine traurige Erinnerung. Damals saß ich in dem Restaurant des Hochhauses und war gerade mit Leon zusammengekommen. Er erzählte mir dort in der ›Giraffe‹, dass sich schon viele von dem Hochhaus gestürzt hätten. Seltsamerweise gäbe es Stellen, an denen sich Menschen immer wieder das Leben nehmen würden. Als wären die Orte mit einer bestimmten Energie besetzt. Das ist alles. Ich wollte uns nur nicht die Stimmung verderben, entschuldige!«

»Nein, schon gut, Kara. Ja, es gibt manchmal seltsame Dinge.« Kara versteckte wirklich nichts vor ihr und das beruhigte Malina. Sie nahm sich eine große Portion und probierte von allem. Es schmeckte unglaublich lecker. Dann geriet sie ins Philosophieren: »Glaubst du, dass dein Handeln dir in einem nächsten Leben ein schlechtes Karma bescheren wird?«

»Ja«, sagte Kara, »das glaube ich sogar sehr fest. Ich glaube an Wiedergeburt, ansonsten wäre das Leben sinnlos. Und mein Karma ist schlecht, das ist mir bewusst, ich werde wohl als Tier wiedergeboren werden.« Kara dachte an diese schamanische Sitzung, mit der alles Unglück begonnen hatte. Wieder ärgerte sie sich, dass sie nicht auf den Schamanen gehört hatte. Wenn sie dortgeblieben wäre, dann wäre Leon jetzt nicht tot, aber sie würde auch nicht hier mit Malina sitzen. Ihre Gedanken machten Kara ratlos.

»Ich weiß nicht so recht«, begann Malina nachdenklich. »Vielleicht ist der Mensch am Ende nur eine Art biologische Maschine und nach dem Tod verschwindet unser Bewusstsein einfach im Nichts. Was bleibt, sind vielleicht die Bilder und Bücher, die wir hinterlassen – vorausgesetzt, sie halten sich über die Zeit. Aber hey, immerhin gibt es jetzt ein tolles Gemälde von mir!« Malina schmunzelte mit vollem Mund.

Neben ihrem Tisch hing ein Bild von einem Bhavachakra, das ein Lebensrad zeigte und den ewigen Kreislauf des Daseins verkörperte. »Interessant, dass diese Darstellung aus dem Buddhismus hier in einem indischen Restaurant hängt«, bemerkte Malina, als sie ihren Stuhl geraderückte und sich der Malerei zuwandte. »Siehst du, Kara, dieses Bild symbolisiert die Vorstellung, dass das Leben ein geschlossenes, spirituelles System sei«, erklärte sie. »Ich habe darüber in einem meiner Seminare geschrieben. In der Mitte siehst du das Rad, das von Yama, dem furchteinflößenden Gott des Todes und der Zeit, mit scharfen Klauen umklammert wird. Er repräsentiert den Kreislauf der Wiedergeburten, geprägt von Leid, aus denen man ausbrechen sollte. Das Kunstwerk veranschaulicht das buddhistische Konzept von Karma: Menschen werden so lange wiedergeboren, bis ihr Karma rein ist und sie in ihrer vollkommensten Form in das Nirwana eintreten können.« Beim Gedanken an die Vollkommenheit beäugte Kara Malina ganz besonders. Malina entging es nicht. Sie fühlte sich wieder einmal sehr geliebt und das wärmte sie von innen. Sie blickte fasziniert auf das große Bild im goldglänzenden Rahmen. »Weißt du, Kara, das nennt man Samsara, diesen endlosen Zyklus von Geburt, Tod und Wiedergeburt – immer ein Werden und Vergehen. Echt spannend, oder? Eine faszinierende Vorstellung.«

»Keine Vorstellung, Malina, eine Wahrheit. Wir werden wiedergeboren, da bin ich mir ganz sicher.«

»Dass du dir so sicher sein kannst, Kara! Woher nimmst du nur diese Gewissheit?«, meinte Malina neugierig.

Kara wollte nicht seltsam wirken und schon gar nicht ihre Freundin beunruhigen. Sie dachte über ihre wiederkehrenden nächtlichen Träume nach. Immer wieder träumte sie davon, in einem früheren Leben ein Tier gewesen zu sein. Tatsächlich hatte sie nicht nur davon geträumt, ein Tier zu sein, sondern in unzähligen Formen existiert zu haben. In einer Nacht fühlte sie sich als ein Amethyst, tief in einer Kristallhöhle, umgeben von der Ewigkeit der Natur über Jahrmillionen hinweg. Sie erlebte eine tiefe Ruhe und eine fast unendliche Beständigkeit, die nur das Dasein eines solchen uralten Kristalls in verborgener Dunkelheit mit sich bringen konnte. In einem anderen Traum war Kara ein Saguaro-Kaktus in einer Wüste, ihre Dornen waren widerstandsfähig, erhebend in trockener Hitze. Sie erfuhr eine Existenz, die sich über Jahrhunderte erstreckte, genährt von lebensnotwendiger Feuchtigkeit und intensiven Sonnenstrahlen. In einem besonders erlebnisreichen Traum war Kara ein anderer Mensch – eine mutige Entdeckerin in einer vergangenen Epoche, die fremde Länder bereiste und unbekannte Kulturen erforschte.

Kara pflegte oft über ihre vermeintlichen früheren Existenzen nachzusinnen, die ihr in Träumen offenbart wurden, und sie war fest davon überzeugt, dass die Seele durch verschiedene Daseinsformen wanderte, wie sie betonte, als Malina sie erneut danach fragte.

»Und wenn das mit der Reinkarnation tatsächlich zutrifft«, meinte Malina, »würden wir – du und ich – uns in einem nächsten Leben wiederfinden?« Sie war ganz romantisch geworden. So kannte sie sich gar nicht.

»Das ist wohl eher unwahrscheinlich. Wir müssten zur gleichen Zeit wiedergeboren werden. Menschen verbleiben aber unterschiedlich lange im Jenseits, bevor sie das Licht der Welt wieder erblicken«, musste Kara ehrlich anmerken und damit die romantische Liebe über den Tod hinaus infrage stellen.

»Woher willst du das so genau wissen?«, fragte Malina sie.

»Ich habe damals den Tod meines Vaters intensiv miterlebt und mich gründlich damit beschäftigt. Es heißt, dass Menschen, die leicht loslassen können und mit ihrem Leben zufrieden sind, in nur wenigen Stunden sich einen neuen Körper suchen. Während andere, die festhalten und an ihrem vergangenen Leben hängen, weil sie vielleicht jemandem nicht verzeihen können oder Schlimmes erlebt haben, lange brauchen, bis sie wieder in einen neuen Körper finden. Die Seele tritt dabei durch den Scheitel, also am Kopf, aus und ein. Ich kenne Schamanen, die Menschen gesehen haben, wie sie starben und ihren Körper verließen.«

Malina hörte gespannt zu. »Aber wie kommt man dahin? Wie kann man so etwas wahrnehmen?«

»Naja Eckhart Tolle sagt, dass wir gewissermaßen hinter den Gedanken und Emotionen den Raum wahrnehmen sollen. Der Raum ist das Jetzt und immer da. Er ist zeitlos. Er beschreibt, wie wir, wenn wir unseren Körper spüren oder unseren Atem beobachten, das Bewusstsein von den Gefühlen und Gedanken weg zum Raum lenken und somit in die anderen Sphären eintauchen. Dieser Raum ist immer da, nur sind die Gedanken so laut und das ganze Bewusstsein konzentriert sich nur auf sie, die Gefühle nehmen den ganzen Platz ein, die Sicht auf den Raum ist also verstellt. Erst wenn wir für einen Moment in uns ruhen, einmal nicht denken, sondern still sind, dann kommen wir dem Erwachen sehr nahe.«

»Hast du das schon geschafft, ich meine, nicht zu denken, einfach nur da zu sein?«

»Ja, aber da war ich voller Gefühle und habe um mich geschlagen. Du kennst mich ja inzwischen. Wenn wir die Gefühle einfach da sein lassen, dann müssten sie sich eigentlich nach und nach aufbrauchen und innerer Frieden sollte kommen.« Kara nippte am Strohhalm des Mangolassis. Inzwischen hatten sie die ganzen Plastikhalme aus dem Sortiment genommen, immerhin ein Anfang, was die Umwelt betraf. »Ich trainiere sozusagen die Gefühle weder zu verdrängen noch sie auszuagieren, sondern sie einfach nur zu spüren, bis deutlich geworden ist, was sie mir zeigen wollten und sie dann mit überbrachter Botschaft wieder verschwinden oder auch sie in ruhige Worte zu kleiden, die keine Vorwürfe enthalten. Aber da stehe ich wirklich noch ganz am Anfang!«

Malina fand das unglaublich spannend und wollte unbedingt mehr darüber erfahren. Kara begann von den Seelenreisen und ihren Erlebnissen zu erzählen. Sie redete sich die schamanische Sitzung, an der sie vor dem Unfall mit Leon teilgenommen hatte, von der Seele. »Dann standest du also unter Drogen?«, fragte Malina erstaunt – das milderte die Umstände ihrer Meinung nach nur noch mehr. Kara nickte. Malina fragte sich, wie das Ayahuasca-Kraut wohl auf sie gewirkt hätte und grübelte darüber nach, wie sich eine Bewusstseinserweiterung wohl anfühlen würde. Also erzählte Kara ihr von dem letzten Trip beim Schamanen. Sie wollte dieses Zeug aber wirklich nicht noch einmal ausprobieren, wie sie eindringlich betonte, als sie merkte, dass Malina sich dafür zu interessieren begann. Mit solchen Dingen durfte man nicht experimentieren. Der tote Leon war Beweis genug dafür in Karas Augen. »Vielleicht einen anderen Stoff, aber bestimmt nicht Ayahuasca«, meinte Kara unsicher. Malina redete auf Kara ein, dass sie doch einen Trip zu zweit erleben könnten, sie war Feuer und Flamme bei der Idee, sich in eine bewusstseinserweiternde Sphäre zu stürzen. »Das wäre sowas von aufregend!«, betonte sie immer wieder.

»Weißt du«, meinte Kara zu Malina, »es gibt einen indischen Guru, Sadhguru, dessen Reden ich mir manchmal anhöre im Internet. Er glaubt, wenn die Menschen nicht erwachen, dann werden in wenigen Jahrzehnten neunzig Prozent aller Menschen unter chemischen Einflüssen stehen, legal oder illegal. Er beschreibt die Menschen als chemische Cocktails. Die Frage wäre nur, ob man ein positives chemisches Gemisch oder ein negatives chemisches Gemisch sei und das hinge gar nicht so sehr von der Außenwelt ab, behauptet er. Wenn die Grundstimmung positiv sei, wir positive Gedanken und Gefühle hätten, würden wir die Rauschmittel oder Medikamente gar nicht brauchen. Nur weil wir eben noch nicht so weit seien und weil wir leider aus uns selbst ein negatives chemisches Gemisch machen würden, versetzten wir uns künstlich in Sphären, die wir aber auf Dauer nicht aufrechterhalten können. Die Menschen suchen regelrecht nach Stoffen oder Situationen, in denen sie mal ohne Gedanken sind. Dabei ist das Gehirn doch eine unglaubliche Entwicklung in der Evolution. Nur haben wir alle nie gelernt, es richtig zu gebrauchen. Wir identifizieren uns zu sehr mit unseren Gedanken und Gefühlen. Doch es sind nur Wolken am Himmel, die sich ständig verändern, wie das Wetter. Wir aber sind der Himmel, der Raum. Das muss man erst einmal verstehen, Malina, wie solche Gurus leben! Da gehören wir also leider noch nicht zu den Erleuchteten, die dauerhaft Natur-stoned sind«, grinste Kara schüchtern, nachdem sie mit der Erzählung über den indischen Guru abgeschlossen hatte. Auch wenn sie Angst vor diesem Ayahuasca-Kraut hatte, sie hatte noch mehr Lust, endlich einmal wieder abzutauchen, sich mit den geeigneten Hilfsmitteln in die Welt der Gurus zu transzendieren. Ein Natur-stoned-Guru müsste man sein. Kara gab sich beste Mühe, einer zu werden, aber der Weg war lang. Mal hatte sie lichte Momente, dann verlor sie diese wieder, verlor sich im Strudel der Geschehnisse, der Gefühle und Gedanken. Ja, sie hatte nach allem, was passiert war, Lust auf ein bisschen Spaß. Warum eigentlich nicht, dachte Kara, ein Trip würde ihr bestimmt Inspiration geben; sie mal abschalten lassen und eine besondere Erfahrung war das allemal.

»Wenn du unbedingt willst«, sagte Kara, »dann könnten wir vielleicht einmal eine psychedelische Reise mit Lysergsäurediethylamid machen.« Sie lächelte und fühlte sich schlau.

Malina sah Kara fragend an. »Von so einem Stoff habe ich noch nie gehört.«

Kara aber zwinkerte ihr taff zu. »Natürlich hast du das. Besser bekannt als LSD.«

Malina lächelte. »LSD. Na klar!« Davon hatte sie allerdings schon gehört. Und sie brannte darauf, es einmal auszuprobieren.

18

LSD. Wie waren sie beim Inder nur darauf gekommen, wunderte sich Kara. Wollten sie sich noch mehr Probleme machen, als sie nicht ohnehin schon hatten? Malina nahm das viel zu locker. »Man könnte es doch einmal ausprobieren. Bei einem Mal wird man doch nicht gleich abhängig davon«, redete sie Kara gut zu. Das hatte Kara damals auch gedacht, als sie dies und das nur mal ausprobieren wollte. Aber eine einmal überschrittene Grenze blieb eben überschritten. Wenn es Kara in der Vergangenheit nicht gut gegangen war, hatte sie sich wieder irgendwas reingezogen, sich zugedröhnt. Sie schob den Trip noch eine Weile raus. Sie erinnerte sich an einen Abend, an dem sie zu viel Shisha geraucht hatte und überall Fratzen an den Wänden gesehen hatte. Nicht jeder Trip verlief gut. Sie versuchte Malina das zu erklären, aber die wollte solche Dinge gar nicht hören. Kara hatte eigentlich immer darauf geachtet, bei dem harmloseren Zeugs zu bleiben. Ein bisschen Gras, mal einen Abend sich betrinken, vielleicht ein paar psilocybinhaltige Pilze, nichts wirklich Ernstes. Aber Malina würde sie auch zu LSD rumbekommen, es war nur eine Frage der Zeit. Letztendlich war Kara einfach die falsche für moralische Reden und Verbote. Sie wusste inzwischen, dass sie Malina nicht umstimmen konnte und sie ahnte, dass sie beide früher oder später gemeinsam LSD ausprobieren würden. Zumindest hatte sie Malina nicht dazu verführt, sie wollte es schon selbst. Eigentlich war es genau andersherum. Malina verführte Kara, ob zu LSD-Trips oder zu anderen schönen Dingen, wie Kara auffiel. Kara war ja genauso neugierig, sie kämpfte nur mit sich, da sie wusste, dass es eigentlich nicht richtig war.

Malinas Hoffnung, dass Kara aus ihr schon eine erfolgreiche Schriftstellerin machen würde, hatte sich noch nicht erfüllt. Sie hatte bisher Malinas erstes Manuskript leider noch nirgendwo unterbringen können, obwohl sie sich alle Mühe gab. Ihre Kontakte hatte sie vor allem in der Kunstszene, nicht in der Buchbranche. Dafür wurde Malinas Portrait ausgestellt und sie genoss die Vernissage und all die Menschen, die mit weit aufgerissenen Augen vor der Malerei standen und natürlich auch sie selber, das Modell, bewunderten. In den Zeitungen hieß es, dass nun die Schaffensphase mit der Natronlauge beendet sei und eine neue Phase beginnen würde, die mehr eine Rückbesinnung zu klassischen Werken der Kunst darstellte.

Kara blieb wie immer erfolgreich. Malina dagegen kam einfach nicht weiter. Sie hatte angenommen, jetzt wo sie mit einer Millionärin und einer der erfolgreichsten Künstlerinnen ihrer Zeit zusammen war, dass es doch eigentlich mit ihrer Kunst nun klappen müsste. Doch dem war nicht so. Zunächst einmal spürte sie, dass viele der Menschen, die Kara ihr vorstellte, sie skeptisch musterten und sie überhaupt nicht die Akzeptanz bekam, die sie sich erhofft hatte. Auch der Kontakt zu einer Literaturzeitschrift, den Kara ihr vermittelt hatte, lehnte eine von ihr verfasste Kurzgeschichte wieder ab. Kara ließ zwei frühere Kontakte zu Kollegen aus der Verlagsbranche neu aufleben, aber diese meinten, dass ein schon abgelehntes Manuskript leider nicht noch einmal vorgelegt werden könne. Zudem hatte Malina im Alleingang wirklich keinen Verlag ausgelassen. Sollte sie es etwa hinnehmen, dass auch mit Karas Hilfe keine Literaturagentur und kein Verlag ihr Manuskript haben wollte? Sollte ihr Buch, an dem sie Jahre geschrieben hatte, einfach im Papierkorb landen? Sie konnte diesen Gedanken nicht ertragen. Aber noch hatte sie nicht aufgegeben. Sie krallte sich an Kara fest. Irgendeine Lösung würde die berühmte Künstlerin schon für sie finden. Auch wenn es für Malina gerade keinen Karrieresprung gab, ließ Kara nichts unversucht.

Schließlich dachte sich Malina an einem frühen Abend, dass sie etwas erleben, mal entspannen wollte und begann wieder, auf Kara einzureden: »Lysergsäurediethylamid«, raunte sie geheimnisvoll in Karas Ohr. »Komm schon, das ist heute unser Schlüsselwort!« Kara seufzte. Eigentlich käme ihr ein Trip mit LSD gerade recht. Berlin lag in Eiseskälte unter einer Schicht aus nicht mehr ganz so weißem Schnee, sie hatte die letzten Tage nur geschuftet und ein Ausflug in eine warme Regenbogenwelt wäre doch jetzt eigentlich genau das Richtige, dachte Kara. Sie hatte gerade diese Laune, herumzuexperimentieren, in ihr Laboratorium zu gehen und die abgefahrene, serotoninverwandte, psychedelische Substanz herzustellen. Die ganze Hektik des Alltags würde sie gern hinter sich lassen. Und da Kara mit jeder Woche voller Stress und Anspannung wieder stärker in ihre alltäglichen Launen zurückglitt, verspürte sie jetzt überhaupt keine

Ängste mehr, nur die übliche innerliche Wut über die Dinge, die nicht funktionierten und sie nur noch mehr Zeit und Kraft kosteten. Deshalb machte sie sich auch gerade keine Sorgen oder Gedanken um irgendwelche Verbote oder moralische Bedenken und verschwand in ihrem Laboratorium, versteckt hinten im Lagerraum, um LSD herzustellen.

Schließlich kam sie zurück und präsentierte Malina in einer Uhrglasschale ihre Kreation: Tabletten aus Gelatine dosiert auf 400 Mikrogramm. Sofort wollte Malina den Stoff ausprobieren. Die beiden setzten sich aufs lippenförmige Sofa und nahmen je eine Tablette in den Mund – weder rochen die kleinen Kapseln nach irgendwas noch schmeckten sie nach etwas, als die beiden sie schluckten. Kara fielen nur diese Leute ein, die sich unter Acid vom Balkon in den Tod gestürzt hatten, weil sie dachten, sie könnten fliegen; auch wusste sie eigentlich, dass eine Dosis von 250 bis 500 Mikrogramm LSD ein höchst intensives psychedelisches Erlebnis erzeugte und nur von sehr erfahrenen Usern verwendet werden sollte. Aber diese Gedanken wischte sie jetzt weg und stellte sich stattdessen einige grundlegende Elemente der wabenförmigen Strukturformel bildlich vor. Sie sah mit ihrem inneren Auge, wie sich ein helles, hexagonales Mosaik entfaltete und ein leuchtender Indolring sich mit einem Benzolring verband, ihre Sechsecke strahlten in glühenden Doppelbindungen. Ein dunkler Fünfring breitete sich daneben aus, in seinem kosmischen Zentrum pulsierte ein einzelnes Stickstoffatom wie eine Sonne. Eine kometenhafte Bindung zog ihre Bahn hinüber zur Ringstruktur der Lysergsäure, ihre Doppelbindungen funkelten, als würden bunte Lichter darin tanzen. An einem Stickstoffatom haftete das Diethylamid, umgeben von Carboxyl und Methyl, sie verzogen und verflossen ineinander in einem stetigen, schimmernden Fluss chemischer Schönheit. Kara sah Malina an, ein zufriedenes Lächeln lag auf ihren Lippen. Traumverspielt hing sie auf dem Sofa und starrte wie gebannt auf die noch leeren Leinwände und das Regal mit den gediegenen Pigmenten. Kara dachte an Lapislazuli, ein aus einem Halbedelstein gewonnenes Blaupigment, und an Drachenblut, hergestellt aus dem rotbraunen Harz verschiedener Pflanzen, darunter Drachenbaumarten. Beide Pigmente liebte sie. Malina war schon voll drauf, dachte Kara, bevor auch sie auf dem weichen Sofa wegdämmerte und das Farbengewirr um sie herum immer intensiver wurde. Es fühlte sich so an, als würden die Sofalippen sich bewegen und ihr etwas zuflüstern wollen. Dann riss plötzlich der Sofamund weit auf und Kara kam es so vor, als würde das Möbel sie verschlingen und runterschlucken. Malina stand auf und ging hinüber zu den Bildern. Sie berührte der Reihe nach die Rahmen und fuhr mit ihrem Zeigefinger über das glatte Holz ...

... und fühlt plötzlich alles. Es gibt keine Schranken mehr. Nichts mehr, was noch unbewusst irgendwo in ihr brodelt. Alles liegt offen vor ihr: Ihr Schmerz, ihre Einsamkeit und Lust und innerliche Leere. Da stehen noch die Bilderrahmen von Kara, nein, es sind keine Rahmen mit Bildern darin, es sind Karas Fenster zu ihrer Seele. Das begreift sie jetzt. Sie betrachtet jedes einzelne genauer. Ein Haus mit Seelenfenstern, aus denen Kara nach draußen schaut. Für jeden ihrer Sinne ein Fenster: Sechs Fenster also. Malina steht staunend vor dem Fenster für die Augen. Doch Karas Augen sind verschleiert, ihr Blick getrübt, sie ist traurig. Malina sieht an der Scheibe Tropfen wie leuchtende Tränen hinunterlaufen. Sie schaut den Fensterrahmen an. Er ist aus dunklem Holz. Das Holz ist weich wie Knetmasse. Das Fenster dehnt sich plötzlich nach allen Seiten aus und wird riesengroß. Malina steht vor einem gigantischen Rahmen aus Glas und schaut in Karas Seele hinein. Zwischen der ganzen Wut und Hektik ist auch sehr viel Gutes. Kara hat einen guten Kern. Sie liebt mich, begreift Malina, sie glaubt an uns. Malina sieht Kara zusammengekauert in der Ecke eines riesigen, sich immer weiter ausdehnenden Raums sitzen. Sie ist ganz klein und dünn, fast droht sie zu verschwinden wie ein winziges Strichmännchen auf einem endlosen Papierbogen. Malina wendet sich auch den anderen Fenstern zu. Sie steht vor einem Fenster, in das sie nicht hineinsehen kann. Hier verschwimmt und verflüssigt sich die Scheibe zu einer öligen Farbfläche. Sie hört riesige Wellen an Klippen brechen; rhythmisch, wiederkehrend. Als würden die Wellen nicht vorbeikönnen, das Wasser kämpft, doch die Klippen halten es erbarmungslos zurück. Malina versteht: Da ist in Kara etwas blockiert, die Gefühle können nicht frei fließen. Beim nächsten Fenster beginnt sie zu schwanken, sie fühlt, wie der Boden sich ständig unter ihren Füßen bewegt, er kippt nach links und rechts, beginnt sich zu drehen und zu dehnen. Auch hier erkennt Malina, dass Kara kein Gleichgewicht hat in ihrem Leben, ihr fehlt die Balance. Ein weiteres Fenster zeigt wie durch eine Spiegelung vergangene Ereignisse:

Dort sitzt Malina selbst wieder auf dem Schemel und zieht ihr Shirt über den Kopf. Dann liegen sie auf dem Sofa und küssen sich. Malina schaut es wie von weiter Ferne an. Beim Fühlen ist Kara also ganz bei ihr. Ja, das stimmt. Ihr Gefühl konzentriert sich auf Malina. Beim nächsten Fenster läuft sie gleich weiter. Es riecht furchtbar, ist vollkommen dunkel und verätzt. Malina steigt ein Verwesungsgestank in die Nase. Dann sieht sie eine Badewanne. Nein, das will sie gar nicht so genau wissen! Das letzte Fenster erstrahlt in den wärmsten Farbtönen. Unglaublich schön leuchten die vielen Farben in den kleinen Töpfen, so viele unzählige Töpfchen und dann begreift Malina auch dieses Bild: Es sind die bunten Töpfchen aus dem indischen Restaurant und daneben liegt das knusprige Papadam, mit dem sie alle Saucen durchprobiert hatten. Überall im Raum verbreiten Diyas und Öllampen mit ihrem flackernden Licht, eine mystische Atmosphäre verströmend. In einer Ecke erblickt Malina eine Statue von Ganesha, dem elefantenköpfigen Gott. Sie sieht, wie er seinen Rüssel schwingt und seine vier Arme in einer fließenden, fast tänzerischen Bewegung führt. Rhythmische Raga-Melodien weben sich durch den Raum. Und was ist das an der Wand, da beginnt sich etwas zu drehen:

Oha! Es ist das buddhistische Lebensrad – in glühenden Farben strahlt es in vollendeter Schönheit. Malina kommt noch einen Schritt näher und der Bildraum umschließt sie sogleich. Plötzlich ist sie inmitten der Landschaft, das Lebensrad dreht sich vor ihren Augen unaufhörlich und wird immer größer. Die kleinen Menschen und Tiere darin wippen mit, wenn es sich dreht. Sie halten sich aneinander fest, dass sie nicht herunterfallen. Wie lustig sie aussehen. Malina muss lachen. Plötzlich ist das Rad so groß geworden, dass sie selbst darin Platz nimmt. Direkt in der Radnabe, im Zentrum. Nun dreht sie sich selbst unaufhörlich mit. Ein Hahn, eine Schlange und ein Schwein haben sich ineinander verbissen und drehen sich mit Malina um den Kreis – ihr wird schwindelig. Dann plötzlich fliegt alles nur noch an ihren Augen vorbei und die Zentripetalkraft hält sie in der Mitte. Fast als würde sie fahren und nicht drehen, aber stabil sein. Sie schaut auf die Tiere. Der Hahn hält einen Ring im Schnabel, den er Malina reicht. Sie nimmt ihn und steckt ihn sich an den Finger. Wie golden er doch glänzt! Die Schlange öffnet auch ihren Mund, eine gespaltene Zunge wird sichtbar. Das Schwein kneift die Augen zusammen.

Es schnüffelt im Boden herum und kann nichts finden. Plötzlich wird Malina mit einem heftigen Ruck aus dem Kreis hinausgeschleudert. Sie fällt über einen Zaun hinein in eine ganz andere Welt.

Um sie herum ist es dunkel. Dann spürt sie, wie ihre Hände gefesselt sind. Malina versucht sich loszubinden, aber bevor sie die Fesseln auch nur lockern kann, gibt es einen heftigen Ruck und sie wird nach unten gezogen. Ein Strudel erfasst sie und sie landet plötzlich vor einem seltsamen Wesen. Ein Kopf wie der einer Ziege, sonst aber ein Mensch und nur mit einem Tuch bekleidet. Es schaut sie mit bösem Blick an. Dann will es nach ihr greifen, doch Malina reißt sich los und wird wieder weiter geschleudert.

Sie findet sich auf sandigem Boden wieder. Malina fühlt sich leicht, fast schwerelos. Sie schaut auf ihren linken Arm und kann hindurchsehen bis auf den Boden. Sie erschrickt. Als wäre sie ein Geist. Plötzlich merkt sie, wie ihre Kehle ganz eng wird und sie gar nicht mehr schlucken kann. Gerade so bekommt sie Luft. Immer wieder versucht sie zu schlucken, doch vergeblich. Sie befühlt mit ihren durchscheinenden Händen ihren ausgedünnten Hals. Nun bekommt sie einen unglaublichen Appetit. Sie sieht sich um. Doch überall nur ödes Land. Sie sieht auf Gestalten, die genau wie sie durchsichtig sind und dürre Hälse haben. Seltsam. Der Appetit hat sich schon zu einem bestialischen Hunger gewandelt. Malinas Mund wird trocken, doch sie kann nirgendwo Wasser entdecken. Erstaunt schaut sie auf einen anderen Geist, der versucht, mit seinem Mund Worte zu formen, doch stattdessen lodert eine Flamme aus seinem Mund. Auch Malina möchte etwas sagen und speit Feuer. Erst findet sie das amüsant, doch Hunger und Durst lassen ihr keine Ruhe. Sie läuft durch den endlosen Sand. Immer wieder sieht sie verzweifelte Geister, denen es genauso geht wie ihr. Selbst das Feuer kann seinen wunderbaren Zweck nicht erfüllen. Obwohl sie es in sich trägt, verspürt sie kein Glück. Im Gegenteil: Sie erkennt, dass dieses Feuer in sie hineingekrochen ist, um ihre innere Kälte zu verjagen. Doch es kann keinen Menschen ersetzen. Es kann ihre Eltern nicht ersetzen. Das Feuer trocknet sie aus und Malina wird immer durstiger. Verzweifelt setzt sie sich in den heißen Sand. Jedes Luftholen brennt ihr in den Lungen. Sie sieht in der Ferne einen Buddha mit freundlichen Augen und mildem Lächeln. Er hält ein Gefäß in der Hand. Vielleicht ist dort etwas zu trinken oder zu essen drin? Der Buddha nimmt einen Schluck.

Alle Geister um ihn herum seufzen und spucken kleine Flammen. Auch Malina stimmt ins Seufzen ein und läuft dem Buddha entgegen. Bei ihm angekommen, sieht sie auf das Gefäß mit herrlichem, frischem Nektar. Sie möchte es unbedingt haben. Doch der Buddha schüttelt lächelnd mit dem Kopf. Nun brennt ihr der Ring am Finger, den sie von dem Hahn bekommen hat und sie wirft ihn in den Sand. Traurig lässt sich Malina wieder in den Sand sinken. Der Buddha hat sie beobachtet. Er deutet auf den Ring im Sand. Malina nimmt ihn und bringt ihn zum Buddha. Er überreicht ihr dafür das Gefäß mit dem Nektar. Sie nimmt einen großen Schluck daraus. Der Nektar durchströmt ihren ganzen Körper, löscht Hunger und Durst mit einem Mal. Malina spürt einen Ruck und schon landet sie in der nächsten Welt.

Sie ist in einer Welt voller Tiere und Malina ist selbst zum Tier geworden. Ein kleiner Feuersalamander verschwindet unter einem Stein. Dort verkriecht sie sich erst einmal im kühlen, schützenden Dunkel. Nachdem sie sich beruhigt hat, schaut sie nun doch neugierig hervor. Sie blinzelt vorsichtig unter ihrem Stein. Eine große, herrliche Welt offenbart sich ihr. Fließendes Wasser, sanfte, grüne Hügel, Bäume und kleine Wolken am Himmel. Ein Elefant stampft vorbei. Schon hat sich Malina, der Feuersalamander, wieder unter ihrem Stein verkrochen. Doch ihr scheint keine Gefahr zu drohen. Wieder kriecht sie hervor. Zwei Stiere laufen einem Reh oder einem Tier, das einem Reh ähnlich sieht, nach. Sie jagen es. Malina beobachtet gebannt, wie die Stiere das Reh schließlich fassen und erlegen. Das arme Reh! Es wehrt sich vergebens. Malina will nicht hinsehen und krabbelt nur noch tiefer unter die Steine. Sie kriecht im Dunkel immer weiter durch Ritzen, Schluchten und Gänge. Vorn wird es hell. Als sie unter den geschützten Steinen hervorkommt, wird sie von etwas Buntem, das sich ständig bewegt und noch dazu klirrende Töne von sich gibt, angezogen.

Plötzlich steht sie wieder im indischen Restaurant vor dem buddhistischen Lebensrad. Malina wächst zu einem Menschen heran – ihre glatte, feuchte Amphibienhaut wandelt sich in eine menschliche Epidermis, der geschmeidige Schwanz schrumpft allmählich, während sich ihre Gliedmaßen verlängern und formen, Hände und Füße ausbilden und ihre Gesichtszüge sich von der breiten, flachen Salamandergestalt zu den feinen

Konturen eines menschlichen Gesichts verändern. Das bunte Rad dreht sich vor ihren Augen, die seltsamen Geräusche, das Klirren und Tönen kommen von den kleinen Menschen und Tieren, die auf dem Rad wie auf einer Scheibe leben. Noch einmal sieht sie in der Radnabe den Hahn, die Schlange und das Schwein, wie sie sich ineinander verkrallen und verbeißen. Ein die Radnabe umschließender Kreis zeigt Menschen, die von einem Dämon gerade herabgezogen werden oder Menschen, die durch gute Taten aufsteigen können. Eine dunkle dämonische und eine helle göttliche Seite teilt diesen Kreis. Die sechs Welten des inneren Kreises schließen sich an. Schnell erkennt sie die Welt der hungrigen Geister und die Tierwelt, in denen sie gewesen war. Aufmerksam beobachtet sie das Treiben in den anderen Welten: Ein Glück wurde sie nicht in eine Hölle geschleudert, in der die Menschen schlimmste Qualen erlitten. In der Welt der Menschen gewinnt sie schnell den Überblick. Den Menschen machen ihr Egoismus und ihre Leidenschaften zu schaffen. Eine herrliche Welt der Götter dreht sich vor ihren Augen. Fröhlich winken sie ihr zu. Die einzige Gefahr droht diesen Glückseligen durch ihren Stolz und Leichtsinn in Welten wiedergeboren zu werden, die keinen solchen Genuss versprechen können. Dann gibt es noch eine Welt, in denen tapfere Krieger und Halbgötter Streit mit den Göttern suchen, weil sie die Wurzeln eines Wunschbaumes pflegen müssen, dessen Früchte jedoch die Götter ernten. Sie sind voller Neid und Eifersucht und haben sich deshalb in dieser Welt wiedergefunden.

Dieser innere Kreis mit den sechs Welten nimmt den größten Platz des Rades ein. Die Scheibe dreht sich weiter und alle Wesen mit ihr. Es gibt noch einen kleineren äußeren Kreis, der sich in zwölf Abschnitte aufteilt. Diese Abschnitte stehen zueinander in Abhängigkeiten, sind miteinander verwoben.

Im ersten Abschnitt sucht eine blinde Greisin mit Stock herum. Malina betrachtet die Greisin genauer. Irritiert läuft sie von links nach rechts. Warum ist sie so wichtig? Malina begreift: Die Wahrnehmung ist entscheidend. Alle Gefühle, Gedanken, Handlungen und Erlebnisse richten sich nach ihrer Wahrnehmung. Wie sie die Welt wahrnimmt, bedeutet alles für Malina, sie braucht eine klare Sicht. Aber noch mehr ist in der Szene mit der Greisin enthalten, Malina spürt, dass sie genauso blind wie die Greisin herumirrt, dass sie nicht in die Menschen hineinsehen kann, ihre

Gedanken und Gefühle nicht erspüren kann, dass sie die Folgen ihrer Taten nicht überblicken kann und dass es wohl Menschen geben muss, die klar sehen können, die mit ihrem offenen Herzen sehen können und viel mehr wahrnehmen als sie. Diese Menschen sind innerlich leer und haben nur Stille und Frieden in sich. Weil sie leer sind, können sie sofort erfühlen, was Malina alles in sich trägt. Ihre Wahrnehmung ist auch getrübt durch so viele Gefühle, Annahmen und Erfahrungen.

Schließlich fällt Malinas Blick auf einen Töpfer, er stellt kleine und große Gefäße her. Die Tonschüsseln und Schalen sind alle um ihn herum aufgereiht. Doch was ist in ihnen? Malina schaut genauer. Sie erkennt mehr mit ihrem Herzen als mit ihren Augen, dass in diesen Schüsseln die vergangenen Taten des Töpfers aufbewahrt sind. Die Taten werden gesammelt und sorgen für seine Wiedergeburt.

Daneben schwingt sich ein kleiner Affe von Baum zu Baum. Er hat eine unglaubliche Energie und scheint einfach nicht müde zu werden. Malina beobachtet ihn eine Weile. Dann versteht sie, was ihr der Affe sagen will. In den Bäumen hängen zahlreiche Früchte, in denen die Erinnerungen und die Zukunftsvisionen des Affen enthalten sind. Manche Früchte sind dunkler, andere heller, die dunkleren Erinnerungen und Visionen überwiegen leider. Der Affe springt hin und her, schaut sich diese Frucht an, beißt in jene und schüttelt sein Köpfchen. Er findet einfach keine Ruhe. Die Früchte in den Bäumen beschäftigen ihn so sehr. Malina begreift, dass er nie wirklich bei sich ankommen wird und seinem geistigen Wirrwarr ständig hinterherspringt. Die Früchte der Vergangenheit lassen ihn glauben, dass er dieses und jenes nicht schaffen kann. Er glaubt sich zu kennen und kann nicht begreifen, dass die früheren Situationen nur zum Üben da waren, dass er lernen sollte und deshalb gescheitert war. Nun traut er sich nichts mehr zu, ist rastlos und traurig. Die zukünftigen Früchte sind voller Ängste, immer wieder begutachtet und kontrolliert er sie. Doch so oft er sich auch hin- und herwendet, er kann doch nie den Wald wirklich überblicken. Stattdessen macht er sich nur verrückt an den ganzen Früchten in den Bäumen und verpasst das eigentliche Leben: das Jetzt.

Der Fährmann sitzt mit einer Frau und einem anderen Mann im Boot. Körper und Geist entstehen bei der Geburt, wenn der Fluss überquert wird. Der Fluss verbindet die Welten und stellt einen Übergang dar. Malina begreift, dass das Boot auch für den Körper steht und die Menschen als Geistwesen darinsitzen, um dann bei ihrer Geburt einen Körper zu erhalten.

Sie sieht schließlich auf ein Haus, ein Haus mit sechs Fenstern. Und es kommt ihr bekannt vor. Langsam betrachtet sie jedes der Fenster in Ruhe. Beim ersten Fenster spürt sie ihre Augen stärker, die Augen sind trocken und brennen ein bisschen. Beim Anschauen des zweiten fühlt sie ihre Nase. Die Luft geht durch die Nase und sie kribbelt, sie fühlt beim dritten ihre Zunge und öffnet den Mund, eine salzige Brise weht ihr entgegen, sie spürt beim vierten Fenster die Kühle nun auch auf ihrer Haut. Schließlich hört sie den Wind um sich sausen. Der Wind saust durch ihre Gedanken und sie muss sich im Wind ausbalancieren. Die Fenster sprechen ihre sechs Sinne an. Ihre Sinne tragen sie in den nächsten Abschnitt.

Sie beobachtet ein kuscheliges Liebespaar. Sinnlich schmusen sie miteinander und nehmen sich mit allen Sinnen wahr. Malina schaut genauer hin, das könnte sie dort sein, wie sie sich mit Kara liebt. Noch ehe sie mit Gewissheit sagen kann, wer da zusammenliegt, ist sie beim nächsten Abschnitt.

Sie fühlt einen stechenden Schmerz im Auge. Mit dem anderen Auge erkennt sie blitzschnell den Pfeil im Auge des Menschen. Wie grauenhaft! Sie befühlt ihr linkes Auge und zieht eine Nadel heraus. Ihr Auge blutet und ein stechender Schmerz lässt es unangenehm pochen. Doch da wirbelt ein heftiger Wind um sie herum und ihr Auge heilt, der Schmerz beruhigt sich langsam. Sie kann wieder etwas erkennen. Was war denn das? Sie fühlt in sich hinein und versteht, dass die Verlockungen der Sinne doch oft nur schmerzhaft enden. Aus den sanften Berührungen erwachsen Empfindungen, die wie ein Dorn im Auge den Menschen quälen können. Schon ist sie im nächsten Abschnitt.

Mit beiden Augen kann sie ein Glück deutlich sehen, wie ein Mann gelassen auf einer Bank sitzt und trinkt. Malina möchte an diesem Bild festhalten, es tut ein Glück nicht weh, die Nadel im Auge lässt sie immer noch erschaudern. Doch sie war nur eine Warnung, wie viel Schmerz durch die Leidenschaften entstehen kann. Malina jedoch ist sich sicher: Keine Erotik ist auch keine Lösung. Sie nimmt den Schmerz in Kauf. Ganz allein hat sie es nie lang ausgehalten. Immer noch bechert der Mann vor sich hin. Er wirkt inzwischen gealtert und traurig. Auch hier begreift Malina mehr mit ihrem Herzen als mit ihren Augen, dass der Mann voller Gier und Durst ist und nicht aufhören kann. Malina erkennt mit dem Herzen jede Botschaft aus den kleinen Welten, als hätte jemand ihr plötzlich die Gabe des Sehens geschenkt. Jede Empfindung und jede Erfahrung liegen offen vor ihr und sie kann für einen Moment die Stille spüren. Mit warmem Blick sieht sie dem Trinker zu, wie er sich zugrunde richtet. Sie hat Mitgefühl. Die Empfindungen binden so sehr diesen Menschen an das Trinken, er kann nicht mehr loslassen, er ist getrieben von seinem Durst. Warum ist er getrieben, weil die Trunkenheit das einzige Licht ist. Wenn er sich vergessen kann, wenn seine Gedanken ruhen. Warum ist die Trunkenheit sein einziges Licht? Weil seine Sucht sein Leben verdunkelt. Nein, Malina sieht noch mehr, sein Leben war vorher schon dunkel. Deshalb hat er angefangen zu trinken, deshalb kann er nicht aufhören. Er müsste schöne Gedanken und Gefühle haben. Aber die hat er nicht. Er müsste vertrauen können. Aber das kann er nicht. So trinkt er weiter.

Plötzlich krabbelt dieser Mensch in einen neuen Abschnitt vor ihren Augen und verwandelt sich in einen gefräßigen Affen, der von den Früchten des Baums nicht lassen kann. Der Trinker ist wiedergeboren. Seine Gier hat ihn im Körper des Affen erneut in die Welt gebracht.

Malinas Augen verfolgen im neuen Abschnitt eine schwangere Frau, die auch, ähnlich dem Trinker, in den nächsten Abschnitt wankt und dort unter Schmerzen ihr Kind zur Welt bringt.

Die Gebärende im neuen Abschnitt hält schließlich vollkommen erschöpft, aber glücklich ihr Baby im Arm. Malina sieht der Frau zu. Sie fühlt das Wunder, Leben erschaffen zu können. Diese Schöpferkraft ist nur den Frauen vorbehalten.

Schließlich schaut sie auf ein letztes Bild, auf dem ein Träger unter schwerer Last dahinläuft. Sie erkennt einen in ein weißes Leinentuch eingewickelten Leichnam. Das Rad beginnt sich schneller zu drehen und das Leben in ihm wird lauter. Immer neue Formen und Wesen entstehen und vergehen wieder.

Nun erst erkennt Malina, dass das Rad des Entstehens und Vergehens der Lebensformen von einem dunkelroten, furchteinflößenden Dämon festgehalten wird. Er hat sich regelrecht in das Rad verbissen. Mit seinen drei Augen starrt er Malina eindringlich an. Auf seinem Kopf trägt er eine

Krone mit fünf Totenköpfen, die als Mahnung an die Unausweichlichkeit des Todes und die Vergänglichkeit des Lebens dienen. Es ist Yama, der Todesgott und Herr über die Zeit. Er selbst ist zeitlos und immer da. Ihm macht es Freude, mit den Lebensformen zu spielen, ihr Werden und Vergehen zu beobachten. Immer wieder neue Formen erschafft er, welche langsam in der Zeit ausgelöscht werden. Malina staunt: Wie sich die Körper auflösen, langsam ihre Formen verschwinden und zu etwas Anderem werden. Der Dämon blinzelt zufrieden mit seinen drei Augen. Dann löst auch er sich mitsamt des Rades auf und wird zu einer neuen Form.

Malina blickt auf eine dunkle, karge Steppe. Ein leeres, ödes Land. Kälte zieht auf. Sie fröstelt. Ein Feuer wäre gut, eine Sonne, die sie wärmt. Doch keine Sonne will aufgehen, Malina sieht nur eine endlose Wüste vor sich. Sie schaut sich um. Dahinter erblickt sie einen riesigen Tempel, ein pyramidenähnliches Bauwerk. Es ist der Tempel Borobudur. Leise ruft er ihren Namen. Wie Glocken im Wind aus weiter Ferne. Malina erhebt sich aus ihrem Körper und fliegt zu ihm. Schon schwebt sie über ihn hinweg und sieht auf eine quadratische Fläche. Ein steinerner Buddha im Lotossitz – durch seine gefalteten Hände strömt Energie. Malina bleibt vor ihm stehen. Sie fühlt keinen Boden unter sich. Trotzdem verharrt sie und blickt ihn an. Er öffnet seine Hände und lässt die Energie in ihr Herz fließen. »Malina«, spricht der Buddha zu ihr, »noch ist dein Herz nicht offen, noch ist es voller Schmerz. Noch schläft die Schlange tief und fest, sie ist nicht heraufgekrochen. Du hast dir Zugang zu mir verschafft. Doch es ist zu früh. Du hast deine Kammern des Schmerzes geöffnet, um deinen Frieden darunter zu suchen. Nun sind die Kammern offen. Den Blick in den Frieden wirst du mit Leid bezahlen. Nur wer still ist, kann sein Tier bezähmen. In dir tobt es, ein Sturm zieht auf.«

Malina verspürt einen Ruck und ist wieder in ihrem Körper. Gleich läuft sie weiter. Da sieht sie auf Schnee, auf den Wohnblockinnenhof, auf die von den Kindern geformten Schneefiguren und den Schneemann. Doch Malina reibt sich die Augen. Hier ist kein Schnee mehr, überall warmes Land. Ein Wasserfall plätschert dahin, eine warme Quelle. Und der Affe ist ein Orang-Utan. Dort sitzt er und blinzelt mit den Äuglein. Gleich wird er sich in die Bäume schwingen. Und der Drache daneben ist doch wirklich ein Komodowaran. Eine Echse, die sich durch den Sand davonschlängelt. Da springt der weiße Schneelöwe, nein, da springt ein Sunda-Nebelparder ihr entgegen! Malina geht in Deckung. Doch er springt über sie hinweg. In seinem Fell Wolkenzeichnungen. Schon blickt sie auf ein Java-Nashorn. Es trabt gemächlich an ihr vorbei. Malina staunt. Plötzlich ist da ein Rhinozeros aus Schnee mitten in der heißen Landschaft. Doch es zerfließt vor ihren Augen zu einem Teich, aus dem nun ein richtiges Nashorn auftaucht. Es trabt zum Wasserfall, um dort zu trinken.

Malina setzt sich unter einen Kastanienbaum. Die wilden Tiere scheinen sie nicht zu bemerken. In ihrem Rücken krabbelt es. Der Baum zerfasert sich – unzählige Luftwurzeln wachsen zu Tausenden am Baum entlang und zerfasern sich in immer noch feinere Strukturen. Ein Banyanbaum. Sie kann sich nicht anlehnen und steht wieder auf. Dort drüben sitzt schon der Buddha im Lotossitz. Malina berührt ihn. Er ist ganz kalt. Der Buddha nickt ihr freundlich zu: »Malina«, spricht er zu ihr, »erst wenn du alle Schatten in dein Herz zurückgenommen hast, wirst du tanzen und zur gleichen Zeit schlafen können.« Malina schaut ihn fragend an, aber der Buddha spricht weiter: »Nur ein Gott tanzt in der Wildnis und schläft doch friedlich im Sand. Erst wenn du alle Schatten in dein Herz gelassen hast und wenn du sie alle gefühlt hast und ihnen zugehört hast, was sie dir sagen wollen, wirst du friedlich ruhen und voller Freude sein.« Der Buddha spricht in Rätseln. Er hebt seine Hände und deutet neben Malina auf etwas. Malina schaut nach links und rechts. Dort hängen tatsächlich drei Schattenwesen in der Luft. Sie sehen aus wie kleine Kinder, aber sie sind dunkel, haben aufgerissene Augen und offene, leere Münder. »Hol sie zu dir, nimm sie in dein Herz! Erlöse sie endlich, Malina! Sie sind sowieso immer da. Sie verlassen dich nicht«, spricht der Buddha mit sanftem Lächeln. Malina bekommt furchtbare Angst. Sie begreift, dass diese dunklen Kinder zu ihr gehören, aber sie will es gar nicht wissen. Sie läuft weg und lässt die Schattenkinder hinter sich. Diese dunklen Gestalten nimmt sie bestimmt nicht in ihr Herz auf. »Wenn du sie nicht erlöst, werden sie weiter nach dir schreien und dir weh tun«, ruft der Buddha ihr hinterher.

Malina ist es furchtbar kalt geworden. Sie zittert am ganzen Leib. Nun steht sie wieder in der dunklen Wüste. Dort liegt ein Feuerzeug. Sie hebt es auf und knipst es an – die Flamme zischt hervor. Das beruhigt sie. Lange starrt Malina in das Licht. Plötzlich züngelt eine tanzende Flamme aus dem

Licht hervor und formt sich zu einer Sonne. Ein großer Feuerball. Malina schaut wie gebannt auf die Sonne. Heiße Funken schlagen ihr entgegen. Hinter der Sonne entdeckt sie einen winzigen, weißlichen Planeten mit einem Licht, das rhythmisch angeht und wieder ausgeht, und auf dem zwei Leute stehen. Wer mag das sein? Malina sieht genauer hin und erkennt nun den kleinen Prinzen und den Laternenanzünder. Sie erinnert sich sofort an die Geschichte und an den fünften, sehr sonderbaren Planeten. Er ist der kleinste von allen Planeten, hat eine beschleunigende Drehbewegung und gerade Platz genug für eine Straßenlaterne. Jetzt spricht der kleine Prinz mit dem Laternenanzünder. Ständig löscht er das Licht in der Laterne aus und zündet es wieder an mit seinem langen Stab. Das sei die Weisung, er habe einen schrecklichen Dienst, erklärt der Laternenanzünder gehetzt dem kleinen Prinzen. Denn der Planet drehe sich von Jahr zu Jahr schneller, die Weisung sei aber die gleiche geblieben. Ein Trauerspiel, das ein Ausruhen unmöglich mache, sagt der Laternenanzünder ohne Hoffnung. Tausendvierhundertundvierzig Sonnenuntergänge in vierundzwanzig Stunden! Und natürlich auch genauso viele Sonnenaufgänge! Der kleine Prinz staunt nicht schlecht, als er so darüber nachdenkt. Malina will aber langsamere Sonnenaufgänge sehen, die Lichtverhältnisse, die sich im Minutentakt verändern, irritieren sie. Die Sonne vor ihr wird schon wieder kleiner. Eine nächste Sonne soll kommen. Malina macht das ganz verrückt!

Abermals nimmt sie das Feuerzeug in die Hand und knipst es an. Wieder zischt es, eine Flamme züngelt heraus und eine Sonne formt sich neu. Eine herrliche, heiße Sonne. Wie warm Malina ums Herz wird. Sie steht da und schaut der Sonne beim Aufgehen zu. Die dunklen Schattenkinder sind alle davongelaufen. Malina atmet erleichtert auf. Eine dritte Sonne lässt sie aus dem Feuerzeug aufsteigen. Traumtänzelnde Funken! Eine vierte Sonne, eine fünfte und eine sechste. Wie das knistert. Malina fühlt eine Erleichterung. Ja, leicht ist sie geworden und so glücklich. Die sechste Sonne geht nun langsam unter. Ihr Licht wird kleiner. Nun ist sie verschwunden. Malina schaut sich um. Immer dunkler wird es, immer kälter. Da stehen plötzlich die drei Schattenkinder neben ihr. Mit ihren aufgerissenen Augen gehen sie langsam auf Malina zu. Nein, nein, ich sehe euch nicht, ruft sie ihnen entgegen. Sie bleiben stehen. Eines weint still vor sich hin. Die anderen starren sie an. Malina hält ihren Kopf in den Händen, wippt auf und ab. Sie fühlt einen furchtbaren Schmerz. Sie hat sich selbst vor Augen, als sie noch ganz klein war. Da war sie auch ein Schattenkind. Sie begreift, dass diese drei zu ihr gehören, dass sie die Kinder fortgeschickt hat, weil es nicht anders ging, damals. Weil sie selbst sonst verloren gegangen wäre. Die Kinder wollen endlich nach Hause. Aber Malina will nicht. Sie will es nicht wissen. Sie hält sich die Augen zu. Als sie wieder aufschaut, verblassen die dunklen Gestalten. Ganz langsam kommt die Lagerhalle zurück, der Raum schrumpft in sich zusammen, die glühenden Farben verschwimmen, werden matter und immer matter; dann fahl und grau. Malina atmet auf. Die Wirkung des LSD lässt nach ...

... und sie sah sich um. Was für ein Trip war das denn, dachte sie. Unglaublich! Malina ließ sich nach hinten auf den Boden sinken. Da stand plötzlich Kara vor ihr. Sie weinte und schrie. Malina begriff nur allmählich, dass es wirklich eine schreiende Kara war, die sie vor sich hatte. Aber was war denn los mit ihr? Sie musste sich beruhigen. War es das LSD? Malina versuchte ihre Hand zu nehmen, doch Kara zog sie weg. Dann sah sie, warum ihre Freundin so außer sich war. Malina hatte keine Sonnen entzündet. Sie hatte Karas Bilder abgebrannt, die Hunderttausende wert waren und an denen Kara Jahre gearbeitet hatte. Sie fühlte sich furchtbar. Aber die sechs Bilder waren verbrannt. Kara drehte durch. Sie brüllte und schlug um sich und konnte sich einfach nicht beruhigen. Eine halbe Stunde versuchte Malina auf Kara einzugehen, beteuerte immer wieder, dass es ihr leidtäte, doch die große, dürre Künstlerin war nicht zu bremsen. Schließlich schüttelte sie Malina brutal von sich ab, dass diese hinfiel und sich verängstigt in eine Ecke verkroch. So hatte sie Kara noch nie erlebt. Wann beruhigte sie sich denn endlich wieder. Sie konnte notfalls neue Bilder malen und gemeinsam würden sie schon eine Lösung finden. Die Versicherung zahlte das doch. Kara kam einfach nicht zur Ruhe. Langsam bekam Malina Angst vor ihr.

»Warum musst du denn alles kaputtmachen!«, weinte Kara und trat an ihr lippenförmiges Sofa. Dann schlug sie mit der Faust gegen die Wand. Ihr taten die Knöchel weh, was sie nur noch wütender machte. »Bitte beruhige dich doch jetzt erst mal!« Malina ging auf sie zu, doch Kara klatschte ihr eine. Das saß! Malinas Wange brannte und sie fing an zu weinen. Kara hörte einfach nicht auf, sie zu beschimpfen und zu beleidigen. Es nahm kein Ende. Sie war ja krank. Malina war wieder auf dem Boden der Tatsachen angekommen. Plötzlich war die Nähe zu Kara weg, die schönen Erlebnisse. Alles war wie weggeblasen. Jetzt sah sie Kara mit anderen Augen. Eigentlich mochte sie die Malerin gar nicht und ihr hysterisches Gewüte war doch vollkommen übertrieben, geradezu theatral. Sie saß in dieser Lagerhalle, wo diese irre, riesige Frau ihren Ex-Freund ermordet hatte, sie beide sich soeben gefährlich zugedröhnt hatten und ihr Romanmanuskript immer noch nicht in einem Verlag erschienen war. Alles nur Gelaber und leere Versprechungen, dachte sich Malina in diesem Augenblick und beobachtete Karas Wutausbruch, der nun doch langsam abflaute. Die war doch völlig durchgeknallt. Wer weiß schon genau, was sie diesem Leon Löschner wirklich angetan hatte. Malina war nicht dabei gewesen. Wenigstens hatte sie die letzten Monate von Karas Geld gelebt und alles aus ihr herausgepresst, was ging.

Malina erhob sich in aller Ruhe und ging mit kühler Miene zur Tür. Das konnte Kara nicht ertragen. Wieder fing sie an zu brüllen: »Lass mich doch in Ruhe mit deinem Gequatsche! Du willst doch bloß meine Knete haben! Ist es nicht so? Miststück! Flittchen!« Der Wutausbruch flammte erneut auf. Malina wich ihr aus. Sie stand schon an der Tür, immer noch erschüttert von Karas Entgleisungen. Außer sich vor Wut holte Kara einen Kanister Natronlauge und überschüttete Malinas Gemälde, das bei dem Trip verschont worden war. Das versetzte Malina einen solchen, heftigen Schmerz – gleich einer inneren Kälteverbrennung –, dass sie zu Kara lief, um sie aufzuhalten. Dieses Bild stand für den Anfang ihrer Liebesbeziehung, für jegliche Hoffnung zwischen beiden. »Nein!«, weinte nun auch Malina, doch sie hatte gegen Karas Kraft keine Chance. »Du hast mein Bild kaputtgemacht!«, schrie Malina sie an. »Du hast es zerstört! Warum tust du mir so weh, Kara?« Kara warf das verätzte Gemälde in den Innenhof. »Geh! Lass mich in Ruhe! Hau endlich ab!« Malina stahl sich davon, immer noch weinend. Das verschmierte Bild blieb im Schnee liegen. Frau Grubach, die uralte Dame, öffnete das Fenster im vierten Stock und rief besorgt: »Geht es euch gut, Mädchen? Braucht ihr Hilfe?« Kara rief zurück: »Danke, Frau Grubach. Wir kommen schon klar!« Für einen Moment hatte sie ihre Wut vergessen. Dann verschwand sie schweigsam in ihrer Lagerhalle, ohne Malina noch einmal anzusehen.

Malina stand allein im Innenhof umgeben von schwerem Schnee. Ihr war eiskalt. Das war es also. Wenigstens war sie nicht wie dieser Leon Löschner übers Treppengeländer hinuntergestürzt in den Tod. Wieso musste jede ihrer Beziehungen immer in schlimmen Streit enden? Diese elendigen Drogen! Warum musste sie auch unbedingt LSD nehmen? Es war doch alles gut gewesen zwischen ihr und Kara. Diese Drogen hatten ihre Beziehung zerstört. Nie wieder würde sie sich auf so ein Zeug einlassen! Warum konnte sie nicht einfach mal über ein paar Jahre glücklich sein? Dieses Mal hatte sie fest daran geglaubt. Und wieder war es nichts gewesen. Sie hätte Kara so richtig erpressen und fertig machen müssen. Dann hätte sie wenigstens jetzt sehr viel Geld. Doch das war nun vorbei. Malina ging zurück in ihre Einzimmerwohnung, in der sie lange nicht mehr wirklich gewohnt hatte.

19

Kara und Malina wechselten von da an kein Wort mehr und mieden jede Begegnung. Malina hoffte immer noch, dass Kara sich wieder meldete. Auch wenn Kara so einen Wutausbruch bekommen hatte, war es trotzdem eine schöne Zeit gewesen. Malina hatte ihr inzwischen verziehen. Vielleicht würde Kara doch noch einen Verlag für ihren Roman finden. Einmal schrieb sie ihr sogar eine SMS. Sie hatte Angst, wieder arbeiten zu müssen und wollte sich versöhnen. Doch Kara antwortete nicht. Malina tat es noch lange weh. Aber sie traute sich nicht, noch einmal den Kontakt zu suchen und an ihre Lagerhallentür zu klopfen. Kara müsste schon von selbst kommen. Doch sie kam nicht.

Winter verblasste, und allmählich kam Frühling. Auch Kara war verzweifelt. Doch sie konnte einfach nicht auf die SMS antworten. Ihre Beziehungen funktionierten nun mal nicht. Sie wollte nicht mehr. Sie hatte genug gelitten und hatte kein Vertrauen mehr. Mit Entsetzen musste Kara mit ansehen, wie Malina einen Freund fand, der sie des Öfteren in ihrer Wohnung besuchte und regelmäßig zum Abendessen ausführte. So schnell hatte Malina wieder wen Neues. Sie war es doch gar nicht wert, von Kara geliebt zu werden. Kara vermochte diesen Anblick nicht zu ertragen und ihr einziges Gefühl waren ihre Wut und der Schmerz der Trennung. Sie konnte Malina nicht vergessen und war machtlos ihren Gefühlen gegenüber. Hätte sie doch vor ein paar Monaten Malina zurückgeholt. Nun war sie gänzlich verloren. Kara hatte sich von Malina ausgenommen gefühlt. Jeden Monat hatte sie ihr Geld in einem anonymen Umschlag in den Briefkasten gelegt, immer alles bezahlt, ihr hier und da noch was zugesteckt. Malina hatte darauf bestanden, dass sie ihr Manuskript weiterempfahl, Kara hatte alles gegeben. Sie fühlte sich nicht mehr wohl dabei. Liebe sollte nichts kosten dürfen oder zumindest irgendwo gleichberechtigt sein. Jetzt jedoch, wo Malina einen neuen Freund hatte, konnte sie den Verlust nicht ertragen. Noch dazu wohnte sie gegenüber. Es war furchtbar!

Kara wurde inzwischen der schon lange angekündigte internationale Kunstpreis verliehen. Geehrt durch diese bedeutende Auszeichnung verflog ihre Wut und sie betäubte sich mit Arbeit. Die in ihrer Galerie eingehenden Anrufe vieler Museen und Sammler bedeuteten eine große Nachfrage. Kara musste jetzt viele neue Kunstwerke produzieren. Eine bisher nie gefühlte Schaffenskraft überkam sie und Malina rückte in gedankliche Ferne. Kara nahm sich zusammen, sie war ein Glück noch einmal davongekommen; mit Leons Unfall und den ganzen Folgen und mit der Liebe war es doch noch nie gut ausgegangen bei ihr. Ihr Plan war aufgegangen, Malina hatte nichts mehr gegen sie in der Hand und sie waren lange genug zusammen gewesen, als dass jetzt noch irgendwelche Anschuldigungen gegen sie vorgebracht werden konnten. Sie beschloss, Malina kein Geld mehr für die monatliche Miete in den Briefkasten zu legen.

Es war ein Tag mit besonders vielen, dicht gedrängten Terminen, an dem Kara eine E-Mail auf ihrem Account fand, die ihr einen gewaltigen Schrecken einjagte. In der Betreffzeile stand: ›BEWEISMATERIAL noch immer vorhanden‹. Im anonymen Schreiben war wieder von der Videodatei und einer Geldforderung die Rede. Nun reichte es aber! Malina bluffte doch, oder? Sie hatte angenommen, die Sache mit Malina hätte sich längst erledigt. Sie griff zum Handy und wollte sie anrufen. Doch gleich legte sie ihr Handy wieder weg, denn durch das Fenster schauend, sah sie Malina über die Wohnblockdachterrasse schlendern. Die hatte Nerven! Kara überlegte, ob sie gleich zu ihr hochgehen sollte, um sie zur Rede zu stellen und die Sache ein für alle Mal zu klären. So konnte es nicht weitergehen! Sie musste mit Malina ein paar ernste Worte reden! Ansonsten würde dieser erpresserische Wahnsinn doch nie mehr aufhören!

Kara eilte die Treppen hinauf zur Wohnblockdachterrasse. Oben angekommen, blendete sie ein aggressives Frühlingslicht. Ganz hinten entspannte sich Malina auf einem Liegestuhl und genoss den Ausblick auf Berlin, den Anblick von Betonbauten und einem strahlenden Blauhimmel. Na, die kann jetzt aber was erleben, schoss es Kara wütend durch den Kopf. Sie ging schnurstracks zu ihr hinüber und packte Malina grob von hinten, dass die Blonde erschrocken aufschrie. Kara zog sie aus dem Liegestuhl und schüttelte sie gehörig durch. »Warum tust du das, Malina? Willst du mich immer weiter quälen mit deinen erpresserischen Mails? Wann hörst du endlich damit auf? Hast du noch nicht genug Geld bekommen?« Kara ließ nicht los und verlangte nach einer Antwort. Dann aber entgegnete

Malina: »Ich habe dir keine Mail geschrieben! Ehrlich!« Kara stampfte wütend auf den Boden. »Natürlich! Das sagt das unschuldige Blondchen! Wenn du es nicht warst, wer dann?«, fragte Kara spöttisch. »Er weiß alles«, stotterte Malina unter Tränen. »Er weiß einfach alles über uns und ist auch im Besitz der gelöschten Videodatei. Ich konnte ihn nicht davon abbringen, dir eine anonyme Mail zu schreiben. Glaub mir bitte!« Kara lockerte ihren Griff und Malina atmete auf. Meinte Malina es wirklich ernst? Kara schaute ihr tief ins Gesicht und forderte die stammelnde Frau auf, ihre Worte zu wiederholen. Schließlich ließ sie Malina los. Sie glaubte ihr. Aufgebracht entgegnete Kara: »Und wer genau ist er?«

DRITTER TEIL

TETRODOTOXIN

20

Wie sich ein Serversystem infiziert, sein virtueller Raum in sich zusammenfällt und die Daten gelöscht werden! Er analysierte die soeben vollendete Programmierung seiner algorithmischen Zerstörungskunst. Während er Zeile um Zeile die Leuchtschrift des Quellcodes überprüfte und dabei näher zum Bildschirm rückte, erschien auf dem schwarzen Monitor sein Spiegelbild: ein unscheinbares Gesicht mit Bürstenschnitt, vollen Wangen, einer stumpfen Nase und Augen, die konzentriert in dunklen Höhlen ruhten, begleitet von einem beinahe diabolischen Lächeln. Hans Hofwinkel hatte ein ausgeklügeltes Computervirus programmiert, das speziell darauf abzielte, den Datenserver einer Firma zu infiltrieren und zu deaktivieren – eine Firma, die ihn einst grundlos des Datendiebstahls bezichtigt und entlassen hatte. Seine damalige Neugier, sich in den digitalen Strukturen der Firma umzusehen, hatte zu seinem Rauswurf geführt, obwohl er nur passive Erkundungen unternommen hatte. Die Folgen waren gravierend: Gerichtsverhandlung, Geldstrafe, Exmatrikulation in Hamburg, erneute Immatrikulation in Berlin, ein abgebrochenes Informatikstudium, ein verlorenes Jahr! Noch immer war er an der Universität und die Vergangenheit ließ ihm keine Ruhe. Damals hatte er beim Hacken des Firmenservers Anfängerfehler gemacht und digitale Spuren hinterlassen, die direkt zu ihm führten. Doch nun, nach intensivem Selbststudium in Programmiersprachen wie Python und C++ und regelmäßigem Austausch mit anderen Hackern im Darknet, fühlte er sich bereit, sein Können zu demonstrieren. Er war fest entschlossen, die Sicherheitsbarrieren des Großrechners zu überwinden und das Serversystem mit einem raffinierten Virus – einem Advanced Persistent Threat – zu attakieren. Ein solcher Erfolg würde ihm die Anerkennung verschaffen, nach der er sich sehnte. Dies wäre der ultimative Beweis seiner unanfechtbaren Macht im Cyberspace.

Hans Hofwinkel zündete sich eine Zigarette an. Er öffnete das Fenster seiner im achten Stock gelegenen Wohnung und setzte sich ins Fenster hinein. Während des Rauchens begann er, sich zu entspannen, und beobachtete das Geschehen im Innenhof. Seine Aufmerksamkeit galt dem Alltäglichen: der Hausmeister, der den Hof überquerte, die spielenden Kinder unter einem Kastanienbaum. Gleichzeitig nahm er wahr, wie Frau Grubach aus dem vierten Stock das Treiben beobachtete. Sein Interesse wurde erneut geweckt, als die Tür einer Lagerhalle sich öffnete und die große Gestalt der Künstlerin, bekannt für ihre Seltenheit und Rätselhaftigkeit, kurz in Erscheinung trat, bevor sie schnell wieder in ihrer Lagerhalle verschwand. Hans Hofwinkel erwog, sie erneut virtuell aufzusuchen, um Einblick in ihr aktuelles Leben zu erhalten. In jüngster Zeit hatte er sich mit dem Durchforsten von Computern in der Nachbarschaft und dem diskreten Durchstöbern privater Accounts beschäftigt, sowie im Darknet nach neuen Tools und Hacks recherchiert. Jetzt jedoch fokussierte er sich darauf, sich erneut mit Kara Kowalski zu beschäftigen. Er plante, tief in ihre Algorithmen und Datenstrukturen einzutauchen und sich auf den neuesten Stand zu bringen – es war Zeit für ein Update.

Hans Hofwinkel begann mit dem Hacken ihres Bankkontos. Kowalskis achtstelliger Kontostand beeindruckte ihn – stetig stieg er weiter an. Neugierig durchstöberte er ihre Bilddatenbank und entdeckte neue, noch unbekannte Gemälde. Die stille, unbewusste Nähe zu ihr ließ ihn seine Macht spüren, während er belustigt über ihre Technik, Ölbilder mit Natronlauge zu bearbeiten, nachdachte. Als Nächstes wandte er sich ihrem E-Mail-Account zu, las Nachrichten und schaute sich Anhänge an. Ein Eintrag im Papierkorb weckte seine Aufmerksamkeit: Bei einer E-Mail mit der Betreffzeile ›Ich habe ALLES gesehen‹ hielt er inne. Die Nachricht enthielt eine Geldforderung – eine hohe Summe sollte innerhalb von sieben Tagen in einem Bahnhofsschließfach deponiert werden, andernfalls drohte der Absender, die Polizei und Mordkommission mit einer Videodatei zu informieren. Hans Hofwinkel war fasziniert. In welche Verbrechen war die Künstlerin verstrickt? Er suchte nach der erwähnten Videodatei im Anhang, fand jedoch nur die leere Stelle, wo sie einmal gewesen sein musste. Eine

Wiederherstellung gelang ihm nicht. Die E-Mail war vor drei Tagen um 15 Uhr 43 von einem anonymen Account gesendet worden.

Hans Hofwinkel kombinierte die Fakten: Jemand erpresste offenbar die extravagante und immens reiche Künstlerin, was darauf hindeutete, dass sie etwas Schlimmes begangen haben musste. Wäre sie unschuldig, würde sie sich nicht erpressen lassen, folgerte er. Was verbarg die Videodatei? Der Inhalt musste explosiv sein, vermutlich ein Mord, vielleicht mit einem Handy aufgenommen. Hans Hofwinkel erinnerte sich, dass die Polizei vor einigen Tagen im Wohnblockinnenhof war – ein konkretes Zeichen, dass tatsächlich etwas vorgefallen sein musste. Er war damals zu sehr in die Entwicklung seines Quellcodevirus vertieft gewesen und hatte kaum Notiz davon genommen. Doch jetzt verknüpften sich die losen Fakten zu einem Netz aus drängenden Fragen, das ihn nicht mehr losließ. Er war innerlich aufgewühlt. Der Gedanke an ein tödliches Verbrechen verdrängte seine Pläne, den Großrechner der Firma heute zu infizieren. Er musste unbedingt herausfinden, wer der anonyme Erpresser war und wen Kara Kowalski ermordet haben könnte. Dies war eine programmiertechnische Herausforderung, der er sich mit Begeisterung stellte.

Hans Hofwinkels erster Schritt bestand darin, die Herkunft der anonymen E-Mail zu ermitteln, indem er die IP-Adresse des Absenders aufdeckte. Dazu benötigte er Zugriff auf den E-Mail-Header, der die entscheidenden Metadaten enthielt. Er wechselte in den Modus zur Anzeige des Roh-Quellcodes der E-Mail, um den Header sichtbar zu machen. Diese Aufgabe bewältigte er routiniert. Anschließend extrahierte er den Quelltext und importierte ihn in ein Netzwerk-Trace-Analyzer-Tool. Er initiierte eine detaillierte Analyse durch den Befehl ›Extract Source Data‹, um die verborgenen Informationen im Code zu entschlüsseln. Das Tool arbeitete effizient und enthüllte eine Fülle an Daten, inklusive der IP-Adresse des Absenders. Zu seiner Überraschung zeigte die Analyse, dass die E-Mail von einem Server der Universität gesendet worden war – jener Universität, an der er studierte. Um noch detailliertere Informationen zu gewinnen und den Absender zu lokalisieren, entschied er sich für einen direkten Zugang zum Netzwerk vor Ort. Schnell packte er das erforderliche Equipment zusammen: Ethernet-Kabel, seinen leistungsstarken Laptop, diverse Netzwerk-Tools und einen Wi-Fi-Adapter. Mit diesen Hilfsmitteln in seiner Notebooktasche verließ er seine Wohnung, bereit, die nächste Phase seines Hacking-Vorhabens in Angriff zu nehmen.

Hans Hofwinkel erreichte er den Universitätscampus. Vom Hauptgebäude aus folgte er einem langen Gang und gelangte in den Lesesaal. Sein eigentliches Ziel jedoch lag im hinteren Bereich der Universitätsbibliothek in einem angrenzenden kleinen Saal, wo sich die Computerarbeitsplätze befanden.

Hans Hofwinkel betrachtete den Raum, der 100 Computerstationen beherbergte, akkurat in 10 Reihen zu je 10 Geräten aufgestellt. Um einen dieser Computer nutzen zu können, war ein Login-Account erforderlich, was bedeutete, dass die Benutzerdaten für eine gewisse Zeitspanne auf den Servern der Universität gespeichert und protokolliert wurden. Diese Tatsache eröffnete ihm die Möglichkeit, sich in das Server-System der Universität zu hacken und Zugriff auf die Aufzeichnungen der An- und Abmeldevorgänge zu erlangen. Er wusste, dass die anonyme E-Mail gestern um 15 Uhr 43 von einem dieser 100 Computerstationen versendet worden war. Er positionierte sich in einer abgelegenen Ecke des Raumes. Mit seinem Laptop und einer Auswahl spezialisierter Tools begann er, sich in den Universitätsserver einzuhacken. Er konzentrierte sich auf den Zeitraum zwischen 12 Uhr 00 und 15 Uhr 43 am Vortag, davon ausgehend, dass der Erpresser sich in diesem Zeitfenster eingeloggt haben musste, um die E-Mail um 15 Uhr 43 zu verschicken. Als er schließlich die Liste der Benutzerdaten extrahiert hatte, stand er jedoch vor einem Dilemma: Innerhalb dieses Zeitfensters hatten sich 1011 Personen eingeloggt, und jeder einzelne war ein potenzieller Verdächtiger.

Hans Hofwinkel durchquerte den Raum in schnellen, unruhigen Schritten. Er stieg eine Treppe hinauf und ließ von der Empore aus seinen Blick über die Computerarbeitsplätze schweifen. Dort unten reihten sich akkurat 100 Arbeitsstationen, jeweils in 10er-Formationen aufgestellt. Einer dieser Computer war das Tatwerkzeug jener erpresserischen E-Mail. Wieder unten angekommen, nahm Hans Hofwinkel an einem der Tische Platz. Ein Student tippte konzentriert an einer Abhandlung über Strafrecht und Strafverfolgung, und Hans Hofwinkel nutzte die Gelegenheit, kurz mitzulesen, um seinen Kopf freizubekommen. Dabei blitzte plötzlich eine Idee in ihm auf. Er positionierte sich in einer Ecke des Raumes, von wo aus er den gesamten Saal und die Arbeitsbereiche überblicken konnte. Er überlegte: Wo würde sich jemand hinsetzen, um eine derart heikle und erpresserische E-Mail zu versenden? Die Antwort schien offensichtlich: In der hintersten Reihe, geschützt vor neugierigen Blicken, die über seine Schulter auf den Bildschirm schielen könnten. Also, schlussfolgerte er, hatte sich der Erpresser höchstwahrscheinlich in dieser Zone aufgehalten. Damit reduzierte sich der Kreis der in Frage kommenden Computer von 100 auf lediglich 10 potenzielle Täterstationen.

Hans Hofwinkel analysierte die Login-Daten des Universitätsservers und erstellte anhand der Ereignisprotokolldateien eine Liste von 101 Personen, die sich gestern zwischen 12 Uhr 00 und 15 Uhr 43 eingeloggt hatten. Zu viele Verdächtige, dachte er und ließ sich frustriert in einen Lesesessel fallen. Er musste die Liste weiter einschränken, aber wie? Irgendetwas hatte er übersehen, das spürte Hans Hofwinkel intuitiv. Er grübelte: Welche Art von Person würde eine Künstlerin erpressen? Vielleicht jemand mit Hacking-Fähigkeiten, ein Informatikstudent womöglich, der wusste, wie viel Geld Kowalski hatte. Oder vielleicht eher jemand aus dem geisteswissenschaftlichen Bereich, jemand mit einem ausgeprägten Interesse an Malerei, der so vielleicht über die Kunstbranche in Kontakt mit Kowalski gekommen sein könnte. Eines stand fest: Diese Person musste der Universität nahestehen, vermutlich ein Student.

Hans Hofwinkel hackte sich in die Datenbank der Studierenden und Angestellten des Universitätssekretariats ein. Dort überprüfte er 101 Personen. Ein zeitaufwendiger Prozess. Schließlich konnte er unter den 101 Personen – darunter Bibliothekspersonal, Kommilitonen und Systemadministratoren – herausfinden, dass 11 Studierende in Kunstgeschichte eingeschrieben waren, entweder im Haupt- oder Nebenfach. Ein siegessicheres Lächeln breitete sich auf seinem Gesicht aus, als er feststellte, dass von diesen 11 Kunstgeschichte-Studierenden 10 weiblich waren und die Anzahl der männlichen Studierenden bei 1 lag.

Hans Hofwinkel gelang es durch weitere Hacks, Zugang zur Datenbank der Historischen Fakultät zu erhalten, wo er ein Profilfoto des Doktoranden fand. Seine Analyse der belegten Kurse in Kunstgeschichte ließ ihn vermuten, dass der Doktorand sich womöglich gerade in der Fachbibliothek der Fakultät aufhielt. Er durchquerte das Universitätsgelände und erreichte schließlich die Bibliothek.

Der Raum war durchdrungen vom Geruch alter Geschichtsbände. Überall raschelte es vom Knittern der Buchseiten, während Studierende vertieft in ihre Seminararbeiten sich durch endlose Recherchen kämpften. Hans Hofwinkel begann systematisch die Abteilungen zu durchsuchen und entdeckte nach gezieltem Umhergehen den Doktoranden in der Abteilung für das 14. Jahrhundert, der Epoche der Renaissance. Ohne zu zögern, näherte er sich ihm und begann ein Gespräch. Der Doktorand ließ sich scheinbar mühelos in die Konversation verwickeln und Hans Hofwinkel, selbst mit einem Hang zur Kunst, stellte ihm gezielte Fragen über Vincent van Gogh – seinen expressiven Malstil, das berühmte abgeschnittene Ohr, die ikonischen Sonnenblumenbilder und das Gemälde *Kornfeld mit Krähen*, nach dessen Vollendung sich van Gogh erschossen hatte. Der Doktorand erwähnte das Todesdatum, den 29. Juli 1890, und spekulierte über die Tage davor, in denen sich van Gogh in die Brust geschossen hatte. Er wies darauf hin, dass es Spekulationen und alternative Theorien gäbe, die einen Unfall oder Fremdeinwirkung als Ursache in Betracht ziehen könnten – Aspekte, die den Tod van Goghs bis heute zu einem rätselhaften und nicht vollständig gelösten Fall machten. Hans Hofwinkel hörte aufmerksam zu, neugierig, weitere Einzelheiten über den mysteriösen Tod zu erfahren. Dann lenkte er das Gespräch geschickt auf den Vortag, um herauszufinden, was der Doktorand in der Hauptbibliothek recherchiert hatte. Überraschenderweise stellte sich heraus, dass er gar nicht dort gewesen sein konnte. Er war erst an diesem Morgen aus Florenz zurückgekehrt, wo er für seine Dissertation über Leonardo da Vinci und dessen anatomische Studien geforscht hatte. Sein Doktorvater, ein emeritierter Professor, besaß ebenfalls Zugang zu seinen Login-Daten, und der Professor, der unregelmäßig an der Universität war, nutzte gelegentlich das Passwort seines Doktoranden. Hans Hofwinkel richtete seine Aufmerksamkeit genau auf den Doktoranden: Er fokussierte sich darauf, in dessen Augen mögliche Zeichen von Lügen oder Täuschung zu erkennen, hörte aufmerksam auf kleinste Veränderungen in der Stimme, die auf Unsicherheit und innere Unruhe hindeuten könnten, und beobachtete sorgfältig jede Körperbewegung und Haltung, um Anhaltspunkte für Ungereimtheiten oder betrügerisches Verhalten zu finden. Doch der

Doktorand schien die Wahrheit zu sagen. Weder der Doktorvater noch sein Doktorand schienen in die Angelegenheit verwickelt zu sein. Enttäuscht, aber nicht entmutigt, verließ Hans Hofwinkel die Historische Fakultät, um seine Nachforschungen in der Universitätsbibliothek fortzusetzen.

Hans Hofwinkel, wieder vor seinem Laptop, überflog erneut die Liste der 10 Kommilitoninnen. Es erschien ihm jedoch unwahrscheinlich, dass eine von ihnen die erpresserische E-Mail verfasst haben könnte, aber er wollte keine Möglichkeit ausschließen. Dann kam ihm eine neue Idee. Er erinnerte sich daran, dass in den letzten Jahren alle Bücher der Universität digitalisiert worden waren und über den Server zugänglich waren. Die Hauptgründe, sich an den Universitätscomputern einzuloggen, waren meist die digitale Literaturrecherche und der Download von Textdateien. Also hackte er sich erneut in den Server ein und untersuchte diesmal die Downloadaktivitäten der Bibliothek. Er konnte zwar nicht nachvollziehen, welche Bücher explizit von den Computern in der hintersten Reihe heruntergeladen wurden, da die Downloadaktivitäten im Server nur nach Login-Accounts und nicht nach spezifischen Computerstationen aufgezeichnet waren. Dennoch war es ihm möglich, die Downloads einzelner Nutzer zu verfolgen. Insgesamt gab es 111 Personen, die an diesem Tag ein digitalisiertes Buch heruntergeladen hatten. Hans Hofwinkel verglich die 10 Namen mit der Liste der 111 Personen und stellte fest, dass 9 der Personen auf den 10 Computern in der hintersten Reihe ein Buch heruntergeladen hatten. Eine Person blieb übrig: Malina Morgenstern. Sie hatte in der fraglichen Zeit keine Buchrecherche durchgeführt, sondern den Computer offenbar für etwas anderes genutzt. Vielleicht hatte sie im Internet nach Bildern gesucht oder ziellos gesurft – typische Beschäftigungen, um Langeweile zu vertreiben. Trotzdem recherchierte Hans Hofwinkel nach Malina Morgenstern und fand das Profilfoto einer attraktiven, blonden jungen Frau. Nein, dachte er, sie konnte nicht diejenige sein, die Kara Kowalski erpresst hatte. Das konnte er sich einfach nicht vorstellen. Enttäuscht über den fehlenden Durchbruch fühlte er sich hilflos und leer. Den gesamten Nachmittag hatte er intensiv nach Hinweisen gesucht, doch nichts gefunden. Der Erpresser musste ein Mann sein, davon war er überzeugt. Resigniert klappte er den Laptop zu und beschloss, für heute aufzuhören.

21

Über Nacht war Neuschnee gefallen, und als Hans Hofwinkel aus dem Fenster blickte, erschien ihm der Innenhof wie eine Szene aus einem Open-World-Videospiel. Der Boden, in strahlendes Bildschirmweiß getaucht, erinnerte ihn an eine 3D-Grafik. Kinder, die draußen spielten, nahmen in seiner Fantasie die Gestalten von animierten Charakteren in einer simulierten Winterlandschaft an und der Schneemann, den sie modellierten, wirkte in seiner Vorstellung wie der Questgeber eines Rollenspiels. Der Himmel glich einer gerenderten Himmelskuppel, die Sterne glimmten wie isolierte Pixel auf dunklem Hintergrund, und der Morgenstern, der ihm einen Nachnamen in Erinnerung rief, schien wie ein Easter Egg – doch er konnte sich nicht darauf konzentrieren. Ohnehin hatte er gerade ganz andere Probleme!

Hans Hofwinkel litt unter unerträglichen Clusterkopfschmerzen, die typischerweise bei Temperaturschwankungen auftraten. Seine Wohnung diente ihm nicht nur als Schaltzentrale für seine Computeraktivitäten, sondern war auch ein Medikamentenhort. Hier bewahrte er sowohl alltägliche Mittel als auch illegal erworbene Substanzen auf. In seiner Freizeit nutzte er gelegentlich Amphetamine wie auch stärkere Stimulanzien, um durch die Nächte zu kommen. Für sein Studium verließ er sich auf Betablocker, um Prüfungsängste zu reduzieren, sowie auf Ritalin, um seine Konzentration und die Leistungsfähigkeit zu verbessern. Zum Entspannen und zur Entlastung vom omnipräsenten Stress griff er zu Marihuana. Die zuvor eingenommenen Aspirintabletten hatten keine Wirkung auf seine starken Kopfschmerzen. In diesem Moment war er dringend auf Sumatriptan angewiesen, ein spezifisches Medikament gegen schlimme Migräne, das jedoch in seinem Medikamentenvorrat fehlte.

Hans Hofwinkel zog hastig seine Kleidung über und stürmte aus seiner Wohnung hinein in eine Außenwelt, die einer bedrohlichen Computerspielkulisse glich. Er bewegte sich durch die Königin-Luise-Straße, die in seiner Vorstellung besser als Imperator-Hofwinkel-Straße bezeichnet werden sollte – ein Name, der würdig für einen Hauptcharakter eines dystopischen Games klang. Es war heller Tag, doch die Umgebung wirkte wie ein Jump-'n'-Run-Level mit Schneesturm-Szenario. Glatteis am Boden. Eiskristallpixel reflektierten grelles Licht. Überall wimmelte es von NPCs – einer anonymen Menschenmasse, die in ihren vorhersehbaren Mustern verharrte, Hans Hofwinkel den Weg versperrte und ihn ständig zwang, auszuweichen. In diesem urbanen Labyrinth, das seine Migräne nur noch schlimmer machte, suchte er nach dem roten ›A‹ der Apotheke – dem rettenden Checkpoint in seiner misslichen Lage. Seine Lippen formten stumm das »A«, während er durch die eiskalten Straßen irrte. Schließlich, wie das Aufleuchten einer Questmarkierung, erschien das erlösende ›A‹ der Apotheke. Dort angekommen, sicherte er sich das Sumatriptan – das Schlüsselelement, um den quälenden Tag zu überstehen und sich zurück in die Sicherheit seiner Computerhöhle zu retten, seinem persönlichen Safehouse in der analogen Welt des Alltags.

Hans Hofwinkel spürte, wie seine Kopfschmerzen am Nachmittag langsam nachließen. Da er das Bildschirmlicht gerade nicht ertrug, wandte er sich stattdessen den Romanwelten Sir Arthur Conan Doyles zu, auf der Suche nach Ablenkung. Vertieft ins Buch, reflektierte er über Sherlock Holmes, den er als Vorbild eines modernen Ermittlers bewunderte. Holmes' revolutionäre Methoden – das Sammeln und Analysieren von Beweismaterialien, basierend auf sorgfältiger Beobachtung – verkörperten für ihn die perfekte Kombination aus analytischem Verstand und den wissenschaftlichen Methoden, die heute in Forensik und Fallanalyse üblich waren. Besonders faszinierte ihn Holmes' versierter Umgang mit Chemie, Giftstoffen und Rauschmitteln. Holmes' vielseitige Kenntnisse, seine chemischen Tests zur Identifizierung von Blutspuren und die Anwendung chemischer Analysen bei Vergiftungsfällen, zeigte sich als eine frühe Form der Pharmakologie, lange bevor sie in der Kriminalistik etabliert wurde. In diesem Moment fühlte Hans Hofwinkel eine tiefe Verbindung zu den Kurzgeschichten und Romanen. Besonders beeindruckte ihn Holmes' Nutzung der Obdachlosen Londons als Informationsquelle. Hans Hofwinkel erkannte Parallelen zu seiner eigenen Welt im Darknet, wo er ein Netzwerk von anonymen Gleichgesinnten fand, die seine technischen Interessen teilten. Und diese digitale Unterwelt bot ihm nicht nur Zugang zu Informationen und Ressourcen, sondern auch ein Gefühl der Zugehörigkeit und des Verstandenwerdens, das ihm in der realen Welt oft fehlte.

Hans Hofwinkel setzte sich am folgenden Tag erneut an die Analyse und Aufklärung des rätselhaften Falls von Kara Kowalski. Die Lektüre vom Vortag hatte ihn inspiriert und seine Motivation gesteigert, die mysteriösen Zusammenhänge zu entwirren. Er ging die Fakten erneut durch: Das Zeitfenster zwischen 12 Uhr 00 und 15 Uhr 43. Die 100 Computerarbeitsplätze. Die Benutzerdaten. Die Studierendenkartei des Sekretariats. Die Liste der 1011 potenziellen Beteiligten, die sich auf 101 Personen aus der letzten Computerreihe eingrenzen ließ. Von diesen hatten 11 einen expliziten Bezug zur Kunstgeschichte – 1 Doktorand und 10 weibliche Personen. 9 hatten Buchrecherchen an den Computerstationen durchgeführt. Somit kristallisierte sich wieder der Name heraus: Malina Morgenstern. Hans Hofwinkel grübelte, ob eine Begegnung mit ihr Aufschluss geben könnte. Hatte sie vielleicht am Vortag in der Bibliothek etwas Auffälliges bemerkt? Ein Gespräch, überlegte er, könnte den entscheidenden Hinweis bringen.

Hans Hofwinkel verschaffte sich erneut Zugang zum Computer des Sekretariats und lokalisierte die Studierendenliste. Beim wiederholten Anblick des Profilfotos von Malina Morgenstern stockte ihm der Atem. Ihre Schönheit war so atemberaubend, dass sie ihm fast unwirklich, wie ein 3D-Rendering, erschien. Obwohl er bezweifelte, dass sie hinter der erpresserischen E-Mail steckte, hatte sie nun definitiv sein Interesse geweckt. Beim weiteren Durchforsten der Systeme stieß er auf eine E-Mail an Malina Morgenstern, die sie aufforderte, ein Formular für die Übergabe des Fahrstuhlschlüssels an den Bibliothekar auszufüllen. Das ließ darauf schließen, dass sie ihre Tätigkeit an der Universität vor Kurzem beendet hatte. Neugierig auf die Gründe, entschied sich Hans Hofwinkel, zunächst den Bibliothekar aufzusuchen, um mehr Informationen zu sammeln.

Hans Hofwinkel betrat gegen Mittag das Untergeschoss der Bibliothek, in Hoffnung, dort den Bibliothekar anzutreffen. Doch zu seiner Überraschung hatte der Raum nicht die gewohnte Ruhe und Dunkelheit, sondern war grell beleuchtet und von Polizisten überfüllt. Verunsichert von dieser unerwarteten Szene, fragte er sich, was hier passiert sein mochte. In diesem Moment näherte sich der Hausmeister eilig und überbrachte ihm die schockierende Nachricht: Der Bibliothekar habe sich still und heimlich das Leben genommen. Von dieser plötzlichen Wendung überrumpelt, behielt Hans Hofwinkel dennoch seine Fassung und fragte nach Malina Morgenstern, die er eigentlich im Untergeschoss habe sprechen wollen. Er erläuterte dem Hausmeister seine Absicht, woraufhin dieser ihm mitteilte, dass Frau Morgenstern etwa eine Stunde zuvor ihren Fahrstuhlschlüssel abgegeben habe. Hans Hofwinkel spürte, dass hier etwas nicht stimmte. Er kehrte in den Lesesaal zurück, klappte seinen Laptop auf und hackte sich wieder in die Computer des Sekretariats ein. Fokussiert suchte er die Wohnadresse von Malina Morgenstern heraus und war völlig überrascht, als er herausfand, dass sie im selben Wohnblock lebte wie er. Diese Erkenntnis eröffnete plötzlich eine neue Dimension in dem mysteriösen Fall.

Hans Hofwinkel erreichte den Eingangsbereich seines Wohnblocks und begann diskret, die Briefkästen der Anwohner zu überprüfen. Rasch fand er das gesuchte Namensschild bei Hausnummer 25. Er konnte sich nicht erinnern, jemals dieser Frau begegnet zu sein. Angesichts der Größe und Anonymität des Wohnkomplexes war es allerdings kaum verwunderlich, nicht jeden der zweihundert Bewohner in diesem Plattenbau zu kennen oder sich ihre Gesichter einzuprägen.

Hans Hofwinkel zog sich in die vertraute Umgebung seiner als Computerhöhle eingerichteten Wohnung zurück, um in Ruhe nachzudenken. Er setzte sich auf sein Fensterbrett, zündete sich eine Zigarette an und dachte nach. Während er mit angezogenen Beinen prüfend in den Innenhof blickte, ließ er die Ereignisse Revue passieren. Die Konstellation schien perfekt: Malina Morgenstern wohnte in einem Apartment auf der einen Seite des Gebäudes im zweiten Stock, während Kara Kowalski direkt gegenüber ihr Domizil hatte. Aus dieser Position hätte Malina Morgenstern problemlos ein Verbrechen beobachten und sogar filmen können. Hans Hofwinkel begann nun ernsthaft in Betracht zu ziehen, dass sie möglicherweise die Verfasserin der anonymen E-Mail war. In diesem Moment kam ihm ein Sherlock-Holmes-Zitat in den Sinn: ›Wenn man alle logischen Lösungen eines Problems eliminiert, ist die unlogische, obwohl unmöglich, unweigerlich richtig.‹ Obgleich er bisher hauptsächlich seinem Instinkt gefolgt war und noch nicht alle logischen Erklärungen ausschließen konnte, mahnte ihn dieses Zitat dazu, auch unwahrscheinliche Szenarien in seine Überlegungen miteinzubeziehen.

Hans Hofwinkel verschaffte sich mit Leichtigkeit Zugriff auf Malina Morgensterns Laptop, der, wie er feststellte, ein neuestes Modell war. Er überlegte, was sie dazu bewogen haben könnte, sich ein so teures Gerät zuzulegen. Er vermutete, dass sie vielleicht noch einen älteren Computer besaß. Doch viel dringlicher war die Frage, wo sich die angeblich existierende Videodatei befand, die einen Mord dokumentieren sollte. Hans Hofwinkel durchforstete akribisch ihren Laptop, ihre Cloud und alle verfügbaren E-Mail-Accounts. Doch die Datei blieb unauffindbar. Inmitten seiner Recherche stieß er auf eine E-Mail für einen Servicetermin im Kundendienstzentrum für den folgenden Mittag – Malina Morgenstern hatte offenbar Probleme mit ihrem neuen Laptop. Er beschloss, ebenfalls dort zu erscheinen und so eine zufällige Begegnung mit ihr herbeizuführen. Während er weiter ihre Daten durchstöberte, entdeckte er ihr Manuskript. Sie war demnach eine Autorin. Eine Online-Suche nach ihrem Namen ergab jedoch keine Treffer, die auf eine bereits etablierte Schriftstellerin hinwiesen. Hans Hofwinkel folgerte daraus, dass sie noch am Beginn ihrer kreativen Laufbahn stand, und fragte sich, welche literarischen Vorbilder Malina wohl haben mochte. Bald hatte er ihre Buchbestellungen gefunden, und das waren nicht wenige: Darunter befanden sich Mystery-Romane, Geschichten aus dem Genre Noir-Fantasy, historische Thriller und klassische Krimis – allen voran die Werke von Sir Arthur Conan Doyle. Interessant, dachte Hans Hofwinkel. Diese Erkenntnis könnte ihm bei ihrem Treffen am nächsten Tag einen Vorteil verschaffen.

22

Das Kundendienstzentrum befand sich am Kurfürstendamm. Es rieselte und rieselte vor den weiten Fenstern. Hans Hofwinkel sah sich die neuesten Monitore, Mobiltelefone und weitere Multimediageräte auf den großen Eichenholztischen an und wartete nervös auf den Moment, in dem Malina durch die automatische Schiebetür treten würde. Er erkannte sie sofort. Sie wirkte zierlich, fast zerbrechlich, ihr Haar wippte leicht mit jedem ihrer Schritte. Alle Augen richteten sich nach und nach auf sie. Malina wirkte wie aus einer Modezeitschrift ausgeschnitten, nichts an ihr war gewöhnlich oder gar unpassend. Ihr schicker Wintermantel war farblich exakt auf die Schneestiefel und die knallrote Handtasche abgestimmt, die sie elegant über der Schulter trug. Sie schritt zielstrebig durch den Raum. Sogleich eilte ein Mitarbeiter auf sie zu und begann, sie ausführlich zu beraten. Hans Hofwinkel konnte den Blick nicht von ihr abwenden. Er bekam plötzlich keine Luft mehr, es schnürte ihm die Kehle zu. Wie sollte er diese Frau jemals in seinem Leben ansprechen? Inzwischen hatte sich Malina auf einen der schicken Hocker gesetzt und wartete auf ihren Berater.

Jetzt oder nie, dachte sich Hans Hofwinkel und setzte sich ihr gegenüber mit an den Tisch. »Sind Sie öfter hier?«, versuchte er, die Konversation zu beginnen.

»Nein, eigentlich nie«, entgegnete sie freundlich.

Hans Hofwinkel ahnte schon, dass er bei so einer Schönheit nicht die leiseste Chance hatte. Im nächsten Moment hatte sie sich auch schon leicht abgewandt und suchte mit den Augen nach ihrem Berater. Sie gab ihm zu verstehen, dass sie die Konversation nicht unbedingt weiterführen wollte. Sein Herz klopfte inzwischen bis zum Hals. Aber er gab nicht auf und traute sich wieder, das Wort zu ergreifen:

»Ist das nicht ein witziges Logo mit dem angebissenen Apfel?«

Malina schwieg.

»Erinnert irgendwie an den Apfel vom Baum der Erkenntnis, wie im biblischen Paradies, finden Sie nicht?«

»Oder an den vergifteten Apfel, den Schneewittchen von der bösen, neidischen Königin nimmt«, bemerkte Malina und sah in Richtung der Fenster, vor denen es ununterbrochen dicke Flocken schneite.

»Haben Sie schon mal von Alan Turing gehört?«

»Nein.«

»Das war ein berühmter Mathematiker und Kryptoanalytiker, er lebte von 1912 bis 1954 in England. Er hat sich mit einem Apfel, der mit Zyankali vergiftet war, umgebracht.«

»Ach ja?« Malina schaute desinteressiert an Hans Hofwinkel vorbei. Sie sah aus, als hoffte sie, dass ihr Berater nun endlich erscheinen würde, doch er kam nicht.

Hans Hofwinkel war fest entschlossen, das Interesse der attraktiven Frau zu gewinnen. Bei seinem nächsten Versuch griff er geschickt ihre literarischen Ambitionen auf. »Ich muss ja gestehen, Kriminalfälle faszinieren mich sehr; vor allem Sherlock Holmes. Ist schon spannend, zu überlegen, wie Sir Arthur Conan Doyle auf all seine Ideen gekommen ist, oder?«

»Ja, total!«, entgegnete Malina überrascht.

Er nickte und erklärte eloquent: »Doyles wichtigster Einfluss war Dr. Joseph Bell, sein Medizinprofessor aus Edinburgh. Der war bekannt für seine unglaubliche Beobachtungsgabe und analytischen Fähigkeiten – genau wie Sherlock Holmes. Doyle hat auch seine eigenen Erfahrungen als Arzt einfließen lassen, um Holmes' Methoden so realistisch wie möglich darzustellen. Und literarisch? Da hat er sich von Edgar Allan Poe inspirieren lassen, besonders von dessen Detektivfigur C. Auguste Dupin. Man könnte sagen, Dupin war so etwas wie ein Vorreiter für Sherlock Holmes.«

»Interessant«, meinte Malina. »Wirklich sehr interessant!« Sie lächelte und sagte dann in einem aufgeschlossenen Ton: »Bücher sind nämlich meine Passion.«

»Ach wirklich?« Hans Hofwinkel machte ein scheinbar überraschtes Gesicht und wollte sogleich von Malina wissen: »Schreiben Sie denn manchmal?«

Malina nickte nur.

»Wirklich, da habe ich den größten Respekt vor!«

Langsam taute sie auf und begann zu erzählen, dass das Schreiben allein schon schwer sei und eine der höchsten Künste überhaupt. Doch wenn man nach Jahren des Ringens um die richtigen Worte endlich ein großes Werk vollendet habe, dann fingen die Probleme ja erst richtig an. Malina seufzte.

»Wie das?«, fragte Hans Hofwinkel erstaunt.

Malina öffnete sich nun und begann ihm zu schildern, wie sie um eine Literaturagentur oder einen Verlag gekämpft habe, wie sie sich über Monate beworben habe und dass sie, obwohl ihr Manuskript brillant sei, nun mal nicht markttauglich sei. Ihre Geschichte passe weder in ein gängiges Genre noch in die Schublade der ernsthaften Literatur. Stattdessen sei ihr Roman eine Kombination von beidem. Und genau diese besondere und kluge Mischung hatte sie nun an allen Stellen scheitern lassen.

Hans Hofwinkel tröstete sie. »Das kann ich mir gar nicht vorstellen. Ist es wirklich so schlimm in der Buchbranche, dass sie nur noch die Literatur nach Markttauglichkeit und Verkaufszahlen aussuchen?«

Malina nickte heftig.

»Worüber haben Sie denn geschrieben, wenn ich fragen darf?«

Sie erzählte ihm von ihrer Geschichte des Mönchs, der lernte, wie seine Seele reisen konnte.

Hans Hofwinkel staunte. In dieser attraktiven Frau steckte so viel Innovation und Kreativität.

Malina gefiel dieser Mann. Auch wenn er eine recht befremdliche Ausstrahlung hatte, hing er doch an ihren Lippen und interessierte sich so sehr für Literatur.

»Wissen Sie«, sagte er verständnisvoll, »manchmal muss man sich selbst promoten, im Internet ein Publikum für seine Themen begeistern, einfach präsent sein. Haben Sie denn eine Webseite?«

»Leider nein, davon habe ich gar keine Ahnung.«

»Ich aber«, sagte Hans Hofwinkel mit einem leichten Grinsen, auf diesem Gebiet fühlte er sich sicher. »Wenn Sie wollen, kann ich Ihnen helfen.«

Malina überlegte. »Ist so eine Webseite denn sehr teuer?«

»Eigentlich schon, aber für Sie würde ich die Webseite auch ohne Geld erstellen.«

»Sie kennen mich doch gar nicht!«, antwortete Malina skeptisch.

Hans Hofwinkel trat der Angstschweiß auf die Stirn, vielleicht hatte er sich zu weit hinausgewagt. »Wir machen einen Freundschaftspreis, okay?«, sagte er, um irgendwie doch noch die Situation zu retten. »Dafür können Sie mir vielleicht irgendwann beim Schreibprozess helfen. Ich würde mich gern mal an einer Geschichte versuchen, müssen Sie wissen. Und zwar an einer Story, die den Leser in die Welt eines Grafikadventures entführt – ganz im Stil der klassischen Retro-Spiele wie *Zak McKracken* oder *Maniac Mansion*. Das fände ich toll! Bislang hat mir allerdings der Mut gefehlt. Ihre Unterstützung könnte mir den nötigen Anstoß geben.«

Das leuchtete Malina schon eher ein. Wenn fremde Menschen ihr einfach so etwas schenken wollten, wurde sie skeptisch, aber dieser Mann war einfach zu sehr an Literatur und Games interessiert und da er einer angehenden Schriftstellerin wie ihr gegenübersaß, bot er seine Hilfe an. Es konnte nicht schaden, sich einen Kontakt von ihm geben zu lassen, dachte Malina. Doch genau in diesem Augenblick kam ihr Berater wieder.

Hans Hofwinkel spürte, dass er sie schon fast so weit hatte, dass sie ihre Adressen tauschten, und war vollkommen verärgert, als Malina sich dem Berater wieder zuwandte. Er stand auf und ging hinüber zu den neuesten Desktopmodellen und Datenspeichermedien. Er studierte die Computerinformationen, doch aus den Augenwinkeln beobachtete er immer wieder Malina, wie sie mit dem Berater sprach. Schließlich verschwand dieser zum zweiten Mal. Das war Hans Hofwinkels letzte Chance. Er trottete wieder zu ihrem Tisch zurück.

Sie schenkte ihm ein flüchtiges Lächeln.

»Also, wenn Sie mal Hilfe mit der Technik benötigen, können Sie mich einfach fragen«, begann er und nannte seine Wohnadresse.

»Was? Da wohne ich doch auch!«, platzte Malina verblüfft dazwischen.

»Ach wirklich?«, bemerkte Hans Hofwinkel scheinheilig. »Ich wohne schon seit vier Jahren dort und habe Sie nie gesehen.«

»Ich Sie auch nicht«, entgegnete Malina immer noch vollkommen überrascht. Sie hatte noch nie ihre Adresse an fremde Leute rausgegeben. Auch von diesem Mann hätte sie, wenn überhaupt, nur seine Kontaktdaten mitgenommen und ihn bei Gelegenheit wegen ihres Computers oder der Webseite noch einmal unverbindlich kontaktiert. Denn eine Webseite konnte sie wirklich gut gebrauchen. Jedoch hatte sie nie vorgehabt, ihre Adresse zu verraten oder erst wenn sie ihn wirklich länger kannte. Nun wusste er, wo sie wohnte. Aber wer hatte schon ahnen können, dass er im selben Plattenbau wohnte. Das war ja wirklich ein irrer Zufall.

»In welcher Etage wohnen Sie denn?«, fragte sie neugierig.

»In der achten.«

»Ich wohne in der zweiten und heiße Malina – Malina Morgenstern.«

»Hans – Hans Hofwinkel«, meinte er höflich.

Nun war das Eis gebrochen, und sie duzten sich. Er konnte jederzeit bei ihr klingeln, wenn er es nicht überstrapazierte. Und das würde er auf keinen Fall tun. Er begann Malina nun über ihr Handy auszufragen, ob sie genug Schutz und Sicherheitsvorkehrungen getroffen hätte. Natürlich hatte sie nicht. Geschickt ängstigte er sie, dass sie mit der App ihrer Bank auf ihrem Handy ein zu hohes Risiko eingehen würde und er ihr behilflich sein könne, diese Sicherheitslücke zu schließen. Schon hatte er Malinas Handynummer.

Zufrieden verabschiedete sich Hans Hofwinkel. Aus den Augenwinkeln sah er noch den Berater herbeieilen. Das war ein Erfolg auf ganzer Linie für ihn. Hans Hofwinkel verließ den Laden und fuhr nach Hause.

Schon am nächsten Tag erreichte ihn eine lange SMS von Malina mit der freundlichen Aufforderung, ihr die Webseite so bald wie möglich einzurichten. Sie konnte es kaum erwarten. Nur allzu gern wollte Hans Hofwinkel ihr diesen Wunsch erfüllen und gab sich auch größte Mühe, eine Webseite exakt nach Malinas Vorstellungen zu gestalten. Sie zeigte ihm im Internet ein Amulett, das Zeichen der kindlichen Kaiserin aus der unendlichen Geschichte. So ähnlich sollte auch ihr Logo aussehen. Hans Hofwinkel entwarf eine 3D-Grafik: zwei schlangenähnliche, ineinander verschlungene M-Buchstaben und als Hintergrundfläche ein sich aufhellender Nachthimmel mit glimmendem Morgenstern. Malina ließ ihn die Farben hier und da noch ändern, bis ihr das eigene Logo richtig gut gefiel, dann ging die Webseite schon online. Die Seite war von schlichter Eleganz gehalten. Sie traf exakt ihren Geschmack. Malina war außer sich vor Freude. Endlich hatte sie ihre eigene Internetpräsenz, die sie als Schriftstellerin auswies. Hans Hofwinkel erntete hierfür einen unverbindlichen Händedruck und ein schlichtes »Dankeschön« an seiner Haustür. Mehr nicht. Alles ging ganz schnell. Dann war Malina auch schon wieder weg.

Zeit für einen Kaffee oder Tee hatte sie nicht. Er war enttäuscht, er hätte sich da schon etwas mehr erhofft.

Hans Hofwinkel verbrachte die nächsten Tage damit, jeden Schritt von Malina zu verfolgen. Als Erstes hackte er sich in ihr Handy und durchsuchte es. Die Videodatei hatte sie schon gelöscht. Er bastelte eine Weile, um sie wiederzubekommen, aber dafür hätte er das Handy und seinen Speicher vor Ort haben müssen. Dennoch konnte er sich in die Map-Funktion hacken und Malinas Unternehmungen genau verfolgen. Wenn sie das Haus verließ, beobachtete er sie zusätzlich von seinem einzigen Fenster aus, das nicht mit Sonnenschutzfolie abgeklebt war. Er guckte vorsichtig zwischen den Lamellen hervor und hielt sich bedeckt, um unerkannt zu bleiben. Heimlich registrierte er, wie sie täglich zu der Künstlerin ins Atelier ging und sich dort länger aufhielt. Einmal stiegen die beiden Frauen ins Auto und fuhren gemeinsam durch die Stadt, Hans Hofwinkel blieb nichts verborgen. Er beobachtete den Punkt, der Malinas Handy darstellte, wie er sich auf der digitalen Karte seines Bildschirms bewegte. Die Route, die die Frauen nahmen, führte sie entlang der Spree durch das Zentrum Berlins. Sie passierten markante Sehenswürdigkeiten wie den schimmernden Molecule Man, bevor sie ins Hansaviertel gelangten. Ihr Ziel war der Bahnhof Bellevue, in dessen Nähe sich das Buchstabenmuseum befand. Eine Weile später verharrte der Punkt schließlich in der Goethestraße in Charlottenburg. Neugierig recherchierte er im Internet nach der Adresse und stieß auf das indische Restaurant ›Satyam‹. Vielleicht saßen sie gerade dort, umgeben von exotischen Gewürzdüften, dachte er.

Hans Hofwinkel lebte zufrieden mit dem Wissen, Malina immer genauer kennenzulernen, ihre intimsten Nachrichten zu durchstöbern und ihr literarisches Schreiben zu studieren. Er sagte sich jeden Tag, wenn er wollte, könnte er ja vorbeigehen. Sie war unglaublich nahe bei ihm, ohne dass er jemals etwas von sich preisgeben musste. Er spürte jeden Tag diese Macht über sie, die ihm sein Genius ermöglichte und hatte sorglose, nahezu kindliche Fantasien, die er auskostete und die er irgendwann einmal ausleben würde, wenn er sich traute. Der Tag würde kommen, sagte sich Hans Hofwinkel. Manchmal wenn Malina Kara noch eine liebe gute Nacht wünschte und ihr dies und das schrieb, war es Hans Hofwinkel so, als würde sie eigentlich gerade ihm schreiben. Dass von ihm keine Antwort kam und die Antwort stattdessen Kara Kowalski übernahm, störte ihn wenig. Hier fühlte er sich sicher. In seiner kleinen abgeschirmten Wohnung, in der keine Menschenseele ihn ablehnen, ihn beleidigen oder verletzen konnte. Er wäre zu so viel Dialog gar nicht fähig gewesen. Was sich Frauen alles anvertrauten, erstaunte ihn.

Hans Hofwinkel sah aus dem Fenster seines achten Stocks herab, wie herrliche Schneeflocken langsam zu Boden wirbelten – jede einzelne wie ein Pixel in einem Puzzlespiel. Malinas Fröhlichkeit und Offenheit hatten ihn angesteckt. Er öffnete das Fenster und frische Luft strömte in seine Computerhöhle. Er sah den Staub im Licht der Nachmittagssonne flirren und atmete die kalte, klare Luft ein. Malina trat plötzlich aus der Lagerhalle. Sie blieb mitten im Innenhof stehen und stand einfach so da. Seltsam, dachte sich Hans Hofwinkel. Dann machte sie ganz eigenartige Bewegungen, ging die von den Kindern gebauten Figuren aus Schnee ab und stelle sich schließlich lange vor den Schneemann, nickte mit dem Kopf, breitete ihre Arme aus, als würde sie fliegen und sauste durch den Innenhof. Hans Hofwinkel begriff lange nicht, was sie da tat. Sie wirkte vollkommen verrückt. Irgendwann dämmerte es ihm, sie musste unter Drogen stehen. Lange hielt er sich am Fenster auf. Auch als sie schon zurück in die Lagerhalle gegangen war, schaute er immer mal wieder hinüber und ließ das Fenster offenstehen. Die Kälte störte ihn nicht. Plötzlich kam Malina wieder heraus. Aus der Tür stieg so etwas wie Nebel auf, vielleicht qualmte es auch. Was machten die Frauen denn bloß dort drinnen in der Lagerhalle? Kara Kowalski wirkte außer sich vor Zorn, sie warf ein zerstörtes Gemälde, das durch Brandspuren deutlich gezeichnet war, in den Innenhof. Die beiden stritten laut. Eines der Fenster vom vierten Stock ging auf und Frau Grubach rief etwas Aufmunterndes zu den Frauen, was die große Künstlerin innehalten ließ. Dann verschwand Frau Kowalski lautlos in ihrer Lagerhalle. Es war wieder still. Malina verließ schließlich mit gesenktem Kopf den Innenhof.

Hans Hofwinkel beobachtete die nächsten Tage Malina noch genauer. Sie schien nicht mehr den Kontakt zu Kara Kowalski zu suchen. Das war seine Chance! Wenn nicht jetzt, wann dann, fragte er sich und überlegte, wie er am geschicktesten die Kontaktaufnahme einfädeln könnte. Ihm kam die Idee, ihre Webseite, die er inzwischen für sie programmiert hatte, wieder offline zu schalten. Dann würde sie ganz von selbst zu ihm kommen. Dennoch zögerte Hans Hofwinkel. Er wusste, dass sie eigentlich nichts von ihm wollte. Aber waren das Aussehen und die Ausstrahlung wirklich so entscheidend? War diese düstere Kowalski, die wie aus einem Gothic-Horror-Game entsprungen aussah, so viel überzeugender als er? Immerhin war er ein High-Skilled-Player und begnadeter Programmierer, dem die virtuelle Welt unendliche Möglichkeiten bot, ein Universum, in dem er seine außergewöhnlichen Fähigkeiten und Visionen zur vollen Entfaltung brachte! Womöglich hatten sich Malina und die exzentrische Künstlerin zerstritten, mutmaßte er mit einem gewissen Bedauern. Denn nun fehlten ihm die ganzen SMS zwischen den beiden doch sehr – ihr Austausch über künstlerische Fragen und die philosophischen Gedanken zu den Werken, dieses vertraute Gespräch, das Knistern zwischen den Zeilen. Malina kapselte sich zu sehr ein. Bestimmt hatte sie wieder einmal Liebeskummer, dachte Hans Hofwinkel. Hatte sie doch schon mehrmals schlechte Erfahrungen mit Männern machen müssen, wie er beim Einloggen in ihren Dating-Account feststellen konnte. Und auch die Beziehung zu der Künstlerin schien nicht viel besser zu laufen. Doch das sollte sich nun ändern, davon war Hans Hofwinkel überzeugt. Schließlich hatte Malina ja ihn kennengelernt. Und für den Fall, dass sie ihn dennoch ablehnen sollte, hatte er sich einen Plan zurechtgelegt, der Malina praktisch keine andere Wahl ließ, als einzulenken.

Es dauerte noch ein paar Tage, bis er sich zum Offlinestellen der Webseite durchringen konnte. Ein paar Mal stellte er sie nachts offline und setzte sie früh wieder online. Schließlich ließ er ihre Webseite offline geschaltet und wartete ab. Hans Hofwinkel war wirklich aufgeregt. Es dauerte keine zwei Tage, da meldete sich Malina mit einer SMS bei ihm und fragte nach der Webseite. Hans Hofwinkel war überglücklich. Es funktionierte. Er schrieb ihr zurück, dass er sich die Sache genauer vor Ort an ihrem Laptop ansehen müsse und sie lud ihn daraufhin zum Abendessen ein. Hans Hofwinkel wurde ganz närrisch, er duschte sich ausgiebig, rasierte sich, suchte sein schönstes Hemd heraus und prüfte seine Erscheinung immer wieder im Spiegel. Schließlich ging er nach Wochen der Spionage endlich hinunter zu ihr in den zweiten Stock und auf die Minute genau klingelte er und wartete.

Malina öffnete ihm die Tür und bat ihn herein. Hans Hofwinkel betrat ihre kleine Wohnung, die denselben Schnitt hatte wie seine, und konnte sein Glück gar nicht fassen. Wie anmutig ihre Bewegungen doch waren, wie sie lächelte und dabei ihr Haar weich in den Nacken fiel. Wenn das Onlineschalten der Webseite kompliziert gewesen wäre, dann hätte er es in diesem Moment nicht zustande gebracht. Doch es war in drei Klicks getan und Malina war erstaunt und dankbar, dass sich der technische Fehler so leicht beheben ließ. Es folgte das Abendessen. Malina hatte sogar eine Kerze angezündet, sie war romantisch, dachte Hans Hofwinkel. Ob sie nicht doch ihn so mochte wie er sie, fragte er sich. Sie brachte den Gemüseauflauf aus der Küche und stellte ihn auf die sorgsam ausgelegten Topflappen mit Sternchenmuster ab. Dann schenkte sie beiden Wein ein. Still und andächtig aßen beide vom Auflauf. Hans Hofwinkel lobte das Essen. Für ihn hatte die ganze Szenerie etwas Unwirkliches, hier mit dieser Schönheit in ihrer Wohnung zu sitzen und ihr sorgfältig vorbereitetes Abendessen gemeinsam sich schmecken zu lassen. Er wollte ihr eine Chance geben und seinen eigentlichen Plan erst in Angriff nehmen, wenn er es auf ehrliche und aufrichtige Weise versucht hätte und wenn sie ihn ablehnen würde. Vielleicht würde sie ihn gar nicht ablehnen. Sie wirkte so liebevoll, vielleicht wollte sie ihn ja auch. Wenn das so wäre, würde sie nie von seinen genialen Fähigkeiten erfahren und sie würden glücklich alt werden, Kinder bekommen und sie würde ihm und seinen Kindern jeden Abend das Essen zubereiten. Dann war alles gut. Wenn sie ihn aber ablehnte, dann wüsste er sich dank seiner Genialität zu helfen. Hans Hofwinkel hatte aufgegessen und dankte ihr noch einmal für den köstlichen Auflauf. Nun wartete er gespannt auf das, was kommen würde.

Malina deutete ihm an, dass sie recht müde sei und noch viel zu tun habe, sie wollte also, dass er jetzt ginge. Das würde er nicht akzeptieren. Er versuchte auf liebevolle Art ihr verständlich zu machen, dass er gern noch bleiben wolle und merkte gleich, wie es ihr nicht gefiel. Aber Verliebte wollen doch die ganze Zeit zusammen sein und können gar nicht voneinander lassen, dachte Hans Hofwinkel. Er entschied sich also, endlich nach Wochen des geteilten Lebens, von dem sie nichts wusste, ihr seine wahren Gefühle zu gestehen. Er wollte mutig sein. Sie würde bestimmt genauso fühlen. Noch nie zuvor hatte er einer Frau seine Gefühle offenbart. Aber auch hatte ihn noch nie zuvor eine Frau zum Abendessen eingeladen. Es war also an der Zeit.

Unbeholfen kam er gleich zur Sache und gestand Malina seine Gefühle, die er für sie hegte. Malina aber lehnte dankend ab. Das traf Hans Hofwinkel wie ein Schlag. Zuerst begriff er es gar nicht, dass sie für ihn nicht dasselbe empfand. Nach und nach sickerte die Botschaft zu ihm durch und eine unglaubliche Wut und ein tiefer Schmerz stiegen in ihm auf. Hans Hofwinkel beschloss also, seinen Genius nun wirken zu lassen. Sie hatte es nicht anders gewollt und hatte alle Chancen gehabt. Malina ihrerseits wollte ihren Nachbarn endlich loswerden. Sie hatte sich nun alle Mühe gegeben, für ihn gekocht und war ihm nichts mehr schuldig. Aber wenn man den Leuten einmal den kleinen Finger reichte, griffen sie immer gleich die ganze Hand – oder besser noch: sie nahmen den ganzen Arm. Sein dämliches Liebesgeständnis empfand sie als geschmacklose Zumutung und peinliche Entgleisung. Der unbeholfene und rundliche Hans Hofwinkel war nun wirklich nicht ihr Typ. Wie konnte er denken, dass sie ernsthaft etwas mit ihm anfangen würde? »Nein danke!«, sagte sie. »Du bist wirklich ein netter Mensch. Aber das mit uns wird nie etwas werden!«

Mit eisiger Miene nahm Hans Hofwinkel seinen Laptop hervor und sagte: »Ich weiß mehr über dich, als du denkst. Du deckst eine Mörderin, die einen Mann umgebracht hat. Damit hast auch du dich strafbar gemacht. Und nun, wo ihr euch getrennt habt, bist du wieder Single.«

Malina war wie vom Blitz getroffen. Dann zischte sie: »Woher weißt du das alles?«

»Regelmäßig habe ich mich in deinen alten und auch in deinen neuen Laptop eingehackt. Ich beobachte dich über die Webcam, lese in deinen Mails und habe deine Festplatte gespiegelt und extern abgespeichert. Einen interessanten Roman – Nyawa – hast du da geschrieben. Ein Mix aus fantastischen Elementen und historischen Motiven, vergleichbar mit einem Survival-Mystery-Game. Mir hat das sehr gefallen. Zudem« – Hans Hofwinkel lächelte hämisch – »bin ich im Besitz der mörderischen Videodatei. Du weißt, was das bedeutet!«

Fassungslos sah Malina ihn an. Sie glaubte nicht, was sie da hörte. Sollte nun alles wieder von vorn anfangen? Dieser hinterlistige, hochintelligente

Nerd grinste sie siegessicher an. Malina schluckte, dann entgegnete sie verbissen: »Was du getan hast, ist strafbar. Ich werde dich anzeigen!«

Hans Hofwinkel nickte spöttisch. Hölzern und wie ein aufmüpfiger Schüler in der dritten Klasse erklärte er weiter: »Für das, was ich getan habe, würde ich wohl zu einer Geldstrafe verurteilt werden. Doch wenn du mich anzeigst, käme restlos alles ans Tageslicht. Deine geliebte Künstlerin käme lebenslänglich hinter Gittern und du würdest wohl zu einer Gefängnisstrafe auf Bewährung verurteilt werden, weil du einen Mord nicht gemeldet hast und in gewisser Weise damit eine psychopathische und gemeingefährliche Mörderin gedeckt hast! Willst du es wirklich so weit kommen lassen?«

Malina musterte Hans Hofwinkel gründlich. Dieser Mann war eigentlich nicht ernst zu nehmen. Er wirkte lächerlich. Aber Malina hörte jedes seiner Worte ganz genau zu. Sie schüttelte schließlich den Kopf. »Was willst du von mir?«

»Wann hast du Zeit für ein Abendessen, Malina? Zudem möchte ich dich regelmäßig in deiner Wohnung besuchen kommen. Auch wirst du den Kontakt zu der exzentrischen Künstlerin abbrechen. Das sind meine Bedingungen!«

Er ekelte sie an. Wollte er sie etwa vergewaltigen? Malina fühlte sich bedroht, ging erst einmal restlos auf seine Forderungen ein und tat, was er von ihr verlangte. Sie tat es gegen ihren Willen, sie tat es aus Angst um ihr Leben, vor allem aber tat sie es für Kara, die sie immer noch liebte. Kara hatte sich auf ihre einzige SMS nicht gemeldet und Malina war zu stolz gewesen, um sie noch weiter zu kontaktieren.

Hans Hofwinkel bemühte sich intensiv um Malinas Aufmerksamkeit. Er besuchte sie oft in ihrer Wohnung, lud sie regelmäßig zum Abendessen ein, empfing sie in seinen eigenen vier Wänden, machte ihr wiederholt Geschenke und hinterließ liebevoll verpackte Präsente vor ihrer Haustür.

In seiner großen Wohnung herrschte ein regelrechtes Durcheinander. Überall hingen Poster mit Game Art – Kunstwerke, wie er Malina des Öfteren erklärte, die von digitalen Spielen inspiriert waren. Dann gab es Plakate mit Art Games – Computerwelten, die sich mehr als interaktive Kunstwerke denn als herkömmliche Unterhaltungsmedien verstanden. Und zwischen all dem fanden sich selbstgebaute Modellraumschiffe. Er war tatsächlich noch ein halbes Kind, wie schon der Fußabtreter vor seiner Haustür mit Trickfilmfigur zeigte. Ein pubertierender Mann Mitte dreißig war er, der ständig vor dem Rechner saß, Games zockte, im Internet surfte oder sonst was anstellte im Cyberspace. Zwar ging er Malina nicht an die Wäsche, aber sie musste bei ihm bleiben und zusehen, wie er die Aufgaben der Online-Rollenspiele mit viel Elan meisterte! Zudem schickte er Malina immer mal wieder für Besorgungen. Meist waren das Medikamente aus der Apotheke oder sonstige Kleinigkeiten, für die er zu faul war, sie aus dem Internet zu bestellen. Als Zeichen seines Vertrauens gab er Malina schließlich den Zweitschlüssel zu seiner Wohnung. Einsam war er und geldgierig auch. Und seine Gier nach Geld brachte ihn plötzlich auf die Idee, Kara zu erpressen. Malina konnte ihn von diesem Gedanken, so sehr sie sich auch mühte, nicht abbringen. Umso mehr sie Kara beschützen wollte, umso eifersüchtiger wurde Hans Hofwinkel. Ein Glück hatte er sie nicht zu etwas gezwungen. Er redete sich stattdessen die ganze Zeit ein, ein moralischer Mensch zu sein.

Eine Vergewaltigung hätte Malina vollkommen zerstört. Sie mochte vielleicht promisk sein und so einige Menschen attraktiv finden, aber Hans Hofwinkel war einfach nur widerlich. Was Malina zunehmend Sorgen bereitete, waren Hans Hofwinkels Paranoia. Immer und überall fühlte er sich verfolgt – als ob sich die Welt gegen ihn verschworen hätte. Fast alle Fenster waren mit Sonnenschutzfolie dicht versiegelt und deren schwarze Flächen waren teils regelrecht mit Notizzetteln übersät. Kryptische Kritzeleien waren darauf zu erkennen – IP-Adressen, URLs, PIN-Codes, SQL-Befehle und Ideen für neue Quellcodes, wie Hans Hofwinkel mit leidenschaftlicher Begeisterung erläuterte, als Malina ihn darauf ansprach. Sie saß wieder einmal in der Dunkelheit seiner Computerhöhle, einer beklemmenden Black Box. Sie konnte ihn nicht davon abbringen, die Sonne hineinzulassen. Hans Hofwinkel achtete genau darauf, dass sie beide möglichst getrennt nur noch den Wohnblock verließen. Seitdem er die erpresserische E-Mail mit dem Betreff ›BEWEISMATERIAL noch immer vorhanden‹ fortgeschickt hatte, wollte er unbedingt vermeiden, dass Kara wusste, wer er war und wo er wohnte. Mit seiner Angst wurde es nur von Tag zu Tag schlimmer. Um sich sicherer zu fühlen, bewahrte er in einem Safe einen Gegenstand auf, der ihm emotionalen Halt bot …

»Das ist einfach nur widerlich!«, rief Kara, als Malina ihr diese Geschehnisse schilderte. »Es tut mir so leid, dass ich dich verdächtigt habe«, sagte sie immer und immer wieder und wurde vor Schuldgefühlen Malina gegenüber gar nicht mehr fertig. »Um mich zu schützen, hast du so viel auf dich genommen! Ich wusste ja nicht, dass du –« Kara schluckte. Sie konnte es nicht sagen und sie hatten es sich nie gesagt. Dass du mich noch liebst, hatte Kara sagen wollen, wie Malina genau wusste. Noch war gut, eigentlich hatte Malina Kara erst angefangen zu lieben, als sie von ihr hinausgeworfen worden war. Sie konnte erst etwas für sie fühlen, als sie Kara verloren hatte. Da fühlte sie dann aber ziemlich viel. Das wollte sie ihr jedoch nicht hier und jetzt sagen. Malina nickte deshalb bloß. »Ja, dem ist so«, brachte sie nur hervor. Kara verstand sofort. Sie sahen sich lange an. Mit diesem Moment hatten beide nicht gerechnet. Dann aber schlug Karas Schmerz in Wut um. Sie hasste diesen widerwärtigen Hans Hofwinkel, der ihr Leben zerstören wollte, und rannte wie von Sinnen über die Dachterrasse. »Nein Kara! Warte! Bleib hier!«, rief Malina ihr panisch hinterher.

Kara klingelte Sturm. Hans Hofwinkel war zu Hause. Er hatte in der Zwischenzeit seinen Safe geöffnet und einen Revolver rausgenommen, mit dem er ungebetenen Gästen Angst einjagen wollte. Den hatte er sich aus dem Darknet besorgt, nur für alle Fälle. Hans Hofwinkel blieb stur und machte nicht auf. Er hockte mit seiner Waffe in der Hand in seinem Lehnsessel und betrachtete starr sein zusammengeklebtes Raumschiff, das er vor kurzem erst gebastelt hatte. Malina kam die Treppe herunter, da hatte Kara bereits die Tür mit dem Dietrich geöffnet. Als Hans Hofwinkel aber die dürre, zwei Meter hohe Frau wutschnaubend auf sich zukommen sah, überfiel ihn Panik und er feuerte die ganze Revolvertrommel leer. Kara sackte zusammen und blieb reglos auf dem Boden liegen. Malina schrie vor Entsetzen und konnte es einfach nicht glauben. Sie stand unter Schock und betrachtete Karas stillen Körper. »Kara – Kara«, stammelte sie. Doch Kara regte sich nicht. Malina brauchte einen Moment, dann begriff sie, dass Hans Hofwinkel gerade Kara erschossen hatte. Auch Hans Hofwinkel brauchte eine Weile, um zu verstehen, was er getan hatte. Keiner der beiden war imstande, nach Kara zu sehen, keiner hätte die Endgültigkeit einer Nachricht jetzt ertragen können. Malina starrte auf Kara und hoffte einfach, dass sie doch wieder aufstehen möge. Hans Hofwinkel schaute stattdessen gar nicht auf die am Boden liegende Kara, sondern stellte sich benommen ans offene Fenster. Er kramte in seiner Hosentasche nach einer Zigarette und zündete sie sich an, wie er es immer tat, um in Ruhe nachzudenken. Dann setzte er sich aufs Fensterbrett und schaute mit leerem Blick hinunter in den Innenhof.

Minuten vergingen, während er rauchte. Schließlich drückte er die Kippe im Aschenbecher aus. Malina bekam eine unglaubliche Wut auf ihn, wie er da so sitzen konnte – kalt und ohne jegliche Anteilnahme. Aber anstatt wieder zu schreien oder auch nur Hans Hofwinkel von dieser Wut ahnen zu lassen, tat sie ganz unscheinbar und fragte ihn nach einer Zigarette, um sich ihm zu nähern. Für Malina waren es endlose Sekunden. Sie wusste, dass er viel stärker war als sie und dass sie nur eine einzige Chance hatte und seine Ahnungslosigkeit ausnutzen musste. Er meinte schuldbewusst: »Es tut mir leid, Malina. Ich habe das nicht gewollt.« In diesem Moment konnte sie sich nicht mehr verstellen und wusste genau, dass sie jetzt handeln musste oder es sein lassen sollte. Blitzschnell packte sie ihn und stieß ihn mit aller Kraft aus dem Fenster. Hans Hofwinkel rutschte ins Leere. Er war so verwirrt, dass er sich mit nur einer Hand noch an den Rahmen festkrallen konnte und aufschrie. Bevor er sich fangen und wieder mit dem ganzen Körper aufs Fensterbrett hochziehen konnte, riss Malina ihm die Hand weg und er fiel durch das offene Fenster acht Stockwerke hinab in den Innenhof. Sie hörte ihn fallen. Als würde er endlos fallen und nie aufkommen. Dann krachte es – ein dumpfes Hohlgeräusch, wie ein schwerer Sack. Malina sah nach. Hans Hofwinkel lag, mit dem Gesicht nach unten, regungslos da. Er war tot. So schnell ging das? War es wirklich so einfach, einen Menschen zu töten? Damit hatte der Genius wohl nicht gerechnet, dachte sie böse. Doch dann verrauchte ihre Wut, als sie ihn dort unten liegen sah, und sie kam langsam wieder zu Bewusstsein. Malina blieb einfach da sitzen, wo sie gerade saß. Was hatte sie da eben getan? Wie war es nur so weit gekommen? Sollte sie die Polizei verständigen oder schleunigst abhauen? Werden sie herausfinden, was passiert ist? Könnte sie jemals wieder ein normales Leben führen? Malina konnte keinen klaren Gedanken mehr fassen. Sie wusste einfach gar nichts mehr.

»Mädchen«, keuchte Kara ganz benommen und versuchte sich mühevoll aufzurappeln. »Mädchen. Was schreist du denn so?« Malina zuckte zusammen. Kara lebte? Minuten verstrichen, in denen Kara irgendwas erzählte und sich langsam aufrichtete. Kara begriff die Situation und erschrak. Sie stand schon wieder aufrecht, wenn sie auch noch sehr wacklig auf den Beinen war. Malina stützte sie inzwischen und wollte in Richtung Tür gehen, doch Kara schüttelte vehement den Kopf. »Du musst seine Computer und alle Datenträger, die er hat, mitnehmen. Dort hat er die Videodatei abgespeichert. Beeil dich aber, Malina! In Kürze wird die Polizei hier sein!« Malina folgte Karas Ratschlag und nahm seine Laptops sowie sämtliche externe Festplatten mit. Inzwischen bereute sie ihre Tat. Kara redete auf sie ein und zog sie unter heftigen Schmerzen in der Schulter mit sich. Ungesehen konnten sie die Wohnung im achten Stock verlassen, die Notfalltreppe hinunterhasten und sich über die Hintertür in die Lagerhalle begeben, während sich im Innenhof eine aufgeregte Menschenmenge um den toten Hans Hofwinkel bildete.

»Und was nun?«, fragte Malina, völlig verzweifelt, während sie hilflos um sich blickte. »Malina, du musst sofort in die Universitätsbibliothek gehen und dort so unauffällig wie möglich an einer Computerstation einloggen«, sagte Kara hastig und mit eindringlichem Ton. »Die Zeit des Logins könnte dir ein Alibi verschaffen. Es würde belegen, dass du dich kurz nach Hans Hofwinkels Tod in der Bibliothek aufgehalten haben musst und folglich nichts mit dem Tatgeschehen zu tun haben kannst. Okay, Malina? Hast du verstanden?« Malina blickte sie verwirrt an. »Und was wirst du tun?« Kara deutete auf die Laptops und Festplatten. »Ich kümmere mich in der Zwischenzeit um das Entsorgen der Beweismittel und das Entfernen der Kugel.« Malina zögerte einen Moment und atmete tief durch, bevor sie fragte: »Aber wohin gehst du?« Kara sah ihr fest in die Augen. »Es ist besser, wenn du das nicht weißt. Falls die Polizei dich befragt, hast du keine Ahnung, wohin das Computermaterial von Hans Hofwinkel verschwunden ist. Das ist sicherer so.«

Malina packte die Laptops und Festplatten entschlossen in eine Kiste und rannte damit zu Karas Auto, um sie im Kofferraum zu verstauen. Dann machte sie sich, so schnell sie konnte, auf den Weg. Mit einem Gefühl von Unwirklichkeit betrat sie die Universitätsbibliothek. Sie suchte sich unauffällig eine freie Computerstation und loggte sich mit zitternden Fingern ein, während ihre Gedanken unaufhörlich um das Geschehene kreisten. Während sie sich bemühte, konzentriert auf den Bildschirm zu starren und auf Google scheinbar kunsthistorische Recherchen für ihr Alibi zu betreiben, bemerkte sie, wie die Angst und das Gewicht ihrer Tat sie immer wieder einholten.

Kara steuerte ihr Auto durch Berlin-Kreuzberg, wobei sie aufgrund ihrer Schussverletzung das Lenkrad nur mit einer Hand halten konnte. Ein enger Bekannter wohnte hier in einem Hinterhof und war selber Künstler. Er hatte sein Medizinstudium damals abgebrochen und erledigte hin und wieder Jobs für Kara wie das Besorgen gefährlicher Chemikalien. Jetzt stand er vor der Aufgabe, die in ihrer Schulter steckende Revolverkugel zu entfernen, woraufhin Kara vorhatte, sämtliches Beweismaterial zu vernichten. Im gleichen Wohnblock befand sich auch der Schamane, der seine Trancesitzungen durchführte, und den Schamanen hatte Kara über ihren Künstlerkollegen kennengelernt.

Sie begaben sich in den Kellerraum ihres Bekannten. Kara legte sich der Länge nach auf eine Polstergruppe und atmete angespannt. Der Künstlerkollege beleuchtete die Wunde mit einer Stehlampe und kramte chirurgisches Werkzeug sowie Desinfektionsmittel aus einem Schrank hervor. Lidocain konnte er ihr auf keinen Fall gegen die Schmerzen spritzen und andere verschreibungspflichtige Oberflächenanästhetika hatte er auch nicht bei sich zu Hause. Dafür griff er zu rezeptfreien Schmerzmitteln, die er gerade zur Hand hatte – 1000 Milligramm Paracetamol, eine Tube Lokalanästhetika-Gel und eine Kaltkompresse. Es tat dennoch verdammt weh, das Geschoss steckte tief im Fleisch. Er weitete Karas Wunde mit einem Skalpell, machte gezielte Schnitte und tupfte das ausfließende Blut auf. Dann setzte er eine Klemme und entfernte mit einer Zange und einer Pinzette vorsichtig die Kugel aus ihrer Schulter. Immer tiefer und fester stocherte er im Fleisch herum. Kara verspürte einen ziehenden Schmerz und schrie. Das kegelförmige Projektil, wie er ihr erklärte, säße tief und an einer heiklen Stelle zwischen dem Schultergelenk und dem Schlüsselbein, es erfordere viel Fingerspitzengefühl, um es herauszuholen. Dann endlich konnte er die Revolverkugel entfernen. Er prüfte, ob keine weiteren Fremdkörper vorhanden waren, bevor er die Wunde noch einmal gründlich desinfizierte und anschließend mit einer Donati-Naht zusammennähte. Seine Hände führten die gebogene, runde Nadel geschickt durch die Haut. Bei jedem Einstich verschwand der Faden tief im Fleisch, um dann auf der anderen Seite wieder hervorzukommen. Trotz abgebrochenem Medizinstudium beherrschte er eine präzise Stichführung. Eine Narbe würde bleiben, meinte er, als er schließlich fertig wurde und den vernähten Faden mit einer chirurgischen Schere abschnitt. Kara bekam 600 Milligramm Ibuprofen und blieb noch eine Weile liegen, bis die Schmerzen abgeklungen waren.

23

Als die Kriminalbeamten und das forensische Team am Tatort eintrafen, herrschte eine höchst angespannte Atmosphäre unter den Anwohnern. Der Innenhof, in dem der leblose Körper in unnatürlich verdrehter Stellung lag, war von einer entsetzten Menschenmenge umgeben. Die Polizei sperrte den Bereich umgehend ab und begann, Zeugenaussagen aufzunehmen. Währenddessen errichteten die Einsatzkräfte der Spurensicherung ein Zelt über den Toten im Innenhof, um den Tatort vor neugierigen Blicken zu schützen und die Integrität der Ermittlungen zu wahren. Rechtsmediziner führten erste Untersuchungen am Leichnam durch, bevor dieser zur weiteren Autopsie abtransportiert wurde. Parallel dazu betraten die Ermittler und das forensische Personal Hans Hofwinkels Wohnung im achten Stock.

Sofort fiel ihnen die ungewöhnliche Dunkelheit der Räume auf. Hans Hofwinkel hatte seine Fenster mit lichtundurchlässiger Sonnenschutzfolie abgedeckt, sodass kaum Tageslicht eindringen konnte. Sie sahen eine chaotische Ansammlung von Computerhardware und Videospielkonsolen. Überall standen ältere Modelle neben modernen Monitoren. Tastaturen und Grafiktabletts waren übereinandergestapelt. LED-Lichter von Modems und Routern erzeugten eine futuristische Atmosphäre; sie blinkten und glühten von kühlem Blau bis hin zu intensivem Rot und reflektierten an den glänzenden Seitenflächen und den matt verstaubten Oberflächen der Netzwerkgeräte. In dieser weitläufigen Fünfzimmerwohnung war es wie in einem technologischen Labyrinth, voller mysteriöser Aktivitäten und geheimer Datenverbindungen, die sich in der Dunkelheit verbargen. Alle Glühbirnen waren herausgedreht, sodass die Ermittler tragbare Flutlichter aufstellen mussten, um die Räume auszuleuchten. Das forensische Team dokumentierte alles akribisch mit Filmkameras und Fotoapparaten, um jeden Aspekt der Raumsituation festzuhalten. Einige Geräte in dieser Wohnung schienen so konfiguriert zu sein, dass sie für Aktivitäten im Darknet genutzt werden konnten. In den Kommoden lagerten Unmengen verschiedener Medikamente, die sowohl rezeptpflichtig als auch zum Teil schon lange über dem Ablaufdatum waren. An einer Wand hingen zwei

Plakate, die den Polizeibeamten auffielen: das eine zeigte eine mondhafte Landschaft, eine Werbung für eine Sonderausstellung des Computerspielemuseums Berlin über Modellwelten. Das andere Plakat warb für ›The Sound of Cologne‹, einen Dokumentarfilm über die elektronische Musikszene Kölns. Im Schlafzimmer herrschte eine ähnliche Unordnung. Unter dem Bett, in Kisten und Kartonschachteln und in den Schränken befand sich ein Wirrwarr aus ineinander verflochtenen Kabeln, Adaptern, Joysticks und Computermäusen.

Die Untersuchung des Tatorts deutete stark darauf hin, dass Hans Hofwinkel gewaltsam aus dem Fenster gestoßen wurde. Kampfspuren im Zimmer und am Fensterbrett, Fingerabdrücke, die nicht dem Opfer zugeordnet werden konnten, und die Position des Leichnams sowie das Muster der Verletzungen am Körper des Toten stützten diese These. Die Indizien, kombiniert mit den Aussagen der Auffindungszeugen, die den leblosen Körper im Innenhof gefunden hatten, verstärkten den Verdacht, dass er gewaltsam aus dem Fenster gestoßen worden war. Was den Ermittlern jedoch nicht auffiel, war das Fehlen einiger Laptops und externer Festplatten, die Kara und Malina zuvor mitgenommen hatten. In der allgemeinen Unordnung und angesichts der zahlreichen, in den Schränken und Schubladen gefundenen, kaum benutzten Laptopmodelle und externen Festplatten ging dieser Verlust unter.

»So, so«, murmelte Kommissar Wolf nachdenklich, während er an seinem Schnauzer zwirbelte und sich am Tatort umsah. »Immer dieser Wohnblock. Hier geschieht ständig etwas. Und heute – ein Leichnam.«

Gerda Grubach, die im vierten Stock wohnte und laut Aussagen der Anwohner ständig alles beobachtete, hatte das Geschehen von ihrem gegenüberliegenden Fenster aus verfolgt. Sie war bereit, alles, was sie gesehen hatte, der Polizei zu Protokoll zu geben.

Bestürzt sagte sie: »Es war die junge, zierliche Frau mit der Lockenpracht, jene in der Hausnummer 25. Die junge Frau Morgenstern hat den Herrn Hofwinkel aus dem Fenster gestoßen. Weiß Gott, warum sie das getan hat!« Frau Grubach schüttelte immer wieder ihren Kopf. Sie war den Tränen nahe.

Der Kommissar fragte: »Wie genau ist es passiert?«

Frau Grubach erklärte: »Er saß im Fensterrahmen und rauchte eine Zigarette. Sie näherte sich ihm und versetzte Herrn Hofwinkel ganz plötzlich einen Stoß. Dann ist er abgerutscht und lag auch schon unten. Genauso ist es passiert!« Frau Grubach überlegte und meinte dann: »Ein sehr seltsamer Kerl ist dieser Herr Hofwinkel aber schon gewesen. Nie hat er gegrüßt und immer nur grimmig in die Welt geschaut. Bestimmt hat er die zierliche, junge Frau schlecht behandelt oder gar geschlagen und sie sah keinen anderen Ausweg mehr, als ihn vom Balkon zu stoßen!«

Der Kommissar fragte weiter: »Haben Sie sonst noch jemanden gesehen?«

Frau Grubach verneinte.

Er fragte nach Kara Kowalski: »Haben Sie die Künstlerin, die drüben in der Lagerhalle wohnt, in Herrn Hofwinkels Wohnung gesehen?«

Frau Grubach verneinte.

Der Kommissar hakte nach: »Sind Sie sich ganz sicher, Frau Kowalski nicht in Herrn Hofwinkels Wohnung gesehen zu haben?«

Überzeugt nickte Frau Grubach und bekräftigte: »Ja, ich bin mir absolut sicher!«

Der Kommissar schwieg.

Frau Grubach stellte nun auch Rückfragen: »Was haben Sie denn gegen die Künstlerin, passt Ihnen Ihre äußere Erscheinung nicht, Herr Kommissar? Ich bin alt, aber nicht senil! Wenn die Polizei jemanden ein Verbrechen in die Schuhe schieben will, weil er oder sie nicht ins Weltbild passt, dann bemerke ich so etwas! Ich registriere jedes kleinste Detail! Jedes!«

Nach der Befragung dachte Gerda Grubach nicht im Geringsten daran, ihr Fenster zu schließen und sich vom Tatortgeschehen abzuwenden. Sie hatte ein besticktes Kissen unter ihre Arme geschoben, um sich für längere Zeit auf der Fensterbank bequem einzurichten. Mit einer Tasse beruhigendem Lavendeltee in der Hand registrierte sie mit ihrem scharfen Blick für Details jede Bewegung und versuchte, sich ein Bild von den Ereignissen zu machen:

Mehrere Polizeifahrzeuge waren vor Ort, und blau blinkende Lichter dominierten den Innenhof. Ein rot-weißes Absperrband war um den zentralen Bereich gezogen worden. Direkt über der Stelle, an der der tote Körper gefunden wurde, hatte die Spurensicherung ein weißes Zelt errichtet.

Gerade wurde der Leichnam für den Transport vorbereitet. Der Körper wurde behutsam in eine Hülle aus robustem, undurchsichtigen Material gelegt. Die Einsatzkräfte hoben die Hülle vorsichtig auf eine fahrbare Trage. Anschließend wurde der Leichnam zum bereitstehenden Leichenwagen der Rechtsmedizin gebracht. Über dem Absperrbereich summten Polizeidrohnen, die hochauflösende Bilder für eine detaillierte Dokumentation des Tatorts aus der Luft aufnahmen. Begleitet von mehreren Kriminalbeamten passierte Kommissar Wolf den Kastanienbaum und machte sich direkt auf den Weg zur Hausnummer 25 im gegenüberliegenden Wohnblock, um die dringend tatverdächtige Person zu befragen. Aufgrund der Aussagen von Gerda Grubach fiel der Verdacht stark auf Malina Morgenstern, woraufhin der zuständige Staatsanwalt entschied, sie zur Polizeidienststelle zu bringen, um DNA-Proben und Fingerabdrücke zu entnehmen.

Malina war nicht in ihrer Wohnung. Sie hatte sich am Abend mit Kara beim Spreepark verabredet, wo sie sich unbeobachtet fühlten und sich möglichst ungestört bereden konnten. Sie gingen ein Stück den äußeren Absperrzaun entlang in Richtung Spree, und immer wenn andere Menschen vorbeikamen, schwiegen sie, bis die anderen weitergegangen waren. Kara trug einen Schulterverband. Die Revolverkugel hatte sie nicht ernsthaft verletzt, doch sie hatte Schmerzen. Hans Hofwinkels belastende Computerdaten hatte ihr enger Freund gleich nach seinem chirurgischen Eingriff für sie vernichtet. Im Internet war keine Fahndung ausgeschrieben.

»Wir müssen uns stellen«, sagte Malina.

»Du würdest wegen vorsätzlicher Tötung verurteilt werden«, entgegnete Kara.

»Ich? Warum?«

»Du hast Hans Hofwinkel aus dem Fenster gestoßen – und zwar absichtlich.«

»Ich war derart aufgelöst, weil ich geglaubt habe, dass er dich getötet hat!« Malina hatte sich immer noch nicht wieder gefasst. Sie blickte ängstlich hin und her. Bei jedem unbekannten Gesicht zuckte sie ein wenig mehr zusammen. Es war alles so schnell gegangen. Sie hatte einmal im Leben die Beherrschung verloren. Malina konnte einfach nicht begreifen, dass Hans Hofwinkel tödlich verunglückt war. Ohne Kara hätte sie sich gestellt. Sie hätte niemals die Nerven gehabt, die Kara beim Unfall ihres Ex-Freundes bewiesen hatte. Umso mehr brauchte sie Kara jetzt.

Kara nickte. »Vorsätzliche Tötung nennt sich sowas. Und dafür könntest du für Jahre ins Gefängnis kommen. Im Falle von Totschlag liegt das Strafmaß bei einer Freiheitsstrafe von fünf bis fünfzehn Jahren, in minder schweren Fällen zwischen einem und zehn Jahren. Bei Mord hingegen wird in der Regel lebenslange Freiheitsstrafe verhängt. Ich meine es nicht böse, Malina. Ich denke nur, dass du dir jetzt genau überlegen solltest, was du tust.«

Verzweifelt schaute Malina in alle Richtungen und fing dann an zu heulen. Kara legte mitfühlend den Arm um sie. Nun war Malina nicht mehr die Einzige, die ein Menschenleben auf dem Gewissen hatte. Malina konnte ihr jetzt wirklich nichts mehr anhaben, selbst wenn sie es gewollt hätte und derjenige, der Kara das Leben noch hätte erschweren können, war tot. In ruhigem Ton sagte Kara:

»Ich schlage vor, wir gehen in unsere Wohnungen und warten ab. Uns hat ohnehin niemand gesehen und wir werden wohl kaum mit dem Geschehen in Verbindung gebracht werden. Womöglich ist alles nur halb so schlimm. Aber wir sollten erst einmal nicht zusammen gesehen werden. Wir können telefonieren oder du kommst nachts zu mir rüber, ja?«

Malina nickte. »In Ordnung«, sagte sie beruhigt. »In Ordnung. Das wird wohl das Beste sein!«

24

Kara hatte sich geirrt. Als sie am frühen Morgen aus dem Fenster ihres Ateliers blickte, musste sie mitansehen, wie die Polizei Malina abführte. Sie selbst blieb unbehelligt. Zwar sah sie den opulenten Kommissar im Innenhof herumwandern und in ihre Richtung starren – womöglich hatte er sie sogar am Fenster erkannt –, doch kam dieser nicht einmal in die Nähe ihrer Tür. Offenbar wurde sie nicht mit dem Geschehen in Verbindung gebracht. Kara bekam eine Gänsehaut. Der Anblick von Kommissar Wolf brachte keine guten Erinnerungen hervor. Jemand musste etwas beobachtet und dabei Malina gesehen haben. Jetzt gerade, wo sie sich noch einmal gefunden hatten, wo Kara das Gefühl gehabt hatte, dass sie der jungen Blonden wirklich etwas bedeutete und jetzt, wo Malina keine Gefahr mehr für sie darstellte, sollte sie ihr schon wieder genommen werden. Sie hatten nicht mal Stunden miteinander verbracht. Das war doch nicht gerecht. Malina würde, wenn einmal alles vorbei war mit der Polizei, alles vergessen wollen, wie auch Kara den Unfall mit Leon vergessen wollte. Sie hatten doch nur sich zum Reden und sie konnten sich nun endlich vertrauen und wer weiß, vielleicht würde sie mit Malina jetzt eine glückliche Beziehung führen können, wenigstens für ein paar Jahre.

Kara rief ihren Anwalt an. Der Jurist nahm sich umgehend der Sache an. Der Fall war ernst, sehr ernst sogar. Aber die Sachlage bot Raum für Interpretation. Vieles konnte auf die eine oder andere Weise ausgelegt werden. Angefangen bei der Aussage von Gerda Grubach: Malina Morgenstern habe Hans Hofwinkel aus dem Fenster gestoßen. Auf die Frage, was sie denn gehört habe, musste die alte Dame passen, weil ihr Hörgerät schon seit längerem nicht mehr richtig funktionierte. Frau Grubachs Aussage beschränkte sich folglich auf das Gesehene. Konnte sie denn überhaupt von ihrem Fenster im vierten Stock aus in die ihr gegenüberliegende Wohnung im achten Stock sehen? Wohl eher nicht! Denn ein 3D-Gutachten, das der Anwalt in Auftrag gegeben hatte, kam zu dem Schluss, dass eine beträchtliche Distanz zwischen den beiden Fenstern lag – dazwischen befand sich der Innenhof. Und obschon beide Fenster einander gegenüberlagen, war die Sicht an diesem Tag besonders ungünstig. Denn ein Himmel ohne Wolken mit einem grellen Licht erschwerte die Sicht über den Innenhof erheblich. Die Lichtverhältnisse waren demgemäß ungünstig, um Genaueres in der gegenüberliegenden Wohnung erkennen zu können, über deren Fenster zu dem gegebenen Zeitpunkt auch noch ein Schatten lag. Woher wollte Gerda Grubach dann wissen, dass es Malina Morgenstern gewesen sein sollte? Hans Hofwinkel hätte doch genauso gut das Gleichgewicht verlieren können, unsportlich und übergewichtig, wie er war. Denn der Hausmeister hatte ausgesagt, dass er Hans Hofwinkel regelmäßig bei offenem Fenster auf dem Fensterbrett habe sitzen sehen, gefährlich nahe am Abgrund.

Gehört hingegen hatten viele Anwohner etwas, und zwar Schreie: Das Gezeter einer Frauenstimme, die dem Anschein nach um ihr Leben bettelte. In dem Revolver, mit dem Hans Hofwinkel geschossen hatte, war Platz für sechs Schuss. Wie die forensischen und ballistischen Untersuchungen aufzeigen konnten, wurden alle sechs Patronenkammern abgefeuert. Drei der Revolverkugeln fand die Spurensicherung in der Wand, eine in der Decke und ein weiteres Projektil steckte im Boden. Das ließ darauf schließen, dass die Geschosse wahllos abgefeuert wurden und der Schütze sehr ungeübt war. Der sechste Schuss, den sich Kara eingefangen hatte, blieb ungeklärt und konnte nicht ermittelt werden. Wie das Polizeilabor feststellte, wurde die Waffe noch nie zuvor benutzt. Einzig Hans Hofwinkels Fingerabdrücke befanden sich am Revolver und am Abzug. Zudem wurden bei ihm Schmauchspuren festgestellt – Schießpulverrückstände aus den Elementkombinationen Aluminium und Antimon sowie Barium und Blei befanden sich an seinen Händen und Kleidern.

Der Täter musste einen Zutritt zur Wohnung gehabt haben, da an der Haustür keinerlei Spuren von Gewaltanwendung erkennbar waren. Die an dem Fensterbrett und in dessen unmittelbarer Nähe gefundenen Fingerabdrücke, die nicht Hans Hofwinkel zuzuordnen waren, stammten von Malina Morgenstern. Dies deutete stark auf sie als Täterin hin, besonders da sie als einziger engerer Kontakt des Opfers einen Zweitschlüssel zur Wohnung besaß. Ihr auffällig nervöses Verhalten gegenüber der Polizei verstärkte den Verdacht. Obwohl keine DNA-Spuren oder Fasern an ihrem Körper gefunden werden konnten, wurden doch Fasern an ihrem Pullover entdeckt, die möglicherweise mit dem Tatort in Verbindung standen. Da Malina für den Zeitpunkt der Tat kein Alibi hatte und ihr späterer, herbeigeführter Aufenthalt in der Universitätsbibliothek, dokumentiert durch das Einloggen an einer der Computerstationen, sie nicht entlasten konnte, wiesen die Indizien erst einmal alle gegen sie. Angesichts dieser Umstände schien es dem Anwalt die beste juristische Taktik zu sein, Malinas Tat erst einmal nicht zu leugnen, sie dafür aber mit allen Mitteln, die ihm zur Verfügung standen, abzumildern.

»Meine Mandantin handelte in Notwehr«, erklärte der Anwalt am Prozesstag vor Gericht und führte weiter aus: »Sowohl von ihren körperlichen Kräften als auch von ihrem ganzen Wesen war sie der kriminellen Energie und der kräftigen Statur des Verstorbenen vollkommen unterlegen. Der schon wegen Internetkriminalität und mehrfachem Stalking verurteilte Hans Hofwinkel hat Frau Morgenstern unaufhörlich bedrängt. Die unzähligen Geschenke, die er ihr wochenlang gemacht hatte, bezeugen seinen krankhaften Charakter. Das war keine Liebe, das war Besessenheit und emotionaler Druck, den Hans Hofwinkel hier auf unsere Angeklagte ausübte. In der Hoffnung, er würde sich beruhigen und einfinden, hatte Frau Morgenstern all die Geschenke angenommen und versucht, eine freundschaftliche Verbindung zu ihrem Nachbarn wiederherzustellen. Doch Hans Hofwinkels Liebeswahn wurde von Mal zu Mal größer. Als sie ihm in seiner Wohnung schließlich mitteilte, dass sie den Kontakt zu ihm endgültig abbrechen werde, holte er in seiner Eifersucht den Revolver aus dem Safe und wollte sie erschießen. Kaltblütig feuerte er mehrere Schüsse auf sie ab, verfehlte sie glücklicherweise aber nur deshalb, weil er ein ungeübter Schütze ist. Denn seine Waffe, wie sich herausstellte, hatte sich Hans Hofwinkel illegal aus dem Darknet bestellt. Aus Notwehr versetzte ihm meine Mandantin einen Stoß, bei dem er aus dem Fenster fiel. Dass Frau Morgenstern bedacht gehandelt hat, zeigt sich schon daran, dass sie mehrmals auf sich schießen ließ, bevor sie sich gänzlich unbewaffnet mit einem rettenden Stoß zur Wehr setzte.«

Mehrere Anwohner wurden im weiteren Verlauf des Prozesses angehört und berichteten, wie sie Malina um ihr Leben schreien gehört haben. Einzig Gerda Grubach wollte etwas anderes gesehen haben. Obschon sie dieses schreckliche Geschehen sehr bedauerte und Mitgefühl für Malina hatte, wie sie mehrfach auch betonte, war sie sich doch ihrer Beobachtung ziemlich sicher. Denn für sie hatte es so ausgesehen, als säße Hans Hofwinkel regungslos auf dem Fensterbrett und Malina hätte ihn wütend angeschrien. Anschließend auf ihn zugehend, hätte sie ihm den tödlichen Stoß versetzt. Doch da gab es ja dieses 3D-Gutachten, das der Anwalt in Auftrag gegeben hatte und das die Aussage der alten Dame entkräftete. Zudem versuchte er die Glaubwürdigkeit von Frau Grubach aufgrund ihres hohen Alters zu negieren. Wie den Protokollen zu entnehmen war, funktionierte ihr Hörgerät schon seit längerem nicht mehr richtig. Gerda Grubach wurde zusehends nachdenklicher und plötzlich war sie sich nicht mehr sicher, was sie wirklich gesehen hatte – einen Lockenkopf oder vielleicht doch nur einen flüchtigen Schatten, der wie Malinas Haarpracht wirkte?

Die Richter zogen sich zum Besprechen des Falls zurück. Sie diskutierten über zwei denkbare Versionen. Erstens: Hans Hofwinkel wollte Malina Morgenstern aus Kränkung im Affekt erschießen, habe jedoch, da er ein Schütze ohne Erfahrung war, immer wieder danebengeschossen, worauf sich Malina mit einem kräftigen Stoß zur Wehr gesetzt hat und Hans Hofwinkel schließlich aus dem Fenster fiel. Zweitens: Malina Morgenstern hat Hans Hofwinkel besucht, um seinem krankhaften Wahn Einhalt zu gebieten und den Kontakt endgültig abzubrechen. Sie geriet dabei in Rage und ging auf Hans Hofwinkel los, weil sie seine Besessenheit nicht mehr ertragen konnte. Dieser gab zu seiner Verteidigung mehrere Warnschüsse ab, beruhigte sich dann aber wieder und setzte sich aufs Fensterbrett, was Malina Morgenstern jedoch nicht davon abhielt, ihm einen heimtückischen, tödlichen Stoß zu versetzen, als sie die Gelegenheit dazu hatte.

Bei der zweiten Theorie fehlte ein hinreichendes plausibles Motiv für Malina Morgensterns kriminelle Energie; auch schien den Richtern diese Version sehr unwahrscheinlich. Zudem konnte die Hauptzeugin, Gerda Grubach, aufgrund ihres nicht einwandfrei funktionierenden Hörgeräts, sich nur auf ihren Sehsinn verlassen. Das 3D-Gutachten berief sich auf grelle Lichtverhältnisse an dem Tag, aufgrund derer Frau Grubach nur schlecht von ihrem Fenster aus den Hergang erkennen würde, was sich in der ihr gegenüberliegenden Wohnung, über deren Fenster ein Schatten lag, abspielte. Womöglich hatte sie tatsächlich etwas gesehen. Aber die vorliegenden Fakten sprachen dagegen. Aus diesem Grund wurde ihre Aussage entkräftet. Mehrere Anwohner hatten Malina Morgensterns Geschrei als Hilferuf wahrgenommen. Hans Hofwinkel war vorbestraft. Frau Morgenstern wurde stattdessen als eine ruhige, freundliche und stets hilfsbereite Nachbarin beschrieben. Noch nie zuvor war sie mit dem Gesetz in Konflikt geraten. Auch hatten die Anwohner nie einen Streit oder gar Ausschreitungen bemerkt. Die seltsamen Gesten Hans Hofwinkels, der Malina Morgenstern regelmäßig Geschenke vor ihre Haustür legte, wirkten auf die Richter äußerst ungewöhnlich. Wie ein psychiatrisches Gutachten festhielt, handelte es sich hierbei um ein ›psychotisches und zwanghaftes Verhalten‹; denn Hans Hofwinkel litt aller Wahrscheinlichkeit nach unter ›Paranoia‹ und war dem Anschein nach ein ›Neurotiker‹.

Vor allem die unbewaffnete Täterin und das bewaffnete Opfer sowie die Beschreibungen der unterschiedlichen Charaktere beider und letztlich Malinas Erscheinung – eine schüchterne, zartbesaitete, stille Frau – sprachen gegen eine Verurteilung. Obwohl die Richter sich nicht von Äußerlichkeiten beeinflussen lassen wollten, schwang doch eine starke Sympathie für die offensichtlich bedrängte, junge Schöne mit. Hans Hofwinkel, obgleich das eigentliche Opfer, wurde als unsympathischer und nahezu angsteinflößender Nachbar beschrieben. Seine chaotische Wohnung, deren Fenster mit Folie zugeklebt war, deutete auf eine Persönlichkeitsstörung oder eine fehlende Reife hin. Es gab nur eine Frage, die nicht geklärt werden konnte: Wo war die sechste Revolverkugel?

Nach einer gründlichen Besprechung und sorgfältigen Abwägung aller Beweise verkündete das Gericht im Namen des Volkes den Freispruch von Malina Morgenstern in allen Anklagepunkten. Das Gericht stellte klar, dass die Beweislast nicht ausreichend erfüllt war, um einen Schuldspruch über jeden vernünftigen Zweifel hinaus zu rechtfertigen. Es wurde festgestellt, dass Malina Morgenstern aufgrund des Waffenbesitzes des Verstorbenen größter Gefahr ausgesetzt war und nach eingehender Prüfung der rechtlichen Definition von Notwehr gehandelt hatte. Das Gericht wertete die widersprüchlichen Zeugenaussagen, insbesondere die von Gerda Grubach, kritisch, und betrachtete das psychiatrische Gutachten über Hans Hofwinkels Verhalten sowie die forensischen Beweise, einschließlich der Ballistik, als entscheidend für den Fall. Die fehlende sechste Revolverkugel blieb ein ungeklärtes Element, jedoch beeinflusste dies die Entscheidungsfindung des Gerichts nicht maßgeblich. Aufgrund der geringen Aussichten auf einen Schuldspruch, wie vom Staatsanwalt angegeben, wurde der Fall nicht an eine höhere Instanz weitergeleitet. Das Urteil wurde somit rechtskräftig und der Fall war damit abgeschlossen. Malina war in allen Punkten freigesprochen.

25

Malina versuchte ihr gewohntes Leben wieder aufzunehmen. Doch ihr Wissen um das Geschehene ließ sie nicht mehr in Ruhe, sie konnte kaum noch schlafen und wachte immer wieder schweißgebadet aus wirren Albträumen auf. Sie fühlte sich regelrecht verfolgt. Häufig hatte sie den Eindruck, Hans Hofwinkels Stimme zu hören oder fühlte sich von ihm auf seltsame Weise beobachtet, obwohl er ja längst tot war. Malina zweifelte an ihrem Verstand. Auch wenn sie freigesprochen worden war, fühlte sie sich am Tod Hans Hofwinkels schuldig und diese Schuld verfolgte sie unaufhörlich.

Sommer nahte und es wurde draußen sichtlich wärmer. Malina hatte inzwischen eine Novelle geschrieben. Aber noch immer wollte kein Verlag ihr Manuskript drucken. Novellen waren nicht das, was die Verkaufszahlen hochschnellen ließen. Die Leute wollten Krimis oder Thriller lesen, aber keine Novellen, schilderten ihr die wenigen Literaturagenturen, die überhaupt ans Telefon gingen und die Malina mit allen Mitteln vergebens zu überzeugen versuchte. Wieder brachte Malina einen erfolglosen Bewerbungsmarathon hinter sich. Traumverloren blickte sie vom Schreibtisch ihrer Wohnung in den Innenhof hinab. Da hörte sie einen Klingelton, an ihrem Laptopbildschirm war ein Chatfenster aufgesprungen. Ihre Brieffreundin aus Japan war gerade online und hatte ihr über eines der sozialen Netzwerke geschrieben, Malina wechselte ein paar Sätze mit ihr im Chat:

_NOZOMI: Wir haben uns lange nicht geschrieben, Malina :-) Geht es dir gut?

_MALINA: Viel Arbeit im Moment. Und bei dir?

_NOZOMI: Malina, stell dir vor! Ich bin jetzt an einer Musikhochschule in Kyoto. Ich studiere Cello :-) Unglaublich, nicht wahr? Warum besuchst du mich nicht?

_MALINA: Vielleicht mache ich das. Japan interessiert mich. Aber jetzt bin ich sehr beschäftigt.

_NOZOMI: Sag Bescheid, wenn du kommen möchtest. Ich würde mich freuen! Du kannst bei mir bleiben. Ich zeige dir Kyoto und Tokyo. Das wird toll, Malina! Was machst du gerade?

_MALINA: Ich schreibe an einer Novelle.

_NOZOMI: Oh, das ist viel Arbeit! Worum geht es in deiner Geschichte? Und wann erscheint dein Buch?

_MALINA: Ich muss jetzt gehen, die Bibliothek schließt.

_NOZOMI: Schade :-(Bis zum nächsten Mal, Malina! Melde dich, ja?

_MALINA: Ja, mache ich! Bis bald, Nozomi.

Die Bibliothek, in der sie saß, gab es eigentlich gar nicht – Malina mochte einfach nicht von ihrer Novelle erzählen. Zu sehr bedrückten sie die Ablehnungen der Verlage und Literaturagenturen. Und einen Erscheinungstermin für ihre Werke würde es wohl ohnehin nie geben. Das Vorgehen des renommierten Berliner Verlags mit Bernd Brenner als Verlagsleiter, der die unverlangt eingesandten Manuskripte verheizen ließ, befeuerte ihre Wut. Selbst einen Franz Kafka würden diese wirtschaftswütigen Verlage und Literaturagenturen doch ablehnen! Der wäre bestimmt auch nicht marktfähig genug. Aber das zählte hier nicht. Können war egal. Es zählte doch nur das Vitamin B und die Kaufkraft. Man müsste Tochter oder Sohn von einem berühmten Schauspieler sein, dann würde es weitergehen. Man könnte sich alles leisten, auch halbe Bücher abschreiben und gar nichts selbst zustande bringen, das war dann kein Problem. Und das Perfideste war ja, dass dieses System doch immer mal eine Ausnahme zuließ und diese ganzen Seilschaften damit nur noch mehr verschleierte! Plötzlich zeigten alle auf den einen, der es geschafft hatte und sagten, zu allen anderen: Da bist du wohl selbst schuld. Du könntest doch, wenn du nur wolltest. So lief das hier. Es war eine Schande für die Kultur. Und überhaupt wurden durch das Internet und die ganze digitale Welt die Umsätze immer weiter gedrückt. Eigentlich konnten die Verlage auch nichts dafür. Da musste mal der Staat etwas machen mittels Fördermaßnahmen – die Literatur war doch ein zu bewahrendes Kulturgut. Die Theater wurden ja auch subventioniert. Irgendwann würden alle nur noch vorm Bildschirm hocken und sich irgendwelche stumpfsinnigen Streams anschauen, inhaltsleer und nur auf Effekthascherei aus. Jemand fällt aus dem Fenster oder die

Treppe hinunter? Wir stellen es ins Netz. Jemand zieht sich aus und hält die Brüste in die Kamera? Wir stellen es in Netz. Wer die meisten Klicks bekam, hatte die Macht. Wer wollte schon Novellen oder Gedichte? Es sagte eigentlich auch viel über die Leute aus, die sowas anschauten. Es gab eben nicht so viele, die gern Gedichte lasen. Fertig. Da gab es nichts zu rütteln. Gedichte waren eben nicht marktfähig genug. Malina lehnte sich zurück. Ihr Kampf um das Höhere, um die Schönheit der Form, schien ihr so unglaublich sinnlos zu sein. Selbst Herr Brenner hatte beteuert, dass er Gedichte mochte und es rührend fände, wenn Autoren welche einreichten, doch eben nur privat, der Markt mochte sie leider nicht. Und die ganz wenigen, die sich Gedichte leisten konnten, die mussten eben schon viele Auszeichnungen mitbringen, die konnten keine Unbekannten sein. In solchen schweren Zeiten setzte man nur auf das, was wirklich funktionierte. Wer einmal einen Literaturpreis hatte, bekam auch noch einen. Wer keinen Literaturpreis hatte, bekam auch keinen. Und wer wie sie Geisteswissenschaften studiert hatte, der hatte es schwer, eine geregelte Arbeit zu finden und war auf irgendwelche Aushilfsjobs angewiesen.

Malina erinnerte sich wieder an die schreckliche Zeit im Untergeschoss der Universitätsbibliothek und an all die Aufregung und Angst, die sie dort unten ertragen musste; sie erinnerte sich an den schattenhaften Bibliothekar, wie er mal da und mal dort in dem Dunkel hinter den verwinkelten Regalen aufgetaucht und wieder verschwunden war und immer so eigenartige Geräusche von sich gegeben hatte; sie sah den V-förmigen Digitalisierungsapparat vor sich stehen, die einzige, sie schützende Lichtquelle in dem Raum; und Malina hörte den Holzboden unter ihren Schuhen ächzen und die Stromleitungen über ihrem Kopf sirren. Sie roch das alte Papier und den Staub und sie sah die vielen, sie umgebenden, toten Winkel und immer geisterte ihr dieser alte Bibliothekar im Kopf herum, der sie von allen Seiten beobachtet hatte und – sie schoss von ihrem Stuhl hoch, soeben war ihr eine Idee gekommen.

Sie hatte es beinahe völlig vergessen, aber nun war es ihr wieder eingefallen, das schwarze Buch ohne Titel mit den endlos vielen Seiten, das der Bibliothekar kurz vor seinem Tod noch erschaffen hatte – wie genau er diese Erfindung ausgetüftelt hatte, war ihr immer noch schleierhaft. Sie hatte es damals, weil sie so fasziniert davon war, klammheimlich aus seinem Büro mitgehen lassen, an dem Tag, an dem er Suizid begangen hatte und sie ihm ein Formular zum Unterzeichnen bringen sollte. Malina schauderte es bei dem Gedanken. Der Bibliothekar war ihr unheimlich, sein unendliches Buch war ihr ebenso nicht ganz geheuer. Aber das seltsame Werk befand sich noch immer in ihrer Wohnung. Sie hatte es in ihrer Bücherwand hinter mehreren Bänden verstaut. Dann war es in ihrer Erinnerung verblasst.

Malina ging hinüber zum Regal. Sie ertastete seinen Leineneinband, zog es vorsichtig heraus und öffnete, das Vorsatzpapier mit den geometrischen Verzierungen befühlend, den Buchdeckel. Und auch jetzt, wo sie dieses Werk zum dritten Mal in ihren Händen hielt, wirkten seine Seiten mehr wie Sand als Papier. In diesem Moment fühlte sich Malina erneut von dem bizarren Werk wie hypnotisiert. Sie blätterte fieberhaft durch das Buch, während die Seiten sich immer weiter vermehrten; sie vervielfachten sich zahllos, als wären sie Teil einer endlos wachsenden Struktur, aus der unaufhörlich neue Seiten hervorgingen. Malina sah die Seitenzahlen nur so an sich vorbeirauschen, ein Wirbel aus immer länger werdenden Zahlen – 1, 2, 3, 4, 5, 6, 7, 8, 9, 13, 20, 31, 42, 53, 64, 75, 86, 97, 158, 204, 316, 428, 530, 641, 753, 865, 976, 1023, 2546, 3179, 4290, 5301, 6412, 7534, 8657, 9768, 15239, 20461, 31785, 42907, 53016, 64127, 75349, 86572, 97683, 142395, 204618, 317509, 429701, 530162, 641273, 753894, 865720, 976831, 1023956, 2946187, 3175098, 4297013, 5301624, 6412735, 7538946, 8657201, 9768312, 14239568, 20461873, 31750942, 42970156, 53016287, 64127359, 75389426, 86572034, 97683125, 102395687, 254618739, 317509482, 429701365, 530162874, 641273596, 753894261, 865720314, 976831245, 1023956874, 2046187395, 3175094826, 4297013657, 5301628749, 6412735968, 7538942610, 8657203149, 9768312450 –, und als ihr vom Zusehen ganz schwindlig wurde, ließ sie das Buch fallen, torkelte rückwärts und warf sich, ganz benommen von dem Zahlenwirbel, aufs Bett.

Wahnsinn, dachte Malina aufgeregt, und es befeuerte ihre Gedanken an das potenzielle Ausmaß, sollte dieses Buch Feuer fangen. Es wäre, als ob Millionen Bücher gleichzeitig in Flammen stünden. Malina lächelte verspielt und brütete über ihren zündenden Gedanken. Sie glaubte, dass Herr Brenner bestimmt auch dieses überaus geniale Werk – eine universelle Enzyklopädie – abgelehnt hätte, hätte der Bibliothekar es dem Verlag als Manuskript angeboten. Und so überlegte sie weiter und war sich ziemlich sicher, dass sie das auch versuchen wollte, das unendliche Buch als unverlangt eingesandtes Manuskript bei dem Verlag einzureichen. Bestimmt würde es dort unbeachtet und ungelesen in der Verbrennungsanlage verschwinden, der Ofen dadurch überhitzt und zerstört werden. Malina grinste bei dem Gedanken an einen apokalyptischen Feuersturm. Das geschähe diesem Verlag ganz recht! Hätten sie doch eines ihrer Bücher gedruckt, dachte Malina rachsüchtig und grinste schadenfreudig in sich hinein. Nun bekäme der Verlag ein Manuskript zugesandt, das er so schnell nicht wieder vergessen würde, das bleibenden Eindruck hinterließe und sich den Angestellten ins Gedächtnis einbrannte. Dem Verlag wollte Malina gehörig einheizen.

Doch sie zögerte. Vielleicht ließe sich mit dieser Erfindung auch unglaublich viel Geld verdienen. Und vielleicht würde sie dann als Erfinderin in die Geschichte eingehen. Inspiriert von der Idee, das Buch mit seinen unendlich vielen Seiten patentieren zu wollen, ließ sich Malina auf den Prozess der Patentanmeldung ein. Zunächst informierte sie sich ausführlich im Internet über die notwendigen Schritte. Sie stellte fest, dass sie für die Anmeldung Gebühren bezahlen musste, und fand heraus, dass es ratsam war, einen Patentanwalt für den komplexen Prozess zu konsultieren. Malina entschied sich, zunächst das Deutsche Patent- und Markenamt zu kontaktieren, um grundlegende Informationen zu erhalten. In einem ersten Telefonat erklärte ihr eine freundliche Stimme vom DPMA, dass sie eine schriftliche Patentanmeldung einreichen müsste, einschließlich detaillierter Beschreibungen und Zeichnungen ihrer Erfindung. Malina beschrieb in ihrer Anmeldung die außergewöhnlichen Eigenschaften ihres Buches, das eine ganze Bibliothek an Seiten in einem einzigen Band vereinen konnte. Sie war überzeugt von der Einzigartigkeit dieser Erfindung. Nachdem sie ihre Anmeldung eingereicht hatte, durchlief sie das Prüfverfahren. Die Patentprüfer untersuchten ihre Unterlagen, um zu bestimmen, ob ihre Erfindung die Kriterien für ein Patent erfüllte: Neuheit, erfinderische Tätigkeit und gewerbliche Anwendbarkeit. Während dieses Prozesses stieß Malina auf eine unerwartete Hürde. Die Prüfer interpretierten ihre Beschreibung als ein digitales Format, ähnlich einem E-Book – eine

Technologie also, die bereits existierte und somit nicht patentierbar war. Malina versuchte mittels ergänzender Unterlagen, die Einzigartigkeit ihres analogen Buches zu betonen, doch die Prüfer sahen in ihrer Beschreibung keine ausreichende technische Innovation oder erfinderische Tätigkeit, die über bereits bestehende digitale Bücher hinausging. Schließlich wurde ihre Patentanmeldung abgewiesen, da die Prüfer der Ansicht waren, dass ihr Buch im Wesentlichen einem E-Book entsprach, das bereits ein etabliertes Produkt auf dem Markt war.

Enttäuscht von diesem Ergebnis, aber immer noch überzeugt von der Besonderheit des Buchs, beschloss Malina, andere Wege zu finden, um die Erfindung der Welt zu präsentieren, auch wenn ein offizielles Patent nicht zu erreichen war. Sie wandte sich an Forschungsinstitute und private Sammler, in der Hoffnung, jemanden zu finden, der den wahren Wert dieses Werkes erkennen würde. Doch überall stieß sie auf ähnliche Reaktionen: Experten und Bibliophile, die von Malina telefonisch kontaktiert wurden, betrachteten ihre Erfindung skeptisch, einige sahen darin lediglich eine künstlerische Metapher oder eine symbolische Darstellung der Informationsüberflutung in der digitalen Ära. Andere wiederum glaubten, es handle sich um ein E-Book mit hoher Speicherkapazität oder eine Art digitale Bibliothek, nicht um ein physisches Buch mit unendlicher Seitenzahl. Malina hatte begriffen, dass dieses Buch, obwohl es eine physische Unmöglichkeit zu sein schien, für die meisten Menschen nur in einem digitalen Verständnis existierte. Frustriert und entmutigt von der Unfähigkeit der Welt, das wahre Potenzial dieser einzigartigen Erfindung zu erkennen, kehrte Malina zu ihrem ursprünglichen Racheplan zurück. Sie wollte das mysteriöse Buch, das sie inzwischen eher als eine Bürde und nicht etwa als einen Schatz empfand, so schnell wie möglich loswerden. Tief in ihrem Inneren spürte sie nähmlich, dass dieses unmögliche Werk, das sich jeder Logik und jedem Verständnis entzog, mehr Gefahren als Nutzen barg und zunehmend Besitz von ihr ergriff. Es war ihr längst unheimlich geworden.

Sie nahm das Buch und verpackte es sorgfältig in eine Luftpolstertasche, zusammen mit einem den Standards entsprechend formulierten Brief. In dem Schreiben gab sie sich als Autor aus – unter einem erfundenen Namen – und behauptete, es handle sich um ein frisch fertiggestelltes Manuskript in Buchform. Sie schrieb, dass sie sich über eine positive Rückmeldung freuen würde und fügte einige belanglose Phrasen hinzu. Nachdem sie die Luftpolstertasche ordnungsgemäß frankiert hatte, ergriff Malina zusätzliche Vorsichtsmaßnahmen, um nicht erkannt zu werden. Sie zog eine glatthaarige, brünette Perücke auf und hüllte sich in dunkle, unauffällige Kleidung. Zusätzlich zog sie neue Handschuhe an, um sicherzustellen, dass sie keine Fingerabdrücke auf der Luftpolstertasche hinterließ. Mit dieser Verkleidung fühlte sie sich sicherer, hoffte, unbemerkt zu bleiben, und machte sich so auf den Weg zur Poststelle. Dort angekommen, übergab sie die Luftpolstertasche dem Postbeamten, der sie ohne Misstrauen annahm und sie für den Versand vorbereitete. Malina verließ die Post mit einem Gefühl der Erleichterung, gefolgt von einer Spur an Unsicherheit.

Mit kaum auszuhaltender Spannung las Malina jeden Tag die Zeitung und recherchierte im Internet die neuesten Meldungen über den renommierten Verlag und den Verlagsleiter, Bernd Brenner. Aber nichts geschah. Mehrmals radelte sie mit dem Fahrrad am Verlagshaus vorbei. Sie schaute auf die Märchenszenen des steinernen Reliefs. Links die beiden Kinder, wie sie die Hexe ins Feuer stießen, rechts Rumpelstilzchen, das sich entzweiriss und seine Feuerstelle mitten im Wald im Hintergrund. Die steinernen Flammen auf den beiden Bildern rührten Malina auf besondere Weise. Gleich stellte sie sich vor, wie das ganze Verlagshaus lichterloh brannte. Die Fantasie trieb die Röte auf ihre Wangen. Malina starrte immer wieder zum Eingang hinüber, beruhigte sich nur allmählich und fuhr schließlich nach Hause. Womöglich, so dachte sie, hatte das Buch mit den unendlich vielen Seiten doch nicht die von ihr erhoffte Wirkung gezeigt. Vermutlich heizte das Verlagshaus jetzt, wo es auf den Sommer zuging, nicht mehr. Oder das Buch lag auf irgendeinem Stapel von Manuskripten und geriet in Vergessenheit. Viele Gründe konnte es haben. Sie wandte sich wieder anderen Dingen zu.

26

Malina dachte über ihre Schuld nach und über ihr Karma. Sie wollte sich von ihren schlaflosen Nächten und dem Gefühl, von dem toten Hans Hofwinkel verfolgt zu werden, befreien. Sie hatte es mit ihren Träumen vom Bücher schreiben schon fast aufgegeben. Andere Sorgen quälten sie. Die vergangenen Ereignisse ließen sie zu einem anderen Menschen werden. Sie wünschte sich oft die Zeit vor Hans Hofwinkels Tod zurück, doch das war unmöglich. Früher hatte sie immer eine gewisse Angst vor Kara gehabt, wegen Leons Unfall. Sie hatte ihr schon vertraut und sich in Sicherheit wiegen lassen, doch blieb der Tod Leons ihr immer im Hinterkopf. Wie eine unsichtbare Grenze, die Kara überschritten hatte, schien ihr dieser Unfall zu sein. Man konnte es nicht wieder rückgängig machen und nun hatte Malina diese Grenze auch überschritten. Sie war zu einer vorsätzlichen Tötung fähig – oder wie auch immer man so etwas juristisch nennen wollte. Kara ging es sicher ebenso, nur sprach sie wenig davon. Aber sollten sie durch die toten Männer sich verbunden fühlen? In gewisser Weise war das so, nur war das ein nicht gerade schöner Grund, um eine Verbundenheit zu einem anderen Menschen zu spüren.

Malina verstrickte sich auf der Suche nach ihrem inneren Frieden immer mehr in spirituelle und esoterische Angebote. Sie verfolgte Heilungswege in Meditationskursen, Reiki-Behandlungen, Astrologie-Sessions, Tarot-Lesungen und in mystischen Workshops, die sich mit Energiearbeit und bewusstseinsfördernden Praktiken befassten. Sie wollte sich von dieser Tat erlösen und hoffte vor allem, weitere solche Ereignisse nicht mehr energetisch anzuziehen. Schließlich sagte sie an einem Abend zu Kara:

»Ich möchte mich in Trance versetzen lassen und eine Rückführung erleben.«

»Ach wirklich?« Kara blickte auf. Sie hatte sich inzwischen stärker in ihren Gedanken verloren und hatte versucht, die dunklen Seiten ihres Lebens zu verdrängen. Schamanische Sitzungen ängstigten sie, seitdem Leon nach einer dieser Besuche beim Schamanen ums Leben gekommen war. Sie war nicht mehr bereit, mit dem Übersinnlichen zu spielen. Verbessert hatte sich auch nichts für sie. Sie lehnte Malinas spirituelle Suche insgeheim ab, hatte jedoch Angst, ihr das zu sagen. Malina wusste nichts davon, sie erklärte weiter:

»Ich möchte mich an mein früheres Leben erinnern können, womöglich bin ich schon mehrere Male wiedergeboren worden.«

»Malina, hast du dir das auch gut überlegt?« Kara sah sie erschrocken an. »Du weißt doch gar nicht, was du da erfährst und was es mit dir macht! Wenn du zum Beispiel in einem früheren Leben eine grausame Giftmörderin gewesen wärst, könntest du mit diesem Wissen wieder glücklich werden? Du würdest dich doch nur noch schuldiger fühlen. Noch schlimmer wäre, wenn du aus der Trance nie mehr aufwachen würdest! Was soll dann aus mir werden?«

Aber Malina bestand darauf, die Rückführung machen zu wollen, es war ihr wirklich wichtig. Sie hatte sich nun schon so viele Gedanken zur Reinkarnation und dem Karma gemacht und längst den Entschluss gefasst, sich mit ihrem früheren Leben auseinandersetzen zu wollen und herauszufinden, was es damit auf sich hatte – eine innere Zeitreise ins Ungewisse. Und noch etwas bereitete Malina große Sorgen. Jetzt, wo sie schon einmal Kara ihren Wunsch nach einer Rückführung mitgeteilt hatte, wollte sie auch gleich ein wichtiges Problem ansprechen. Sie nahm ihren Mut zusammen und zeigte auf eine Stelle in der Lagerhalle, hinter deren Wänden sich das Laboratorium verbarg, in das sich Kara immer mal wieder zurückzog, wenn ihr alles zu viel wurde und aus dem sie entweder völlig high oder total neben der Spur wieder auftauchte.

»Es ist nur eine Flucht!«, redete Malina auf sie ein. »Das Labor kommt weg. Du musst jetzt mit den ganzen Drogen aufhören, Kara, und clean werden! Die Zigaretten, der Alkohol und das andere Zeugs. Diese Dinge bringen dich nicht weiter! Im Gegenteil! Sie bringen dich um, Kara! Wach bitte auf!« Malina stand energisch auf und kam mit einem Sachbuch über Psychotherapie zurück. Sie legte es Kara auf den Tisch. »Ich habe es gelesen«, sagte sie ernst. »Darin sind Therapien beschrieben, die mir wirklich erfolgversprechend erscheinen für dich. Bitte tu mir den Gefallen und lies es!«

Kara hatte befürchtet, dass Malina so etwas sagen würde, hatte Malina die letzten Tage doch ununterbrochen in dem Buch geschmökert. Nur glaubte Kara nicht mehr an diese Heilung. Da Malina jedoch der einzige

Mensch war, der sie mit allen ihren Fehlern kannte und dennoch nicht ablehnte und da sie Malina auf gar keinen Fall noch einmal verlieren wollte, antwortete sie: »Einverstanden! Das werde ich tun. Ich miste das Labor aus und werfe einen Blick in das Buch. Okay?« Und um gleich einen Anfang zu machen, kramte sie ihre Zigarettenschachtel aus der Tasche und warf sie in den Mülleimer. Malina schaute sie verwundert an. Sie hatte mit Widerstand gerechnet und mit Karas Wut, die sie nur zu gut kannte. »Für dich werde ich alles tun«, sagte Kara entschlossen und nahm ihre Hand. »Das weißt du doch.« Das war lieb von Kara, sich hinter sie zu stellen und mit ihr in der Heilung wachsen zu wollen. In diesem einen Moment fühlte sich Malina doch wieder mit Kara verbunden. Diese Verbindung tat ihr unglaublich gut. Vielleicht brauchte es nur diese Verbindung zwischen den Menschen, dachte Malina. Vielleicht war das schon alles. Doch gerade diese eine Verbindung gab es so selten und wenn, dann nur in wenigen Momenten.

In der folgenden Woche hatte Malina bei einem Hypnotiseur einen Termin für eine Sitzung vereinbart, um eine Rückführung zu erleben. Der Mann kam aus Indien und war Experte für Reinkarnationstherapie. Kara hockte angespannt auf einem Medizinball und beobachtete das Geschehen, während Malina sich auf einer Liege in Trance versetzen ließ. Der abgedunkelte Raum war mit beruhigenden Duftessenzen von Eukalyptus und Weihrauch erfüllt, die sich harmonisch mit der Hintergrundmusik aus Wasserplätschern und Baumrauschen vermischten. Der Inder hatte ein offenes, kindliches Lächeln. Er faltete seine Hände, stand auf, holte eine Schale mit Wasser und versprengte das Wasser im Raum. Als Nächstes begann er zu beten und klopfte dabei mit den Fingern auf verschiedene Stellen in seinem Gesicht. Dann summte er einen tiefen Ton und wisperte unverständliche Worte vor sich hin. »Ich werde jetzt von der Zahl fünf an rückwärtszählen«, hörte Malina ihn mit ruhiger Stimme sprechen. Er hatte eine unglaublich tiefe, warme Stimme, sprach langsam und gedehnt. Manche Worte zog er seltsam in die Länge, was Malina nur noch stärker in Trance versetzte. »Und mit jedem dieser fünf Schritte gleiten Sie tiefer in das Unbewusste hinab. Je tiefer Sie abtauchen, umso deutlicher sehen Sie das Vergangene. Bei der Zahl eins sind Sie in Ihrem früheren Leben angekommen. Um Sie wieder zurückzuholen, werde ich von der Zahl eins beginnend aufwärts zählen. Und wenn Sie die Zahl fünf hören, werden Sie von Ihrer Reise in ein früheres Leben wieder erwachen.« Malina nickte und schloss ihre Augen. Sie hörte nur noch auf seine Stimme ... und es öffnete sich ein Tunnel vor ihrem inneren Auge, ein langer Weg ohne Ende; sie schaute ins dunkle Innere, es zog sie hinein, um sie herum wurde alles schwarz; Malina lauschte verschwommen ihrer eigenen Stimme, hörte sich von einem fernen Land erzählen in einer fremden Sprache und sie schwebte weiter durch den Tunnel, immer weiter, er schien sich auszudehnen und wieder zusammenziehen und hörte nicht auf; der Sog wurde stärker und wieder sagte sie etwas, redete von prachtvollen Gebäuden mit geschwungenen Dächern und mehrstöckigen Architekturen; sie schrieb mit einem Pinsel und durchsichtiger Tinte ein fremdes Wort in die Luft, erzählte von Gärten mit Sandflächen und Moosinseln; dann endlich, da war ein Licht zu sehen, Malina hob ihre Arme und schwebte nun immer schneller auf das Licht zu. Schließlich tauchte sie in das Strahlen ein ... und Malina erwachte aus ihrer Trance.

Sie blinzelte mit den Augen und drehte ihren Kopf. Sie war noch immer ein wenig benommen. »Wie lange war ich weg?«, wollte sie vom Hypnotiseur wissen.

»Ungefähr eine Stunde«, war die Antwort.

»Was ist geschehen? Hat es funktioniert?« Malina hatte auf einmal so viele Fragen.

»Es war wirklich unglaublich«, hörte Malina Kara sagen. »In Trance hast du lebhaft von Kalligrafie gesprochen und von Zengärten erzählt. Zudem hast du einen Tunnel erwähnt, dessen Länge sich zu verändern scheint. Aber das Allererstaunlichste war, dass du plötzlich fließend Japanisch gesprochen hast!«

»Japanisch? Ich?« Malina richtete sich auf.

»Ja, wirklich«, bestätigte Kara. »Ich habe alles mit meinem Handy aufgezeichnet. Du kannst es dir gleich selbst anhören.« Daraufhin spielte sie die Aufnahme ab.

Verwirrt und zugleich verwundert sah Malina den Hypnotiseur an. Sie gruselte sich vor diesem übersinnlichen Ereignis und im selben Moment wurde sie sehr aufgeregt.

»Haben Sie diese Sprache jemals gelernt oder schauen Sie vielleicht einen japanischen Fernsehkanal?«, wollte der Hypnotiseur wissen und faltete achtungsvoll seine Hände.

»Nein, keines von beidem«, antwortete Malina. »In Japan habe ich eine Brieffreundin, mit der ich auf Deutsch schreibe. Das Land ist wirklich spannend. Doch gesprochen habe ich diese Sprache noch nie. Ich könnte nicht mal meinen Namen auf Japanisch sagen.«

Kara und Malina fuhren nach der Hypnosesitzung wieder nach Hause. Kara kamen im Auto die Tränen. Sie hatte eigentlich gar keinen Grund zu weinen, aber sie war tief berührt von dem, was sie gerade erlebt hatte. Es gab also doch ein Leben nach dem Tod oder es ging irgendwie weiter. Sie lebten nicht sinnlos im Leid vor sich hin. Doch was für einen Sinn hatte Leons Tod gehabt? Hatte sie erst so viel leiden müssen, um Malina zu finden? Warum war Hans Hofwinkel gestorben? Warum gab es überhaupt so viel Schmerz auf der Welt, wenn irgendetwas Sinn ergeben sollte? Sie verstand es nicht, aber Malina hatte dort gelegen und fließend Japanisch gesprochen. Kara hatte in letzter Zeit zu viel Shisha geraucht. Malina hatte dazu geschwiegen. Sie wollte sich hinbekommen, sich eine Drogenberatung suchen, wenn sie es allein nicht schaffte. Sie wollte die Zeit mit Malina nicht einfach so verstreichen lassen, als hätten sie immer Zeit. Die beiden verhielten sich, als würden sie ewig leben. Aber es konnte so schnell vorbei sein. Kara schniefte ein bisschen, dann fuhr sie in ihre Garage ein. Malina hatte geschwiegen. Sie war immer noch ganz benebelt von der Rückführung.

Tief beeindruckt von diesem spirituellen Erlebnis suchte Malina, wieder in der Lagerhalle angekommen, in Büchern und im Internet nach den Plätzen und Orten, von denen sie in ihrer Trance erzählt hatte. Ihre gesprochenen Worte hatte der Hypnotiseur aufgezeichnet, sodass Malina sich die Audiodatei immer wieder anhören konnte. Es kam ihr vor, als folge sie bei ihren Recherchen dem Echo eines früheren Lebens, als würde da in ihr etwas rufen und sie zu ihrer Vergangenheit führen. Und wenn es die Wiedergeburt wirklich geben sollte, dachte Malina, dann würde die Gegenwart vom Klang unzähliger solcher Echos erfüllt sein. Denn jedes frühere Leben hatte Auswirkungen auf spätere Zeiten. Malina erinnerte sich an die Worte eines indischen Gurus mit Namen Sadhguru, die sie in einer ihrer Sitzungen gehört hatte: Die Menschen waren Ansammlungen von Erinnerungen und nur so verfestigten sie sich zu Körpern und kamen auf die Welt.

Malina begann über Japan nachzuforschen. Sie fand tatsächlich im Internet Orte, die ihren Beschreibungen sehr nahekamen: Tempelanlagen und Zengärten in Kyoto. Sie stieß bei ihrer Recherche auch auf einen gespenstischen Tunnel, der sich angeblich ausdehnen und wieder zusammenziehen konnte, den Kiyotaki-Tunnel, in dem es wohl spukte. Aber war das auch ein Beweis für ein früheres Leben in Japan? Malina war skeptisch. Ihre in Trance erzählten Eindrücke waren teils so vage und allgemein gehalten, dass sie ihr wie Eindrücke aus dem Internet erschienen. Dennoch hörte sich Malina für kurze Zeit fließend Japanisch sprechen und das beeindruckte sie sehr. Um mehr Einzelheiten zu erfahren, kontaktierte Malina ihre Brieffreundin in Japan und schickte ihr die Audiodatei, woraufhin sie sich in einem intensiven Chatgespräch austauschten:

_MALINA: Nozomi, hey :-) Ich habe dir eine Voicemail geschickt. Hast du sie gehört? Es geht um meine Hypnosesitzung, von der ich dir geschrieben habe.

_NOZOMI: Ja, Malina. Habe ich gehört. Dein Japanisch klingt so fließend! Aber deine Aussprache ist bruchstückhaft und nur schwer zu verstehen. Manche Wörter sind ganz klar und korrekt, aber andere klingen wie aus einer anderen Epoche, fast so, als wären sie Zeilen aus einem alten Haiku-Gedicht. Deine Intonation ist ungewöhnlich, sie folgt nicht dem typischen Rhythmus des modernen Japanischen. Und einige Satzstrukturen, die du verwendest, sind heute nicht mehr gebräuchlich. Es ist faszinierend, aber auch sehr rätselhaft. Warum denkst du, dass du in einem früheren Leben in Japan warst?

_MALINA: Ich bin mir nicht sicher. Es fühlte sich so real an. Ich habe Orte beschrieben, die ich nie zuvor gesehen habe; Orte, wie Tempel und Gärten in Kyoto.

_NOZOMI: Das ist wirklich faszinierend! Erzähl mir mehr!

_MALINA: Ich erinnere mich an den Kiyotaki-Tunnel, den ich in meiner Trance erwähnt habe. Angeblich soll es dort spuken.

_NOZOMI: Ja! Der Kiyotaki-Tunnel hat viele Legenden. Aber du sprichst von einem früheren Leben, Malina. Das ist so ungewöhnlich!

_MALINA: Ich weiß. Es klingt verrückt. Ich bin auch skeptisch. Aber es ist beeindruckend, mich in einer Sprache sprechen zu hören, die ich nicht gelernt habe.

_NOZOMI: Vielleicht hast du in einem früheren Leben wirklich in Japan gelebt, Malina. Es gibt so viele unerklärliche Dinge in dieser Welt.

_MALINA: Ja, vielleicht. Es ist alles so verwirrend, aber gleichzeitig faszinierend. Ich möchte mehr darüber erfahren.

_NOZOMI: Ich würde dir gerne helfen, mehr darüber herauszufinden. Lass uns zusammen forschen!

_MALINA: Das wäre großartig :-) Danke, Nozomi!

_NOZOMI: Du solltest nach Japan kommen, Malina :-) Ich lebe in Kyoto und es gibt hier so viel zu entdecken, besonders im Zusammenhang mit deiner Trance-Erfahrung.

_MALINA: Es wäre unglaublich, diese Orte zu sehen, über die ich gesprochen habe :-)

_NOZOMI: Und stell dir vor, du könntest hier sein zur Hanami-Zeit, wenn die Kirschblüten zu sehen sind. Es ist atemberaubend schön :-)

_MALINA: Hanami in Japan zu erleben, ist etwas, das ich mir schon lange wünsche.

_NOZOMI: Und du könntest bei mir wohnen, Malina. Ich zeige dir nicht nur Kyoto, sondern auch Tokyo. Wir könnten zusammen so viel erkunden :-)

_MALINA: Das Angebot klingt fantastisch, Nozomi. Ich muss ein paar Dinge klären, aber ich überlege es mir ernsthaft.

_NOZOMI: Bitte tu das :-) Es würde mir viel bedeuten, dir mein Heimatland zu zeigen. Und vielleicht finden wir ja auch etwas über dein früheres Leben heraus.

_MALINA: Danke, Nozomi. Ich werde sehen, was ich machen kann ;-)

Nachdem die Rückführung Malina einen Einblick in ihre scheinbare Vergangenheit gewährt hatte, war sie nun entschlossen, auch einen Blick in die Zukunft zu werfen. Die Tatsache, dass sie während ihrer Trance Japanisch gesprochen hatte – wenn auch nur bruchstückhaft, wie ihr Nozomi bestätigt hatte –, weckte ihre Neugier so sehr, dass sie den Entschluss fasste, eine Wahrsagerin zu konsultieren. Diese Konsultation wollte Malina allein durchführen, ohne Kara etwas davon zu erzählen. Sie war sich sicher, Kara würde ihr abraten, gerade weil sie sich vor allem Sphärischen fürchtete, besonders vor ihrem vermeintlich schlechten Karma und einer Wiedergeburt als Tier.

Die Wahrsagerin nutzte, ähnlich wie der Hypnotiseur, eine beruhigende Atmosphäre in Dunkelheit. Umgeben von Seidenvorhängen, thronte eine leuchtende Glaskugel auf einem Tisch. Die Frau mit orientalischen Wurzeln trug einen goldkettenbesetzten Turban und samtene Kleider. Sie saß Malina im Schneidersitz gegenüber, während süßlicher Rauch aus kleinen Schalen emporstieg. »Im Spiegel von Yin und Yang erkenne ich deine Seele«, flüsterte sie mit belegter Stimme. »Ich erblicke einen dir nahestehenden Menschen, der von dir sehr zu unterscheiden ist, sowohl im Wesen als auch im Geist. Ihr seid wie das ewige Spiel von Licht und Schatten, entgegengesetzt, doch untrennbar verbunden. Eure Gegensätze schaffen ein Gleichgewicht im Tanz des Kosmos. Ich spüre eine tiefe emotionale Verbindung zwischen euch, ein Schicksal, gewoben aus Glück und Unglück.« Malina erkundigte sich nach ihrer Zukunft, ihrem Erfolg als Schriftstellerin und einem erfüllten Leben. Die Wahrsagerin schwieg lange, dann sagte sie rätselhaft: »Vor dir liegt eine Schwelle, eine Entscheidung, die das Muster deines Lebens neu weben wird. Ein Nein behält den Fluss des Gewohnten, ein Ja aber öffnet Pforten zu Schmerz und Leid.« Auf Malinas Drängen nach Klarheit starrte die Frau weiter in die Kugel. Malina beobachtete den Rauch. Plötzlich verkündete die Wahrsagerin lauter: »Visionen des Unglücks umgeben dich, Feuer, Zerstörung, ein unendliches Leid. Und in der Tiefe des schneeweißen Äthers, eine blutrote Kreisscheibe, Symbol deines Schicksals!« Mehr konnte sie nicht enthüllen. Erschöpft lehnte sich die Wahrsagerin zurück, ihre Ketten klirrten. Malina drängte auf Details, doch die Wahrsagerin konnte nicht tiefer in die Zukunft blicken. Malinas Zukunft blieb so undurchsichtig wie das mystische Zimmer, indem sie sich befand.

27

Pyrotechnik. Phosphor. Pigmente. Poesie. Diese Kernkomponenten bildeten das Fundament einer künstlerischen Symbiose zwischen Kara und Malina. Kara warf zuerst die Idee auf, gemeinsam mit Malina Kunstwerke zu schaffen. Malina war begeistert und fühlte sich geehrt, mit Kara zusammenarbeiten zu dürfen. Inspiriert durch den tragischen Vorfall im vergangenen Winter, bei dem Malina unter dem Einfluss von LSD Karas Gemälde angezündet hatte, schlug Kara nun vor, Elemente des Feuers in ihre Kunst zu integrieren. Heute konnte sie darüber schmunzeln, damals war es ein Drama für sie gewesen. Malina dagegen ließ sich von ihrem Besuch im Buchstabenmuseum inspirieren. Sie stellte sich eine Kunst aus leuchtendem Text vor, die Poesie und Pyrotechnik miteinander verschmelzen ließ. Ihre gemeinsame Vision war es, die Schönheit des Feuers mit der Tiefe der Worte zu verbinden, um so die Kunst der Brandmalerei auf ein neues Niveau zu heben. Gemeinsam planten sie, ihre Kunstwerke als eine Serie von Brandgemälden zu präsentieren, in denen jedes Bild ein glühendes Gedicht aus Fluoreszenz und Farbe zeigte.

An einem heißen Sommertag, als die Hitze draußen fast unerträglich wurde, fanden sich Kara und Malina in der kühlen Lagerhalle wieder, inmitten einer Ansammlung nicht ungefährlicher Materialien. Während Kara bunte Pigmente und Phosphorpulver in Dosen und Flaschen der Reihe nach sortierte, bog und knickte Malina Buchstaben, Wörter, Gedichtzeilen und schließlich ganze Strophen aus hitzebeständigem Draht zurecht, die das Feuer der Pyrotechnik in poetische Formen einschloss. Karas geschickte Hände vermengten die Pigmente mit Bindemitteln, um leuchtende Farben zu kreieren, die auf Holzwänden ebenso strahlen sollten wie im Feuer. Sie testete sorgfältig die Reaktionen des Phosphors, um sicherzustellen, dass ihre Kunstwerke sowohl visuell beeindruckend als auch sicher in der Handhabung waren. Um sie herum standen sicherheitshalber Feuerlöscher und sie trug einen Schweißerhelm und Schutzhandschuhe. Sie experimentierte mit verschiedenen chemischen Verbindungen, um kontrollierte Feuereffekte auf behandelten Holzwänden zu erzeugen. Sie nutzte Phosphor und erschuf flammende Muster, die im Dunkeln nachleuchten würden. Die Pigmente mischte sie, um Farbexplosionen und subtile Schattierungen zu erzielen, die die Flammenkunst ergänzten.

In der renommierten Berliner Kunstgalerie, in der Kara unter Vertrag war, herrschte an diesem Abend eine fluoreszierende Atmosphäre. Die Vernissage von Kara und Malina – *Pyro-Poesie* – war das Ereignis der Saison. Museumskuratoren, Kunstsammler, Pressefotografen, Journalisten und Kunstliebhaber gingen durch die Ausstellungsräume für zeitgenössische Kunst. Die Galerie war stimmungsvoll abgedunkelt, um die Wirkung der Kunstwerke zu verstärken. Die acht großformatigen Gemälde, leuchtend und dynamisch, schienen in der Dunkelheit zu leben und zu atmen. Die Texte, angefertigt in gebogener, geknickter Schrift, glühten im gedämpften Licht der Galerie und bildeten einen Kontrast zu den lebhaften Farben. Jedes Bild war eine Symbiose aus Karas experimenteller Chemie und Malinas poetischer Brillanz. Die Bilder selbst waren eine Ode an die Dualität des Feuers – sie erzählten von seiner zerstörerischen Kraft und zugleich von seiner hypnotischen Schönheit. Jedes Werk spielte mit Metaphern und Symbolen, um die Beziehung zwischen Zerstörung und Schönheit einzufangen. Die Besucher liefen gebannt in den Ausstellungsräumen umher. Sie betrachteten die Werke aus unterschiedlichen Distanzen und verschiedenen Winkeln und diskutierten angeregt über die Bedeutungen, die in jedem Pinselstrich, jedem Glühdraht, jedem Wort verborgen lagen. Die Reaktionen auf die Kunstwerke waren durchweg positiv; die Kritiker lobten die innovative Technik der chemischen Farbveränderungen durch phosphoreszierende oder fluoreszierende Materialien und die kühne Vision der Künstlerinnen. Fotografen knipsten Bilder von den Kunstwerken, während Medienschaffende die beiden Künstlerinnen interviewten und eifrig Notizen machten. Kara, bekannt für ihre Leidenschaft chemischer Experimente, hatte mit einer Palette aus Phosphor und bunten Pigmenten gearbeitet, die flammende Farben auf die Holzwände brachte. Malina, die Schriftstellerin mit einem Gespür für eindringliche Texte, hatte die Bilder mit sich reimenden Versen versehen, die aus hitzebeständigem Nickel-Chrom-Draht geformt waren. In den abgedunkelten Räumen der Galerie entfaltete sich eine Atmosphäre, die gleichermaßen introspektiv und spektakulär war. *Pyro-Poesie* war eine Erfahrung, die die Zuschauer noch lange nach ihrem Verlassen der Galerie begleiten würde.

Als der Sommer allmählich dem Herbst wich, erhielt Malina einen Brief, mit dem sie überhaupt nicht rechnete und der sie völlig aus der Fassung brachte: Der renommierte Verlag wollte das Manuskript von ›Nyawa‹ nun doch als Roman veröffentlichen! Verlagsleiter Bernd Brenner kontaktierte sie telefonisch am folgenden Tag und bat sie um ein Gespräch in seinem Büro. Die vielen Zeitungsberichte über die erfolgreiche Ausstellung mit Malinas Gedichten, die anhaltend in den sozialen Medien geteilt wurden, waren ihm nicht entgangen. Als ein Bewunderer der Lyrik hatte er die Ausstellung ebenfalls besucht und war tief beeindruckt. Die Marketingabteilung kam zu dem Entschluss, dass Malina genügend literarische Resonanz habe, um einen Roman zu veröffentlichen. Ein Vertrag wurde aufgesetzt und Malina zur Gegenzeichnung zugesandt. Es war eine Entscheidung, bei der es nur ein Bejahen oder Verneinen geben konnte. Malina fielen plötzlich wieder die Worte der Wahrsagerin ein, in der Erinnerung hörte sie ihre mahnende Stimme eindringlich sagen: ›Vor dir liegt eine Schwelle, eine Entscheidung, die das Muster deines Lebens neu weben wird. Ein Nein behält den Fluss des Gewohnten, ein Ja aber öffnet Pforten zu Schmerz und Leid.‹ Für Malina war es einfach undenkbar, diesen Vertrag nicht zu unterschreiben! Sie konnte das Angebot nur mit einem Ja erwidern. Die Wahrsagerin hatte entweder Unsinn erzählt oder meinte eine ganz andere Entscheidung, dachte sich Malina.

Nachdem sie den Verlagsvertrag unterzeichnet hatte, begann ein dreimonatiger Prozess, um das Buch marktfähig zu machen. Zuerst durchlief das Manuskript ein intensives Lektorat, bei dem der Inhalt auf Kohärenz, Stil und Struktur geprüft wurde. Anschließend erfolgte das Korrektorat, um Fehler in Rechtschreibung und Grammatik zu korrigieren. Parallel dazu arbeitete ein Design-Team am Layout und Satz des Buches. Das Coverdesign wurde sorgfältig gestaltet, um das Thema und den Ton widerzuspiegeln. Nach der finalen Freigabe durch Malina ging das Manuskript in den Buchdruck. Anfang Dezember war es dann so weit: ›Nyawa‹ wurde veröffentlicht.

Zum Erstaunen aller war die erste Auflage binnen weniger Tage ausverkauft und neue Bücher mussten nachgedruckt werden. Es wurden eine zweite, eine dritte, sogar eine vierte Auflage gedruckt. Malinas historischer Fantasy-Roman, über einen heranwachsenden indonesischen Mönch namens Ayu und seiner Freundschaft zu einem Phönix, traf den Nerv der Zeit und ging unzählige Male über den Ladentisch der Buchhandlungen, sodass immer weitere und größere Auflagen nachgedruckt werden mussten. Bald schon trafen beim Verlag Anfragen von überall auf der Welt ein, welche die Übersetzungsrechte erwerben wollten. Malinas ›Nyawa‹ wurde in mehrere Sprachen übersetzt und entwickelte sich zu einem weltweiten Bestseller. Ihr Glück konnte sie gar nicht fassen. Sie hatte es geschafft! Sie war am Ziel! Nun endlich war sie Schriftstellerin. Jeden Tag, wenn sie aufwachte, war ihr erster Gedanke, dass sie es wirklich geschafft hatte, jeden Abend vor dem Schlafengehen fühlte sie sich wieder überglücklich, eine erfolgreiche Schriftstellerin zu sein. Das ging die ersten Wochen so und das Glücksgefühl verlor sich nur allmählich, immer wieder hatte Malina Momente, in denen sie ihren Erfolg gar nicht glauben konnte.

An einem sonnigen Mittwoch im März fand Malinas Karriere als Schriftstellerin ein abruptes Ende. Der Verlagsleiter bestellte Malina zu sich ins Büro und zeigte ihr einen dicken Umschlag, der gestern bei ihm eingetroffen war. ›Tensei‹ stand groß auf dem Deckblatt der Unterlagen, die der Verlagsleiter ihr auf den Tisch knallte. Das Wort war japanisch und hieß übersetzt ›Wiedergeburt, Reinkarnation‹, wie er ihr garstig erklärte. »Aber das wissen Sie ja sehr genau!«, brummte Herr Brenner. Malina jedoch war sich keiner Schuld bewusst. ›Tensei‹ war der Titel eines japanischen Romans, der vor siebzig Jahren von einer Geisha in Kyoto geschrieben worden war. Fast wortwörtlich erzählte er, laut den Unterlagen und den darin erhobenen Vorwürfen, die gleiche Geschichte wie Malinas ›Nyawa‹. »Das kann nicht sein!«, rief Malina. »Das ist unmöglich!« Bei den Unterlagen handelte es sich um eine internationale Klage, die Malina vor sich auf dem Tisch liegen hatte. Der Erbe der Geisha hatte den Verlag verklagt, da Malina, wie er meinte, die Geschichte seiner Vorfahrin wortwörtlich ins Deutsche übersetzt und als ihr eigenes Werk ausgegeben hatte. Malina fehlten die Worte. Schließlich verneinte sie dies, immer und immer wieder. »Ich habe die Ideen zu meinem Roman nicht geklaut! ›Nyawa‹ ist ausschließlich mein eigenes Werk! Zudem spreche ich kein Wort Japanisch!«

Der Verlag beauftragte spezialisierte Anwälte für Urheberrecht und geistiges Eigentum, um den Plagiatsvorwurf zu entkräften, da sich die Forderungen mittlerweile auf Millionenbeträge beliefen. Der Roman, ›Tensei‹, wie sich herausstellte, wurde nie in eine Fremdsprache übersetzt und war längst vergriffen. Fachbibliotheken für Japanologie in ganz Deutschland führten den Roman allerdings in ihrem Bestand, auch die Universität in Berlin, an der Malina studiert hatte, verfügte über ein Exemplar. Um ›Nyawa‹ eingehend mit ›Tensei‹ zu vergleichen und zügig voranzukommen, wurden beide Romane von mehreren Linguisten vom Japanischen ins Deutsche und vom Deutschen ins Japanische übersetzt, sodass den Anwälten der Roman in deutscher und in japanischer Sprache vorlag. Der Vergleich fiel zu Ungunsten Malinas aus. Zwar waren Malinas Sätze in einer sichtlich moderneren Art formuliert und ihre Textmenge umfasste das Doppelte an Wörtern, aber die Story, der Plot und das Setting glichen sich doch sehr und folgten einem recht ähnlichen Textaufbau. Auch hatten die Figuren fast identische Namen:

Die Geschichte von ›Tensei‹ erzählte von einem Mönch mit Namen Ayu, der allein mit seiner Mutter in der Nähe eines Berghangs aufwuchs und dem eines Tages ein kleiner Hinotori, ein Phönixvogel, zugeflogen kam. Er zog den Hinotori auf, entließ ihn schließlich in die freie Wildnis. Der Hinotori jedoch kehrte immer wieder zu ihm zurück und sein Gefieder verfärbte sich allmählich glühend rot. Ayu war bestürzt und wollte den Vogel heilen, doch der Vogel ging vor seinen Augen in Flammen auf und verbrannte am lebendigen Leib, Ayu vermochte das Feuer nicht zu löschen und wusste auch nicht, woher es kam. In der Asche jedoch fand er ein neues Vogeljunges, das er wieder aufzog. Dieses Erlebnis machte Ayu zu einem Gläubigen und auf der Insel Java lernte er in dem größten Tempel seiner Zeit, dem Borobudur, die Lehren des Sanskrit, lernte spezielle Übungen für den Körper, die seinen Geist beruhigten und ihn die innere Stille lehrten. Ayu konnte schließlich sich aus seinem eigenen Körper nachts erheben und nur mit seiner Seele reisen. Er sah ferne Länder, sah den ganzen Kosmos, sah, dass es gar keine Zeit gab, nur den jetzigen Moment und dass dieser Moment zeitlos war. Alle Gedanken und Gefühle waren lediglich wie das Wetter, sie zogen vorüber. Der Raum aber, in dem sie kamen und gingen, war ohne Zeit und währte ewig. Ayu wurde ein gelehrter Mönch und doch fehlte ihm noch der letzte Schritt zur Erleuchtung. Noch konnte er nicht mit dem dritten Auge sehen, auch wenn er schon so weit gekommen war. Wie so häufig bedeutet die größte Entwicklung auch den größten Schmerz. Und so verhalf Ayu erst der Tod seiner Mutter zur Erleuchtung. Als sie im Sterben lag, war Ayu nicht bei ihr und hatte sich zuvor im Streit von ihr verabschiedet. Weit weg von zu Hause erschien sie ihm jedoch in einer kleinen Waldlichtung in der Nähe des Dorfes, bei der er gerade vor Ort seine Tante besuchte. Seine geliebte Mutter saß in der Abenddämmerung auf einem Baumstumpf und sprach zu ihm. Beide redeten miteinander und versöhnten sich wieder, sodass ihre Seele schließlich ruhen konnte. Diese Erscheinung veränderte das Leben von Ayu vollkommen und er lernte das Sehen mit dem dritten Auge. Seine Mutter war die erste Erscheinung, auf der noch viele folgen sollten. Und immer an seiner Seite war der Hinotori, der aus seiner eigenen Asche wiederauferstehen konnte und der aus einem seiner zukünftigen Leben zu ihm gekommen war, wie er nun wusste. Ayu erlangte schließlich höchstes Bewusstsein. Er war imstande, tagelang voller Stille in sich zu ruhen, in dieser Zeit war er vollkommen leer, kein Gedanke und kein Gefühl störten seinen tiefen Frieden und er konnte alles sehen, wie es wirklich war, er konnte die Felder sehen, welche die Menschen umgaben, konnte in ihnen das Dunkle und das Helle sehen und vermochte, die Menschen zu heilen.

Malinas ›Nyawa‹ schien sich kaum zu unterscheiden von ›Tensei‹ und wich nur in wenigen Details ab. Es sei unmöglich, so die Gutachter, dass zwei Menschen aus zudem so gegensätzlichen Kulturen ein- und dasselbe Buch schreiben würden. »Und was wäre«, entgegnete Malina, »wenn beide Romane von ein- und demselben Menschen verfasst worden wären? Was wäre, wenn die längst verstorbene Geisha aus Kyoto als Malina Morgenstern wiedergeboren worden wäre und ihren Roman in ihrem späteren Leben nochmal aufgeschrieben hätte? Was dann?« Bernd Brenner murrte, dass ihr wohl keine bessere Ausrede eingefallen wäre. Malina beteuerte immer wieder ihre Unschuld und weil sie so unglaublich liebenswert war und unschuldig wirkte, konnte der Verlagsleiter ihre Verzweiflung einfach nicht ertragen und ihre Bitte nicht abschlagen, auch diese Erklärung in Betracht zu ziehen. So absurd die Theorie auch klingen mochte, der Verlag beauftragte die Anwälte, sich mit dieser Möglichkeit auseinanderzusetzen.

Die rechtlichen Abklärungen ergaben, dass die Idee einer Wiedergeburt aus juristischer Sicht weder beweisbar noch vor Gericht durchsetzbar sei. Nach geltendem Urheberrecht sind Ansprüche auf Werke, die in einem früheren Leben geschaffen wurden, nicht möglich. Das Urheberrecht schützt Werke nur für die Lebensdauer des Urhebers plus einer bestimmten Anzahl von Jahren nach Tod des Autors, abhängig von der jeweiligen Gesetzgebung. Selbst wenn die Reinkarnation juristisch beweisbar wäre, was gegenwärtig außerhalb des Anwendungsbereichs des Rechtssystems liegt, würde ein Anspruch auf Urheberrechte aus einem früheren Leben wohl mit dem Tod der ursprünglichen Person verfallen. Ein neues Leben müsste demnach als eine separate Existenz betrachtet werden, womit für eine wiedergeborene Autorin kein Anspruch auf Urheberrechte aus einem früheren Leben bestehen würde. Während sie Bernd Brenner in seinem Büro diese juristischen Fakten erklärten, mussten sich die Anwälte sichtlich bemühen, ein amüsiertes Lachen zu unterdrücken.

Bernd Brenner blamierte sich nur vor den Anwälten mit seiner gewagten These. Dem Verlag blieb also nichts anderes übrig, als den Erben eine Entschädigung in Millionenhöhe zu bezahlen. Malinas Werk wurde umgehend aus dem Sortiment der Buchhandlungen genommen und überall auf der Welt wurde ›Nyawa‹ verramscht, makuliert, eingestampft. Nun war Malina keine Autorin mehr, sie war nicht mal mehr eine erfolglose Schriftstellerin, sie war eine offizielle Textdiebin. In Fachzeitschriften, dem Feuilleton, Kultursendungen und Internetforen wurde ihr Roman als dreistestes Plagiat des Jahrhunderts betitelt und diskutiert. Ihre Karriere war beendet. Der Verlag wendete sich von Malina ab und löste alle Verträge mit ihr auf. Herr Brenner konnte dankbar sein, dass er überhaupt diese Katastrophe überstanden hatte und sein Verlag noch existierte. Einen weiteren Roman von ihr wollte er unter keinen Umständen in sein Programm aufnehmen, selbst dann nicht, wenn absehbar wäre, dass ihr nächster Roman hohe Gewinne erzielen würde. Der Name ›Malina Morgenstern‹ auf allen Buchcovern war unwiderruflich verbrannt.

Kara glaubte an Malinas Theorie. Sie glaubte an Reinkarnation und an die Möglichkeit, dass mit dem Wiedergeboren-Werden auch vergangene Ideen mehrmals das Licht der Welt erblicken konnten – wie im Fall von Malinas Roman. Malinas zeitloses Bewusstsein hatte eine Geschichte zwei

Mal erzählt, ihre Seele hatte diese Worte in sich getragen: Einmal vor siebzig Jahren, verfasst in einer Mischung aus Kanji – den aus dem Chinesischen übernommenen Schriftzeichen –, sowie den japanischen Silbenschriften Hiragana und Katakana. Das andere Mal in der heutigen Zeit, diesmal in deutscher Sprache und geschrieben mit dem lateinischen Alphabet. ›Tensei‹ war wie ein Echo aus Malinas früherem Leben, das sich als ›Nyawa‹ noch einmal neu manifestiert hatte.

Kara war Malina eine große Stütze. Und doch verspürte Malina den unbändigen Wunsch, Abstand zu nehmen. Abstand von Kara. Abstand von ihren Träumen. Sie fühlte, dass sie dringend eine Veränderung brauchte, dass sie sich neu finden und erfinden musste. Berlin engte sie zu sehr ein, in ihrem Wohnblock, diesem beklemmenden Plattenbau, konnte sie nicht mehr atmen, sie brauchte dringend ein neues Umfeld, einen Landschaftswechsel, eine andere Kultur fernab von Europa. Sie wollte neue Eindrücke haben, jemand anderes sein und ihr altes Leben vergessen. Es zog sie weit weg von hier für eine unbestimmte Zeit. Und so entschloss sich Malina, ihrem lang gehegten Wunsch zu folgen und eine weite Reise zu unternehmen ins ferne Japan.

28

Ende April. Malina flog von Berlin nach Tokyo. Durch das Fenster ihres Flugzeugs sah sie eine betongraue Fläche, die sich bis zum Horizont erstreckte, ein Geflecht aus dicht beieinanderstehenden Gebäuden und Brücken. Zwischen ihnen zogen sich Flüsse hindurch, alle waren sie mit der Tokyo Bay vernetzt, umgeben vom Meer und über allem ein wolkenloser Himmel. Das Flugzeug landete sanft. Die Passagiere klatschten und auch Malina fühlte sich erleichtert und froh, angekommen zu sein.

Am Flughafen Haneda ausgestiegen, hatte Malina den Eindruck, in einer anderen Welt zu sein – auch fühlte sie sich ein wenig verloren. Sie saß in einem Warteraum mit weiten Fenstern, in der Ferne sah sie den Fuji-san als Schattenriss hinter Hügelketten aufragen, das Land war gerade am Erwachen, eine glutrote Sonne erhob sich hinter dem heiligen, höchsten Berg Japans.

Sie sah Nozomi, die sie hier abholen wollte, auf sie zukommen. Das musste sie sein. Malina kannte sie nur von Selfies aus den sozialen Netzwerken und einmal hatte sie Nozomi mit der Webcam gesehen, kurz vor ihrer Abreise. Zum ersten Mal standen sie sich nun gegenüber. Malina und Nozomi waren beide gleich groß und gleich alt, und waren doch recht verschieden, wie Malina jetzt, im Augenblick der ersten Begegnung außerhalb des Internets, erkennen konnte. Nozomi hatte schwarzes, langes Haar, eine schneeweiße Gesichtshaut, ihre Stimme klang gläsern, ihre Augen schimmerten durchsichtig. Sie wirkte auf Malina wie eine zierliche Puppe aus Porzellan, hübsch und unnahbar. Eine zweite Begrüßung folgte, eine schlichte Verbeugung, dann nochmal ein Umarmen. Malina verbeugte sich sicherheitshalber auch. Nozomi lächelte geheimnisvoll. Dann half sie ihr beim Tragen der Koffer.

Der Flughafen lag zwar inmitten von Tokyo, dennoch fuhren sie eine ganze Weile mit der Tokyo Metro, der U-Bahn, ins Zentrum der Stadt hinein, eine Stadt, die es eigentlich gar nicht gab. Vielmehr fügte sie sich aus dreiundzwanzig Bezirken zusammen, die den städtischen Kernbereich des Ballungsraums ausmachten. Nozomi wollte Malina erst einmal Tokyo zeigen. Ein Aufenthalt im Hotel war geplant, um Tokyo nicht nur bei Tag kennenzulernen, sondern auch bei Nacht zu erleben; denn wenn es dunkel wurde, verwandelte sich die Metropole in ein flirrendes, flashendes Gewirr aus unzähligen Möglichkeiten. Inzwischen war Malina unglaublich neugierig geworden. Die pulsierende Metropole mit ihren Abermillionen von Details, in der sie sich befand, übte auf sie jetzt schon eine unbändige Anziehungskraft aus, der sie nicht widerstehen konnte.

Ausgestiegen aus der U-Bahn gingen sie mit ihrem ganzen Gepäck weiter. Sie quartierten sich schließlich in einem Wabenhotel ein. Hier wollten sie übernachten, um einen aufregenden Tag und eine noch viel aufregendere Nacht in Tokyo zu erleben und am nächsten Tag dann mit dem Shinkansen – Japans Hochgeschwindigkeitszug – weiterzureisen nach Kyoto. Malina staunte. Eine Kapsel oder Wabe traf es ganz gut: Viereckige und übereinandergeschichtete kleine Zellen, die gerade mal Platz zum Schlafen ließen und in denen man gar nicht aufrecht stehen konnte, befanden sich in diesem Hotel, soweit das Auge reichte. War das überhaupt noch annehmbar, fragte sie sich. Ein Aufrichten oder gar Aufstehen in diesen winzigen Waben war unmöglich, man konnte sich gerade mal der Länge nach hinlegen, mehr aber auch nicht. In diesen klaustrophobischen Kabinen konnte man wirklich nur schlafen oder Fernsehen. Denn ein Fernseher war außer der Matratze das Einzige, was diese enge Kapsel wirklich enthielt. Immerhin, und darüber war Malina froh, konnte sie ihr schweres Gepäck hier abstellen.

Von der Last der Koffer endlich befreit, ging es dann wieder nach draußen in das unruhige Getümmel. Malina kam sich winzig klein vor. Nozomi schrieb ihr noch die Adresse des Wabenhotels auf einen Zettel, den Malina in ihrer Tasche gut aufbewahrte. So würde sie zumindest wieder zurückfinden können, sollten sich die beiden verlieren. Jetzt ging es richtig los. Nozomi zeigte Malina die nähere Umgebung. Straßen, Läden, Cafés – riesige, in die Höhe ragende Gebäude. Ohne Nozomi hätte sich Malina nicht zurechtgefunden. Sie fuhren wieder U-Bahn, weiter ins Stadtinnere. Nozomi nahm sie mit zum Nationalmuseum.

Vor dem Hauptgebäude erstreckte sich ein quadratisch angelegtes Wasserbecken. Die symmetrische Architektur war schlicht und traditionell gehalten. Das Haus selbst hatte eine helle Fassade und dunkle Dächer, deren Ecken sich leicht nach oben wölbten. Der Eingang stand mit einem eigenen kleinen Dach in der Mitte des Haupthauses als Anbau hervor. Malina und Nozomi gingen durch die vielen Räume und sahen sich immense Kunstwerke an. Eines beeindruckender als das andere. Stunden später war Malina einfach nicht mehr aufnahmefähig. Als sie das Nationalmuseum verließen, war es inzwischen schon Mittag durch und sie hatten noch nichts gegessen. Sie fuhren mit einer U-Bahn in eine Gegend, die für ihre gute Küche berühmt sein sollte, wie Nozomi erklärte.

Am Abend überquerten sie die Shibuya-Kreuzung. Knallbunte Leuchtreklametafeln prangten überall, sodass es Malina fast schwindelig wurde von dem ganzen Lichtergewirr aus Schriften und Grafiken. Riesige Zebrastreifen, über die unglaublich viele Menschen wuselten, und teilweise winzige, schmale Häuser, in der Ferne sich immer noch höher auftürmende Wolkenkratzer, videospielartig und unwirklich. Malina fotografierte alles mit ihrem Handy. Der Ausflug hatte sie hungrig werden lassen, sie wollten etwas essen und gingen in ein Restaurant, vor dem eine übergroße Maneki-neko hockte, ein Glücksbringer in Form einer Winkekatze, die verspielt grinste. Nozomi versicherte Malina, dass es hier im Restaurant besondere Spezialitäten aus Japan gäbe. Malina war gespannt. Sie wollte unbedingt die japanische Küche ausprobieren.

Sie wurden von einem adretten, sich immer wieder verbeugenden Kellner zu einem Tisch gewiesen. Das Restaurant war hell und freundlich gestaltet. In Gläsern auf den Tischen waren kleine Bambusäste ins Wasser gestellt. In der Mitte gab es einen weiten ovalförmigen Tisch, auf dem ein zirkulierendes Fließband installiert war und an dem viele Gäste Platz nehmen konnten. Unzählige Speisen glitten auf dem Band vorüber – Akashiyaki, Gyoza, Maki, Natto, Sushi, Tofu, Wasabi, Yakisoba, wie Nozomi aufzählte. Malina ließ sich erst einmal in den Stuhl fallen, sie musste sich kurz ausruhen. Nozomi dagegen blühte mehr und mehr auf, sie schien ihre Kraft aus dem energiegeladenen Nachtleben zu schöpfen, das sie sichtlich elektrisierte. Beide überlegten, ob sie sich für die Speisen auf dem Fließband oder besser für die Karte entscheiden sollten. Nach kurzer Verständigung bestellten sie sich doch lieber etwas von der Karte – Nozomi entschied sich für eine Miso-Suppe und Malina ließ sich vom Kellner beraten, welche Spezialitäten aus der traditionellen japanischen Küche stammten.

Schließlich bestellte sie eine ganz besondere Delikatesse, einen Kugelfisch mit dem Namen Fugu. Die beiden kamen ins Erzählen. Nozomi klärte sie über das Essen mit Stäbchen auf. Mit den Stäbchen konnte Malina sogar halbwegs umgehen. Jedoch wusste sie noch nicht, dass man diese nicht kreuzen durfte beim Essen. Eine andere Unsitte war, sie einfach aufrecht in den Reis zu stecken. Denn das, so flüsterte Nozomi, würde man nur mit der Asche einer verstorbenen Person so machen, das bringe Unglück, wenn man auch beim Essen die Stäbchen so in den Reis hineinstecken würde. Dort steckte man nämlich die Stäbchen aufrecht hinein. Das waren vielleicht schräge Sitten, dachte sich Malina im Stillen. Da konnte man ja wirklich leicht anecken. Auch gab es verschieden tiefe Verbeugungsrituale. Es kam auf die Person und ihre gesellschaftliche Stellung an, wer sich wie zu verbeugen hatte. Der Kellner unterbrach das Gespräch, indem er die Miso-Suppe und den Fugu brachte. Nozomi und Malina begannen mit dem Essen. Es schmeckte den beiden außerordentlich.

Die beiden verließen schließlich das Restaurant und machten sich auf den Weg. Nozomi wollte Malina unbedingt noch das Einkaufsviertel Akihabara zeigen, das Viertel mit den tollsten Anime- und Mangaläden und absolut sehenswert, wie sie immer wieder beteuerte. Malina fühlte sich vom ganzen Essen ziemlich matt, aber sie wollte ihrer empathischen und so zuvorkommenden Reiseführerin nicht den Spaß verderben und raffte sich zu einer letzten Sightseeing-Tour auf. Es wurde noch lauter und bunter, als sich Malina je hätte ausmalen können. Überall flackerten Bilder und Schriften über riesige Videoscreens, die Läden waren bis obenhin vollgestopft mit irgendwelchem Zeug, Kuscheltieren, Puppen und Figuren, Fan-Artikeln und Sammlerkram. Das war wirklich ein Anblick wert. Nozomi hatte nicht zu viel versprochen. Es gab alle Sorten von kleinen Automaten, aus denen man sich mit ein paar Münzen irgendwelche kleinen Figuren herausfischen konnte. Japaner schienen Automaten zu lieben. Sie hatten hier viele bunte flimmernde Spielkonsolen, wo man sich hinstellen und spielen konnte, alles war so voll mit Krempel und Plastik, jede noch so kleine Ecke war ausgenutzt, um irgendwas zu präsentieren. Malina wurde schwindelig und nach weniger als zwei Stunden trat ihr Schweiß auf die Stirn, sie fühlte sich matt und flau im Magen. Auch wenn sie Nozomis Eifer nicht stoppen wollte, musste sie ihre Begleitung beiseite nehmen und ihr deutlich machen, dass sie eine Pause brauchte. Nozomi zeigte vollstes Verständnis. Normalerweise war Malina nicht so träge und schlapp, es mochte dieses Viertel sein in seiner ganzen Künstlichkeit, seine grellen Farben und lauten Töne.

Sie gingen also in ein Teehaus und tranken einen Matcha, einen zu Pulver vermahlenen Grüntee, der in der Teezeremonie verwendet wurde. Er hat gewöhnlich eine intensive grüne Farbe und einen lieblich-süßlichen, in späteren Pflückungen leicht herben Geschmack. Malina war dankbar, sich setzen zu können. Ihr war wirklich nicht gut, vielleicht hatte sie sich übernommen. Sie wollte sich ausruhen und dann würde es schon wieder gehen. Sie begann zu trinken und verspürte ein Kribbeln auf ihrer Zunge, und auch auf ihren Lippen kribbelte es. Dann stellte sich ein taubes Gefühl im Mund ein und ein Prickeln im Gesicht. Sie bekam Kopfschmerzen und begriff, dass irgendetwas mit ihr nicht stimmte. Vielleicht wurde sie krank? Malina wollte auf die Toilette und kam beim Aufstehen gar nicht richtig hoch, sie schwankte regelrecht. Sie kannte Nozomi erst wenige Stunden und Malina war es peinlich, ihr nun solche Umstände zu machen, doch sie musste mit ihr reden. Als sie von der Toilette wieder an den Tisch kam, erklärte sie Nozomi, dass irgendwas mit ihr nicht in Ordnung sei, gleich darauf begann ihr Bein zu krampfen. Nozomi wollte erst mal im Teehaus bleiben und überlegte, was am besten zu tun sei. Malinas Worte klangen verwaschen. Nozomi hatte inzwischen einen Kellner gefragt und beide rätselten, was Malina haben könnte. Schließlich kippte Malina leicht zur Seite, sie war nicht mehr ansprechbar. Der Kellner rief einen Notarzt. Nozomi stand die Angst ins Gesicht geschrieben. Immer wieder versuchte sie auf Malina einzureden, doch diese schien wie gelähmt zu sein. Sie dämmerte kurz weg und kam dann doch wieder zu sich. Ihre Pupillen waren erweitert und starr. Malina schwitzte und krampfte; dann lief sie blau an und legte sich auf den Boden. Nozomi war außer sich vor Sorge und der Kellner versicherte, dass gleich Hilfe da sein würde.

Ein Krankenwagen war schnell vor Ort. Die Sanitäter hievten Malina auf eine Transportliege und fuhren sie ins nächste Spital. Nozomi stand neben ihr und übersetzte, was die Ärzte ihr mitteilten: »Tetrodotoxin!« Nozomi wiederholte dieses Wort immer und immer wieder und begriff, was passiert war. Sie habe sich an einem falsch zubereiteten Fugu vergiftet, erklärte sie der nahezu bewusstlosen Malina ganz aufgeregt. Nur ein einziger, kleiner Fehler bei der Zubereitung, ein falscher Schnitt, kann diesen Fisch zu einer todbringenden Delikatesse werden lassen. »Tetrodotoxin!«, quasselte die panische Nozomi weiter. Es gehöre zu den stärksten Giftstoffen überhaupt und sei mehr als 10'000 Mal tödlicher als Zyankali! Malina begriff gerade noch, dass der Kugelfisch, den sie gegessen hatte, scheinbar vergiftet gewesen war; dann verschwand das aufgeregte Gesicht von Nozomi und alles wurde immer dunkler, gleichzeitig summten ihre Ohren laut und sie spürte ihren Körper immer heißer und härter werden. Wie sich die gewohnten Sinneseindrücke auflösten, langsam neue Formen annahmen und zu etwas Anderem wurden. Malina sah die Welt um sich herum nur noch durch einen Tunnel. Dieser Gedanke ging Malina durch den Kopf, als sie auf der Transportliege in den Wagen geschoben wurde ...

... und sie sieht den heutigen Tag wie einen sie hinabziehenden Strudel an sich vorbeirauschen, alles um sie herum ist wie Wasser, glasklar und transparent, in ihren Adern brennt es heiß und sie bemerkt, wie das Glühen ihres Körpers immer stärker wird. Ihre Erinnerungen entzünden sich, sie fühlt sich schwebend, schwerelos. In Malinas Augen wird Nozomi Nagasaki zu einem verkohlten Schattenriss, der von einem grellen, atomaren Licht umgeben ist. Es ist ein unwöhnliches, noch nie gesehenes Licht – es ist, als ob es die Essenz der Energie selbst enthält, unkontrollierbar, unbändig, ein glühendes Durcheinander aus subatomaren Funken, die im leeren Raum explodieren. Es pulsiert, als ob es atmet, ein visuelles Echo der rohen Kräfte, die im Innersten der Materie wirken. Plötzlich steht Nozomi direkt vor ihr, so unvermittelt, als hätte sie sich aus dem Stoff der Realität selbst geformt. Beide nehmen sie die U-Bahn ins Innere eines undurchschaubaren, zusammengewachsenen Organismus aus Wolkenkratzern, Leuchtreklame, Straßen und Menschenmengen. Die riesigen und winzigen Gebäude sind verschachtelt und kleinteilig zusammengesetzt, zusammengedrückt und wie ein Labyrinth ineinander verwoben in einer sich stets bewegenden und neu sich anordnenden Industrielandschaft, bilden immer wieder weitere Zonen und Zentren; dazwischen Verkehr, bunte Lichter, riesige Schriftzeichen, Menschenmassen und sich in alle Richtungen ziehende Strommasten. Ein Chaos, das einer strengen Ordnung folgt, wie Nozomis Stimme ihr aus weiter Ferne erklärt. Yokohama, Kawasaki, Saitama, Chiba, Sagamihara lauten die Namen der Kernstädte. Alles hier ist anders, eigenartig und fremd – die Architekturen, die Schrift, die Sprache. Malina hört nur einzelne Fetzen aus Nozomis Reden, die sie nicht begreifen kann.

Malina verliert sich im Irrgarten der Millionen-Megametropole. Nozomis Hand hält noch die ihre. Nozomi zieht sie durch verwinkelte, verkrümmte, verrückte Gassen, ein buntvergnügtes Wirrwarr aus farbigen Leuchtreklametafeln – hochkant, diagonal, querformatig. Es blitzt und blinkt. Abschließbare Schirmständer vor Ladeneingängen, rote, blaue, grüne, gelbe, violette, weiße, schwarze, graue Schirme. Hunde in Kinderwagen hecheln nach Luft. Chiropraxen für Katzen. Katzen-Cafés. Grabsch-Bars. Love Hotels. Roboter-Motels. Tempel mit lachenden und winkenden Buddhas. Malina will auch winken, aber ihre Hand ist so schwer. Nozomi hält sie eisern fest. Plötzlich eine eigenartige Ruhe, kleinere Straßen, weniger Menschen, die Stimmen sind so leise, entfernen sich, verstummen bald, leere Balkons, lautlose Klimaanlagen, alles wie ausgestorben. Malina steht in einem dunklen, grauen Morast, sinkt tiefer und tiefer ein. Jugendliche gehen vorbei, sie sehen aus wie diese Anime-Figuren, die Malina in den Schaufenstern gesehen hat. Sie schaut genau hin, es sind die Anime-Figuren aus dem Schaufenster. Sie schrumpfen und lächeln dabei Malina an, plötzlich sind sie wieder so klein, dass sie in das Schaufenster hineinpassen. Die automatische Schiebetür geht auf und eine Herde von Pokémons quillt aus dem Ladeninneren. Wo kommen die denn auf einmal her, denkt Malina erstaunt. Die videospielartigen Fantasiewesen umringen sie und tänzeln immer schneller um sie herum, verschwinden dann aber auch gleich wieder in einem riesigen Videoscreen, in den sie hineinhüpfen. Malina entdeckt unter den vielen Pokémons auch noch das Pikachu, gelb, flauschig, mit roten, kreisrunden Wangen, gespitzten Ohren und gezacktem Schwanz – es erinnert sie an das Gesicht eines Nymphensittichs. Pikachu entlädt sich wie eine Blitzkugel, seine Stränge schießen in alle Richtungen – Malina ist geblendet von dem grellen Licht. Dann schaltet der meterhohe Videoscreen über ihr auch schon wieder um in einen nächsten Kanal. Malina wendet sich ab.

Überall sind Läden mit O-Miyage, Souvenirs und Mitbringsel wie Windspiele und Glücksbringer. Eine riesige Maneki-neko-Winkekatze ruft etwas, doch sie hört nur aus weiter Ferne ein Miauen. Ein Spielzeugladen verkauft Go-Brettspiele. Dann ein Manga-Laden mit einem riesigen Emoji als Eingang, der weit aufgerissene Mund ist die Eingangstür. Was vorher noch still war, wird wieder lauter und bunter, Schriften und Grafiken blitzen auf, alles blinkt und glitzert. Weiter hinten ein Laden mit unzähligen Bonsai-Bäumchen, überall Teehäuser mit Süßigkeiten und Spezialitäten. Malina kann es riechen, verschiedenste Drops, Bonbons und Schokoladen. Die Mangafiguren in den Schaufenstern fangen an zu tanzen. Sie lachen und hüpfen herum. Gerassel und Getröte. Plötzlich tauchen hinter den springenden Figuren weiße Gestalten auf, sie sind aus Marmor. Malina wird in den Laden hineingesogen. Doch hinter einer Ecke steht sie plötzlich wieder im Museum, dem Nationalmuseum. Nun ist alles hell und groß, die bunten Figuren sind weg. Es riecht nach Kiefern und Unterholz. Ein Bild fächert sich vor ihr auf, es entfaltet sich im Zickzack wie ein riesiges Papier. Eine Tuschmalerei auf einem Stellschirmpaar. Lange betrachtet sie den *Kiefernwald* von Hasegawa Tōhaku – während der späten Momoyama-Periode des 16. Jahrhunderts erschuf er dieses Werk auf Washi. Die Kiefern stehen dort im Nebel. Ein weißer Dunst, nur wenige schwarzgemalte Kiefern treten hervor aus helltonigen Schattierungen. Die Bildfläche verweht zu einem Raum, es wird kühler, Malina fröstelt, sie steht nun selber inmitten des Bildes, um sie herum eine Nebellandschaft mit Kiefern. Schließlich verschwinden auch die Bäume und alles, was sie umgibt, wird weiß. Nozomi ist nicht mehr da. Nebel und Kälte. Ein ätherloser Raum. Sie fühlt plötzlich eine fremde Wärme in ihr Herz fließen. Diese Wärme spült allen Schmerz davon. Dann fragt sie sich, was jetzt wohl komme. Sie wollte doch noch an ihrem zweiten Roman weiterschreiben. Eine Dystopie, ein in der Zukunft angesiedeltes Szenario. Bleibt es jetzt so hell und still? Malina läuft los in irgendeine Richtung. Ihr zweiter Roman, den will sie noch schreiben. Sie will nicht sterben.

Der Nebel verflüchtigt sich, ein glühender Himmel reißt über ihr auf. Zwischen Tag und Nacht. Sie erkennt eine Scheibe zwischen ihr und dem Himmel. Alles nimmt Gestalt an. Es ist die Aussichtsplattform des Skytree. Über sechshundert Meter Höhe. Der Fuji-san in der Dämmerung. Davor Tokyo, ein Lichtermeer wie ein gleißender Organismus, ein sich wandelndes Wirrwarr aus unvorstellbar vielen Gebäuden und Menschen. Um die Tokyo Bay verzweigen sich Straßen. Autobahnbrücken führen über Flüsse, verbinden Natur mit Land und Land mit Natur. Japan. Das Land, wo Moderne und Tradition aufeinanderprallen. Zwischen futuristischen Mega-Citys und Tempelanlagen aus vergangener Zeit. Alles hier ist eng und dicht gedrängt, aber sauber und friedlich. Wie es wohl Kara geht und was sie jetzt gerade tut? Vielleicht malt sie im Atelier? Malina vermisst sie. Doch da ist wieder Nozomis Hand. Malina kann sogar in ihr Gesicht schauen. Erstaunt stellt sie fest, dass sie sich bereits im Spital befindet, sie liegt noch immer auf der Transportliege, mehrere Ärzte schieben sie einen langen Korridor entlang, über ihr Neonröhre an Neonröhre. Das Licht verzieht sich in Streifen und Malina ist plötzlich wieder auf der Shibuya-Kreuzung. Menschenmengen drängen sich vorbei. Läden, Spielhallen, Hotels und Restaurants. Aus allen Ecken blinkt, glitzert, piepst und klingelt es. Die Zebrastreifen scheinen gleißend hell. Das bunte Strahlen unzähliger Neonlichter taucht die Wolkenkratzerschluchten in eine cyberspaceartige Atmosphäre. Leute tragen Kostüme. Cosplay, ein japanischer Verkleidungstrend. Figuren aus Manga, Anime, Comic oder Filmen. Dort hockt eine übergroße Maneki-neko. Sie winkt und grinst verspielt. Nein, Malina will da nicht hinein. Sie ruft nach Nozomi, ihr Hall verrauscht im Lärm. Sie kann es nicht verhindern und ein unbändiger Sog, gegen den sie nicht ankommt, zieht sie hinein in das Restaurant. Sie sieht den weiten ovalförmigen Tisch mit dem zirkulierenden Fließband. Schon serviert der Kellner ihr den Fugu, schon hat sie ihn verschluckt. Da taucht der Kugelfisch plötzlich hinter ihr auf, kugelrund und riesengroß. Schon hat er Malina verschluckt. Sie rutscht seine Kehle hinunter, das Fischinnere ist glitschig und giftig. Im nächsten Augenblick bricht alles um sie herum in sich zusammen, der Raum, sie selber, das Zeitgefühl, und wieder beginnt alles von vorn ...

... bis Malina ihre Vergiftung endlich überstanden und das Tetrodotoxin in ihrem Körper sich vollständig abgebaut hat. Wie Nozomi ihr am Krankenbett erklärt hatte, war sie gerade noch einmal davongekommen. Malina blieb noch ein paar Tage im Spital. Sie überlegte, wieder heimzukehren nach Berlin, die Intoxikation mit dem Fugu war doch sehr heftig, geradezu lebensbedrohlich für sie gewesen, ein einschneidendes Erlebnis, das sie wohl nie mehr vergessen würde. Die Angst war geblieben. Doch das Land der aufgehenden Sonne faszinierte sie und auch Nozomi redete ihr gut zu, weiter hierzubleiben und diese vielfältige Kultur näher kennenzulernen, die ihr bestimmt wertvolle und wichtige Impulse geben könne. Malina entschied sich schließlich dafür, in Japan zu bleiben. Zu weit war sie gereist, um jetzt schon wieder umzukehren. Fragen an ihr früheres Leben ließen ihr keine Ruhe. Deswegen war sie ja überhaupt hierhergereist, und es gab noch viel zu entdecken, die Eindrücke von Tokyo waren erst der Anfang gewesen. Sie verließen das Spital. Mit dem Shinkansen fuhren sie in die einstige japanische Hauptstadt.

Nozomi lebte und studierte in Kyoto an der Musikhochschule, sie hatte dort eine karge, aber stilvoll eingerichtete Zweizimmerwohnung zu bieten. Die Räume waren durch ein Futsuma, einen Schiebeschirm, abgetrennt. Das Design basierte, wie fast alles hier, auf dem rechten Winkel. An der Decke hing ein Hako, eine quadratische, papierbespannte Deckenlampe, am Boden lagen Tatami, Reisstrohmatten mit senkrechten und waagrechten Linien darauf und zu beiden Seiten hin gab es Wandschränke mit Shoji-Schiebetüren. Malina fühlte sich gleich wohl bei Nozomi. Der Mai hatte gerade begonnen, und vor den kleinen Fenstern leuchtete in frischen Farben das Hanami, die Zeit der Kirschblüte war gekommen. Mit Kara blieb sie zwar in Verbindung, hatte ihr jedoch nichts von der Intoxikation erzählt. Sie wollte ihre Freundin nicht beunruhigen. Doch es gab auch noch eine andere Erklärung, die sich Malina nicht eingestehen wollte: Sie wollte gern mit der schönen Nozomi allein sein und wollte nicht, dass Kara einen Grund hatte, um nach Japan zu ihr zu fliegen.

Malina kam wieder der Nebel in den Sinn, das Stellschirmpaar mit den Kiefern aus schwarzen und grauen Tönen, die im Weiß verschwanden und wo plötzlich nur noch alles hell war. Da war sie sicher dem Tod nah gewesen. Es hatte sich gut angefühlt in diesem Licht aus Nebel. Doch ihr war der zweite Roman eingefallen. Trotz der Vergiftung, die auch tödlich hätte enden können, hatte sie dieses Buch unbedingt abschließen wollen, das hatte ihr die mentale Kraft gegeben, weiterzukämpfen. Ihre Seele wollte Bücher schreiben. Vielleicht war sie deshalb hier auf der Welt. Sie schrieb nun jeden Tag an ihrem zweiten Roman. Die Angst, sterben zu können, saß ihr noch in den Knochen. Eigentlich war es kein schlechter Ort, an dem Malina in ihrer Intoxikation gewesen war. Dennoch hatte sie zum ersten Mal begriffen, dass ihre Zeit begrenzt war, dass sie sterblich war. Vorher hatte sie so gelebt, als hätte sie endlos Zeit. Sie hatte den Tod einfach verdrängt. Jetzt lebte sie anders. Sie empfand viel intensiver, die Dinge bekamen einen neuen Wert für sie.

Es war Kirschblütenzeit in Japan, überall blühten die Bäume und ein betörender Duft ging von ihnen aus. Malina hatte ihre Gedanken losgelassen. Nozomi hatte ihr eine Blüte ins Haar gesteckt und ein paar Äste in die Vase. So saß Malina auf einem niedrigen, flachen Zabuton-Sofa, und schrieb an ihrem Buch. Ihre Dystopie war in einer Welt der Zukunft angesiedelt, in der es kaum noch Menschen gab, und die Menschen auch nicht alt wurden aufgrund der Verwüstung und Verstrahlung der Natur. Die Felder waren ausgedörrt, es gab keine Insekten mehr, die wenigen Menschen lebten in ihren eigenen gebauten Anlagen, fernab von der Zerstörung, die sie hinterlassen hatten. Der Roman war aus Sicht der Seelen geschrieben, die sich reinkarnieren wollten, jedoch keine Körper mehr fanden. Viele Seelen hatten noch einen Auftrag, wollten noch einmal leben und erleben, wie sich ihre Wünsche, Hoffnungen und Sehnsüchte doch noch erfüllten oder mussten eine Lektion lernen, bevor sie endlich ruhen konnten. Für ihren Manuskripttitel hatte sich Malina etwas Besonderes ausgedacht. Sie hatte ein traditionelles japanisches Gedicht geschrieben, und dieser Haiku spiegelte ihre Gedanken und Gefühle wider:

Seelenwanderung
Welt in ständigem Wandel
Vergänglichkeit fließt

Nozomi nahm Malina mit in einen Park. Sie hatten einen Bento-Bag dabei, eine Tragetasche in Form eines Pandabärenkopfs, sowie eine Picknickdecke. Es war herrlich im Monat Mai. Alles duftete. Ein wunderbares Wetter, eine Palette aus Pastellfarben, wie Kara es wohl sehen würde, wäre sie jetzt hier, dachte Malina mit dem Blick auf die blühenden Bäume, die hügelige Rasenfläche, die sich um einen künstlich angelegten Wasserbereich rankte, und den klaren Himmel. Diese kleinen weichen Blüten! Eine kühle Brise wehte durch die Äste. Die beiden hatten sich auf die Decke gesetzt. Nozomi erzählte von ihrem Konzert, während sie die Naschereien auspackten. Ihr schwarzes Haar wehte in der Brise, während sie Malina ein Onigiri reichte. Sie nahm für beide die Teebecher und kleinen Teller heraus, legte die Servietten zurecht. Malina griff nach dem Reisbällchen, umhüllt von einem Blatt Nori, und biss genüsslich hinein. Neben ihnen stand die Bento-Box gefüllt mit allerlei Köstlichkeiten – Tempura, frittiertes Gemüse im Teigmantel; Tamagoyaki, süß-salzige Omelettrollen; Tsukemono, knackiges Gemüse in Marinade.

Es lag eine Leichtigkeit in der Luft, alles war einfach gehalten. Malina beobachtete ihre Freundin Nozomi. Während des Essens sprachen sie nur wenig. Malina legte sich schließlich nach hinten und schaute hoch in die Kirschbäume. Sie genoss das Spiel aus Licht, Wind und Blüten, das sich ihr darbot. Gern hätte sie Nozomi jetzt geküsst, einfach so, weil es hier mit ihr schön war, weil es ihr gut ging, aber sie traute sich nicht. Manchmal brauchte es gar nicht viel zum Glück, überlegte Malina erstaunt. Sie hatte so viel gekämpft um ihr Schreiben, so viel versucht und dann reichte es aus, mit Nozomi in Kyoto auf einer kleinen Wolldecke zu sitzen, die Sonne sich ins Gesicht scheinen zu lassen und über das Leben nachzudenken. Was war das für eine Rechnung mit dem Glück? Malina dachte immer, dass sie noch dieses oder jenes brauchen würde, erst dann könne sie endlich glücklich sein. Aber vielleicht war das gar nicht so, vielleicht war das Glück keine Addition, sondern eine Subtraktion? Vielleicht galt es, zu hochgesteckte Ziele loszulassen, das ganze Treiben und Kämpfen einmal ruhen zu lassen und einfach nur da zu sein und in die Bäume zu schauen. Vielleicht brauchte sie gar keine berühmte Schriftstellerin zu werden und war schon gut genug, so wie sie war? Für Nozomi war sie jedenfalls gut genug. Sie mochte mit Malina hier sitzen und sich mit ihr unterhalten. Dennoch verspürte Malina, dass da noch mehr war in ihr, als nur der Drang sich zu beweisen und erfolgreich zu sein, es allen zu zeigen. Nein, die Bücher erfassten sie viel tiefer. Sie liebte das Schreiben, sie liebte die Worte. Sie hatte den Drang, sich zu entfalten, ihr Können zu durchleben, etwas mit ihren Fähigkeiten anzufangen, sich auszuprobieren. Sie wollte ganz sie selbst werden. Sie musste es erleben, wie ihr Traum von der Schriftstellerei Wirklichkeit wurde, wie sie sich sogar davon ernähren konnte. Doch die Träume wogen schwer. Bisher war es nur ein Kampf gewesen und der Erfolg mit ihrem ersten Buch war nur von kurzer Dauer gewesen. Malina wollte jetzt nicht daran denken.

Sie sah wieder zu Nozomi, die ihre Hände hielt, als würde sie Cello spielen, und dabei summte. Was sie denn da sang, wollte Malina von ihr wissen. Das Sakura-Lied sang Nozomi, viele kleine Töne. Traditionelle Musik, die der Kirschblüte huldigte. In den Strophen ging es um den Duft und die Farben, das Leuchten der aufgehenden Sonne, den Frühlingshimmel, Felder, Hügel und Dörfer, so weit das Auge reichte, ein erfüllender Anblick, wie Nozomi lebhaft erklärte. Am Abend wolle sie ihr das Lied vorspielen, versprach die Japanerin. Malina nickte. Wenn sie keine Plagiatsvorwürfe bekommen hätte, wäre sie vielleicht nie nach Japan geflogen, überlegte Malina. Sie hätte diesen Tag unter den Kirschblütenbäumen mit Nozomi bestimmt nie erlebt. Den Nachmittag saßen die beiden noch lang auf der Wiese. Bis es schließlich kühler wurde, sie alles zusammenpackten und zu Nozomi nach Hause aufbrachen.

Als sie den Park hinter sich ließen, führte ihr Weg sie durch Pontocho, einen historischen Bezirk. Sie folgten einer belebten Gasse von Shijō-dōri bis Sanjō-dōri, eine Blocklänge westlich des Kamo-Flusses. Hier und da begegneten sie Frauen in farbenprächtigen Kimonos mit aufwendigen Frisuren, die Wagasa-Schirme aus Papier und Bambus elegant in ihren Händen hielten. Nozomi erklärte, dass sie sich in einem der bekanntesten Geisha-Viertel befänden. Die Sonne begann, hinter den altehrwürdigen Gebäuden zu sinken, die Schatten wurden länger, und die letzten Sonnenstrahlen ließen die Machiya-Häuser in einem zarten Glanz erscheinen. Malinas Blick folgte den verwinkelten Linien der Holzgitter und den unverzierten Dachkanten. Über ihnen leuchteten bunte Lampions, während unter ihnen die Pflastersteine in schillernden Farben schimmerten. Es umhüllte sie der Duft unterschiedlichster Speisen, die aus kleinen Izakayas und Restaurants mit vielen Gästen strömten. Nachdem sie das lebhafte Pontocho hinter sich gelassen hatten, passierten sie Schreine und Tempel. Manche der heiligen Stätten waren noch geöffnet, und das Leuchten der Laternen im stillen Inneren schuf eine meditative, fast mystische Atmosphäre. Unterwegs sahen sie auch moderne Elemente, die sich harmonisch in das historische Stadtbild einfügten – darunter Kaffeehausketten, die neben alteingesessenen Teehäusern lagen, sowie Designstudios, eingebettet zwischen traditionellen Handwerksgeschäften. Als sie schließlich zu Nozomis Apāto kamen, war es bereits dunkel.

Im Hausflur grüßte sie ein älterer, kleiner Herr. Er wirkte kühl, aber freundlich. Nozomi grüßte ihn zurück. Er hieß Issei Sagawa und sollte wohl auch ein Schriftsteller sein, wie die Nachbarn sich erzählten. Nozomi kannte ihn jedoch kaum. Zurück in ihrer Wohnung setzten sie einen Tee auf und schauten einen Film.

Spät am Abend, Nozomi hatte es schon fast wieder vergessen, holte sie auf Bitten von Malina ihr Cello hervor. Nozomi zündete ein Kerzenlicht an und setzte sich in das Tokonoma, eine erhöhte Nische im hinteren Raum. Ihr sanfter Bogenstrich glitt über die vier Cellosaiten – C, G, d, a –, sie spielte eine zierliche, flüchtige Melodie, melancholisch und in sich gekehrt, verschwiegen und geheimnisvoll. Das Sakura-Lied. Es passte zu der feingliedrigen Nozomi, die Malina nur einmal mehr an eine makellose Porzellanpuppe erinnerte.

Malina lag am Abend wie berauscht von den Erlebnissen des Tages im Futon. Ein Bett direkt auf dem Boden war für sie eine ganz neue Erfahrung. Sie ließ sich alles durch den Kopf gehen. Lange hatte sie sich nicht mehr so lebendig gefühlt. Es fühlte sich innerlich wie eine Frische an und gleichzeitig eine Wärme, es war schwer zu sagen. Sie hatte so ein Vertrauen, das plötzlich da war, ein Vertrauen, dass alles schon richtig sein würde, dass alles gut werden würde. So kannte sie sich gar nicht. Malina konnte lange nicht schlafen. Dann ging sie hinüber und legte sich lautlos zur schlafenden Nozomi auf den Futon. Die wachte kurz auf, als sich Malina an sie kuschelte, doch sie ließ es geschehen, ließ Malina so nahe sein. Malina lauschte Nozomis regelmäßigen Atemzügen und schlief schließlich auch ein.

Am Morgen erwachte sie auf einem leeren Futon. Nozomi war längst zur Orchesterprobe gegangen. Sie hatte Malinas Annährung als eine freundschaftliche gedeutet, zumindest schien das der Zettel zu sagen, den sie ihr schnell noch geschrieben hatte. Mit einem Guten-Morgen-Gruß an die gute Freundin reagierte Nozomi auf Malinas nächtliche Kuschelbedürfnisse und ordnete die Annäherungsversuche somit unter Freundschaft ein. Malina verstand schon, aber hatte noch nicht aufgegeben. Sie mochte es, mit Nozomi zu flirten. Es musste doch alles nicht so ernst sein. Malina wollte die Leichtigkeit des gestrigen Tages noch erhalten und kuschelte sich wieder in Nozomis Futon. Mit dem Laptop auf ihrem Schoß schrieb sie weiter an ihrem zweiten Roman.

Am Nachmittag blickte Malina wissbegierig aus dem Fenster. Kyoto lag 400 Kilometer südwestlich von Tokyo und war Japans alte Kaiserstadt. Eine Kulturmetropole der alten Zeit, in der sich niedrige Wohnhäuser, Tempelanlagen und Gärten befanden. Malina hatte einen Kurs in Kalligrafie begonnen und ging gemeinsam mit Nozomi zu einem Treffen, bei dem Origami gefaltet wurde. Die Beschäftigung mit der Pinselführung und der Falttechnik halfen Malina abzuschalten und machten unglaublichen Spaß. Auch besuchte sie einen Sprachkurs. Japanisch war dem Deutschen wirklich fern. Sie würde es nie richtig erlernen, dachte sie immer wieder. Dennoch rührte es sie auf eigenartige Weise und fühlte sich vertraut an. Bald schon konnte sie ein paar Worte wechseln. Von Woche zu Woche fühlte sie sich befreiter und das Japanische wurde ihr noch viel vertrauter. Sie schrieb auch fleißig weiter, immer wenn Nozomi zur Orchesterprobe ging. Jetzt hatte sie nicht mehr so viel Angst wie sonst beim Schreiben, ob das an Nozomi und an Kyoto lag, fragte sie sich. Nozomi übte eine beruhigende Wirkung auf sie aus. Malina verlor dieses ständige Gefühl, ein gehetztes und verwundetes Tier zu sein, immer auf der Flucht, nie wirklich da. Sie war angekommen, sie war zum ersten Mal, seit sie denken konnte, wirklich ausgeglichen. Malina wollte nie wieder von hier weg. Sie schaute aus dem Fenster von Nozomis Wohnung. Hier würde sie die nächsten Monate leben und ihre Gedanken neu ordnen.

Nozomi schloss die Tür auf. Sie hatte auch noch eingekauft. Sie aßen in Ruhe und Nozomi erzählte von der Musikhochschule. Nach dem gemeinsamen Abendbrot übte sie wieder Cello, besonders leise, mit Rücksicht auf ihren Bücher schreibenden Nachbarn, Herrn Sagawa, der von zu lauter Musik wohl abgelenkt oder gar herausgerissen werden könnte aus seinem schöpferischen Prozess. Malinas Blick schweifte über die Sammlung an Figuren aus hauchdünnem Washi, die Kraniche und Kitsune, Makaken und Marderhunde sowie weitere einheimische Tiere darstellten. Entlang des Fensterbretts reihten sich sorgfältig gefaltete Origamifiguren auf, jede einzelne ein kleines Kunstwerk. Während Nozomi spielte, faltete Malina einen Koi-Karpfen.

Im Regal lag ein Go-Brettspiel, das Nozomi für den späten Abend herausholte und lebhaft erzählend auf dem Tisch aufbaute. Malina konnte sie schon recht gut verstehen, ihre Sprachkenntnisse waren so viel besser geworden. Sie fragte nach, wenn sie Worte nicht verstand und so übte Nozomi mit ihr. Malina sah gebannt auf das vor ihr liegende Raster. Nozomi legte los und zeigte auf das Go-Brett: »Also, wir haben hier ein Brett mit 19 mal 19 Linien, und da« – sie zeigte auf das Brett –, »das sind insgesamt 361 Kreuzungspunkte. Und dann nehmen wir haufenweise schwarze und weiße Steine und setzen sie auf die Punkte drauf. Die Steine hängen dann waagerecht oder senkrecht miteinander zusammen, und das Ziel ist, dass du versuchst, Malina, so viel Platz wie möglich auf dem Brett für dich zu gewinnen. Die Steine haben Freiheiten – das sind die leeren Punkte gleich nebenan. Wenn der Gegner die alle besetzt hat, dann ist der Stein gefangen und kann weggenommen werden. Aber pass auf! Du darfst dich nicht selbst benachteiligen. Selbstmordzüge sind verboten«, erklärte Nozomi und Malina horchte auf. »Mit Selbstmord ist gemeint, dass du deine Steine nicht so ablegen darfst, dass sie direkt gefangen genommen werden können.« Malina fand das lustig. Nozomi musste auch lachen, beteuerte aber, dass es eigentlich ein sehr ernstes und bisweilen meditatives Spiel wäre. Es käme ursprünglich aus China. Dort wäre es ungefähr 4000 Jahre vor unserer Zeit erfunden worden, jedoch nicht als Spiel, sondern als Orakel. Man hätte die Steine aufs Brett geworfen und versucht, Sternenkonstellationen daraus zu lesen. Erst viel später sei es nach Japan gekommen und weil das Spiel so abstrakt wäre, hätte jeder es auf seine Weise gedeutet. Ein Krieger sah darin den Krieg und die territorialen Kämpfe, ein Mönch jedoch interpretierte aus den schwarzen und weißen Steinen das Yin-und-Yang-Symbol. Das Spiel übte für ihn eine meditative Wirkung aus, stellte die hellen und die dunklen Mächte dar, die gegeneinander kämpften. Malina meinte, dass der Kampf des Kriegers doch dann einfach auf einer religiösen Ebene weitergeführt würde. »Ja, das kann schon so sein«, stimmte Nozomi ihr zu. So spielten sie noch eine Weile, bis Nozomi schließlich schlafen wollte und sie das Spielbrett mit den Steinen drauf in eine Ecke legten, um später das Go-Brettspiel wiederaufzugreifen.

Malina berührte Nozomi immer wieder wie zufällig und diese ließ es geschehen. Nozomi mochte sie scheinbar sehr gern, dachte sich Malina und traute sich, zu fragen, ob sie wieder bei ihr mit auf dem Futon schlafen dürfe. Nozomi jedoch nahm sie beiseite und sprach mit ihr eindringlich:

»Versuch doch auch mal allein zu schlafen, schließlich bist du doch kein Kind mehr.« Malina spürte, wie ihre schöne Gastgeberin eine Grenze zog. Sie mochte also diese Nacht nicht mit ihr kuscheln.

Ein wenig bedrückt ging sie ins Bad, um sich die Zähne zu putzen, dann stellte sie sich unter die Dusche. Nozomi klopfte, während sich Malina gerade duschte, und fragte, ob sie reinkommen dürfte. Malina war überrascht und bejahte. Nozomi putzte sich schweigend die Zähne und blickte immer wieder zu Malina, die erst ihre Haare und dann ihren ganzen Körper einseifte und schließlich das Wasser aufdrehte. Malina fand das alles aufregend, nun hatte die Japanerin doch angebissen und erkundete die Möglichkeiten. Schließlich legten sie sich getrennt auf ihre Futons. Nozomi schlief in dem einen Raum und Malina in dem anderen Raum der Wohnung. Es lag eine knisternde Spannung in der Luft, vielleicht bildete es sich Malina auch nur ein. Sie horchte, ob Nozomi schon schlief und wartete noch ein bisschen. Zu ihr rübergehen, wollte sie nicht. Nozomi hatte es ja untersagt, wenn auch nur mit einer subtilen Andeutung. Irgendwann war sie zu müde, um noch zu grübeln, und schlief ein.

Malina hielt sich mit ihren Avancen zurück, wollte sie doch keine direkte Abfuhr riskieren und dann noch den ganzen Juni, der gerade erst begonnen hatte, mit Nozomi zusammenwohnen müssen. So eine Situation würde für beide nur peinlich werden und Malina wollte die schöne Zeit mit ihrer japanischen Freundin nicht zerstören. Stattdessen fiel ihr wieder der eigentliche Grund für ihre Japanreise ein: Das Buch ›Tensei‹ der Geisha – derjenigen Frau, die sie wohl früher einmal in einem anderen Leben gewesen sein musste. Anders als durch eine Wiedergeburt in ihren jetzigen Körper konnte sich Malina die drastische Ähnlichkeit zu ihrem eigenen Buch ›Nyawa‹ nicht erklären. Ihre Seele hatte ganz bestimmt früher hier gelebt und sie musste diese Geisha gewesen sein.

Ihre Nachforschungen begannen in der Bibliothek vom Goethe-Institut in Kyoto, in dem Nozomi schon mehrere Deutschkurse besucht hatte. Hier fragte Malina eine ältere Bibliothekarin nach einem Foto von der Geisha. Misaki Miyamoto hatte das Buch ›Tensei‹ geschrieben. Als sie den Namen von einer Japanerin hörte, bekam Malina eine Gänsehaut. Er klang so eigenartig vertraut. Dann zeigte ihr die Bibliothekarin ein Foto von der verstorbenen Geisha und Malina traf es wie ein Schlag.

Sie wusste, dass sie in ihr Gesicht sah. Natürlich war es ein asiatisches Gesicht, kein europäisches. Dennoch kribbelten ihr die Hände und sie musste ein paar tiefe Luftzüge holen, um sich wieder zu fassen. Ein paar Worte auf Japanisch fielen ihr ein und sie hatte keine Ahnung, ob sie die im Sprachkurs schon gelernt hatte oder ob sie sich an ihr früheres Leben erinnerte. Die Bibliothekarin bemerkte Malinas Erstaunen und schaute sich das Foto der Geisha genauer an, dann meinte sie auf Deutsch, dass schon eine gewisse Ähnlichkeit bestehen würde. Die ältere Frau wusste so einiges über die Geisha. Sie sollte eine der reichsten Frauen im ganzen Land gewesen sein. Heute stand ihr riesiges Anwesen nahezu leer, ein letzter Verwandter wohnte noch in einem Seitenflügel, der auch das Haus und den Garten verwaltete. Doch auf dem Haus läge kein Segen, munkelte man. Es handelte sich zwar um ein prächtiges Anwesen, aber die Geisha sei von ihrem Ehemann ermordet worden und auch dort im Garten des Anwesens vergraben worden. Als man ihre Überreste gefunden hatte, war deutlich festzustellen, dass sie noch gelebt haben musste, als ihr Mann sie verschwinden ließ. Sie war also lebendig begraben worden! Warum er ihr das Leben nahm, sei bis heute nicht geklärt worden, flüsterte die Bibliothekarin geheimnisvoll. Sie soll im Haus etwas versteckt haben und eine Botschaft hinterlassen haben, doch keiner der Nachbarn hatte Zutritt bekommen und die Kriminalpolizei hatte nichts finden können. Die Geisha hatte gemeinsam mit ihrem Mann ein Vermögen besessen. Zahlreiche teure Fächer und Perücken, auch eine kleine Sammlung der schönsten Malereien gehörten zu dem Bestand. Und dann gab es da noch diese skurrile Sammlung aus unzähligen Shinigami-Puppen. Malina horchte auf. »Shinigami?« Das machte sie ganz neugierig. »Was hat es denn auf sich mit diesen Puppen?«, wollte sie wissen. Die Bibliothekarin schaute Malina wieder geheimnisvoll an, sagte erst einmal gar nichts, kam dann aber doch aus sich heraus und erklärte, dass Shinigami in der japanischen Mythologie Todesgeister seien, welche die Seelen von verstorbenen Menschen, wenn sie auf unnatürliche Weise aus dem Leben gerissen würden, einsammelten, um sie vorübergehend in diese Todespuppen einzuschließen. »Und dann?«, fragte Malina, als sie merkte, dass die Bibliothekarin nichts mehr dazu sagen wollte. Die Puppen, in denen die Seelen der Verstorbenen eingeschlossen seien, so die Bibliothekarin, würden sich von Zeit zu Zeit bewegen, kaum dass man es bemerken würde, mehr wisse sie aber auch nicht; zudem gäbe es doch gar keine Geister, fügte sie schnell hinzu. Malina schauderte es. »Da bin ich mir aber gar nicht so sicher«, entgegnete sie nachdenklich und überlegte, ob sie ihr von ›Nyawa‹ und dem Plagiatsfall erzählen sollte, und den vielen offenen Fragen, die sich für sie daraus ergaben. Sie ließ es dann aber doch bleiben, als sie die Angst in den Augen der alten Bibliothekarin witterte, die sehr wohl an Geister glaubte. »Was ist denn mit all den Sachen geschehen in dem Anwesen?«, forschte Malina weiter und die Bibliothekarin erzählte, dass die Möbel von Eltern zu Kindern weitervererbt worden waren und nur allein die Einrichtung solle schon ein kleines Vermögen wert sein. Doch die grausige Geschichte von der ermordeten Geisha begann noch viel früher. Schon vor hunderten von Jahren, im antiken Japan, baute man in den Mauern der besten Häuser Menschen mit hinein, die menschlichen Säulen, Hitobashira, genannt. Dieses Haus war eines davon. Die Geister dieser lebendig eingemauerten Menschen suchten immer wieder die Häuser heim und konnten keine Ruhe finden. Malina schluckte, sie spürte, dass die ältere Frau die Wahrheit erzählte. Das Fundament dieses großen Anwesens war mit den Hitobashira erbaut. Seitdem war die Familie, die das Anwesen bewohnte, verflucht. Der Fluch der Geisha war nur eine weitere Grausamkeit in einer Reihe von Geschichten, die von diesem Haus erzählt wurden. Es begann eigentlich schon bei der Anreise. Man musste durch einen langen, dunklen Tunnel, den Kiyotaki-Tunnel, in dem angeblich auch die Geister der verstorbenen Arbeiter spuken würden. Diese Arbeiter hätten unter so schlechten Bedingungen den Tunnel erbaut, dass sie sich bei jedem rächen wollten, der durch diesen Tunnel fuhr, und auf unerklärliche Weise wurde der Tunnel nachts länger und wollte seine Benutzer gar nicht mehr hinauslassen. Am Tage hatte er eine Länge von 444 Metern – dreimal die 4, das war eine Unglückszahl in Japan. Wer diesen Tunnel überstand, würde direkt auf das Anwesen der Familie Miyamoto geleitet werden. Die Leute erzählen, dass man, einmal auf dieses Anwesen gekommen, das Haus und die darin wohnenden ruhelosen Seelen nicht mehr verlassen konnte. Der Geist der Geisha sollte wohl zu später Stunde immer mal wieder in einem der leeren Räume singen. Es gäbe auch verfluchte Gedichte, die sie noch zu Lebzeiten verfasst hatte, und jedem, der sie laut vorlas, Unglück brachten.

Die Bibliothekarin wusste viel zu erzählen. Irgendwann kam ein weiterer Besucher mit einer Frage auf sie zu und sie überließ Malina sich selbst. Malina wartete und ließ sich von der älteren Frau, nachdem der Besucher wieder gegangen war, eine genaue Wegbeschreibung aufzeichnen. Doch die Bibliothekarin warnte sie vor einem Ausflug dorthin. Malina aber war nicht mehr zu halten. Sie hatte sich das Foto der Geisha noch einmal mit der Handykamera abgelichtet, steckte die Zeichnung ein und beschloss, Nozomi von der Geisha und von beiden Büchern, dem der Geisha und dem ihren sowie von ihrer These der Wiedergeburt zu berichten.

Malina wollte einen passenden Moment wählen, um sich Nozomi anzuvertrauen. Sie zog sich also zurück, wurde immer verschlossener und machte nur noch halbherzig bei den Dingen mit, die Nozomi vorschlug. Schließlich wurde es Nozomi zu viel, sie nahm Malina beiseite und sprach sie darauf an: »Was ist mit dir, Malina? Los, sag schon!« Das war eigentlich nicht der passende Moment, den sich Malina gewünscht hatte, aber gab es diesen Moment überhaupt? »Ich muss dir unbedingt etwas erzählen«, druckste Malina herum. Dann begann sie, ihre Erlebnisse zu schildern. Sie hatte Angst, Nozomi würde ihr nicht glauben und zunächst sah es auch erst einmal so aus. Dann quasselte Nozomi in Japanisch los. Malina verstand kein Wort und zog die Augenbrauen hoch, so gut war ihr Japanisch nun auch wieder nicht, dass sie es fließend verstehen konnte. »Das ist ja eine irre Geschichte, Malina!«, stammelte Nozomi nun wieder auf Deutsch. »Und du bist dir sicher, dass du nicht abgeschrieben hast?«, fragte sie eindringlich. »Ich habe nicht abgeschrieben. Ich habe Jahre an meinem ersten Buch gesessen«, sagte Malina und verschränkte die Arme. »Okay, okay, ich glaube dir ja!«, willigte Nozomi stirnrunzelnd ein. Malina fand, dass sie nicht danach aussah, aber wahrscheinlich würde sie so eine haarsträubende Geschichte von einer Europäerin, die eine Wiedergeburt einer berühmten Geisha sein wollte, auch nicht glauben. »Kommst du mit zum Anwesen der Familie Miyamoto?« Nozomi nickte. So ein Abenteuer ließ sie sich nicht entgehen, auch wenn sie noch immer unschlüssig war, ob sie Malina glauben sollte oder nicht. Immerhin müsste sie dann auch an die Wiedergeburt glauben. Das war ziemlich viel verlangt. Entweder Malina war verlogen und hatte alles aus dem Buch der Geisha abgeschrieben oder sie war einfach nur verrückt. Würde sie Nachforschungen über die

Geisha anstellen, wenn sie nur log? Wozu sollte sie sich so eine Geschichte ausdenken? Sie war wahrscheinlich ziemlich verrückt, denn es klang nicht nach einer Lüge. Nozomi wollte sich unbedingt das Haus anschauen. So planten die beiden am nächsten Morgen frühzeitig mit Fahrrädern aufzubrechen und zum Anwesen der Familie Miyamoto zu fahren.

Es war noch dunkel, als Nozomi sie weckte. Malina wollte sich lieber umdrehen und weiterschlafen, doch Nozomi knipste einfach das Licht an. Malina zog sich das Kissen über den Kopf und säuselte, dass sie noch müde sei und noch ein klein wenig schlafen wolle. Doch es war zu spät, sie war längst wach. Ihr fiel wieder ihre Unternehmung ein und plötzlich hatte sie einen richtigen Energieschub. Klar wollte sie aufstehen und zum Anwesen der Geisha fahren. Schon war sie im Bad und wenig später aßen die beiden Frühstück. Sie packten sich noch Proviant für den Ausflug mit ein und dann ging es auch schon los. Nozomi wollte unbedingt bei Tag durch den gruseligen Kiyotaki-Tunnel fahren und auf gar keinen Fall wollte sie in der Nacht auf diesem Anwesen herumgeistern. Abends würden sie wieder zu Hause sein, da waren sich die beiden Frauen einig.

»Toll, dass du mitkommst«, sagte Malina, als sie ihren Rucksack zuschnürte. »So ein verrücktes Abenteuer kann ich mir doch nicht entgehen lassen«, grinste Nozomi.

Die beiden zogen ihre Schuhe an und Nozomi schloss ihre Wohnungstür ab. Da kam wieder der freundliche, ältere Herr Sagawa die Treppe hinunter und grüßte die beiden Frauen. Obwohl er doch recht klein und schmächtig war, benahm er sich sehr höflich und ließ die Frauen zuerst gehen.

»Sie sind aber schon früh wach, Herr Sagawa!«, meinte Nozomi überrascht.

»Ich genieße die morgendliche Ruhe«, sagte er mit einem leisen Lächeln auf den Lippen. »Hat Sie gestern meine Musik gestört? Ich höre so gern klassische Musik, vor allem Beethoven, Mozart, Bach und manchmal etwas zu laut.«

»Nein, die haben wir gar nicht gehört«, antwortete Malina und probierte ihre Japanisch-Kenntnisse aus.

Herr Sagawa war erstaunt. »Eine talentierte Europäerin«, meinte er anerkennend. »Ich war einmal als Student in Frankreich und habe an der Sorbonne in Paris ein Austauschjahr gemacht. Das waren vielleicht Zeiten!«

»Paris! Eine herrliche Stadt!«, schwelgte Malina in ihren eigenen Erinnerungen. Auch sie war schon einmal in Frankreich und vor allem in Paris gewesen.

Herr Sagawa war ganz in Gedanken versunken, er konnte den Blick kaum mehr von ihren blonden Haaren lassen und fragte: »Sind Sie Niederländerin?«

»Ich komme aus Deutschland und bin in Berlin aufgewachsen.«

»Aha.«

»Warum denken Sie, dass ich aus den Niederlanden kommen könnte?«

Herr Sagawa machte ein verlegenes Gesicht, warf Malina einen flüchtigen Blick zu und schien über etwas nachzudenken und sagte dann: »Ich bin ganz vernarrt in die Bilder von Maurits Cornelis Escher, müssen Sie wissen. Er ist ein niederländischer Künstler. Daher meine Faszination für dieses Land.«

»Von diesem Künstler habe ich noch nie etwas gehört«, meinte Nozomi. Und so plauderten sie noch etwas über M. C. Escher und seine Unmöglichkeitsdarstellungen mit den verschachtelten Räumen, den unmöglichen Treppen und den darin gefangenen Figuren, bis die jungen Frauen sich verabschiedeten und auf die Fahrräder schwangen.

Nozomi radelte voraus, sie wusste, wo es langging. Unbedingt wollte sie Malina auf dem Weg noch einen buddhistischen Tempel zeigen, in dem wohl lustige steinerne Mönchsfiguren stehen sollten. Malina konnte sich beim besten Willen keine lustigen steinernen Figuren in einem Tempel vorstellen, die waren doch eigentlich immer ernsthaft. Aber sie irrte sich. Kurz vor dem Tunnel blickte sie zur linken Seite auf die Dächer des Tempels. Beide stellten ihre Fahrräder im Gras ab und gingen links zum Eingang hinein. Es gab verschiedene Häuschen, die alle zur Tempelanlage gehörten und einen Platz, zu dem die beiden Frauen über eine winzige Brücke gelangten und rings um sie waren die kleinen steinernen Figuren in mehreren Reihen aufgestellt. Sie boten wirklich einen skurrilen Anblick. Jeder kleine Mönch hatte sein ganz eigenes Gesicht. Sie lächelten, manche sahen sich sogar an. Einer hielt doch tatsächlich einen steinernen Teddybären in der Hand, der andere trug eine Brille, die in den Stein gemeißelt war. Er jauchzte vor Freude und hatte den Mund offen. »Die Mönche sollen die Schüler Buddhas darstellen«, erklärte Nozomi. »Die scheinen ja echt Spaß zu haben«, meinte Malina. Nozomi nickte. Viele guckten auch einfach nur oder lächelten fast unmerklich in sich hinein. Doch sie sahen alle recht zufrieden aus. Mit Moos überwachsen standen die ungleichen Mönche klein, rundlich und gedrungen in ihren Reihen und verbreiteten gute Laune. Die Frauen wollten recht bald weiter. Sie hatten immerhin noch einen Weg vor sich und wollten auf keinen Fall nachts durch den gespenstischen Tunnel fahren. Zumindest Nozomi wollte das vermeiden. Malina kam es gar nicht so darauf an. Obwohl sie inzwischen an Wiedergeburt glaubte, war sie nun nicht bei jedem düsteren Märchen gleich abergläubisch. Wieder aus dem Tempel kommend, griffen sie nach ihren Fahrrädern.

Der Eingang des Kiyotaki-Tunnels war bereits in Sichtweite, vor dem Eingang glühte ein rotes Ampellicht. Eigentlich hätte Malina jetzt schon etwas essen können, doch Nozomi wollte erst den Tunnel hinter sich bringen. Rechts führte eine Straße nach oben und der Tunnel war in die Landschaft eingebaut. Das Licht schaltete auf Grün. Nun konnten sie losfahren. Der Tunnel war ziemlich eng, einspurig und bogenförmig; kerzengerade, wie er war, erstreckt er sich linienförmig durch das umgebende Gelände. Was Nozomi nur hatte, dachte sich Malina. Sie fuhren in den Tunnel hinein. An der Decke glühte in regelmäßigen Abständen eine Beleuchtung, sodass sie abwechslungsweise vom Hellen ins Dunkle radelten. Dann neigte sich der Tunnel nach links. Bald schon war der Ausgang zu sehen. Und kurz darauf waren sie wieder draußen. Nozomi atmete erleichtert auf. Malina zuckte mit den Achseln. Sie radelten noch ein Stück weiter und machten schließlich auf einer Wiese eine kleine Mittagspause.

Nozomi schien erleichtert. Sie hatte wirklich an den Spuk im Tunnel geglaubt. Malina musste kichern und neckte sie damit. Nozomi war verblüfft, war Malina doch diejenige, die hier einmal als Geisha gelebt haben wollte, erinnerte sie Nozomi. Das stimmte auch wieder, musste Malina sich eingestehen. Die beiden Frauen packten zusammen und radelten weiter. Inzwischen war Malina richtig aufgeregt. Ob sie das Haus wiedererkennen würde? Ob sie ein Déjà-vu bekommen würde? Ihr schien beim Radeln die Sonne ins Gesicht und sie konnte es kaum erwarten, endlich beim Anwesen anzukommen.

Nozomi stoppte plötzlich. Malina hielt neben ihr an.

»Spürst du was?«, fragte Nozomi.

»Es ist kühler geworden.«

»Es ist nicht kühler geworden, es fühlt sich nur so an!«

Malina spürte in sich hinein. Sie fühlte sich tatsächlich irgendwie unwohl. Obwohl die Sonne schien, war sie nicht mehr richtig fröhlich wie eben noch vor wenigen Minuten. »Ich glaube, wir sind beide aufgeregt und bilden uns das nur ein. Wir kennen ja die ganzen Geschichten.«

»Komm, wir fahren weiter, ja?«

Malina nickte.

Nozomi ließ Malina jetzt voranfahren. Es ging nur noch geradeaus. Sie waren fast da. Malina war jetzt hellwach und ihre Nerven waren angespannt. Hinter der nächsten Biegung sah sie endlich auf das Anwesen. Zuerst fühlte sie gar nichts, außer ihrer Aufregung. Nozomi hielt mit dem Rad neben ihr. »Es fühlt sich nicht gut an, Malina!«, sagte Nozomi wieder entschieden. Malina fühlte es jetzt auch. Es war ein beklemmendes Gefühl. Kein schmerzliches oder trauriges, nein. Das Anwesen umgab eine eiserne Bleie, ihr war, als würde jemand ihr den Mund zuhalten. Sie schreckte auf. Hatte ihr nicht jemand gerade an die Schulter gefasst? Doch Nozomi stand viel zu weit weg. Dann traf Malina die Erinnerung wie der Blitz. Sie wusste plötzlich, dass sie auf die Rückseite des Anwesens sah und der Eingang genau auf der anderen Seite sein musste. Das teilte sie Nozomi mit. Die glaubte ihr. Ihr kam ein seltsames Wort in den Sinn, dessen Bedeutung sie nicht kannte, Malina sagte es leise vor sich hin.

Nozomi schaute sie erschrocken an. »Das ist ein sehr alter Ausdruck für Unheil, Malina.« Beide Frauen verstummten. Dann meinte Nozomi: »Lass uns zurückfahren! Mir ist nicht wohl bei der Sache.«

»Nozomi, jetzt, wo ich so nah dran bin? Weißt du, wie weit dieser Ort von meinem Zuhause entfernt ist?«

Nozomi willigte ein. Aber länger als eine halbe Stunde wollte sie auf keinen Fall bleiben.

»Gut!«, meinte Malina nur und griff dann Nozomis Hand. Sie ließ es in ihrer Angst geschehen und so gingen beide los, um den Eingang des Anwesens zu suchen und zu schauen, ob Malina Recht behielt. Die Fahrräder hatten sie hinter ein paar Büschen versteckt. Der Eingang war genau dort zu finden, wo Malina ihn vermutete. Noch bevor sie ihn sah, beschrieb sie Nozomi das runde Tor und als sie schließlich davorstanden, hätte Malina das Tor nicht treffender bezeichnen können. Für Nozomi gab es schon längst keinen Zweifel mehr, Malina musste in einem früheren Leben diese Geisha gewesen sein. Das Tor war verschlossen. Immerhin wohnte dort noch ein Nachkomme der Geisha. Es war natürlich alles verriegelt. Sie blickten durch das Tor in einen gepflegten Garten. Die Anlage war jedoch ringsum von Hecken umgeben.

»Wir können da nicht rein. Das ist Hausfriedensbruch«, sagte Nozomi.

»Sollen wir klingeln?«

Nozomi schüttelte den Kopf.

»Na also, dann müssen wir eine andere Möglichkeit finden.«

Malina gab jetzt nicht auf, so kurz vor dem Ziel und Nozomi folgte ihr widerwillig. Ihr war es längst schon zu viel geworden. Sie gingen die Hecke ab, Malina voran. Ein Stück weit mussten sie gehen, doch dann fand Malina eine Stelle, an der die Hecke sehr dünn war und ein kleines Schlupfloch bot.

»Willst du das wirklich machen, Malina?«

»Du kannst ja draußen warten, Nozomi. Das Handy nehme ich mit, okay?«

Nozomi nickte. Sie wollte hier auf Malina warten. Aber das Grundstück unerlaubt betreten, wollte sie nicht. Also kroch Malina allein durch die Hecke.

Ihr bot sich der Anblick eines weitläufigen Gartens in geschmackvollem Stil. Sie lief ein Stück an der Hecke entlang und entdeckte schließlich einen Gärtner, der liebevoll die Grünflächen und Steinflächen mit einem langen Rechen bearbeitete, hier und da Blätter aufsammelte und vollkommen in seine Arbeit vertieft war. Der Garten war zu groß, als dass Malina mal eben so am Gärtner vorbei ins Wohnhaus huschen könnte und so entschied sie sich, wieder durch die Hecke zu schlüpfen und am Tor zu rufen oder zu klingeln. Es war einfach zu gefährlich, bei einem Einbruch auch noch erwischt zu werden, nachdem sie Nozomi schon so viele Umstände durch die Vergiftung vom Fugu gemacht hatte. Wenn es dunkel gewesen wäre, hätte sie über die offene Fläche ins Haus gelangen können, aber so war es einfach unmöglich, an dem Gärtner ungesehen vorbeizukommen. Noch einmal warf sie einen Blick auf das Anwesen, das Haus war ihr unglaublich vertraut und sie meinte, sich an die Innenräume erinnern zu können. Gebetsutensilien kamen ihr in den Sinn, ein Fächer in leuchtenden Farben, Sessel und Vasen, und auch zwei achteckige Wandspiegel von ungewöhnlicher Größe fielen ihr ein. Sie wollte sich dem Gärtner anvertrauen. Es war die einzige Möglichkeit, mehr über die Familie Miyamoto zu erfahren.

Nozomi war überrascht, Malina so schnell wiederzusehen. »Wollen wir dann jetzt wieder nach Hause?«, fragte sie gleich.

»Ich komme nicht ungesehen an dem Gärtner vorbei. Lass uns doch bitte noch einmal offiziell klingeln oder rufen. Jetzt, wo wir einmal hier sind.«

Damit war Nozomi einverstanden. Sie liefen also an der Hecke entlang zurück zum Eingang. Vor dem Tor klopften sie und riefen den Gärtner. Klingeln wollten sie nicht, denn der Gärtner war sicherlich wesentlich offener für ein Gespräch als der Hausherr. Da kam er auch schon zum Tor und öffnete es. Beide Frauen verbeugten sich tief. Der Gärtner erwiderte die Verbeugung. Dann bat Malina ihre japanische Freundin ihre Worte zu übersetzen. Nozomi übersetzte und fügte noch ein paar Komplimente und Danksagungen hinzu. Der Gärtner hörte sich erstaunt die haarsträubende Geschichte von Malinas früherem Leben als die Geisha Misaki Miyamoto an. Er verkniff sich schließlich ein Lächeln und meinte zu den jungen Frauen, sie sollten ihre Fahrradtour fortsetzen, das Wetter wäre doch herrlich. Nozomi forderte Malina auf, Beweise zu bringen. Da begann Malina, die Einrichtungsgegenstände aus ihrer Erinnerung zu beschreiben: Omikuji-Papierstreifen mit Orakelsprüchen und Wahrsagungen, Gebetsutensilien, die Glück oder Unglück vorhersagten. Achteckige Wandspiegel, deren Rahmen mit einer Winterlandschaft verziert waren. Während sie das alles lebhaft beschrieb, fielen ihr noch weitere Dinge ein: Sessel mit einem frühlingsfarbenen Muster und eingestickten Singvögeln. Vasen aus Porzellan, auf denen Herbstblätter abgebildet waren. Ein wunderschöner Fächer, der Schmetterlinge zeigte, wie sie im schimmernden Sommerlicht zwischen den Lotosblüten ruhten. Der Gärtner wich zurück und schaute Malina verstört an. Dann fragte er Nozomi, woher Malina von dem Fächer wisse? Es sei unmöglich, dass sie davon erfahren hätte. Frau Miyamoto sei mit ihrem geliebten Fächer begraben worden. Nozomi versuchte ihm zu erklären, dass Malina wirklich die Wahrheit sagte, und schließlich bat der Gärtner beide Frauen hinein.

Sie flanierten zu dritt schweigend durch den Garten. In sich versunken betrachtete Malina die Naturgestaltung der Anlage – ihre Kompositionen aus felsigen Formen, sorgfältig gestalteten Bonsaibäumen, symmetrisch zugeschnittenen Büschen und Moosarten in nuancierten Grünschattierungen waren wirklich kunstvoll arrangiert, dachte sie. Immer wieder fielen Malina Einzelheiten ein, von denen sie nichts wissen konnte: Sie erinnerte sich an einen sehr hübschen Sonnenschirm, außerdem dass die dritte Treppe von unten im Seiteneingang fürchterlich knarrte und knarzte, dann kam ihr ein Kronenleuchter in den Sinn. Den Leuchter gäbe es schon lange nicht mehr, aber die Treppe knarze und knarre immer noch, bestätigte der Gärtner ihre Visionen. Der Hausherr werde es nicht verstehen, was die beiden hier erzählten, fuhr er fort. Er mochte keine übersinnlichen Geschichten, zum Glück sei er heute außer Haus. Dieser Hausherr hatte Malina verklagt. Er durfte sie auf gar keinen Fall erwischen, aber wenn er wiederkam, waren sie längst wieder bei Nozomi zu Hause, dachte Malina.

Sie überquerten eine halbrunde Brücke, die über einen Teich führte und sich als perfekte Kreisform auf der Wasseroberfläche spiegelte. Malina blieb stehen und sah sich die Wölbung genau an. Brücken mit Biegungen, als Soribashi bezeichnet, fänden sich häufig in Miniaturlandschaften Japans, erläuterte der Gärtner. Sie würden schwierige Lebenswege oder Übergänge symbolisieren. Bögen könnten auch als Herausforderung interpretiert werden, die überwunden werden müssten. Er deutete auf eine andere Brücke weiter hinten, die im Zickzack über den Teich führte. Der Mythos über Yatsuhashi-Brücken, beruhe dagegen auf dem Volksglauben, dass Geister oder böse Kräfte nur geradeaus gehen könnten, sprach er weiter. Diese Brücken seien daher so gestaltet worden, dass ihr unregelmäßiger Verlauf Geister verwirren und davon abhalten sollte, jemandem zu folgen, der durch den Garten gehe. Der Gärtner richtete seinen Blick auf Malina, die mit düsterer Miene seinen Ausführungen gelauscht hatte. Dann folgten sie weiter den Gartenwegen, die sich über Kies und Sand schlängelten, vorbei an Steinlaternen.

Plötzlich musste Malina stehen bleiben. Ihr wurde schwindelig, sie sah nur noch Schwärze um sich und bekam keine Luft mehr. Dann ging es wieder vorüber. Nozomi und der Gärtner blickten Malina fragend an. Sie begriff, sie hatte gerade eine Vision aus ihrem früheren Leben erlebt. Die

Vision, wie es gewesen sein musste, lebendig begraben zu werden. Malina atmete schneller und musste sich bewegen. Sie spürte, dass Misaki Miyamotos Gebeine hier irgendwo noch liegen würden. Augenblicklich wusste sie, dass ihr Grab hinter einem kleinen abseitigen Hügel gelegen war. Sie konnte nicht sagen, woher das Wissen kam. Es war einfach da. Nozomi wollte wissen, ob es ihr gut gehe. Malina aber fühlte sich voller Angst und Schmerz. Ihr ging es überhaupt nicht gut. Gefühle des einfach nicht gut genug Seins, nicht liebenswert Seins, stiegen in ihr auf. Sie dachte an ihre ganzen gescheiterten Versuche mit den Männern, immer wieder war sie an Typen geraten, die sie betrogen hatten, immer wieder waren die Bindungen in ihrem Leben auseinandergebrochen und sie wusste einfach nicht, woran es lag. Entweder hatten die Männer sie erdrückt, die solo waren und die sie auch nicht geliebt hatte, sondern nur etwas angefangen hatte, weil sie eben jemanden gebraucht hatte, oder aber die Männer waren ihr untreu gewesen. Nur Kara hatte zu ihr gehalten und die hätte sie auch noch fast mit Nozomi betrogen, wenn ihre japanische Freundin sich offener gezeigt hätte. Malinas Gefühle schwemmten in ihr auf. Nozomi und der Gärtner fühlten sich wie immer, sie hatten keine Gefühlswallungen. Schließlich sagte Malina: »Dort hinter dem kleinen Hügel ist ihr Grab, nicht wahr?« Der Gärtner erstarrte. Es stimmte also. Er nickte, als er sich wieder gefasst hatte, und rieb sich die Stirn. Er fragte Nozomi, ob sie das Grab vielleicht sehen wollten? Die beiden bejahten.

Schon standen sie vor Misaki Miyamotos Grab. Eine senkrechte Inschrift zierte den länglichen Grabstein. Nozomi griff nach Malinas eiskalter Hand und sie hielt diese fest. Malina ahnte schon, dass der Gärtner sie nicht ins Haus lassen würde. Aber sie musste dort hinein. Sie bat Nozomi und den Gärtner für eine Weile allein sein zu dürfen und durch den Garten zu gehen. Der Gärtner zögerte, doch Malina verneigte sich mehrere Male ganz tief und das half. Sie ging also los und überließ die beiden sich selbst. Nozomi stellte weitere Fragen über die Gartengestaltung. So verstrickte sie den Gärtner in ein für ihn kurzweiliges Gespräch und lenkte ihn hervorragend ab, denn sie wusste, dass Malina versuchen würde, ins Haus einzudringen.

Malina war derweil über eine offene Hintertür ins Haus gelangt. Sein stickiger und zugleich süßlicher Geruch löste in ihr die bisher stärkste

Erinnerung aus: Fast hatte sie das Gefühl, die Geisha Misaki zu sein. Ihre Hose, die sie trug, kam ihr plötzlich sehr befremdlich vor und ein Fächer fehlte ihr, nie würde sie ohne Fächer aus dem Haus gehen. Dann war sie wieder Malina, fühlte sich wohl in ihren Jeans und wunderte sich über diese seltsamen Gedanken und Gefühle. So musste sich die Geisha gefühlt haben. Sie bestieg eine Treppe, doch seltsamerweise schien sie nach dem Aufstieg tiefer zu sein als zuvor. Malina stand am Beginn eines endlos erscheinenden Korridors. Sie machte einen Schritt nach dem anderen und bewegte sich langsam vorwärts. Mit jedem Schritt verlor der Gang an Licht, bis sie schließlich ihr Handy hervornahm, um sich den Weg zu leuchten. Unvermittelt endete die Wand zu ihrer Rechten und wurde durch ein verbogenes, verrenktes Geländer ersetzt. Dunkelheit schlug ihr entgegen und sie fröstelte. Mit Vorsicht setzte sie ihren Aufstieg fort, Treppe um Treppe, und dennoch schien es kein Ende zu geben. Das Gebäude wirkte von innen weit größer als von außen. Der Treppenschacht verengte sich, führte sie scheinbar immer tiefer hinab, obwohl sie stetig aufstieg, und mündete schließlich in einen geschlossenen Gang. Korridor reihte sich an Korridor, und nun überkam Malina eine wachsende Angst. Überall, wohin sie blickte, gab es weder Fenster noch Türen, die dunklen Flure schienen kein Ende nehmen zu wollen. Sie lief und lief und fühlte sich ständig im Kreis gehend. Sie hoffte, das verrenkte, verbogene Geländer wiederzufinden, doch weder die ihr vertraute Treppe noch die unzähligen Korridore, durch die sie gekommen war, zeigten sich erneut. Dann stand sie unerwartet vor einer kleinen Tür.

Malina betrat einen weiten Raum. Schmale Fenster hoch oben an der Decke ließen spärliches Licht hindurchscheinen; dennoch war es auch hier beunruhigend dunkel und Malina konnte nur allmählich etwas erkennen. Sie befand sich auf einem Dachboden. Überall standen antike Möbel und Familienandenken, darunter niedrige Zaisu-Stühle ohne Beine, Armleuchter mit niedergebrannten Kerzen, kunstvoll bemalte Fächer und Gebetsutensilien. Malina sah verstaubte Musikinstrumente; sie hörte wie aus der Ferne eine mit 13 Saiten bespannte Wölbbrettzither, die bei einer Windbewegung gespenstische Geräusche erzeugte. Perücken und unzählige Puppen in hohen Gestellen sah sie. Malina erschrak. Das mussten wohl die Shinigami-Puppen sein, von denen die alte Bibliothekarin erzählt hatte. Dann entdeckte sie einen achteckigen Wandspiegel, dessen Rahmen mit einer Winterlandschaft verziert war. Er schien einfach riesig zu sein. Sie hatte ihn als solchen erst gar nicht erkannt, da die optische Wirkung des Spiegels im Halblicht den Eindruck erweckte, als würde der Raum sich fortsetzen. Aber ein eben solcher Spiegel war ihr wie ein Traumbild erschienen. Sie sah in ihn hinein und erblickte einen weiteren Spiegel, der an der gegenüberliegenden Wand hing und genau gleich aussah. Zwei Spiegel reflektierten sich also und zogen einen endlosen Tunnel, in dem Malina einen weißen, durchscheinenden Umriss, eine Gestalt zu erkennen glaubte. War das die Geisha? Aber sie selbst sollte doch die Geisha in einem neuen Körper sein! Sie sprach die geisterhafte Gestalt an. Doch die Frau in einem jetzt deutlich zu erkennenden weißen Kimono antwortete ihr nicht. Sie schien keine Beine zu haben oder der lange Kimono verdeckte ihre Geta – ihre Holzsandalen mit hohen Sohlen. Die Arme streckte sie aus und die Hände ließ sie hängen. Dann sagte die Gestalt doch etwas zu ihr, etwas auf Altjapanisch, dennoch verstand Malina plötzlich jedes Wort: »Die Herrin ist wieder eingekehrt. Die Herrin ist zurück. Sie sei gegrüßt, die Herrin!« Diese Gestalt hatte ihre Seele als diejenige der Geisha erkannt und dachte nun, dass Malina diese Geisha war und eigentlich war sie ja auch Misaki Miyamoto. Ja, der Geist hatte recht. Malina verneigte sich tief. Sie wusste nun ganz von selbst, wie man sich verneigte. Die Frau im weißen Kimono lächelte. Grüne und lilafarbene Flammen umgaben sie. Malina verstand plötzlich, woher ihre Liebe zum Feuer kam:

Sie hatte dieses Haus und ihren grausamen Mann verbrennen wollen. Sie hatte alles vernichten und die Geister erlösen wollen, ihren Mann, der sie mit einer Bediensteten betrogen hatte, sie über Jahre gequält hatte. Eines Abends hatte sie beide gesehen, wie sie sich auf dem Küchenboden liebten und da hatte Malina den Gasherd angedreht und das Gas sich ausbreiten lassen. Auch sie wollte nicht mehr leben. Sie wollte ein paar Stunden ruhen, um es dann brennen zu lassen. Doch ihr Mann hatte alles entdeckt, hatte die Fenster aufgerissen und Malina die Zündhölzer weggenommen. Es kam zu einem furchtbaren Streit, bei dem ihr Mann sie bewusstlos schlug. Dann hatte er sie hinausgetragen und hinter dem Hügel des Nachts verscharrt. Malina war noch einmal im Grabe aufgewacht und langsam war sie unter der Erde erstickt. Qualen hatte sie gelitten. Nun fiel Malina alles wieder ein: Ihren Mann hatte sie kennengelernt, als sie noch ganz jung und eine wunderschöne singende Geisha gewesen war, die für die erlauchten Herren musizierte und Tänze aufführte. Einer hatte sie schließlich geheiratet und sie hatte eine gute Partie gemacht. Ihre Familie war überglücklich. Doch er ging immer wieder zu den Geishas und vielleicht auch zu anderen Frauen, Malina konnte es nicht wissen. Sie setzte sich durch und griff wieder ihren Beruf auf, ließ sich nun auch wieder von anderen Männern beschauen und betören. Warum sollte ihr Mann weiter zu Tanz und Spiel gehen dürfen, sie aber nicht? Doch was er sich herausnehmen durfte, war ihr noch lange nicht erlaubt. Ihr Mann rächte sich, indem er nicht mehr mit ihr schlief und dafür ihr Dienstmädchen nun liebte. Und das trieb Malina in den Wahnsinn. Schließlich konnte sie nicht mehr wegsehen und das Mädchen wurde immer frecher zu ihr. Malina kommandierte es beim Putzen herum und da beschwerte es sich bei ihrem Ehemann, der es in den Schutz nahm. Hätte sie sich doch nie einen Mann genommen! Teufel waren das, die Männer! Und ihr Mann, der sie so gequält hatte und ihr zum Schluss das Leben genommen hatte, war der schlimmste Teufel von allen gewesen. Malina wusste nun auch, wer die Geisterfrau war. Es war eine der menschlichen Säulen, die lebendig in die Wände des Hauses eingemauert worden waren und keine Ruhe finden konnten. Auch so eine arme Magd, die schwindsüchtig gewesen war und die man aufgegeben hatte. Für ein Opfer war sie gut genug gewesen.

Die zwei Wandspiegel, in die Malina unaufhörlich hineinsah und in denen sie sich mittlerweile regelrecht gefangen und von schlimmen Erinnerungen gequält fühlte, machten sie schläfrig und schwindlig. Malina fiel hin, kam aber sogleich wieder zu sich. Sie rappelte sich auf und rannte vom Dachboden weg. Sie hetzte den Korridor entlang, der sich eigenartig zu verengen und in die Länge zu ziehen schien; bis sie am anderen Ende des Ganges zu zwei Geländern kam. Die linke Treppe führte aufwärts, die rechte Treppe führte abwärts. Malina entschied sich für die linke Treppe, denn es fühlte sich für sie so an, als wäre sie noch immer tief unter der Erde. So schnell sie nur konnte, hastete sie die Stufen hoch, die nicht weniger werden wollten. Wie groß war das Haus denn bloß? Malina geriet in Panik. Jetzt, wo sie alles wieder wusste, wollte sie eigentlich gern zurück in ihr altes Leben als Malina Morgenstern. Es war doch eine wunderbare

Zeit, wo man diese furchtbaren Männer wenigstens verlassen und ein Leben ohne sie führen konnte. Trotz all des Reichtums war sie als Misaki Miyamoto nur unglücklich gewesen. Das einzige Glück in diesem armseligen Leben im goldenen Käfig hatte sie als junges Mädchen erlebt, eine schöne Kindheit hatte sie gehabt, aber seit der Heirat, seit sie in diesem Haus wohnte, hatte sie nur gelitten. Malina wohnte ja gar nicht in diesem Haus. Wieder lief sie einen sich verengenden Korridor entlang, es ächzte und stöhnte aus den Wänden. Erneut führte eine Treppe nach oben, die sie noch einen Stock tiefer brachte. Am Ende des Ganges sah sie nun etwas Unglaubliches: Dort ging eine Gestalt nicht auf der Treppe, sondern gewissermaßen unter der Treppe wie spiegelverkehrt entlang! Als würde die Decke des Hauses unten, der Boden aber oben sein. Die Gestalt bemerkte sie. Auch sie war weiblich. Malina traute ihren Augen kaum: Der Hals des Geistes wuchs und verlängerte sich. Sie reckte und streckte ihren Hals und ihr Kopf näherte sich und wuchs Malina entgegen. Malina schrie auf. »Nur keine Angst, liebe Herrin!«, kicherte der schöne Frauenkopf auf Altjapanisch. »Sehr erfreut, sie auch einmal wiederzusehen!« Malina verneigte sich voller Panik besonders tief. Das machte Eindruck auf den seltsamen Geist und sie zog ihren Kopf wieder zurück. »Die Zeit kommt, die Zeit geht!«, sagte die Frau, deren Hals sich nun wieder in die Körpermaße einfügte. Dann wandelte sie einen weiteren Gang entlang und verschwand hinter einer Tür. Malina suchte nach dem Ausgang, doch immer, wenn sie nach oben ging, landete sie noch ein Stockwerk weiter unten. Ihr näherte sich etwas riesiges Dunkles, das keine menschliche Gestalt hatte. Es war eine glibberige Masse mit halb verrutschten Augen und offenem, schiefen Mund, die sich mühevoll durch die Korridore zwängte und kaum noch Platz darin fand, dabei immer wieder laut stöhnte und sich geradewegs auf sie zubewegte. Als Malina in die andere Richtung fliehen wollte, raunte es höflich: »Nur keine Sorge! Ich bin nicht sehr ansehnlich, aber ich weiß den Ausweg. Liebe Herrin, Sie müssen immer weiter nach oben gehen, um nach unten zu kommen!« Malina verneigte sich und wünschte diesem Klumpengeist – oder was auch immer das sein sollte – alles nur erdenklich Gute und auch sonst allen, die hier noch im Haus sein mochten. Dann ging sie die Stufen nach oben, lief und lief und kam schließlich an der Hintertür an. Sie öffnete diese.

Plötzlich stand der Gärtner vor ihr. Er war ganz aufgebracht und gestikulierte wild mit seinen Händen. Er herrschte Malina an, sprach laut und befahl ihr, augenblicklich mit ihm zu kommen. Malina folgte sofort. Sie war unglaublich dankbar, als sie wieder im Garten stand, diesem zaubrigen Ort. Schon sah sie Nozomi und umarmte ihre Freundin erleichtert. Er brachte die beiden eilig zum Ausgang. Als sie wieder vor dem Tor standen, beruhigte er sich. Nun wollte er aber doch wissen, ob Malina etwas entdeckt hatte oder eine Vision erlebt hatte. Malina erzählte eifrig und Nozomi übersetzte. Der Gärtner hörte gespannt zu. Immer wieder nickte er verständnisvoll, er glaubte Malina jedes Wort. Das Aussprechen dieser ganzen Geschichte beruhigte Malina. Nozomi hielt längst ihre Hand. Die Anteilnahme des Gärtners und der Freundin half ihr so sehr in diesem Moment. Es war ihr, als würde die besprochene Geschichte, einmal ans Tageslicht gezogen, sich wandeln und ihr Schmerz, sehr alter Schmerz aus früherer Zeit, würde langsam versiegen. Die Frauen verabschiedeten sich vom Gärtner und suchten nach ihren Fahrrädern. Die beiden fanden sie auch gleich und fuhren erst einmal davon, in die Abenddämmerung hinein.

Als sie beim Kiyotaki-Tunnel ankamen, war es schon dunkel. Vor dem Eingang glühte ein grünes Ampellicht. Nozomi hielt an. »Wollen wir nicht doch lieber einen anderen, wenn auch längeren Weg nehmen?«, rief sie Malina entgegen. »Es sind doch nur vier Minuten durch den Tunnel, Nozomi! Sei nicht albern! In dem Tunnel ist doch nichts«, antwortete Malina und fuhr einfach hinein. Nozomi seufzte und stieg wieder aufs Rad, um Malina zu folgen. Malina trat ordentlich in die Pedale. Abwechslungsweise radelten sie vom Dunklen ins Helle, über ihnen die Deckenbeleuchtung.

Inzwischen mussten vier Minuten vergangen sein, doch sie waren immer noch in diesem Tunnel, der kein Ende nehmen wollte und, wie Malina nun bemerkte, dunkler wurde – die Beleuchtung flackerte und die Lampen gingen eine nach der anderen aus. Sie blickte nach hinten, sah Nozomi aber nirgends. Sie fuhr langsamer und hielt schließlich an. »Nozomi?«, rief sie ins Dunkel hinein, aber Nozomi antwortete nicht. Wahrscheinlich wollte sie sich einen Spaß erlauben und Malina ein bisschen Angst einjagen. Also rief Malina einfach noch mal ins Dunkel hinein und bat Nozomi, mit dem Unsinn aufzuhören, sie hätte heute schon genug Geister gesehen. Doch Nozomi ließ auf sich warten. Wütend rief Malina ein letztes Mal:

»Nozomi!« Nur Stille. Plötzlich hörte sie ein Echo: »... imozoN ...« und dann ein Kichern. Ging es jetzt wieder mit dem Spuk los, dachte Malina, immer nervöser werdend. Wahrscheinlich war Nozomi längst weitergeradelt und wartete draußen auf sie. Sie setzte sich also schnell aufs Rad und fuhr los. Der Tunnel wollte nicht enden. Sie müsste doch längst draußen sein. Dann ging auch noch ihr Licht am Fahrrad aus. Malina fluchte laut. Der Fluch schallte an den Wänden zu ihr zurück. Sie hielt an und prüfte die Lampe, doch die war wohl kaputt. Sie schaute auf ihr Handy, hatte aber keinen Empfang. Dennoch konnte ihr das Gerät ein schwaches Licht spenden. Schließlich radelte sie weiter und wollte erst einmal raus aus dem Tunnel. Um Nozomi würde sie sich später schon kümmern, wenn sie nicht längst draußen auf der anderen Seite wartete. Malina radelte also, so schnell sie nur konnte, Richtung Ausgang. Aber sie sah kein Licht am Ende des Tunnels. Plötzlich kam ihr kalte Luft entgegen und in der nächsten Sekunde rauschte ein Auto haarscharf an ihr vorbei. Fast hätte es Malina vom Rad gerissen. Sie hatte ganz vergessen, dass der Tunnel eng und einspurig war. Da hatte sie noch einmal Glück gehabt. Zwar warf das Handy nur ein schwaches Licht, sodass sie wenigstens noch erkennen konnte, wo die Wände waren und wo der Weg sein musste, doch das Auto hatte sie nicht kommen sehen. Aber hätte sie es nicht hören müssen? Seltsam. Malina stieg ab und schob ihr Rad nun. Wieder rief sie Nozomis Namen und erhielt natürlich keine Antwort, nur ein Kichern kam zurück und Malina bekam noch mehr Angst. Da endlich sah sie am Ende des Tunnels Licht. Jetzt stieg sie doch wieder aufs Rad und fuhr dem Licht entgegen.

Aber es war nicht der Ausgang. Dort saß eine kleine, hell scheinende Gestalt, ein Kind, ein kleines Mädchen, das mit Stofftieren spielte, zwei kleinen Katzen, und dazu sang. Als es sich zu Malina umdrehte, erkannte sie, dass dem Kind die Augen fehlten. An der Stelle seiner Augen hatte es schwarze Löcher. Malina stockte der Atem. Im nächsten Moment überwand sie sich aber, das geisterhafte Mädchen nach dem Namen zu fragen. »Paulinchen«, war die Antwort, die Stimme klang gläsern und das Mädchen sang mit seinen Stoffkatzen leise: »Der Vater hat's verboten! Miau! Mio! Miau! Mio!« Der Struwwelpeter, das war Malinas erster, zündender Gedanke und sie betrachtete das Mädchen genauer. Ihr fiel auf, dass sie dem Kind sehr ähnelte. Sie hatte auch so ausgesehen, als sie klein gewesen war und Malina erinnerte sich an damals, wie sie mit leichtem Mut durch das Zimmer sprang, als sie allein zu Hause war und die Eltern beide aus waren. Plötzlich sah sie ein Feuerzeug vor sich stehen, und wie die Mutter es oft getan hatte, wollte auch Malina ein Hölzchen anzünden – das Hölzchen brannte hell und licht, flackerte lustig und knisterte laut. Malina freute das sehr, sie sprang dann auch im Zimmer herum. Doch sie hatte großes Glück gehabt. Nie war etwas passiert, als sie heimlich mit den Streichhölzern gespielt hatte. Sie hätte Feuer fangen und lichterloh mit Haut und Haar verbrennen können. Es war nicht auszudenken, was alles hätte passieren können! Nur ein Häuflein Asche wäre noch von ihr übrig geblieben. In Malina kroch die Angst hoch, als sie so darüber nachdachte, was alles hätte schiefgehen können. Sie fragte das Kind vorsichtig nach dem Ausgang. »Herbei! Herbei! Wer hilft geschwind?«, antwortete Paulinchen mit einer Gegenfrage und kicherte wieder im Dunkel. Malina sah sich um, konnte jedoch nichts erkennen. »Das Feuer ist schon lang dein Begleiter!«, antwortete die Stimme schließlich. Malina nickte. »Es ist kein guter Freund!« Sie wollte genau wissen, warum das wohl so sei. Jetzt, wo sie erwachsen war, passte sie doch auf. Aber die Stimme antwortete nicht. Stattdessen sagte Paulinchen: »Verbrannt ist alles ganz und gar!« Nun sah auch Malina, dass ihr nicht nur die Augen fehlten, sondern dass sie ganz schwarz und verkohlt auf ihrer abgewandten Seite war. Sogar die zwei kleinen Stoffkatzen waren halb verbrannt. Malina schüttelte entsetzt den Kopf. Wie oft hatte sie auch als Erwachsene noch überlegt, etwas anzuzünden und das Inferno so richtig zu genießen. Hatte sie es wirklich unter Kontrolle? Wenn sie wütend und verletzt war, brauchte sie das Feuer, weil alles in ihr brannte. Wenn sie Angst hatte, brauchte sie Wärme und somit auch die Flammen und wenn sie traurig war, das Dunkel sie umgab, brauchte sie ein Licht, eine kleine Sonne, auch ein Feuer. Nur in Momenten der Fröhlichkeit, der Hoffnung hatte sie selbst genug Wärme in sich, da brauchte sie kein Feuer, aber diese Momente waren rar gesät. Paulinchen hatte recht: Das Feuer war kein guter Freund. Sie musste aufpassen, sich wieder mehr den Menschen öffnen, auf sie zugehen. Kara war doch ein guter Anfang dafür und auch Nozomi war inzwischen eine gute Freundin geworden. Sie betrachtete das geisterhafte Mädchen, das wie ihr jüngeres Selbst aussah. Ja, in diesem Alter hatte sie das Feuer als eine Lösung für vieles entdeckt. Und damals als Kind war es sicher noch gefährlicher für sie gewesen. Deshalb sagte sie zu Paulinchen, dass die Stimme recht habe. Das Feuer sei nicht gut für sie beide. Sie müsse auf sich aufpassen. Auch wenn die Eltern Fehler machten, würden sie es liebhaben und ihre beiden Stoffkatzen – Minz und Maunz – hätten sie auch wirklich lieb! Malina versuchte, das Kind in die Arme zu nehmen. Schweigend hielt sie das Kind in sich ganz fest. Und plötzlich hatte sie gar keine Angst mehr vor sich selbst und ihrer Pyromanie, sie hatte diese Umarmung viel mehr dringend gebraucht, ihr war, als würde sie sich selbst umarmen. Sie hatte ja auch im Rausch Karas Bilder angezündet, nein, das Feuer war kein guter Freund. Sie wollte an sich arbeiten und sich Nozomi mehr anvertrauen. Vielleicht fühlte Nozomi doch etwas für sie? Ging es nur um das echte Feuer oder auch um ihr inneres Feuer, ihre Leidenschaften? Sie konnte es nicht sagen, aber bestimmt war nur das richtige Feuer gemeint. Malina erklärte der Stimme und dem Kind, dass sie nicht mehr mit dem Feuer spielen wollte, dass sie echte Freunde hatte und noch mehr echte Freunde finden wollte und das Feuer vergessen wollte. Paulinchen nickte, ließ sie wieder los und hielt dafür ihr Stofftier fest umschlossen. Auch die geisterhafte Stimme war einverstanden. »Schau Malina, du brauchst einfach nur weiter geradeaus zu fahren, da ist doch der Ausgang«, erklärte sie ihr, als wäre alles völlig selbstverständlich und der Ausgang immer dagewesen. Malina war verblüfft. Jetzt sah sie ihn auch. Sie setzte sich erleichtert aufs Rad. Paulinchen wurde immer durchsichtiger und löste sich schließlich ganz auf, auch ihre Stimme verhallte in dem Dunkel und verschwand als kaum mehr hörbares Echo. Malina dachte noch, während sie zum Ausgang fuhr, dass die Geister gar nicht böse oder gefährlich wären, vielmehr überbrachten sie wichtige Botschaften. Da war sie auch schon draußen und sah in den Nachthimmel.

Sie hielt an. Nozomi musste hier irgendwo sein. Wieder rief sie nach ihr. Doch Nozomi war nirgendwo zu finden. Was war passiert? Nun bekam Malina richtig Angst, hatte sie doch gedacht, der Spuk wäre endlich vorbei. Sie suchte ihr Handy heraus, endlich hatte sie Empfang. Als sie Nozomi anwählte, kam sie gerade aus dem Tunnel geradelt. »Wo warst du denn bloß?«, rief Malina ihr verärgert entgegen. Dann sah sie, dass Nozomi sich ihre Tränen wegwischte. »Hey? Was ist denn passiert?«, Malina stellte das Rad ab und ging zu ihr. Nozomi stand völlig neben sich. »Wir hätten nicht durch diesen Tunnel fahren dürfen. Ich habe es dir gleich gesagt! Aber du musstest ja unbedingt in den Kiyotaki-Tunnel hineinfahren.« Das klang vorwurfsvoll. Sie schien wirklich aufgebracht zu sein. »Was ist los mit dir, Nozomi?«, fragte Malina noch einmal. »Lass uns einfach nach Hause fahren!«, wich sie der Bitte aus. Malina aber überlegte, dass vielleicht auch Nozomi etwas in diesem Tunnel hatte lernen sollen, jedoch nicht bereit war, die Hilfe der Geister anzunehmen. »Ich fahre erst los, wenn du mir alles erzählt hast.« Die beiden Frauen warteten aufeinander, dass die jeweils andere einlenken würde. Doch keine der beiden war bereit dafür. Schließlich gewann Malina, sie war viel sturer als Nozomi. Die Japanerin hatte die Situation nicht lange ertragen. Japaner schienen viel harmoniebedürftiger zu sein als Deutsche, zumindest galt das für Nozomi.

Sie erzählte also stockend, dass sie zu Schulzeiten in einen Jungen verliebt gewesen sei, mit dem sie auch ein paar Monate ausgegangen wäre, der sich dann das Leben genommen hätte. Seitdem konnte sie sich nicht mehr öffnen. Genau diesen Jungen hatte sie im Tunnel getroffen, er wollte ihr etwas sagen, doch Nozomi war einfach weiter und weiter gefahren. Sie war nicht in der Lage, mit dem Geist des verstorbenen Jungen zu sprechen. Er hatte ihr noch hinterhergerufen, dass er sie im Wald Aokigahara treffen wollte. Malina fragte Nozomi nach dem Wald. Doch sie schwieg. Malina wollte den Bogen nicht überspannen und sagte zu ihr, dass sie jetzt nach Hause fahren würden. Nozomi konnte sich kaum beruhigen. Sie wollte am liebsten alles wieder vergessen. Aber Malina verstand, warum ihrer japanischen Freundin der tote Junge erschienen war. Wenn Nozomi diese Liebe nicht verarbeiten würde, könnte sie sich nie wieder für eine Beziehung öffnen. Sie musste sich ihren Erlebnissen unbedingt stellen, um wieder beziehungsfähig zu werden und ihr Glück finden zu können. Nozomi wirkte erleichtert, nachdem sie über den Jungen gesprochen hatte. Sie hatte es wahrscheinlich nie jemanden erzählt. Die beiden radelten nach Hause und Malina kümmerte sich noch den Abend um ihre Freundin, die dankbar war, in diesen Momenten nicht allein sein zu müssen.

Inzwischen war es schon Juli und eine drückende Hitze breitete sich über Kyoto aus. Malina hatte sich entschieden, doch noch einen Monat länger in Japan zu bleiben, alles hier war so faszinierend und übte eine unbändige Anziehung auf sie aus. Sie ging öfter in die Bibliothek vom Goethe-Institut, um dort zu schreiben. Die Bibliothekarin hatte sie sogar schon über die Geisha ausgefragt, doch Malina gab vor, noch nicht dort gewesen zu sein und das Interesse verloren zu haben. Was sie erlebt hatte, war zu privat, um es mitteilen zu können, sie würde der älteren Frau nicht von ihren Geistererscheinungen erzählen, und da sie der letzte Verwandte verklagt hatte, wollte sie erst recht keine Aufmerksamkeit mehr auf sich lenken. Die Bibliothek war zum Glück klimatisiert, denn in der Hitze hätte sie keinen klaren Gedanken fassen können. Die Bibliothekarin hatte sich inzwischen darauf spezialisiert, Malina mit immer neuer Literatur zu überraschen. Zunächst zeigte sie ihr Geschichten über Mononoke, japanische Fabelwesen. Als sie merkte, dass Malina sich nicht wirklich dafür interessierte, versuchte sie es mit einem Band über Haikus. Doch Malina hatte bereits ein solches Gedicht verfasst – den Titel ihres zweiten Romans. Und diesen wollte sie nun voranbringen und vollenden. Die ältere Frau startete einen letzten Versuch und legte Malina ein Buch mit dem Titel ›Kuroi jukai‹, was auf Deutsch so viel hieß wie ›Schwarzes Meer aus Bäumen‹ auf den Tisch. Matsumoto Seichō hatte diesen Roman 1960 geschrieben. Er handelte von zwei Liebenden, die in dem Wald Aokigahara gemeinsam Selbstmord begingen. Malina horchte auf, das war genau der Wald, von dem auch Nozomi erzählt hatte. Außer in diesem einen Moment nach der Tunnelfahrt hatte Nozomi sich nicht mehr zu diesem Wald äußern wollen. Wie Malina vor ein paar Tagen schon geahnt hatte, wollte Nozomi alles Geschehene erneut vergessen und verdrängen. Malina behielt Recht mit ihrer Annahme, dass es für Nozomi der falsche Weg wäre, dass ihre Erlebnisse sie geradezu beherrschten, denn sie hatte seitdem sich nie wieder auf eine Beziehung eingelassen, wie Malina in Erfahrung bringen konnte, und vermied es schließlich, über die Liebe zu sprechen, nachdem Malina ein paar Mal versucht hatte, mit ihr ins Gespräch zu kommen.

Der Selbstmordwald befand sich in der Nähe des Fuji-san. Malina recherchierte im Internet über die Region rund um den höchsten Berg Japans. Viele Menschen zelteten dort erst eine Weile, bevor sie sich in die Bäume hängten und ihrem Leben somit ein Ende setzten. Sie kämpften mit sich und waren sich nicht sicher, ob sie es wirklich tun sollten. Manche knüpften Bänder und Schnüre in die Äste und Sträucher, um notfalls wieder zurückzufinden. Die Leichen lagen einfach so dort herum. Für Malina war das schwer zu glauben, doch sie sah die gefilmten Skelette auf diversen Videoportalen, die kleinen, von den Selbstmördern hinterlassenen Zeichen, aber auch Blumen, Schokolade und Kerzen, wohl von trauernden Angehörigen. In einer Dokumentation erzählte jemand, dass die Selbstmörder sich ganz allein auf der Welt fühlten, aber sie waren nicht allein, keiner war allein. Viele vertrauten sich keinem mehr an, weil sie zu sehr enttäuscht worden waren. Malina dachte an sich selbst, sie hatte sich auch lange verschlossen und fast aufgegeben. Doch dann kam Kara und Kara meldete sich selbst hier in Kyoto immer wieder. Malinas Entscheidung, noch einen Monat länger in Japan zu bleiben, hatte sie mit gemischten Gefühlen aufgenommen. Sie hatte Malina nicht vergessen, ob direkt nebenan wohnend oder weit, weit weg. Kara war da für sie. Auch zu Nozomi hatte Malina eine enge Bindung aufgebaut.

Eines Abends hielt sie es nicht mehr aus und sprach während des Abendessens auf Nozomi ein. Erst wollte diese nichts davon hören und stand auf, um den Tisch abzuräumen, obwohl Malina noch gar nicht fertig gegessen hatte. Malina hielt sie jedoch am Handgelenk fest: »Nozomi, willst du immer allein bleiben, weil du deine erste Liebe nie verarbeitet hast? Willst du dich nie wieder verlieben?« Nozomi ließ den Teller fallen und fing an zu weinen. Malina umarmte sie und gemeinsam kehrten sie die Scherben auf. »Mir haben die Geister nichts getan, Nozomi. Sie haben mir wirklich nur geholfen. Lass uns in den Wald gehen.« Nozomi schüttelte mit dem Kopf. »Dann geh' ich eben allein, um deinen verstorbenen Freund anzuhören«, sagte Malina. Nozomi sah sie erschrocken an und drehte Malina den Rücken zu, während sie eifrig die Küche zu putzen begann. Nachdem sie sich wieder gefasst hatte, ließ die Japanerin sich dann aber doch von Malina überzeugen, mitzukommen, um endlich mit der schmerzvollen Vergangenheit abzuschließen.

Malina konnte es kaum erwarten, in diesen Wald zu fahren. Wie mochte sich wohl ein Selbstmord auf das Karma auswirken, fragte sich Malina, als sie sich am folgenden Tag an den Frühstückstisch setzte. Vermutlich nicht sonderlich gut. Sie hatte schon gehört, dass die Menschen in ihren unterschiedlichen Leben die Rollen wechselten, dass also die Täter sich in der Rolle der Opfer wiederfanden und andersherum. Bedeutete das für einen Selbstmörder, dass er im nächsten Leben einen geliebten Menschen verlieren musste, wie es bei Nozomi der Fall war? Vielleicht hatte sie sich in einem früheren Leben suizidiert und musste in diesem Leben nun erfahren, welche schweren Folgen das für die Angehörigen bedeutete. Aber konnte man für eine Sache aus einem früheren Leben noch verantwortlich sein? Malina hatte sich doch gar nicht mehr an ihr Leben als Geisha erinnern können. Endlich kam auch Nozomi zum Frühstückstisch. Sie sah völlig verschlafen aus. Der Wald hatte sie wohl noch lange wachgehalten. »Wir fahren da jetzt hin, Nozomi!« Sie nickte stumm. Sie sah es auch ein, dass es wichtig war, nicht mehr in der Vergangenheit festzustecken, abschließen und loslassen zu können. »Keine Angst, wir bleiben zusammen!«, redete ihr Malina Mut zu. Nozomi fasste ihre Hand. Sie war wirklich süß, dachte Malina in diesem Moment.

Schon ging es los. In ihre Rucksäcke, die wie Bärenköpfe gestaltet waren, hatten sie Konbini-Snacks eingepackt, zusammen mit Reis-Crackern, getrockneten Früchten und Nüssen sowie Teeflaschen mit Ryokucha. Auf dem Flur trafen sie ein drittes Mal den freundlichen, älteren Schriftsteller. Herr Sagawa war heute wieder besonders höflich. Er ließ die beiden Frauen vor und wartete auf der Treppe, bis sie an ihm vorbeigegangen waren. Malina drehte sich um und musterte ihn, während sie vorbeilief. Er hatte etwas Kaltes und Undurchdringliches. Obwohl er klein und schmächtig war, wirkte er irgendwie bedrohlich auf sie. Malina hatte kein gutes Bauchgefühl bei ihm. Aber warum nur? Eigentlich mochte sie Schriftsteller und gerade Herr Sagawa, der Klassische Musik hörte und unglaublich freundlich war, hatte ihr schlechtes Bauchgefühl doch gar nicht verdient. Der ältere Herr spürte, dass Malina sich Gedanken über ihn machte. »Ich habe früher blonde Frauen sehr gemocht, heute mag ich aber Japanerinnen mehr. Das müssen Sie entschuldigen«, sagte er mit einem Lächeln. Damit konnte Malina leben, was immer er ihr mit seinen Worten auch sagen wollte.

Schon waren sie draußen und nahmen ihre Fahrräder. Dieses Mal radelte Malina voraus und Nozomi folgte ihr. Sie fuhren erst einmal zu einer Carsharing-Station, denn der Wald lag mehrere Stunden mit dem Auto entfernt. Dafür würden sie sich ein Auto mieten. Malina drehte sich immer wieder zu Nozomi um. Sie wollte sichergehen, dass sie auch hinter ihr blieb und sie sich nicht verlieren würden. Immerhin hatte Malina auf den Ausflug bestanden, sie wollte ihr nun auf jeden Fall beiseite stehen, so gut sie nur konnte. Nozomi spürte die Anteilnahme und fasste Mut. Malina hatte recht, sie musste die Vergangenheit verarbeiten und loslassen, um wieder leben zu können, um wieder Liebe erfahren zu können. Schon waren sie bei der Carsharing-Station. Nozomi lief noch einmal um das Auto herum und schaute genau nach Kratzern oder Schrammen, dann stiegen beide ein.

Sie fuhren eine Weile. Nozomi saß am Steuer. Ihre Stimmung besserte sich etwas, aber nicht viel. Sie war nach wie vor schweigsam, angespannt und unnahbar. Malina hatte die Befürchtung, sie vielleicht zu sehr zu einer Konfrontation gedrängt zu haben, doch sie war sich nach wie vor sicher, das Beste für Nozomi zu tun. Außerdem wollte sie unbedingt diesen Wald sehen und sie wollte ihn nicht allein besuchen. Die angespannte Stimmung hielt sich über Stunden. Malina versuchte gar nicht erst, mit Nozomi ins Gespräch zu kommen. Sie schaltete irgendwann ganz ab und sah aus dem Fenster. Sie mochte Japan. Die Landschaft rauschte an ihr vorbei. Auch gut, dachte Malina. Dann hörte sie plötzlich eine Melodie leise vibrieren. Sie kam nicht aus dem Autoradio und es war auch kein Handyklingelton. Nozomi kicherte. »Wir fahren gerade über eine singende Straße«, sagte sie. Malina sah verwundert auf die Fahrbahn hinaus und Nozomi erklärte, dass die Rillen im Straßenbelag mit den wechselnden Rillenabständen diese Melodie erzeugten. Die Melodie klinge bei einer bestimmten Fahrgeschwindigkeit am angenehmsten, sodass die Autofahrer, die zu schnell fuhren, ihre Geschwindigkeit anpassten, um die Melodie so am besten hören zu können. Eine wirklich gute Idee, meinte Nozomi ernst. Denn die Verkehrsteilnehmer würden dadurch aufmerksamer werden und es gäbe so weniger Unfälle. Nozomi seufzte. Ohnehin würden tagtäglich viel zu viele Menschen auf japanischen Straßen tödlich verunglücken. Malina spürte, wie mitgenommen und traurig ihre Freundin gerade war. Die Fahrt kam ihr bald endlos vor. Wie lange das alles nur dauerte! Auch Malinas Laune hatte sich inzwischen verschlechtert. Wann waren sie denn endlich da? Plötzlich sagte Nozomi: »Jetzt sind es nur noch zwanzig Minuten!« Malina fühlte sich sehr erleichtert. Die Zeit zog schnell vorbei. Schon bogen sie ab und fuhren eine lange gerade Straße entlang immer tiefer in den Wald, der nach und nach dichter und dunkler wurde. Nun war Malina wieder aufgeregt. Nozomi wirkte so, als würde sie es gern hinter sich bringen wollen und es bereuen, hierhergekommen zu sein. Auch Malina war sich plötzlich nicht mehr sicher, ob der Ausflug hierher wirklich nötig gewesen wäre. Sie konnte es gerade selbst nicht mehr glauben, dass die Geister immer nur das Beste für die Menschen im Sinn hatten. Der Wald, wie sich nun zeigte, war so dicht, dass Sonnenlicht kaum durch das Blätterdach dringen konnte, eine mystische Atmosphäre umfing Malina. Überall waren Bäume und Büsche auf eigenartige Weise ineinander verschlungen und verwuchsen zu einem pflanzlichen Gewühl, welches das vulkanische Gestein des Fuji-san umhüllten. Nozomi flüsterte mit zaghafter Stimme: »Aokigahara-jukai, wie dieser Wald in Japan eigentlich genannt wird, ist eine vollkommen andere Welt, ein Ort von tiefer Stille, ein Meer aus Bäumen, wenn er vom Fuji-san aus überblickt wird.«

Auf einem Parkplatz stiegen sie aus. Zuerst Malina, dann Nozomi. Niemand sonst war hier. Nur Stille. Sie gingen zum Kofferraum und nahmen die Rucksäcke raus. Malina hatte Schnüre und Bänder mitgenommen, um wieder aus dem Wald zu finden, einen Kompass hatte sie auch dabei. Nozomi schien völlig verkrampft zu sein, sie stand eine Weile noch am Auto, riss sich dann aber los und ging entschlossen in den Wald hinein. Malina folgte ihr und knotete ein erstes Band an einem Baumstamm fest. Nozomi sah sie fragend an. »Damit wir wieder herausfinden«, erklärte Malina. Die Japanerin nickte. Sie wanderten also los. Sie fanden keine richtigen Wege, nur kaum erkennbare Pfade, die sich im Unterholz verloren. In diesem undurchdringlichen Grün wirkte jedes Geräusch gedämpft. Der Boden war mit einer dicken Moosschicht bedeckt, und das vulkanische Gestein des Waldes war durchzogen von vielen unterirdischen Höhlen. Aokigahara war ein Wald voller seltener Tierarten, er beherbergte sowohl Fledermäuse als auch Kragenbären. Dieser Ort war jedoch auch für viele lebensmüde Menschen eine letzte Zuflucht und hatte daher einen düsteren Ruf. Inspiriert von seiner unheimlichen Atmosphäre, diente Aokigahara als Kulisse für Horrorfilme, Computerspiele, Comics und Romane, wie Malina erwähnte. Nozomi schüttelte darüber nur den Kopf. »Was für Schriftsteller sind das bloß, die einen so tragischen Ort wie diesen hier in ihre Geschichten einfließen lassen? Das ist ja total makaber!«, schimpfte sie. Das sah Malina anders. Eigentlich wirkte der Wald auf sie friedlich und gar nicht bedrohlich. Nozomi hatte sich, nachdem sie ihre Wut in Worte gefasst hatte, auch wieder ein wenig beruhigt. Zumindest wirkte sie gefasster. Nun war sie ja da, hatte sich konfrontiert mit ihrer Vergangenheit und ihre Angst war erst einmal weg.

Sie durchstreiften also die Natur und wussten eigentlich gar nicht, wohin sie wollten. Die Pfade führten in alle Richtungen und doch nirgendwohin oder vielleicht irgendwohin. Überall waren Nadelbäume und Sicheltannen dicht ineinander übergreifend. Malina nahm den Wald tief in sich auf und beobachtete alles sehr genau, ein größerer Stein lag zwischen den Wurzeln. Ohne Vorwarnung sah Malina plötzlich die erste Leiche im Baum hängen. Sie war fast vollständig skelettiert und die Knochen hatten Tiere angenagt. Malina zog Nozomi schnell beiseite, doch diese hatte den Anblick bereits tief in sich aufgenommen. Das Skelett mochte wohl ein junger Mann gewesen sein, zumindest sah alles danach aus, denn die Kleider, die an ihm runterhingen, zeugten vom neuesten Trend unter Jugendlichen. Nozomi fing an zu weinen. Malina fasste sie sanft bei der Schulter, um ihr zu zeigen, dass sie für sie da war. »So muss er auch ausgesehen haben, Malina. Warum hat er das nur getan? Ich kann es einfach nicht begreifen.« Malina nickte und nahm sie noch fester in die Arme. Eine Weile standen sie so da und verschlossen ihre Augen vor der Welt und vor diesem Wald. Malina hatte begriffen, dass sie Nozomi in diesem Moment nicht aufheitern sollte. Es war besser für sie, endlich mal diese ganzen Gefühle zulassen zu können, sie verarbeiten zu können und nicht sofort wieder eine gute Stimmung schaffen zu wollen. Sie beließ es also bei der Anteilnahme und spürte, wie gut es Nozomi tat, sich in diesem Moment ihrer Trauer hingeben zu können. Malina fühlte, wie ihre Freundin innerlich losließ, wie die Anspannungen langsam verschwanden. Nozomi lockerte sich aus der Umarmung und drehte sich um. Und da sah sie ihn, den Jungen, in den sie so verliebt gewesen war. Ja, er war es wirklich! Nozomi erkannte ihn gleich wieder. Sein schlanker, athletischer Körper, seine kurzen, verwuschelten Haare und das sanfte Lächeln auf seinen vollen Lippen, die Grübchen in den Wangen. Er war nicht nur als Geist eine Erscheinung. Wie oft hatte sie sich gewünscht, ihn nur noch einmal sehen zu können, mit ihm nur noch ein einziges Mal reden zu dürfen. Nozomi hatte es nie ganz verkraftet. Sie glaubte an die eine Liebe und das war er gewesen. Es gab keinen anderen. Nie wieder hatte sie so viel für einen Menschen gefühlt. Nie wieder hatte sie sich so verloren. Und sie wollte sich eben nicht noch einmal so verlieren, seit sie diesen Schmerz erlebt hatte. Sie hatte damals abgenommen, nichts mehr essen können. Sie war besessen von ihm gewesen. Damals verging kein Tag, an dem sie nicht an ihn dachte und das ging noch zwei Jahre so, bis es sich langsam beruhigte, bis sie wieder Freude empfinden konnte, auch ohne ihn. Da stand er nun und schaute in ihre Richtung. Malina begriff, dass Nozomi gerade ihren verstorbenen Freund sehen musste und jetzt, wo sie an Erscheinungen glaubte, stellte sich Malina vor, wie er dort weit hinten auf der Lichtung stand, auf die Nozomi geradewegs zuging. Malina wollte ihr folgen, befestigte aber erst noch ihre Schnüre an einem umgefallenen Baumstamm, die ihnen beiden den Rückweg sichern sollten.

Was sie denn habe, fragte er mit weicher Stimme, als Nozomi zu der Lichtung kam. Nozomi zitterte am ganzen Leib. »Warum?«, fragte sie bloß. »Sag mir, warum!« Es wäre gar nicht um sie damals gegangen, antwortete er, und versicherte, dass er mit niemandem darüber hatte reden können, auch mit ihr nicht. Er habe den Schmerz nicht mehr ausgehalten; seiner kleinen Schwester habe er etwas Furchtbares angetan. Sein Gesicht verzog sich zu einem schmerzverzerrten Ausdruck, Nozomi erschrak im ersten Moment, so hatte er damals nie ausgesehen. Sie ging auch ein paar Schritte rückwärts, erkannte dann aber, dass seine Erscheinung zu verblassen begann und in der Ferne verschwand. Dann tauchte er weiter hinten, wo der Wald dichter wurde, wieder auf. Nozomi folgte ihm, sie hatte noch so viele Fragen. Als sie die Stelle erreichte und nur wenige Meter vor ihm stand, sagte er ihr eindringlich, sie müsse nun endlich loslassen und ihn vergessen; auch seine armen Eltern müssten ihn loslassen, so viel Schlimmes hatte er ihnen angetan, und so bat er Nozomi, seinen Eltern doch auszurichten, wie leid es ihm täte, wie unendlich leid! Er habe nicht noch mehr Unglück über die Familie bringen wollen und sich daher entschlossen, seinem Leben ein Ende zu setzen, auch um nicht mehr mit der Schuld leben müssen. Abermals löste sich seine Erscheinung auf und tauchte weiter hinten in einer noch dunkleren Stelle viel tiefer im Wald wieder auf. Nozomi folgte ihm auch jetzt, ihre Fragen waren noch lange nicht beantwortet. »Was hast du deiner Schwester angetan?«, wollte sie von ihm wissen. Er aber schwieg, zog ein schmerzverzerrtes Gesicht, erzählte dann aber von einem Wintertag, von schneebedeckten Hügeln, auf denen Leute vergnügt mit ihren Schlitten hinunterrutschten. Nozomi konnte seinen schmerzvollen Blick kaum ertragen. Doch sie blieb bei ihm stehen. Er sprach von einem zugefrorenen Weiher, etwas abseits gelegen, davor stand ein Schneemann, er hatte Augen aus Stein, um seinen Hals war ein Schal gebunden, in seinem Gesicht steckte eine Eiszapfennase, er trug einen glänzenden Zylinder. Seine Schilderungen passten nicht zu seinen ängstlich aufgerissenen Augen. Nozomi verstand, dass noch etwas kommen musste. »Und dann? Was geschah dann?«, wollte sie deshalb ganz aufgeregt wissen, denn sie merkte, dass die Erscheinung sich bereits wieder auflöste. Schon war sie auch wieder verschwunden. Nozomi entdeckte ihn diesmal noch tiefer im dunklen Wald, mitten in wuchernden Büschen, lief zu ihm und redete gleich weiter auf ihn ein. Er habe seine kleine Schwester nicht mehr ertragen können, sagte er, die Eltern schenkten nur noch ihr alle Aufmerksamkeit, alles hätte sich nur noch um sie gedreht, es war kaum mehr auszuhalten gewesen für ihn. Und da seine Schwester an dem einen schlimmen Tag so fasziniert vom Schneemann gewesen sei, sie unbedingt seinen Zylinder haben wollte, so habe er eben, ohne groß darüber nachzudenken, dem Schneemann den Zylinder vom Kopf genommen und ihn in die Mitte des Weihers geworfen. Von dort, das habe er seiner Schwester gesagt, solle sie ihn doch holen. Es sei als Spiel gedacht gewesen, versicherte er Nozomi, er habe seine Schwester nicht in Gefahr bringen wollen. Doch als die kleine Schwester sich auf das Eis wagte und in der Mitte des Weihers angekommen war, sie nach dem Zylinder griff und sich freute, da brach die noch viel zu dünne Eisschicht ein. Das Wasser saugte sofort ihre Kleider voll und die Schwester wurde von dem schweren eiskalten Wasser in die Tiefe gerissen. Alles ging ganz schnell, kaum, dass er noch etwas hätte tun können. Seine Erscheinung begann bereits wieder zu verblassen, da sagte er als Letztes noch zu Nozomi, sie solle ihn in guter Erinnerung behalten, sich einen neuen Freund suchen und nun endgültig Abstand von ihm nehmen. Nozomi wollte ihm weiter folgen, da war Malina plötzlich neben ihr, griff fest ihre Hand und bat sie, innezuhalten, denn sie liefen ja immer tiefer in den Wald hinein, kaum dass sie noch wissen konnte, wo sie beide denn eigentlich waren. Doch Nozomi riss sich von ihr los und eilte der Erscheinung hinterher. Plötzlich tauchte er hinter ihr auf, ein letztes Mal noch, wie er ihr sagte, denn er wolle sich von ihr verabschieden; er hätte sie sehr, sehr lieb gehabt, und das waren seine wirklich letzten Worte, seine Erscheinung verschwand diesmal in unerreichbare Ferne.

Nozomi fasste sich allmählich wieder. Sie sah zu Malina, die weiter weg wartend stehen geblieben war, und ging zurück zu ihr. Als sie realisierte, wo sie eigentlich war, da wollte sie nur noch nach Hause. Sie wollte abschließen und neu anfangen. Inzwischen hatte sie Malina wieder erreicht, diese jedoch sah ratlos aus. Die beiden hatten längst schon die Orientierung verloren. Malina holte ihren Kompass heraus, er funktionierte nicht. Mal zeigte er in die eine Richtung gen Norden, mal in eine andere. Handyempfang gab es keinen, wie schon vermutet, denn der Wald war einfach zu dicht, um hier noch irgendwelche Funksignale empfangen zu können. Wieder entdeckten sie einen am Baum hängenden Toten. Der Zweite, den sie fanden. Er bewegte sich im Wind, hatte noch Fleisch auf den Knochen, die Haut hing ihm in Fetzen herunter. Die beiden Frauen ängstigten sich. Nozomi hörte etwas, als ob jemand leise ein Lied sang. Sie glaubte, das Tōryanse-Lied der Toten darin zu erkennen. Wohl eher aber, wie Malina sie zu beruhigen versuchte, war es der Wind, der durch die Blätter streifte und ein melodiehaftes Wehen erzeugte. Sie hielt Nozomis Hand fest. So schnell wie möglich mussten sie von hier weg! Sie gingen eine Weile und versuchten, im Dickicht den Rückweg zu finden, der jedoch wie verschwunden schien. Malina wollte unbedingt zu dem umgefallenen Baumstamm zurück, an dem die Schnüre dranhingen, die ihnen den Weg weisen konnten. Also markierten sie ihren Standort mit einem Band, sie gingen ein Stück in irgendeine Richtung und schauten auf die Uhr des Handys, kehrten schließlich wieder um und nahmen nun vom Standort aus einen anderen Pfad, der bald in einem undurchdringlichen Gestrüpp endete. Sie fanden auch noch eine dritte Leiche, sie war in einen feinen Anzug gekleidet und lag wohl erst wenige Stunden dort. Dem Anschein nach hatte dieser Mensch in einem Büro gearbeitet, vielleicht war er ein Banker, sein Aktenkoffer lag daneben. »Karōshi«, flüsterte Nozomi vor sich hin. Damit meinte sie eigentlich den Tod durch Überarbeiten und nicht den

Suizid. Viele Japaner arbeiteten einfach viel zu viel, übernachteten sogar in ihren Büros, hetzten rund um die Uhr der Zeit hinterher, bekamen dann irgendwann einen tödlichen Schlaganfall oder Herzinfarkt. Wieder andere wählten jedoch den Freitod, um sich von dem gesellschaftlichen Druck zu befreien. Indirekt hatte die Gesellschaft und der Leistungsdruck diese Menschen auch in den Tod durch Überarbeitung getrieben. »Das hier ist alles so unfassbar«, sagte Malina ganz aufgelöst. Alles erschien ihr so irreal und irrsinnig. Dieser Wald war ein einziger Irrgarten, ein labyrinthartiges Grab. Sie gingen eilig weiter. Immer wieder liefen sie zu dem markierten Ausgangspunkt zurück und so gingen sie den Wald in alle Richtungen ab, weiteten den Punkt des Standorts zu einem Kreis aus und behielten dabei die Zeit ihrer Gänge im Auge. Schließlich fanden sie dann doch den Baumstamm mit den Schnüren. In der Richtung, die sie am wenigsten für möglich gehalten hatten, tauchte plötzlich der größere Stein zwischen den Wurzeln auf. An den konnte sich Malina sofort erinnern. Ein Glück hatte sie sich verschiedene Dinge gut eingeprägt. Schon bald hatten sie die erste Schnur entdeckt. Nun war es ein Leichtes, wieder zurückzufinden. Sie folgten also ihren Schnüren und Bändern. In gut einer Stunde hatten sie dank Malinas Markierungen wieder zum Auto zurückgefunden.

Nozomi fand erst den Schlüssel nicht. Dann aber hatte sie ihn und beide stiegen ein. Sie fuhren los. Es dämmerte bereits und die Angst saß den beiden in den Knochen. Dieses Mal redete Nozomi sich alles von der Seele. Sie war so dankbar, dass Malina auf diese Fahrt bestanden hatte, aber auch dafür, dass Malina sie beide wieder zurückgebracht hatte. Endlich konnte sie mit ihrer Vergangenheit Frieden schließen. Nozomi glaubte, dass ihre Jugendliebe seine Schwester absichtlich umgebracht hatte. »Sonst hätte er es doch nicht geheim gehalten und sich auch noch das Leben genommen. Zumindest hat er dem Mädchen wohl nicht geholfen und hat sie ertrinken lassen«, meinte sie. »Da hast du wohl recht!«, stimmte ihr Malina zu. Nozomi schüttelte nur noch den Kopf und meinte: »Was war er eigentlich für ein Mensch? Ich habe immer nur mein Traumbild von einem Mann in ihm gesehen. Eigentlich kannte ich ihn gar nicht. Wir waren zwei Monate ein Liebespaar, naja, wie man das eben sein kann, wenn man in der Schule miteinander ausgeht. Was er getan hat, war wirklich schlimm gewesen. Umsonst hat man doch nicht solche Schuldgefühle, dass man sich das Leben nimmt.« Sie fuhren schon auf der Autobahn. Nozomi war wie ausgewechselt. Sie blühte richtig auf und Malina mochte sie dafür umso mehr. Ob sie sich auch für die Liebe mit ihr öffnen könnte, fragte sich Malina insgeheim. Doch sie brachte es einfach nicht übers Herz, diese Frage laut auszusprechen. Jetzt, wo Nozomi gerade so tiefes Vertrauen zu ihr gefasst hatte und sich ihre ganzen Erlebnisse von der Seele redete. So fuhren sie dahin und mit jeder weiteren Stunde fühlte Nozomi die düsteren Eindrücke von sich weichen.

Als sie endlich zu Hause ankamen, war es schon dunkel. Sie besorgten sich in einem Konbini, einem praktischen Mini-Markt nur vier Straßen weiter, noch Sushi und Sake. Die Erlebnisse hatten sie hungrig gemacht. Der Spuk im Wald hatte sie beide viel gelehrt und ihre Ansichten über die Erinnerungen sowie ihre Einstellungen zum Leben ganz neu geordnet. Nozomi bedankte sich noch einmal bei Malina, als sie in den Futon schlüpften. Diese Reise hatte ihr Inneres grundlegend verändert. Etwas war geschehen. Darüber zu reden und auch einmal wirklich trauern zu können, hatte Nozomi so sehr geholfen. Aber vor allem tat ihr die Gewissheit gut, keine Schuld am Tod ihrer ersten Liebe zu haben. Wie oft hatte sie sich Vorwürfe gemacht. Sie war einfach nicht mehr zurechtgekommen. Manchmal hatte Nozomi sogar geglaubt, dass sie verflucht sei, dass es dem nächsten Mann auch so schlecht gehen würde und er sich vielleicht auch etwas antun würde. Alles unsinnige Gedanken. Sie war einfach zur falschen Zeit am falschen Ort gewesen. Dieses Mal schlüpfte Malina wieder zu ihr unter die Decke und sie war einverstanden. Sie kuschelten sich freundschaftlich aneinander, sie hatten ja nur noch eine Woche, bis Malina wieder nach Deutschland flog.

Die nächsten Tage vergingen für Malina wie im Flug. Sie beendete ihren zweiten Roman und empfand die Dystopie als sehr gelungen. Die Geschichte würde bestimmt viele Lesende begeistern und ein großer Erfolg werden, so sicher war sich Malina da. Regelmäßig besuchten sie das Kino. Nozomi wollte sich mit Malina einen Horror-Experimentalfilm ansehen. Während sie im abgedunkelten Kinosaal saßen, warteten sie gespannt darauf, was der ungewöhnliche und unheimliche Film zu bieten hatte. *Hausu*, 1977 von Nobuhiko Ōbayashi inszeniert, entführte in die bizarre Welt eines Spukhauses, in dem eine Schülerin mit ihren Freundinnen übernachtete. Die surrealen Szenen – ein Konzertflügel, der eine Frau verschlang, eine andere, die Teil einer Standuhr wurde, schwebende Köpfe und das gefährliche Gemälde einer weißen Katze, das rote Farbe spuckte – übertrafen alles, was Malina je gesehen hatte. Sie schauten sich auch Inszenierungen des Schattenspieltheaters an. Hinter einem Leinwandvorhang bewegten die Darsteller kunstvoll geschnittene Papierfiguren, die durch geschickt eingesetztes Licht als lebendige Schatten erschienen. Besonders beeindruckt waren Nozomi und Malina von der Darbietung des *Hyakumonogatari Kaidankai*, einer Sammlung von hundert Geistergeschichten. Bei dieser alten Tradition wurden hundert Kerzen angezündet, und nach jeder Geschichte löschte man eine. Mit dem Erlöschen der letzten Kerze wurde das Erscheinen eines Geistes erwartet.

Malina hatte all ihren Mut zusammengefasst. Heute musste sie es bei Nozomi probieren. Vielleicht würde sie einfach bei ihr wohnen bleiben. Nozomi war unglaublich süß und so mitfühlend. Und jetzt, wo sie endlich ihre erste Liebe überwunden hatte, wäre da vielleicht Platz im Herzen für Malina. Malina stocherte mit ihrer Gabel in den Udon-Nudeln herum. Sie saßen gerade in einem Restaurant, nicht weit weg von Nozomis Wohnung. Beide wollten den letzten Tag feierlich ausklingen lassen. »Könntest du dir eigentlich auch etwas mit einer Frau vorstellen?«, fragte Malina vorsichtig, mittlerweile fließend Japanisch sprechend. »Wie meinst du das?«, stellte Nozomi die Gegenfrage. »Eine Liebesbeziehung mit einer Frau«, antwortete Malina. Nozomi lachte. »Ich habe mich mal mit einer Schulfreundin auf der Toilette geküsst, um Zungenküsse zu üben. Aber nein, das ist völlig ausgeschlossen. Wieso fragst du?« Malina sah tief enttäuscht aus. Das war nur allzu deutlich. Sie verschluckte sich an den Nudeln und begann zu husten. Nozomi begriff, warum sie die Frage gestellt hatte. »Tut mir leid, Malina. Du bist eine tolle Freundin. Aber eine Liebe mit einer Frau kann ich mir beim besten Willen nicht vorstellen.« Sie aßen schweigend auf und bezahlten dann. Ihnen war die Situation unangenehm. Malina druckste herum, dass sie ja nur mal wissen wollte, ob Nozomi sich das generell vorstellen könnte oder nicht, dass es Nozomi nicht so ernst nehmen brauchte. Nozomi glaubte ihr und entspannte sich langsam wieder. Dennoch sah Malina ihr die Verwirrung an. Nozomi konnte mit der Situation nicht gut umgehen. Ein Glück hatte Malina so lange gewartet und die Zeit in Freundschaft genossen. Nun musste sie nur noch einmal bei Nozomi übernachten und würde den nächsten Tag fliegen.

Anfang August. Der Tag der Abreise war gekommen. Malina spürte, dass Nozomi einen gewissen Abstand wahrte. Sie war nach wie vor sehr lieb, strengte sich an, fuhr mit Malina mit dem Shinkansen von Kyoto nach Tokyo und von dort noch mit der U-Bahn bis zum Flughafen Haneda. Doch so offen wie vor der Frage, ob sie auch Frauen lieben könne, war sie nicht mehr. Ein Glück hatte Malina ihr nicht gesagt, dass sie gern mit ihr schlafen würde. Dann hätte sie wohl eine richtig gute Freundin verloren. So würde sich Nozomi schon wieder beruhigen. Und sie würde ihren Kontakt nach Japan und ihre gute Freundin behalten. Vielleicht hatte Paulinchen im Tunnel doch auch das Feuer der Leidenschaft gemeint. Denn auch das zerstörte die Bindungen. Entweder es wurde eine Liebe draus oder, wenn es einseitig war, entfernten sich die Menschen wieder. Die Erotik außerhalb der Bindung wirkte leider auch zerstörerisch, auch wenn sie doch sehr verführte. Manchmal dachte man eben nicht so genau nach, aber am Ende verletzte es die Partnerin, die man liebte, und man zerbrach mit solchen Fehltritten das Vertrauen. Malina hatte Kara ein Glück nicht betrogen. Doch wenn sie die Möglichkeit gehabt hätte, wäre sie lieber bei Nozomi geblieben. Nozomi war so viel süßer und auch leichter als Kara. Kara hatte ihre Abgründe, sie war kein einfacher Mensch in ihrer aufbrausenden Art. Aber sie hatte es immer gut gemeint mit ihr. Malina fühlte sich schuldig. Beim Abschied wurde Nozomi dann doch noch einmal emotional. »Wir bleiben die besten Freundinnen, ja?«, sagte sie und Malina nickte. Sie schlossen sich in die Arme. Nozomi verdrängte die am Abend zuvor gestellte Frage. Sie redete sich ein, dass Malina eben einfach nur neugierig gewesen war und dass sie ihr Flirten und Kuscheln überinterpretiert hatte. Sie wollten unbedingt im Kontakt bleiben, sich jede Woche anrufen. Malina war nach Abschied zumute. Natürlich war es schwer, Nozomi loszulassen. Aber mehr zu wollen, während ihre japanische Bekanntschaft nur Freundschaft wollte, war noch komplizierter. Also brachte Malina den Abschied hinter sich. Nozomi hatte Tränen in den Augen, das rührte Malina. Dennoch war sie innerlich schon wieder in Berlin angekommen und hatte nun auch sich verschlossen. Nozomi dagegen war inzwischen sehr emotional. Malina hatte nach so vielen gescheiterten Liebschaften gelernt, recht schnell auf Distanz gehen zu können. Sie spürte, dass Nozomi sehr an ihr hing, dass sie ihr schreiben und sie anrufen würde. Malina riss sich schließlich los und winkte noch brav, bis sie eincheckte und Nozomi sich auch auf den Weg machte. Immer wieder drehte sie sich um und hob die Hand, während Malina ihre Koffer abgab. Sie war wirklich zu niedlich, dachte Malina. Gut, dass sie jetzt nach Deutschland flog. Das hätte nicht länger funktioniert, wenn Nozomi mit Malinas Liebe nichts anzufangen wusste. Malina holte tief Luft und packte ihre Sachen aufs Gepäckband, ging dann durch den Detektor ohne jeglichen Piepton und griff ihre Koffer, um noch ein wenig durch die Flughalle zu schlendern.

Sie hatte gar kein Geschenk für Kara, fiel ihr plötzlich ein. Also kaufte sie in einem Souvenirshop noch einen Daruma. Dieser Glücksbringer erinnerte in seinem Aussehen an ein Pokémon, er war aus Pappmaché gemacht und mit Wasserfarbe in Rot, Gold und Schwarz bemalt. Auf allen Daruma-Figuren stünden die Schriftzeichen von Erfolg und Glück, erklärte die Verkäuferin im Souvenirshop. Ein so kunstvolles Geschenk war für Kara genau das Richtige, dachte Malina und ließ sich den Daruma einpacken. Sie ging in Richtung Gate. Es war so weit, das Gate hatte schon geöffnet. Vor einem Buchladen blieb sie dann doch wieder stehen und schaute ganz verwundert in das Schaufenster. Da lagen die beiden Bücher ›Tensei‹ und ›Nyawa‹ wie gleichberechtigt nebeneinander. Malina betrat noch schnell den Buchladen und fragte auf Japanisch den Verkäufer, warum er ›Nyawa‹ immer noch im Verkaufssortiment führe. Der Verkäufer antwortete ihr, dass seiner Meinung nach beide Bücher von derselben Autorin stammten. ›Tensei‹ wurde zu einer früheren Zeit verfasst und ›Nyawa‹ zu einem späteren Zeitpunkt geschrieben. Beide Bücher entsprängen aber auf unerklärliche Weise ein- und demselben Geist. Da gäbe es keinen Zweifel. Malina musste schmunzeln.

29

Es wurde ein herzliches Wiedersehen. Kara stand an der Absperrung, als die Schiebetür sich öffnete und Malina neben den anderen Fluggästen in den Ankunftsbereich kam. Karas Erinnerungen konnten von der Erscheinung der echten Malina in ihrer Zierlichkeit und gleichzeitiger Erhabenheit mal wieder übertroffen werden. Innig umarmten sie sich. Malina drückte Kara den als Geschenk verpackten Daruma in die Hand, worüber sich Kara unglaublich freute. Auf dem Nachhauseweg fanden sie auch gleich in ihre früheren Gespräche wieder hinein. Es fühlte sich für beide so vertraut an. Für Kara wie auch für Malina war die jeweils andere der einzige Mensch, dem sie vertrauen konnte und der sie wirklich kannte. Malina schilderte Kara ihre fernöstlichen Eindrücke bis tief in die Nacht hinein, und mit großem Stolz zeigte sie ihr das in Japan verfasste Manuskript. Ihre so sorgsam ausgearbeitete Dystopie wollte Malina gleich am nächsten Tag dem Verlagsleiter vorstellen und hoffte, dass ihr zweiter Roman sie als Schriftstellerin rehabilitieren könne.

»Niemals! Nur über meine Leiche!«, rief Bernd Brenner, als Malina am nächsten Morgen in sein Büro trat und ihr neues Manuskript auf seinen Schreibtisch legte. »Der Verlag kann wirklich kein Risiko mehr eingehen. Ihr letztes Werk war ein Desaster gewesen, das uns eine Millionenklage eingebracht hat! Zudem hat Ihr Ruf als Autorin arg gelitten. Dass Sie sich überhaupt noch mal hierher trauen, Frau Morgenstern, überrascht mich wirklich sehr! Dank Ihnen sind wir fast bankrott gegangen. So leid es mir tut, aber wir werden keines Ihrer Manuskripte je wieder verlegen. Dies ist mein letztes, endgültiges Wort.«

Niedergeschmettert erzählte Malina Kara am Abend von Herrn Brenners Reaktion, dass keines ihrer Manuskripte je wieder im Verlag veröffentlicht werden könne und somit nie mehr das Licht der Welt erblicken würde. Selfpublishing kam für sie nicht infrage, sie wollte ihre Werke unbedingt über einen renommierten Verlag veröffentlichen. Sie wurde fast wahnsinnig vor Kummer. Kara aber meinte: »Nicht traurig sein! Ich hätte da eine Idee. Der Verlag ist doch eine Aktiengesellschaft. Ich kaufe mir einfach so viele

Aktien, wie es nur geht. Und sobald ich die Mehrheitsbeteiligung habe, kann ich Einfluss auf das Verlagsprogramm nehmen.« Das war ja wirklich mal eine Idee, dachte Malina beeindruckt. Nur Kara hatte das Geld und das Köpfchen, auf so einen Einfall zu kommen und ihn auch umsetzen zu können. Dass sie ihr in diesem Moment neue Hoffnung schenkte, war für Malina unglaublich wertvoll.

Da der Verlag eine Millionenklage hatte verkraften müssen, waren mehrere Aktionäre abgesprungen und neue wurden dringend gesucht. Unter mehreren Pseudonymen wie auch unter ihrem richtigen Namen erkaufte sich Kara innerhalb eines Vierteljahres die Mehrheitsbeteiligung von 51 Prozent, sodass keiner wusste, dass alle Anteile nur einer Person gehörten. Ihr Plan kostete sie die Hälfte ihres Vermögens. Doch Kara störte es nicht. Das Geld war ja nicht verloren. Schließlich machte sie beim Verlag publik, wer sie war und was sie wollte. Bernd Brenner konnte es erst nicht glauben, als er das hörte und einer Kara Kowalski gegenübersaß, die seinen Verlag quasi besitzen sollte und eine entscheidende Kontrolle über das Unternehmen hatte. Doch es stimmte, wie er nach mehreren Telefonaten feststellen musste. Sie war tatsächlich Mehrheitsaktionärin und konnte indirekt großen Einfluss auf die Unternehmensführung ausüben. Zähneknirschend lenkte Herr Brenner ein und setzte Malinas Dystopie auf die Liste der zu veröffentlichenden Werke.

Malina machte Luftsprünge im Atelier, als sie davon hörte – die Welt schien wieder in Ordnung zu sein, ihr zweiter Roman würde ihr Ansehen wiederherstellen. Noch einen Roman hatte die verstorbene Geisha oder besser sie in ihrem früheren Leben nicht geschrieben, darüber hatte sich Malina sehr genau informiert. Verzückt schaute sie aus dem Fenster in den Innenhof und beobachtete den rieselnden Schnee, wie er die Kastanienbaumblätter mit einer dicken Schicht überdeckte. Jetzt konnte die Zukunft kommen und mit ihr der bahnbrechende Erfolg ohne jegliche Plagiatsvorwürfe!

Ein kalter Winter war hereingebrochen und die Verbrennungsanlage des Verlagshauses musste rege befeuert werden. Praktikanten schaufelten im Stundentakt immer weitere Manuskripte in den Ofenrachen und Volontäre karrten immer noch mehr Papier an. Sie liefen und liefen und schaufelten, was das Zeug hielt, und sorgten so für eine angenehme Wärme in den Räumen.

Das titellose Buch mit den unendlich vielen Seiten, das Malina dem Verlag letzten Sommer Rachepläne schmiedend als unverlangt eingesandtes Manuskript zugeschickt hatte, fand damals keine Beachtung. Nun packte Herr Brenner es aus, betrachtete es nur kurz und reichte es, ohne auch nur einen einzigen Blick hineinzuwerfen, seinem Cheflektor weiter. Der Cheflektor wiederum gab es einem seiner Lektoren mit der Bitte, dieses Buch zu prüfen. Und der Lektor delegierte einen Volontär, sich mit dem Werk zu befassen. Kurzerhand gab der Volontär das Werk einem Praktikanten und so landete das schwarze Buch im Keller auf einem der zahlreichen Stapel. Und in just jenem Moment, als Malina in den Innenhof sah und zufrieden die tänzelnden Schneeflocken betrachtete, griff sich ein Praktikant einen Stapel Manuskriptseiten, zwischen denen sich auch das besagte Buch befand, und warf es in die Verbrennungsanlage!

Vorerst geschah nichts. Doch allmählich stieg die Temperatur an, im Ofeninneren wurde es heißer und heißer. Und gegen Mitternacht, als Bernd Brenner und alle Verlagsangestellten längst das Gebäude verlassen hatten, konzentrierte sich eine abnorme Hitze im Inneren dieser Vernichtungsmaschine. Bald wurde eine immense, unberechenbare Energie freigesetzt. Die Verbrennungsanlage überhitzte sich und explodierte unter dem enormen, anschwellenden Druck. Das Feuer breitete sich in Flutwellen aus und fand schnell seinen Weg in den Gang, kletterte in die Treppenschächte ins Parterre hoch, von dort aus in den ersten Stock, dann erreichten die Flammen bald die übrigen Stockwerke, bis auch die letzten Räume von der Redoxreaktion erfasst wurden. Alles oxidierte in lodernden Farben, wurde immer dunkler und schließlich kohlrabenschwarz. Das Verlagshaus brannte lichterloh, es stand in nimmersatten Flammen, die es zernagten und zerfraßen wie in einem bitterbösen Märchen!

Die Nachricht vom Abbrennen des Verlagshauses hatte Malina zutiefst erschüttert, als sie davon erfuhr. Insbesondere deshalb, weil sie wusste, dass es ihr Verschulden war. Mit ihrer Rache hatte sie sich nun selber geschadet und sich den Weg in den Buchmarkt wohl für immer versperrt. Wenn es so etwas wie Karma gab und das, was man aussendete, um ein Vielfaches zu einem zurückkehrte, dann wäre das ein beispielhafter Fall dafür. Niemals würde sie Kara beichten, dass sie den wahren Grund für den Brand kannte. Durch das Verbrennen des unendlichen Buches, dessen Seiten sich wie ein hyperdynamischer Brandbeschleuniger im Verlagsofen multipliziert haben mussten, hatte Kara einen Großteil ihres Vermögens verloren – Geld, das sie ausschließlich aus Liebe zu Malina und aus Leidenschaft zur Literatur investiert hatte. Malina zerbrach sich den Kopf. In welchen Wahnsinn hatte sie Kara nur gebracht?

Womöglich handle es sich hierbei um Brandstiftung, meinte der Feuerwehrhauptmann zu den Versicherungsangestellten bei der Besichtigung des Areals am nächsten Tag. Viel sei vom Verlag nicht übriggeblieben. Hätte sich die Verbrennungsanlage tatsächlich überhitzt, so hätte sich doch niemals ein solcher Brand entwickeln können. Es wurde wohl nachgeholfen! Bestimmt sei Brandbeschleuniger im Spiel gewesen, meinte er skeptisch.

Die Versicherung, konfrontiert mit der Dringlichkeit, eine hohe Summe auszuzahlen, beauftragte die Erstellung eines umfassenden Brandursachengutachtens, um die Entstehung und Entwicklung des Feuers im Verlagshaus zu ermitteln.

Zunächst führte der beauftragte Brandursachenermittler eine visuelle Untersuchung des Brandortes durch, analysierte die Brandschäden und Explosionsspuren. Ergänzend dazu wurde eine chemische Analyse der Brandrückstände durchgeführt, um nach Spuren von Brandbeschleunigern zu suchen wie Kohlenwasserstoffen – darunter Benzin, Diesel und Kerosin – sowie leicht entflammbaren Lösungsmitteln wie Alkoholen und Aceton. Diese Substanzen waren typisch für Brandstiftungsfälle und hätten auf eine mögliche vorsätzliche Herbeiführung des Brandes hingedeutet. Besondere Aufmerksamkeit galt der Untersuchung der Verbrennungsanlage, wobei nach technischen Defekten oder Fehlfunktionen gesucht wurde, die eine Überhitzung und die anschließende Explosion hätten verursachen können. Zusätzlich wurden Zeugenaussagen gesammelt und Betriebsprotokolle der Anlage überprüft, um eventuelle Unregelmäßigkeiten zu dokumentieren.

Der abschließende Bericht des Gutachtens umfasste alle diese Untersuchungsergebnisse, eine Bewertung der Brandursache und Empfehlungen für weitere Ermittlungen. Trotz dieser umfassenden Untersuchung beinhaltete das Gutachten jedoch kein schlüssiges Ergebnis, wodurch der Verdacht der Brandstiftung bestehen blieb. Infolgedessen übernahm die Polizei die weiteren Ermittlungen in diesem ungelösten Fall.

»Cui bono?«, murrte Kommissar Wolf zu seinen Assistenten gewandt, während er nachdenklich an seinem Schnauzer zwirbelte. »Wem nützt es, dass der Verlag abgebrannt ist? Wer zieht daraus seinen Profit? Wer ist der Empfänger der Versicherungssumme?« Aus den Versicherungsunterlagen ging hervor, dass eine Frau Kara Kowalski erst kürzlich eine Mehrheitsbeteiligung an den Verlagsaktien erworben hatte. »Interessant, interessant«, murmelte der Kommissar, während er wieder nachdenklich an seinem Schnauzer zwirbelte. »Diese Dame ist uns schon bekannt. Aus früheren Untersuchungen wissen wir ganz genau, dass sie eine große Menge toxischer Chemikalien in ihrer Lagerhalle hortet!« Er dachte an Brandbeschleuniger und wandte sich dann an die im Nebenzimmer sitzenden Polizisten: »Bereitmachen, wir haben einen Einsatz in der Königin-Luise-Straße!«

An Karas Garagentor polterte es. »Hier ist die Polizei. Wir möchten mit Ihnen sprechen!« Kara ließ die Polizisten herein und setzte sich auf ihr lippenförmiges Sofa. Zwei von ihnen befragten sie zu dem abgebrannten Verlagshaus und notierten ihre Antworten. Die Kriminalbeamten begannen umgehend mit der Durchsuchung der Lagerhalle. Sie konzentrierten sich dabei insbesondere auf leicht entflammbare Materialien, die in einem professionellen Künstleratelier zu finden sind. Neben Terpentin fanden sie verschiedene Arten von Lösungsmitteln, wie Aceton und Alkohole, die in der Malerei verwendet werden. Auch entzündliche Öle und Harze, die für Ölmalerei benötigt werden, sowie mit Lösungsmittel getränkte Lappen und Pinselreiniger wurden inspiziert. Jeder Winkel des Ateliers wurde sorgfältig untersucht. Die Kriminalbeamten überprüften alle Regale und Schubladen, in denen Karas Malutensilien und Chemikalien ordentlich sortiert waren. Sie achteten dabei besonders auf Anzeichen einer unsachgemäßen Lagerung oder potenziell gefährliche Substanzen, die bei einem Brand eine Rolle spielen könnten. Kommissar Wolf und seine Kollegen sammelten mögliche Beweise und machten sich Notizen über alles, was in der Lagerhalle von Bedeutung sein könnte. Sie dokumentierten die Anordnung der Gegenstände und nahmen Fotos von der Umgebung auf, um sicherzustellen, dass kein Detail übersehen wurde.

Als der Kommissar dann den fast leeren Müllsack unter der Werkbank bemerkte, war sein Interesse sofort geweckt. Die Tatsache, dass dieser eingestaubte Müllsack kaum sichtbar war und schon länger dort liegen musste, deutete darauf hin, dass hier ein potenziell wichtiges Indiz verborgen sein könnte. Als er den Sack vorsichtig hervorzog und öffnete, fand er darin Trümmerteile, die eindeutig von einem Laptop stammten. Kommissar Wolf grübelte, warum Frau Kowalski sich so viel Mühe gemacht hatte, dieses Gerät zu zerstören – normalerweise werden solche elektronischen Geräte doch im Sondermüll entsorgt. Bei der Untersuchung der Trümmer stieß er dann auf die Festplatte. Sie war zertreten und zerbrochen, doch der Kommissar erkannte ihre mögliche Bedeutung.

Sofort rief er nach seinen Kollegen, um die Laptoptrümmer ordnungsgemäß zu sichern. Sie zogen Handschuhe an, um eine Kontaminierung des Beweismaterials zu verhindern. Sie begannen damit, den Fundort fotografisch zu dokumentieren, wobei sie sowohl den Müllsack unter der Werkbank als auch die einzelnen Teile des Laptops in ihrem aktuellen Zustand festhielten. Vorsichtig hoben sie die Trümmer, insbesondere die beschädigte Festplatte, auf und platzierten sie in separate Beweismittelsäcke. Jeder Beutel wurde sorgfältig beschriftet, wobei sie den Fundort, das Datum und die Uhrzeit sowie eine kurze Beschreibung der jeweiligen Einzelteile notierten. Nachdem die Laptoptrümmer sicher verpackt waren, bereiteten sie den Transport ins forensische Labor vor, in der Erwartung, dass die Experten dort trotz der Beschädigungen noch Daten von der Festplatte extrahieren könnten.

30

Kommissar Wolf hatte den rätselhaften Fall des Leon Löschner nie aus den Augen verloren. Er war fest davon überzeugt, dass dieser Mann nicht einfach vermisst, sondern ermordet worden war, aufgelöst in Natronlauge. Mangels an Beweisen musste seine Mordtheorie damals aber aufgegeben werden. Nun jedoch standen ihm neue, weit eindeutigere Beweise zur Verfügung. Kara hatte es versäumt, den zertretenen Laptop von Malina zu entsorgen, nachdem sie damals nicht verurteilt worden war. Sie hatte angenommen, der Fall sei abgeschlossen. Doch die Aufregung ihrer ersten leidenschaftlichen Nacht mit Malina und die damit einhergehenden neuen Kunstprojekte hatten dazu geführt, dass sie den zerstörten Laptop einfach vergessen hatte. Ihr ursprünglicher Plan war gewesen, die Festplatte zu demagnetisieren und zu kochen, um alle Daten sicher zu löschen. Stattdessen hatte sie das beschädigte Gerät hastig in einen Müllsack getan und unter der Werkbank verstaut, ohne ihn wirklich endgültig zu entsorgen. Diesen Müllsack hatte der Kommissar entdeckt und die Laptop-Festplatte sicherstellen lassen.

IT-Forensiker verwendeten spezialisierte Software und Hardware, um die verbleibenden magnetischen Signaturen auf der zertrümmerten Festplatte zu lesen. Diese Signaturen repräsentieren die Binärziffern 0 und 1, die Bausteine digitaler Daten. Selbst nach einer Löschung bleiben oft schwache Spuren dieser Binärziffern zurück, die von forensischer Software detektiert und interpretiert werden können. Durch sorgfältige Analyse dieser Spuren konnten die IT-Forensiker Muster erkennen und rekonstruieren, um so die ursprünglichen Daten teilweise wiederherzustellen. Nachdem sie die Videodatei auf der beschädigten Festplatte rekonstruiert hatten, unterzogen sie sie einer gründlichen Überprüfung, um ihre Integrität zu gewährleisten. Sie bestätigten, dass die Datei trotz der Beschädigung und vorherigen Löschung der Festplatte eine klare und zuverlässige Darstellung der Ereignisse bot. Diese bestätigte Videodatei, die Kara Kowalski dabei zeigte, wie sie Leon Löschner in eine mit Natronlauge gefüllte Badewanne legte, wurde zum entscheidenden Beweisstück, das die bisherigen, unzureichenden Indizien ergänzte. Denn nun wurde deutlich, dass die großen Mengen an

Natronlauge dazu verwendet worden waren, den Leichnam aufzulösen und Spuren zu vernichten. Zudem erhärtete sich der Verdacht, dass der Geruch in Kowalskis Atelier nicht von einer indonesischen Riesenblume, sondern von dem sich zersetzenden Leichnam gestammt hatte.

Kommissar Wolf war nun absolut überzeugt, dass die mutmaßliche Täterin, Kara Kowalski, sich bei ihrer Google-Suche um ›02:31 Uhr‹ nach ›alkalischer Hydrolyse‹ aus gezielten, konkreten Gründen informiert hatte. Ihre Suchanfrage bezog sich auf die Bestattungsmethode, bei der ein Leichnam mithilfe von erhitzter Natronlauge aufgelöst wurden. Die Videodatei stellte das entscheidende, bislang fehlende Beweisstück dar, das die Indizienkette vervollständigte, und es war Kommissar Wolf, der das letzte Puzzleteil entdeckt hatte.

Kara, die noch im Morgenmantel von mehreren Polizisten wegen dringenden Mordverdachts festgenommen wurde, konnte kaum fassen, dass ausgerechnet eine zerstörte und eigentlich bereits entsorgte Festplatte sie nun doch noch ins Gefängnis brachte. Trotz all ihrer Anstrengungen und Kämpfe stand sie nun vor dieser harten Realität.

Die Zelle, in der Kara untergebracht wurde, war ein trostloser Ort – eng, muffig – und sie fühlte sich ständig den prüfenden Blicken der Justizvollzugsbeamten ausgesetzt. In dieser Einzelzelle, umgeben von kahlen Betonwänden, saß sie nun, gefangen in Stille und Einsamkeit. Sie, die einst ihr Leben mit Leinwänden und Farben gefüllt hatte, fand sich nun in einer Welt ohne Kunst wieder. Sie konnte weder malen noch zeichnen oder skizzieren – ihre kreativen Impulse erstickten in der drückenden Enge der Zelle. 23 Stunden am Tag war sie eingeschlossen, allein mit nichts als den leeren Wänden, die sie umgaben. In ihr wuchs ein Gefühl der inneren Zerrissenheit, als wäre sie selbst zu einer brüchigen Figur in einem alten Ölgemälde geworden, übersät von Krakelüren. In ihrer Vorstellung begannen die Risse und Sprünge des Bildes immer mehr von der Leinwand abzublättern, ein Zeichen für ihren schwindenden Lebensmut. Der Mangel an Licht und Farbe, der ihr so vertraute Duft von Terpentin und Ölfarben, die Freiheit, ihre Emotionen auf Leinwand zu bringen – all das war ihr genommen worden, zurückgelassen in einer Welt, die farblos und begrenzt war auf 2 mal 3 Meter. Jeder Tag ohne ihre Kunst verstärkte das Gefühl, ein Teil von ihr würde langsam verblassen, als ob ihre kreativen Adern austrockneten und sie in dieser kargen Umgebung allmählich verkümmerte. Kara fühlte sich nun endgültig wie eine gefangene Seele in einem vergilbten und rissigen Gemälde.

Ihr renommierter Strafverteidiger übernahm zusammen mit einem Team von Anwälten erneut die Verteidigung. Nachdem er die Anklageschrift sorgfältig durchgegangen war und die Videodatei überprüft hatte, sah er sich gezwungen, Kara, als er sie im Gefängnis zu einem ersten Gespräch aufsuchte, eine schwierige Mitteilung zu machen: »Frau Kowalski, die Beweislage gegen Sie ist leider eindeutig und erdrückend. Ich sehe keine realistische Chance auf einen Freispruch. Die Staatsanwaltschaft strebt eine Verurteilung wegen Mordes an, unter Feststellung der besonderen Schwere der Schuld. Es steht eine lebenslange Freiheitsstrafe im Raum, die in Ihrem Fall mindestens fünfundzwanzig Jahre betragen könnte. Darüber hinaus besteht die Möglichkeit einer Sicherungsverwahrung, was im Grunde einer Inhaftierung bis zum Lebensende gleichkommen würde.«

»Ich bin keine Mörderin!«, wiederholte Kara und ihr kamen vor Wut die Tränen. »Ich habe niemanden umgebracht! Ich habe nur die Überreste eines bereits toten Menschen in Natronlauge aufgelöst. Mein Ex hat sich nachts heimlich in mein Atelier geschlichen, während ich schlief. Ich bin aufgewacht und dachte, es sei ein Einbrecher! Es war stockduster und ich konnte überhaupt nichts erkennen. Da habe ich mich eben gewehrt mit Schlägen und Tritten gegen den Eindringling. Und in der nächsten Sekunde war mein Ex schon übers Treppengeländer gestürzt. Es war ein tragischer Unfall! Ich flehe Sie an, mir zu glauben! Als ich ihn auf dem Boden meines Ateliers fand, war er schon tot, ohne Puls. Ich habe es mehrmals überprüft – er war wirklich tot! Ich bin keine Mörderin! Soll ich wirklich für etwas verurteilt werden, was ich nicht getan habe?«

Der Strafverteidiger hatte bereits viele Ausflüchte und Ausreden von Mandanten gehört, aber er glaubte Kara. Er kannte die berühmte Künstlerin, er mochte ihre Bilder und war überzeugt von ihrer Aufrichtigkeit. »Frau Kowalski«, begann er ernst und blätterte in seinen Unterlagen, die alles von der Anklageschrift über Ermittlungsakten, Zeugenaussagen bis hin zu forensischen Berichten umfassten. »Ihr Verhalten, wie es polizeilich protokolliert wurde, lässt fast nur den Schluss zu, dass es Mord war. Sie haben damals alles getan, um sämtliche Spuren zu vernichten – Blutspritzer,

Blutlachen, alle Rückstände in der Lagerhalle. Genau dieses DNA-Material bräuchten wir jetzt, um zu beweisen, dass es sich um Totschlag im Affekt handelt, nicht um Mord. Mit der Titanenwurz wollten Sie den Geruch des Leichnams überdecken. Das sieht nach dem Vorgehen eines schuldbewussten Menschen aus, der einen Mord vertuschen will. Das Gericht wird es wahrscheinlich auch so sehen. Es tut mir leid, aber ich kann Ihre Situation nicht ändern. Es sieht wirklich schlecht für Sie aus.«

Monate später, Mitte März, entfaltete sich das Drama des Gerichtsprozesses. Schon zu dessen Eröffnung wimmelte es vor dem Gerichtssaal von Reportern, Kameracrews und Journalisten – ein wahrer Medienzirkus, angelockt von der schaurigen Natur des Falles und dem Ruhm der Angeklagten. Berichterstattungen überschlugen sich. Auf der einen Seite stand die unfassbare Brutalität des Verbrechens – ein Mensch, ermordet und in Natronlauge aufgelöst – und auf der anderen Seite die mutmaßliche Mörderin, eine Malerin aus der Berliner Kunstszene, bereits eine Figur des öffentlichen Interesses. Diese explosive Mischung aus Horror und Prominenz entfachte ein Feuerwerk der Sensationslust in den Medien.

Am Auftakt des Prozesses, der in der Großen Strafkammer des Landgerichts stattfand, wurden zunächst die Personalien Kara Kowalskis erfasst. Vor ihr saß das Gericht, eine Konstellation aus drei Berufsrichtern in ihren schwarzen Roben, deren kühle, ausdruckslose Miene Unparteilichkeit ausstrahlte. An ihrer Seite, als Teil des Spruchkörpers, befanden sich zwei Schöffen, sorgfältig ausgewählte Bürger, die die Laienperspektive in das Verfahren einbringen sollten. Das Gericht stellte die Anwesenheit aller Prozessbeteiligten fest – von der Staatsanwaltschaft, die mit scharfem Blick ihre Akten ordnete, über die aufmerksamen Verteidiger Karas bis hin zu den stillen Protokollführern. Dann bat das Gericht Kara, Angaben zu ihrer Person zu machen, einschließlich ihres Namens, Alters, Berufs, ihres Wohnorts und Familienstands. Daraufhin verlas die Staatsanwaltschaft die Anklageschrift, welche gravierende Vorwürfe gegen sie erhob: ›Mord mit besonderer Schwere der Schuld, gefolgt von einer Sicherungsverwahrung.‹ Anschließend wurde Kara über ihre Rechte aufgeklärt, insbesondere über das Recht, zu schweigen und sich nicht selbst belasten zu müssen. Sowohl die Staatsanwaltschaft als auch die Verteidigung hielten ihre Eröffnungsplädoyers, in denen sie ihre Sichtweisen auf den Fall darlegten. Das Gericht prüfte die Zulässigkeit der Anklage und entschied, das Hauptverfahren zu eröffnen. Kara wurde gefragt, ob sie sich zum Tatvorwurf äußern möchte, wobei sie die Wahl hatte, eine Aussage zu machen oder von ihrem Recht zu schweigen Gebrauch zu machen. Sie wollte aussagen. Zum Abschluss des ersten Prozesstages wurden organisatorische Aspekte geklärt, darunter die Terminierung weiterer Verhandlungstage und die Ladung von Zeugen, was den Grundstein für die kommenden Verhandlungen legte.

In den kommenden Tagen des Gerichtsverfahrens rückten die Zeugen ins Zentrum des Geschehens. Die Bühne gehörte zunächst dem Botanik-Professor, dessen Zeugenaussage die Atmosphäre elektrisierte. Mit Gewissheit erklärte er, Kara die Titanenwurz, die indonesische Riesenblume – Amorphophallus Titanum – erst am Nachmittag übergeben zu haben, nicht am Vormittag. Ein Detail, das die Luft im Gerichtssaal vibrieren ließ, denn dadurch wurde Folgendes deutlich: Der Verwesungsgeruch, den die Anwohner am Vormittag wahrgenommen hatten, konnte nicht von der Pflanze kommen, sondern musste von einem Leichnam stammen – ein vernichtender Punkt für Kara, der von der Staatsanwaltschaft präsentiert wurde wie ein unerwarteter Schachzug. Der Professor wich beim Sprechen Karas Blicken aus. Gequält von Schuldgefühlen war er doch überzeugt, das Richtige zu tun. Seine Beschreibung von Kara Kowalski als aufbrausendem Charakter fügte ihrem Image eine neue, düstere Facette hinzu. Dann traten die Anwohner vor, die Kara als eine unnahbare Eigenbrötlerin und exzentrische Eminenz beschrieben. Die Spannung im Gerichtssaal stieg ins Unermessliche, als nacheinander die drei Jungen – Justus Jonas, Peter Shaw und Bob Andrews – in den Zeugenstand gerufen wurden, um ihre Geschichte zu erzählen. Sie schilderten, wie Frau Kowalski sich ihnen auf bedrohliche Weise in den Weg gestellt und sie mit einem Scheinwerfer geblendet habe, gerade als sie hinter die Regale blicken wollten – ein perfides Vorgehen, als hätte sie die drei in psychopathischer Manier versucht einzuschüchtern. Ein empörtes Raunen durchzog den Saal. Als nächster trat ein forensischer Psychiater in den Zeugenstand, der Kara zuvor eingehend untersucht und ein medizinisches Gutachten verfasst hatte. Seine Aussage warf ein neues Licht auf Karas Psyche und bot vielleicht einige Erklärungen für ihre Handlungen. Der Psychiater beschrieb Kara Kowalski als jemanden, der unter einer schweren dissoziativen Identitätsstörung litt, einer psychischen Erkrankung, bei der zwei oder mehr unterschiedliche Persönlichkeitszustände existierten und das Verhalten eines Menschen steuern konnten. Er erläuterte, wie Kara unter extremem Stress und Trauma in ihrer Vergangenheit gelitten hatte, was möglicherweise zu einer Fragmentierung ihrer Persönlichkeit führte. Diese Störung, so der Gerichtspsychiater, könnte erklären, warum sie in der Lage war, einen toten Körper in Natronlauge aufzulösen, ohne sich der Gravität ihrer Handlung bewusst gewesen zu sein. Er betonte, dass Kara eine intensive Therapie mit Medikation benötigen würde, um ihre tief verwurzelten psychischen Probleme zu stabilisieren und um langfristig eine kohärente Selbstwahrnehmung zu entwickeln. Seine Aussage hinterließ im Saal eine bedrückende Stille, als die Anwesenden die Tragweite Karas psychischer Verfassung zu verstehen begannen.

Am folgenden Tag des Prozesses trat Kommissar Wolf in den Zeugenstand. Mit einer Aura der Entschlossenheit und der Last jahrelanger Ermittlungen auf seinen Schultern, begann er seine Aussage. Er schilderte, wie der Fall Leon Löschner, der angeblich Vermisste, der sich nun als Ermordeter entpuppte, ihn nie losgelassen hatte. Seine Theorie, einst aus Mangel an Beweisen verworfen, schien nun durch neue, erdrückende Beweise bestätigt. Er beschrieb dem Gericht, wie er die zertrümmerte Festplatte in Karas Werkstatt gefunden und heimlich sichergestellt hatte. Nach dieser eindringlichen Schilderung betrat ein IT-Forensiker die Bühne des Gerichts. Mit akademischer Präzision und einer fast klinischen Detailgenauigkeit erklärte er, wie die gelöschten Daten auf der Festplatte wiederhergestellt wurden. Er sprach von der komplexen digitalen Struktur, von Sequenzen aus Nullen und Einsen, die sorgfältig rekonstruiert wurden. Der Saal lauschte gespannt, als er die minutiöse Arbeit der IT-Forensik auf einer Projektionsleinwand darlegte, ein Puzzle aus Daten, das langsam ein schreckliches Bild enthüllte. Dann kam der Moment, der allen den Atem im Saal stocken ließ. Die grausame Videodatei wurde gezeigt, die Malina Morgenstern aufgenommen hatte, um Kara Kowalski zu erpressen. Die Videoaufnahme präsentierte die furchtbare Tat in aller Deutlichkeit: Kara, wie sie Leon Löschner in die Badewanne hievte und mit Natronlauge übergoss. Ein Schweigen breitete sich im Saal aus, die gezeigten Bilder waren kaum zu ertragen. Doch sie warfen ein neues Licht auf den Fall. Was zuvor nur als eine Kette schwacher Indizien galt, wurde nun zu einem erschütternden Beweisstück. Die Videoaufnahme offenbarte die wahre Bestimmung der Natronlaugenkanister: Nicht für harmlose künstlerische Zwecke wurden sie an dem Abend verwendet, sondern zum Auflösen eines toten Menschen und zum Vernichten jeglicher Tatspuren. Die Reaktionen im Saal waren sehr unterschiedlich – entsetztes Schweigen, Ringen um Fassung, unterdrückte Ausrufe, manche wendeten sich ab, unfähig, die grausamen Bilder zu ertragen. Kommissar Wolfs Gesicht spiegelte eine Mischung aus Genugtuung über die Bestätigung seiner langjährigen Vermutungen und Erschütterung über die Brutalität der Tat wider. Seine Augen ruhten auf Kara, deren Miene eine Mischung aus Schock und Resignation zeigte. Es war, als ob sich in diesem Augenblick das ganze Gewicht ihrer Taten auf sie niederlegte. Die Zuschauer, die Prozessbeteiligten, die Angehörigen Leon Löschners – alle schienen in einer Mischung aus Fassungslosigkeit und tiefem Entsetzen gefangen. Die Staatsanwaltschaft hatte ihr Ziel erreicht: Die Wahrheit war offenbart, in all ihrer dunklen und brutalen Klarheit. Schließlich trat Malina, bleich und zitternd, vor das Gericht. Sie vermied es, Kara anzusehen, gebrochen und schüchtern. Die Richter und Schöffen fixierten sie mit ihren forschenden Blicken.

»Warum haben Sie die Aufnahme gemacht?«, fragte einer der Richter. Malinas Stimme, brüchig wie dünnes Eis, antwortete: »Weil ich nicht schlafen konnte. Dann sah ich den Unfall in der Lagerhalle und filmte reflexartig mit dem Handy.« Kara atmete auf; Malina stellte sich nicht gegen sie. In diesem Moment war sie an ihrer Seite, eine Verbündete. Der Richter hakte nach: »Wie kamen Sie darauf, dass es ein Unfall war?« Malina erzählte, wie sie einen Mann beobachtete, der in das Atelier eintrat, die Treppe emporstieg, über das Treppengeländer hinunterstürzte und regungslos liegenblieb. Ihre Worte zeichneten das Bild eines tragischen Missgeschicks. Doch dann die Frage des anderen Richters, warum sie nicht die Polizei gerufen habe. Malina stolperte über ihre Worte, hin- und hergerissen zwischen Wahrheit und Unsicherheit. »Ich weiß es nicht, Herr Richter.« Als Nächstes ging es um den kaputten Laptop in Karas Atelier. Malinas verlogene Erklärung klang plausibel, aber auch verzweifelt: »Ich habe ihn zerstört und weggeschmissen. Frau Kowalski hat ihn wahrscheinlich gefunden und wollte ihn für ihre Kunst nutzen.« Schließlich die Frage nach ihrer Beziehung zu Kara Kowalski. Malina, die gelernt hatte, ihre Liebschaften zu verbergen, insbesondere die zu Kara, sprach von einer nachbarschaftlichen Beziehung, geprägt durch gelegentliche Begegnungen und Gespräche über Kunst. Die Richter hinterfragten kritisch, ob es tatsächlich nur gelegentliche Begegnungen und Gespräche zwischen ihnen gegeben hatte, da sie von der gemeinsamen Ausstellung der beiden wussten. Malina musste die künstlerische Zusammenarbeit mit Kara einräumen. Malinas Zeugenaussage warf ein neues Licht auf den Fall und deutete auf einen möglichen Unfall hin. Aber das Gericht blieb skeptisch, vermerkte ihre Aussagen als nur bedingt glaubwürdig. Ein weiterer Zeuge war nötig, doch unter den Anwohnern fand sich niemand, der ihre Version bestätigen konnte. Alle hatten zu jener kritischen Zeit geschlafen. So blieb die Wahrheit nicht beweisbar.

Malina saß in ihrer Wohnung und blickte zu Karas Atelier hinüber. Die Lagerhalle war vollkommen dunkel – und es würde dort so schnell auch kein Licht mehr brennen. Sollte es jetzt das Ende ihrer Beziehung sein? Anfänglich prekär und problematisch entwickelte sich mit der Zeit die längste Beziehung, die Malina bisher mit einem Menschen geführt hatte. Sie konnte sich inzwischen ein Leben ohne Kara nicht mehr vorstellen. Wo sollte sie hin? Wem würde sie sich noch einmal anvertrauen wollen? Wer würde so zu ihr halten, wie Kara es getan hatte? Kara war immer für sie dagewesen. Und was würde aus ihrer gemeinsamen künstlerischen Zusammenarbeit werden? Sie hatten doch noch ihr ganzes Leben vor sich. Noch so vieles konnten sie gemeinsam entdecken. Malina nahm ihren ganzen Mut zusammen und verließ ihre Wohnung. Sie begab sich auf die ihr gegenüberliegende Wohnblockseite, stieg in den vierten Stock hoch und blieb vor einer Tür stehen. Denn hinter dieser Tür wohnte der einzige Mensch, der ihr jetzt noch helfen konnte. Immerhin hatte sie ein wenig Hoffnung, war Frau Grubach doch immer freundlich zu ihr gewesen und zeigte sogar Sympathie für Kara. Beim Prozess um Hans Hofwinkels Tod hatte Frau Grubach vor Gericht die Wahrheit gesagt, denn sie war fest davon überzeugt gewesen, gesehen zu haben, wie Malina Hans Hofwinkel aus dem Fenster stieß, wurde dann aber im Verlauf der Verhandlung aufgrund der Gutachten und Befragungen immer unsicherer und glaubte schließlich selber nicht mehr an ihre Beobachtung. Malina wurde dann auch freigesprochen und hoffte nun, dass die alte Dame ihr immer noch gut gesinnt wäre und gewillt sein würde, sie anzuhören. Malina klopfte an die Tür.

»Wer ist da?«, erkundigte sich die alte Dame freundlich. Malina nannte ihren Namen. Frau Grubach öffnete behutsam die Tür, spähte hinaus und begrüßte Malina mit einem warmen Lächeln: »Ach, Frau Morgenstern, treten Sie doch ein.« Während sie die Tür hinter Malina schloss, entfaltete sich zwischen den beiden auch schon ein intensives Gespräch. Frau Grubach erkundigte sich sogleich nach Malinas Wohlbefinden und bat sie mit einer warmherzigen Geste ins Wohnzimmer. Dort, am einladenden Wohnzimmertisch, servierte sie Tee und Kuchen. Malina offenbarte der älteren Dame, warum sie gekommen war und welche grauenvollen Auswirkungen eine Verurteilung für sie und insbesondere für Kara haben würde. Frau Grubach hatte von dem Gerichtsprozess aus der Zeitung erfahren. Malina beteuerte, dass Kara keinen Mord begangen habe, wie es die Anklage annimmt, dass es vielmehr ein tragischer Unfall gewesen sei. Die Beweisführung sei jedoch durch die verworrene Faktenlage aussichtslos geworden, weswegen Kara nun dringend eine glaubhafte Zeugin benötigte, die ihre und Malinas Aussagen unterstützen und glaubhaft machen würde. Malina vertraute Frau Grubach ihre innere Zerrissenheit an. Sie malte ein düsteres Bild von Karas Zukunft, sollte das Gericht sie des Mordes schuldig sprechen – ein Verbrechen, das sie nach Malinas fester Überzeugung nicht begangen hatte. Frau Grubach stand vor einem tiefgreifenden moralischen Dilemma. Sie war hin- und hergerissen zwischen ihren moralischen Ansichten und dem Mitgefühl für Kara. Die Vorstellung, eine Lüge vor Gericht zu erzählen, erschien ihr zunächst undenkbar, ein klarer Verstoß gegen ihre ethischen Grundsätze. Doch als sie Malinas verzweifelte Bitte hörte und die möglichen schwerwiegenden Konsequenzen für Kara durchdachte, begann sie, ihre strengen moralischen Überzeugungen zu hinterfragen. Im Kampf mit sich selbst dachte Gerda Grubach über die Bedeutung von Wahrheit und Gerechtigkeit nach. Sie fragte sich, ob es wirklich gerecht sei, starr an der Wahrheit festzuhalten, wenn dies zu einem offensichtlichen Unrecht führen könnte. In ihrem Herzen regte sich der Gedanke, dass vielleicht in diesem speziellen Fall eine Lüge, eine bewusste Abweichung von der Wahrheit, das kleinere Übel zu sein schien, um eine größere Ungerechtigkeit zu verhindern. Dieser innere Konflikt spiegelte sich in ihren Gesichtzügen wider, während sie mit Malina sprach. Letztendlich überwog bei Frau Grubach der Wunsch, Unrecht zu verhindern. Trotz ihrer Bedenken entschied sie sich, eine Aussage zu machen, die Kara entlasten könnte. Diese Entscheidung, die ihren Glauben an das Gute herausforderte, war ein Zeichen ihrer tiefen menschlichen Empathie und ihres Wunsches, das Richtige zu tun, selbst wenn es bedeutete, ihre eigenen moralischen Grundsätze zu überschreiten. Sie nahm sich vor, diese Last zu ertragen, in der Hoffnung, dass ihre Handlung letztlich mehr Gutes als Schaden bewirken würde.

Der letzte Tag des Verfahrens. Heute sollte das Urteil gesprochen werden. Reporter aus ganz Deutschland hatten sich versammelt, die Kameralinsen jedes großen Fernsehsenders gebannt auf den Schauplatz des Dramas gerichtet. Der Gerichtssaal war bis auf den letzten Platz gefüllt. Inmitten dieser elektrisierenden Atmosphäre kündigte Karas Verteidiger einen letzten, unerwarteten Zeugen an. Gerda Grubach wurde von einem Gerichtsdiener hereingeführt. Mit der Würde ihres Alters nahm sie Platz im Zeugenstand, umgeben von den holzgetäfelten Wänden des eindrücklichen Gerichtssaals. Ihre Augen schweiften über die dicht gedrängten Reihen der Zuschauer und die ernsten Gesichter der Prozessbeteiligten, bevor sie sich den Fragen der Richter und Schöffen stellte, die hinter dem erhöhten Richterpult thronten. In diesem Moment hing alles von ihren Worten ab, von dem, was sie zu enthüllen hatte. Die Spannung im Saal war greifbar, eine Mischung aus Verwunderung, Verunsicherung und der brennenden Frage: Was würde diese Zeugin zur Klärung des Falls beitragen? Jeder im Raum spürte: Hier, in diesen letzten Momenten des Prozesses, könnten sich die Waagschalen der Gerechtigkeit endgültig neigen.

Als sie gefragt wurde, ob sie sich an die genaue Uhrzeit jener Herbstnacht erinnern könne, antwortete sie mit ruhiger Gewissheit: »Natürlich, es war um Punkt Mitternacht.« Ihre Stimme war klar und fest. »Warum sind Sie sich so sicher?«, fragte einer der Richter. »Überall in meiner Wohnung sind Digitaluhren, die bei jeder vollen Stunde aufblinken«, erklärte sie. »Warum standen Sie zu diesem Zeitpunkt am Fenster?«, erkundigte sich der Richter weiter. Frau Grubach erklärte: »Aus purer Gewohnheit. Ich stehe jeden Tag am Fenster, manchmal auch um Mitternacht, wenn ich nicht schlafen kann.« Ihre Worte zeichneten das Bild einer längst verwitweten, alleinstehenden Frau, die Nacht für Nacht die Welt draußen beobachtete, was für einen älteren Menschen nichts Ungewöhnliches war. Was sie gesehen habe, wollte der andere Richter wissen. Frau Grubach schilderte, wie sie einen Mann mittleren Alters beobachtet hatte, der die hell erleuchtete Lagerhalle betrat und die Treppe hinaufstieg. Dann stürzte er über das Treppengeländer, mit dem Kopf voran, mehrere Meter tief und blieb regungslos liegen. Frau Grubach schilderte viele Details. Ihre Worte ließen die Szene vor den Augen aller lebendig werden. »Frau Grubach, sind Sie absolut sicher, dass Sie das Geschehen aus der Position Ihres Fensters so klar und deutlich beobachten konnten?«, hakte einer der Schöffen nach. Mit einem Hauch von Stolz in ihrer Stimme, antwortete sie: »Ich mag alt sein und schlecht hören, aber meine Augen sind scharf wie die eines Adlers – mein Optiker und auch mein Augenarzt können das bestätigen. Also ja. Ich bin mir absolut sicher!« Eine beklemmende Stille hüllte den Gerichtssaal ein, durchdrungen von einer gebannten Zuhörerschaft, die an den Lippen der Zeugin hing. »Und was geschah dann?«, fragte einer der Richter. Frau Grubach fuhr fort: »Frau Kowalski versuchte, sich um den Bewusstlosen zu kümmern. Sie schien verzweifelt, versuchte ihn zu reanimieren, vergebens. Er rührte sich nicht. Dann hievte sie ihn in eine Badewanne und übergoss ihn mit mehreren Kanistern.« Sie machte eine Pause, blickte die Schöffen und Richter der Reihe nach an und fügte hinzu: »Ich vermute, Frau Kowalski fürchtete, man könne sie für den Tod des Mannes verantwortlich machen. Um das zu verhindern, hat Frau Kowalski wohl versucht, den Toten mit Natronlauge verschwinden zu lassen, ich weiß es nicht.« Ein Raunen und Tuscheln breitete sich im Saal aus, als Gerda Grubach den Zeugenstand verließ. Mit Sorgfalt führte der Gerichtsdiener die ehrwürdige, alte Dame aus dem Saal. Die Zeugenbühne blieb nun leer.

Am Nachmittag, nachdem das Gericht sich ausgiebig zur Beratung zurückgezogen hatte, um alle präsentierten Beweise, Zeugenaussagen und rechtlichen Argumente sorgfältig abzuwägen, kehrten die Richter und Schöffen in den voll besetzten Gerichtssaal zurück. Die gespannte Stille, die den Raum erfüllte, wurde nur durch das Rascheln der Roben unterbrochen, als der vorsitzende Richter sich erhob, um das Urteil im Namen des Volkes zu verkünden:

»Das Gericht hat in der strafrechtlichen Beurteilung des Falles der Angeklagten, Kara Kowalski, nach eingehender Prüfung festgestellt, dass der Tod von Leon Löschner als Unfall zu klassifizieren ist. Demzufolge ist die Angeklagte nicht der vorsätzlichen Tötung gemäß Paragraf 212 StGB oder des Mordes gemäß Paragraf 211 StGB schuldig und entsprechend von diesen Anklagepunkten freizusprechen. Jedoch hat das Gericht einstimmig und zweifelsfrei festgestellt, dass die Angeklagte den Tatbestand der Störung der Totenruhe nach Paragraf 168 StGB erfüllt hat, welcher das unbefugte Wegnehmen, mutwillige Beschädigen oder Verunglimpfen eines Leichnams oder Teile eines Leichnams unter Strafe stellt. Gemäß dieser Norm sieht das Gesetz eine Strafe vor, die eine Freiheitsstrafe von bis zu drei Jahren oder eine Geldstrafe umfassen kann.

Darüber hinaus ist das Gericht zu dem Schluss gekommen, dass der unerlaubte Umgang mit Natronlauge zur Auflösung des Leichnams, sowie die daraus resultierenden toxischen Dämpfe, die der Lagerhalle entwichen, einen schwerwiegenden Verstoß gegen das Chemikaliengesetz darstellen. Dieses Gesetz beinhaltet strenge Regelungen zum Schutz der Umwelt und der öffentlichen Sicherheit im Umgang mit gefährlichen Chemikalien. Im Falle der Angeklagten umfasste der Verstoß sowohl die unsachgemäße Anwendung als auch die fahrlässige Entsorgung der Natronlauge, was erhebliche gesundheitliche und ökologische Risiken nach sich zog.

In Anbetracht der Tatsache, dass die Angeklagte, gemäß medizinischem Gutachten, zur Zeit der Tat im Zustand verminderter Schuldfähigkeit gehandelt hat, ordnet das Gericht gemäß Paragraf 63 StGB die Unterbringung von Frau Kowalski in einer spezialisierten medizinischen Einrichtung an. Diese Maßnahme gründet sich auf die Einschätzung, dass von der Angeklagten weitere erhebliche rechtswidrige Taten zu erwarten sind, die eine Gefahr für die Allgemeinheit darstellen könnten. Daher wird Frau Kowalski für unbestimmte Zeit in einer geschlossenen psychiatrischen Klinik untergebracht, um dort eine angemessene therapeutische Behandlung zu erhalten, die sowohl dem Schutz der Allgemeinheit als auch dem Wohl der Angeklagten dient.«

Nachdem der vorsitzende Richter mit festem Ton das Ende der Verhandlung verkündete, erhoben sich zwei Polizeibeamte, um Kara in Gewahrsam zu nehmen. Sie signalisierten der Verurteilten leise, dass es Zeit wäre zu gehen. Kara nickte stumm, stand auf und folgte den Beamten mit gesenktem Blick und in Handschellen.

31

Kara wurde umgehend in eine psychiatrische Klinik eingewiesen. Regelmäßig wurde sie hier gründlich untersucht und stand zudem unter ständiger Beobachtung. Mehrmals wöchentlich fanden im Beisein von Psychiatern und Psychologen Sitzungen statt. Kara ging es inzwischen so schlecht, dass sie durchaus einer Behandlung bedurfte. Normalerweise hätte sie sich in so einem Zustand in ihr Laboratorium verkrochen und ein paar Monate keine Menschenseele sehen wollen. Doch das war ein Luxus gewesen, den sie nur als berühmte Künstlerin, die sich nie etwas zuschulden kommen lassen hatte, genossen hatte. Jetzt in der Klinik, wo sie jeden Tag anstrengenden Menschen begegnete, die ihr noch anstrengendere Fragen stellten, und sie sich nicht zurückziehen konnte, explodierte sie des Öfteren. Ihr war gar nicht bewusst gewesen, wie schlecht es um sie stand und nach einer gewissen Zeit sah auch sie ein, dass sie ernsthafte psychische Probleme hatte, die sie vorher mit ihrem Rückzug aus dem Leben gelöst hatte. Kara musste sich nun endgültig ihren Abgründen stellen, Tag für Tag und Woche für Woche.

Sie arbeitete ihre Traumata auf, setzte sich intensiv mit sich selber auseinander. Diese Klinik erwies sich als gar nicht so schlecht. Endlich konnte sie über alle Ereignisse sprechen. Endlich hörte ihr jemand zu, wenn es darum ging, wie sich ihre Mutter von ihr abgewendet hatte. Nicht nur Psychoanalyse, Maltherapie und Gruppensitzungen fanden in regelmäßigen Abständen statt. Hier arbeitete man auch mit sogenannten Mustertherapien, mit Aufstellungen und dem Psychodrama nach Moreno. Bei der sogenannten Schema- oder Mustertherapie nach Jean Piaget oder auch Jeffrey E. Young ging es darum, ihre eigenen ungesunden Verhaltensmuster sich bewusst werden zu lassen und neue, besser funktionierende und gesündere Verhaltensweisen zu erlernen. Zuerst realisierte Kara, dass sie sich im Schema der ›Anspruchshaltung‹ bewegte. Da ihre Mutter sich in der Erziehung inkonsequent verhalten hatte, waren für Kara die Grenzen nie klar gesetzt und konnten durch Rebellieren beliebig verschoben werden. Vermutlich hatte sie eine bipolare Mutter oder auch eine Mutter mit Borderline-Störung. Das ließ sich aus der Ferne natürlich nicht diagnostizieren und das war auch nicht wichtig. Entscheidend war, dass sie an ihren Wutausbrüchen arbeiten musste. Auf eine Aktion sollte nicht sofort ihre Reaktion folgen, vielmehr sollte sie eine Distanz und analytische Haltung zu sich selbst aufbauen. Hatte nicht auch der Schamane etwas Ähnliches gesagt? Es machte jedenfalls Sinn. Kara lernte, ihre Einwände klar und freundlich zu artikulieren und vor allem erst einmal abzuwarten, bis ihre Emotionen sich wieder gelegt hatten und sie ruhig und sachlich ihre Kritik formulieren konnte. Da sie in dieser schweren Zeit häufig nahe am Wutanfall war und auch einige Ausbrüche hatte, ließ es sich besonders gut an den Punkten, die sie triggerten, arbeiten. Sie schaffte es immer öfter, ihre Wut erst abklingen zu lassen, um dann in völliger Ruhe ein Gespräch zu führen. Dabei erlebte sie, dass sie oftmals sogar recht hatte mit ihrer Kritik und dass sie aufgrund der fehlenden Ausbrüche auch viel ernster genommen wurde. Die andere Seite war dann angehalten, wirklich auch an sich zu arbeiten und auf Kara Rücksicht zu nehmen. So etwas hatte sie vorher nie erfahren. Sie hatte immer versucht, noch freundlicher, noch höflicher zu werden, damit ihr Gegenüber sich auch besser benahm. Nur hatte das nicht funktioniert und irgendwann war sie dann häufiger explodiert. Doch ihre Explosionen hatten gar nichts verbessert. Vielmehr hatte sie sich nur furchtbar schuldig und irgendwo auch wie ein Psycho gefühlt. Der Inhalt kam jedoch beim Gegenüber gar nicht an und ihr Problem, welches auch immer es dann war, hatte sich nicht gelöst. Sie lernte durch sachliche Kommunikation, ihre Probleme wirklich auch zu lösen und es stellte sich heraus, dass es nun an den anderen war, dass sie Rücksicht nehmen mussten. Gerade die gewaltfreie Kommunikation nach Marshall B. Rosenberg erwies sich als äußerst hilfreiche Stütze für sie. Die Psychologen empfahlen ihr, bei Menschen, die zu keinem Gespräch bereit waren und keine Rücksicht nahmen oder ihre klar artikulierten Grenzen immer wieder übertraten, Abstand zu nehmen, sich zu trennen. Dafür sollte sie sich bei den rücksichtsvollen Menschen, für die auch ein Gespräch kein Problem war, stärker binden. Sie sollte schon ihre Bedürfnisse und Gefühle äußern, bevor sie explodierte. Kara war verblüfft, wie gut diese Dinge funktionierten. Sie trat aus ihrer inneren Einsamkeit heraus und machte Bekanntschaften mit anderen Patienten. Auch begriff sie, dass ihr

Drogenkonsum nur eine Flucht war und dass sie gar keine Lust auf Drogen hatte, wenn sie fröhlich war und sich in einer Bindung geborgen fühlte. Sie lernte, dass man nur über Beziehungskompetenz verfügte, wenn man auch Trennungskompetenz hatte. Man durfte nicht abhängig werden und musste sich immer auch zurückziehen und aus einer Bindung notfalls lösen können. Bindungen waren immer nur relativ, nie absolut. Sie sollten auf den gemeinsamen Werten und einem gemeinsamen Vertrauen beruhen. Toxische Bindungen sollten vermieden werden. Kara übte immer wieder, freundlich und ohne Vorwürfe nein sagen zu können, übte ihre Gefühle zu formulieren, ihre Bedürfnisse zu artikulieren, und das regelmäßig. Sie übte auch, sich anpassen zu können und auf die Bedürfnisse der anderen Teilnehmer Rücksicht zu nehmen. Das fiel ihr jedoch gar nicht so schwer, da sie ein sehr mitfühlender Mensch war. Sie trainierte ihr ungesundes Schema der impulsiven Reaktionen also mühsam um. Auch wenn sie Rückfälle hatte, wurde es von Mal zu Mal besser.

Bei der Arbeit mit dem inneren Kind verstand sie auf einer tieferen Ebene, dass sie nie erwachsen geworden war, dass sie immer noch, wie ein Baby einfach losschrie, um das Geforderte zu erreichen. Doch diese Strategie wirkte schon lang nicht mehr. Hier rannte keine fürsorgliche Mutter herbei, die immer für sie da sein sollte. Nein, die Menschen wendeten sich ab und ihre Probleme wurden somit nur noch größer. Lösen konnte sie diese mit einem solchen Verhalten auf gar keinen Fall. Bei der Familienaufstellung ließ Kara ihre Familie durch andere Patienten im Raum aufstellen und sie jeweils Schlüsselsätze sagen. Immer wieder verkörperten die ausgewählten Personen unglaublich gut ihre Mutter und ihren Vater, auch ihren Ex-Freund Leon und sogar Malina. Kara entdeckte, dass sie starke Schuldgefühle gegenüber ihrer Mutter in sich trug, die aus heutiger Sicht gar keinen Sinn machten. Damals war sie ein Kind gewesen, sie hätte der Verantwortung, die ihr von der Mutter übertragen worden war, niemals gerecht werden können. Sie erkannte, dass ihre Mutter sie viel zu früh als Erwachsene behandelt hatte, weil sie selbst nicht fähig gewesen war, die Verantwortung für die Familie zu tragen. Auch fiel ihr der ungesunde Rollentausch beim Kindsein und Muttersein doch sehr ins Auge. Es wurden ähnliche Techniken wie das Psychodrama von Jakob Levy Moreno angewandt. In den ersten Sitzungen stellte sie die Situation, in der sie ihre

Mutter verlassen hatte, mit verschiedenen Personen nach. Es war grauenvoll, diese Situation noch einmal wie ein Schauspiel vor sich zu erleben. Kara war nicht imstande, ihre Rolle selbst zu verkörpern. Ein Hilfs-Ich, eine andere Patientin, übernahm ihre Rolle. Die Gruppe äußerte nun plötzlich, dass sie tiefes Mitgefühl für Kara hegten, anstatt in ihr die Täterin zu sehen und ihr die Schuld zu geben. Sie hielten die Mutter für nicht fähig, die Probleme in der Familie zu lösen und begriffen ihre vollzogene Trennung als Flucht vor ihren eigenen Konflikten. So hatte Kara noch nie die Situation gesehen. Plötzlich war sie das verlassene Kind und nicht mehr die Schuldige. Natürlich war ihr Selbstmordversuch damals falsch gewesen, aber es war ein Hilfeschrei gewesen. Kara in so einer Situation allein zu lassen, war das Falscheste, was die Mutter hatte tun können. Als eine Patientin darum bat, sich als Hilfs-Es zu der auf der Bühne verkörperten Kara zu stellen, um sie zu trösten und zu beschützen, ließ Kara es zu und brach anschließend in Tränen aus. Im nächsten Schritt erarbeiteten sie die Motive ihrer Mutter. Auch ihre Mutter hatte das Bestmögliche gegeben. Sie trug ihre Störung mit sich herum und lebte ein eingeschränktes und trauriges Leben. So viel Lebensqualität ging ihr verloren, so viele Streite und Konflikte musste die kleine Kara miterleben. Die Mutter hatte es einfach nicht besser gewusst und Karas Selbstmordversuch gipfelte in einer völligen Überforderung und einer Abwendung ihrerseits. Auch sie hatte eine Mutter gehabt, der sie es nie recht machen konnte. Das übertrug sie nun wiederum auf Kara und bei ihren dunklen Klamotten, ihrem rebellischen Haarschnitt, ihrem ersten Tattoo hatte es jedes Mal ein Donnerwetter gegeben. Kara erforschte ihr Innerstes. Sie begriff, dass die Menschen nur so viel Liebe geben konnten, wie in ihnen war, dass die anderen auch ihre Konflikte mit sich trugen, dass sie nicht die einzige war, die nicht funktionierte. Es tat so gut, sich nicht mehr falsch zu fühlen, sich einer Gruppe zugehörig zu fühlen, die etwas Gutes wollte: Heilung.

Eine besondere Technik, bekannt als TRE, blieb ihr vor allem im Gedächtnis. Sie nannte sich genauer Tension and Trauma Releasing Exercises. Hierbei wurde ihr Körper durch ganz bestimmte, sehr anstrengende Sportübungen in einen Zustand gebracht, in dem er unaufhörlich zitterte. Man hatte herausgefunden, dass Tiere und Kinder ihre Trauma-Energien abzitterten, Erwachsene jedoch dies nicht mehr tun. Kara hatte in einer

Präsentation darüber einen riesigen Eisbären zittern sehen. Das war vielleicht abgefahren. Die Erfahrung, ihren ganzen Körper sich zittern und schütteln zu lassen, war seltsam und ähnelte danach einem rauschartigen, euphorischen Drogenzustand, nur ohne jegliche Drogen. In dem weiteren Psychodrama begann sie schließlich, die schreckliche Erfahrung mit Leons Leichnam immer wieder nachzuspielen, erarbeitete neue und bessere Lösungen. In der Zusammenarbeit mit einem Heilpraktiker lernte sie noch auf andere Weise mit ihrer Wut umzugehen. Erst einmal sollte sie in jeder Sitzung auf eine Matte eindreschen und schreien. Auch wenn das vielleicht ungewöhnlich erschien, war das genau das Richtige für sie. Kara schrie allen Schmerz heraus, was ihr unglaublich half. Sie nahm sogar nach wenigen Monaten an den Meditationen teil und wollte sich nun spirituellen Ansätzen wieder öffnen. Zum ersten Mal konnte sie eine halbe Stunde stillsitzen. Das wäre früher unmöglich gewesen. Sie wäre wahnsinnig geworden und spätestens nach zehn Minuten aufgesprungen, so wie sie damals bei dem Schamanen auch einfach mitten in der Sitzung gegangen war. Jetzt mochte sie tiefe Trommelklänge in den Meditationen hören. Es war plötzlich in Ordnung für sie. Immer wieder übte sie auf alle erdenklichen Weisen, ihre Impulse zu kontrollieren, Grenzen auf ruhige und bedachte Weise zu setzen, Gefühle und Bedürfnisse angemessen zum Ausdruck zu bringen.

Sie nahm an Workshops über die Psychologie und Beschaffenheit des Gehirns teil und lernte so einiges über das vegetative Nervensystem und dass Menschen mit traumatischen Erfahrungen viel schneller in psychische Notzustände gerieten und hier ganz anders reagierten als Menschen mit gesundem Bindungsverhalten. Stephen W. Porges, ein Psychiater, hatte einen gesunden Zustand des vegetativen Nervensystems und zwei Notzustände beschrieben. Bei dem ersten Notzustand wurden Energien freigesetzt, die den Menschen zu Kampf oder Flucht bereithielten, bei dem zweiten, dem noch schlimmeren Notzustand, fiel der Körper in eine Schockstarre. Kara begriff, dass aufgrund ihrer Kindheit und den von ihren Eltern übernommenen, ungesunden Bindungsmustern sie sehr schnell in einen Notzustand geriet, bei dem nach der Polyvagaltheorie von Porges der beruhigende Einfluss des ventralen parasympathischen Asts des Vagus-Nervs dem Sympathikus weichen musste und sie vollkommen anders in ihren Bindungen reagierte: nämlich mit Kampf und Wut. Jetzt verstand sie auch auf der biologischen Ebene, woher ihre ganze Wut kam. Es war ihr Nervensystem, das Alarm schlug, denn wie sie schon als Kind gefühlt hatte, war ihre Mutter auch nicht wirklich tief gebunden an sie und hatte zu viele eigene Konflikte. Auch die Schockstarre, die eintrat, wenn der dorsale Ast des Parasympathikus aktiv wurde, hatte sie schon erlebt. Wie gelähmt war sie damals gewesen, als ihre Mutter sich von ihr endgültig abgewandt hatte. Es war die Hilflosigkeit aus der Kindheit, die sie so wütend werden ließ. Sobald ein Partner auch nur den leisesten Anschein machte, sie möglicherweise zu verlassen, rastete Kara aus. Um nicht wieder so verletzt zu werden, hatte sie sich immer mehr isoliert, doch die Einsamkeit hatte sie nur noch wütender gemacht. Warum hatte sie nicht vorher so an sich gearbeitet? Warum hatte sie alle Mitmenschen und sich selbst so lange mit ihren Problemen belastet? Was hatte sie da nur alles mit sich herumgetragen? Kara konnte ihr früheres Ich gar nicht mehr verstehen und sie wollte auf keinen Fall dahin zurück. Sie hatte immer gedacht, in eine Irrenanstalt kämen doch nur Verrückte. Aber sie hatte nur Vorurteile gehabt. Nicht jeder, der eine Therapie machte, war gleich irre, das hatte sie längst eingesehen. Immer wieder hielt sie sich an den anderen Patienten aus der Gruppe fest, glich sich mit ihnen ab und arbeitete mit ihnen. Sie war nun nicht mehr ausgegrenzt, wie sie es früher immer in der Schule gewesen war. Dieser Klinikaufenthalt stellte sich als ein echter Segen für sie heraus. Und einmal in der Woche – was für Kara immer ein besonderes Ereignis war, auf das sie sich riesig freute – durfte Malina sie besuchen kommen.

Monate später konnte Kara schließlich die Psychiatrie verlassen. Malina und Kara lebten von da an wieder gemeinsam in ihrem Atelier in der Lagerhalle. Ihr gewohntes Leben stellte sich bald wieder ein. Kara malte und Malina schrieb. Gemeinsam entwickelten sie neue Ideen für weitere Kunstwerke. Auch die Beziehung verbesserte sich, Kara hatte weniger Wutausbrüche, wie Malina erstaunt feststellte, und beide interessierten sich mehr denn je für spirituelle Heilmethoden. Auch wenn es immer wieder Rückfälle und Streitereien gab, hatten sie beide doch Hoffnung, dass sich mit den ganzen psychologischen Methoden wirklich etwas ändern konnte. Sie kämpften jede für sich um eine schöne Beziehung, genossen die glücklichen Momente zu zweit, und hielten aneinander fest. Nur störte sich Kara an ihrer Wohnsituation. Berlin gehörte zu ihrem alten Leben. Ihre Lagerhalle war ausschließlich ein Wohnraum, der auf ihre Arbeit bezogen war und sie von allen isolierte und passte eigentlich gar nicht mehr zu ihr. Auch war hier Leon Löschner verunglückt und Hans Hofwinkel war nebenan im Affekt aus dem Fenster gestürzt worden. Das waren alles nur allzu bedrückende Erinnerungen. Malina empfand es ähnlich.

Der Gedanke, von hier wegzuziehen und das Vergangene hinter sich zu lassen, wurde von Mal zu Mal größer. Fernweh stellte sich bei den beiden ein, das Bedürfnis nach großen Veränderungen, nach neuen Orten, Sichtweisen und Kulturen. Am liebsten wollten sie weit, weit weg von hier, am besten gleich ans andere Ende der Welt, wie Kara anfänglich noch im Scherz, dann aber mit vollem Ernst meinte. Sie sprachen oft über diese Möglichkeit, und immer, wenn sie darüber redeten und sich ihre gemeinsame Zukunft ausmalten, sahen sie sich dabei lächelnd an. Sie dachten an das Gleiche.

32

Herbstwinde, getragen vom Geist der Kōyō-Zeit, umspielten die Kiefern und Kirschbäume. Die jährliche Verwandlung in ein dunkeltoniges Farbenmeer, das seinen Anfang in Hokkaido nahm und sich langsam nach Süden bis Kyoto und Tokyo ausbreitete, brachte eine sinnhafte Atmosphäre in diesen Garten. Leuchtend bunte Blätter, die in japanischer Kunst und Poesie besonders durch rote, orangefarbene Momiji-Ahornblätter zum Ausdruck gebracht werden, tanzten im Wind; sie sammelten sich auf der stillen Oberfläche eines Teiches, vor dem Kara stand und ihr Spiegelbild betrachtete. Um den Teich herum führten Pfade aus Kiesel durch das Arrangement aus kugelförmig gestutzten Büschen und geometrisch geformten Steinen. Diese Elemente harmonierten mit angelegten Sandflächen, auf denen gezogene Linien zu sehen waren. Malina, die einem der Pfade folgte, betrachtete diese Linien im Sand. Steinlaternen schimmerten im abendlichen Licht und Brücken, die über Wasserläufe führten, verbanden die verschiedenen Bereiche. In ihrer luxuriösen Penthouse-Wohnung in einem Wolkenkratzer in Tokyo hatten Kara und Malina auf der Dachterrasse diesen Garten anlegen lassen. Eingebettet in die pulsierende Metropole, bot die Miniaturlandschaft ihnen einen Rückzugsort der Ruhe. Über das Geländer lehnend und ihre Hände haltend, blickten sie auf das funkelnde Lichtermeer von Tokyo. Die Vorhersage der Wahrsagerin, die von einem schneeweißen Äther in einer blutroten Kreisscheibe sprach, erwies sich als prophetisch – gemeint war damit die Flagge Japans und somit Karas und Malinas Neuanfang auf der anderen Seite der Welt.

Malina fühlte sich hier wirklich beheimatet. Sicher lebte sie jetzt schon zum zweiten Mal in diesem Land, ging es ihr durch den Kopf. Wahrscheinlich lebten sie bereits viele Male schon auf der Erde, denkbar wäre es – ein ewiger Kreislauf. Für Malina war die Frage, ob Wiedergeburt möglich sei, längst beantwortet: Sie hatte es erlebt. Sie hatte einen Einblick in ihr früheres Leben als reiche Geisha bekommen. Es konnte nicht anders sein. Wer weiß, wie weit sie sich noch zurückerinnern vermochte? Diese Gewissheit, immer wieder leben zu können, eigentlich wenn man es so will, unsterblich zu sein, berührte Malina tief in ihrem Innersten. Der Tod war nicht einfach das Ende. Er war nur ein weiterer Wandel der Formen und ein Neubeginn. Es gab kein wirkliches Ende. Alles wandelte sich. In der Beziehung waren sie ebenso mal glücklich und mal traurig. Und Kara hatte sich gebessert. Sie hatte gelernt, wie sie mit ihrer Wut umgehen konnte. Das Universum erschuf in seinem Spiel immer wieder neue Formen, alle hatten sie hier und dort kleine Fehler und Eigenheiten. Aber das machte jede dieser Formen so besonders, so einzigartig. Die Formen kamen und gingen. Doch das Bewusstsein, die innere Bühne, auf der sich alles Leben, alle Gedanken und Gefühle abspielten, blieb unveränderlich und zeitlos bestehen. Malina hatte keine Angst mehr vor dem Tod. Es gab Schlimmeres als ihn, wie etwa sein Leben nicht voll auszukosten, weil man sich durch die Ängste daran hindern ließ, oder in einem Unglück zu verharren und nicht herauszufinden. Malina wollte ihr Leben genießen. Sie freute sich auf Japan und auf Kara. Ein Neuanfang war das, was sie beide jetzt brauchten. Sie hatte sich außerdem vorgenommen, ihr Feuer der Leidenschaft nur mit Kara zu teilen und auch an ihrer Pyromanie zu arbeiten. Kara war verändert aus der Psychiatrie wiedergekommen. Sie wirkte so viel entspannter und voller Hoffnung. Alles war möglich. Malina wollte in Zukunft nicht mehr egoistisch handeln, sondern das Richtige tun. Sie hatte keine Lust mehr auf die Verlage und Literaturagenturen und wollte ihren zweiten Roman selbst veröffentlichen. Mit dem Selfpublishing würde sie schon ihr Publikum finden. Dann war sie endlich frei von wirtschaftlichen Zwängen und konnte schreiben, wie sie wollte. Sie würde sich weitere Romane ausdenken und mit Kara gemeinsam Japan entdecken. Malina plante einen dritten Roman über Karas Leben und das ihrige. Den wollte sie ›INTOXIKATION‹ nennen, mit dem Untertitel ›Chemie der Illusionen‹. Es sollte ein Roman werden, der nicht in die Verlagsschubladen passte. Sie lachte rebellisch in sich hinein. Genau dieses Buch wollte sie als Nächstes schreiben. Und wer weiß, vielleicht würde sie ja doch mit etwas Glück einen Verlag begeistern können mit ihrem experimentellen, psychologischen Thriller. Das war es, was ihr vorschwebte. Sie holte tief Luft und fühlte diese zeitlose Stille, fühlte ihren lebendigen, atmenden Körper und den Moment, vor einem Neuanfang zu stehen. Ihr schien es ohnehin, als würde die Welt gerade in ein neues Zeitalter eintreten. Denn seit diesem November waren KI-Tools auf dem Markt, die in Bereichen wie der Bildgenerierung, Musikkomposition und Sprachsynthese eingesetzt wurden und bei der Entwicklung interaktiver Textgeneratoren Anwendung fanden. Und wer weiß, dachte Malina, wohin das noch führen würde. Womöglich werden Bücher in Zukunft nicht nur von Menschen, sondern auch von Künstlichen Intelligenzen geschrieben, und jeder, der ein Buch lesen möchte, kann es sich von einer KI individuell erstellen lassen. Es war eine wandelbare Zeit, in der sie lebte, dachte Malina nachdenklich, eine Zeit, in der nichts war, wie es schien und nichts schien, wie es war.

Heute, an diesem 24. November 2022, wie sie aus den hiesigen Medien erfahren musste, war Issei Sagawa, dieser freundliche ältere Herr, den Malina in Kyoto hatte kennenlernen dürfen und mit dem sie sich mehrmals über Literatur, Kunst und Musik unterhalten hatte, in einem Tokyoter Krankenhaus an den Folgen einer Lungenentzündung verstorben. Ein großer Artikel war heute über ihn erschienen, und Malina konnte es nicht fassen, als sie las, was dort alles über ihn geschrieben stand! Kara fand Malina heute Nachmittag in einem Zustand tiefer Bestürzung vor. Sie saß reglos auf der Tatami-Matte, den Artikel über Issei Sagawa immer noch in den zitternden Händen haltend. Ihre Augen wirkten leer und fassungslos. Kara kniete sich behutsam neben sie, legte einen Arm um ihre Schulter und zog sie sanft zu sich. In diesem Moment fühlte Malina, dass sie bei Kara bleiben wollte, dass ihre Verbindung stärker war als alle Widrigkeiten des Lebens. Sie erkannte, dass sie zusammen eine neue Zukunft in Japan gestalten konnten. Die Düfte von grünem Tee und harzigen Aromahölzern mischten sich in der Luft, während Malina, umgeben von der Stille des Raumes, ihre Verbundenheit zu Kara spürte. Das Schimmern der Schatten, welche die Papierlampen mit warmem Leuchten auf die Shōji-Schiebetüren warfen, und das Wehen des Windes, der von draußen hereinströmte, all das verstärkte ihre Gefühle und Gedanken. In stiller Betrachtung sah Malina auf eine Tuschmalerei. Sie zeigte eine Eule auf dem Ast einer Kiefer. Mit ihrem gedrehten Kopf schien sie direkt Malina anzublicken. Der Hintergrund war in einem hellen Grau gehalten, und im oberen Teil des Bildes war ein großer, voller Mond zu erkennen, der durch dichten Nebel schimmerte. Der Kiefernast, auf dem die Eule ruhte, war mit kantigen, dunklen Strichen gezogen. Am unteren Rand des Bildes prangte ein roter

Siegelstempel, und darüber befanden sich Schriftzeichen, die auf den Künstler, Soga Shōhaku, verwiesen. Malina lächelte. In Japan wird die Eule, ein Fukurō, als Symbol für Schutz, Wohlstand und Weisheit geschätzt.

Kara hoffte, dass Malina bei ihr bleiben würde, während ihre Gedanken und Gefühle sich gleichsam in den subtilen Pinselstrichen der Sumi-e-Malerei verfingen. Sie beide hatten schon so viel erlebt, Kara konnte sich nicht vorstellen, dass sie sich jemals wieder trennen würden, und sie wollte in diesem schönen Moment es sich auch gar nicht ausmalen. Malina war bei ihr, Kara war hier in Japan angekommen, alles hatte sich doch noch für sie beide zum Guten gewendet. Kara dachte daran, von nun an auf ihr Karma zu achten. Sie wollte genau schauen, was sie in die Welt gab und was zu ihr zurückkam. Ihre Triggerpunkte zeigten ihr an, wo sie noch an sich arbeiten musste. Sie verstand solche Momente von nun an als Einladungen, an schwierigen Situationen zu wachsen. Zumindest gab Kara sich viel Mühe dabei, es so zu sehen. Ab und zu fiel sie noch in ihre alten Muster zurück, aber sie würde es schaffen. Kara hatte es nun mehrfach erlebt, dass sie auch anders mit einem Streit umgehen konnte, als sich in ihrer Wut zu verlieren. Diese Erfahrungen gaben ihr Kraft. Sie war einverstanden, die Herausforderungen ihres Lebens anzunehmen. Nach den ganzen Therapien hatte Kara vor allem eines gelernt: Sie war nicht allein und keine Situation war ausweglos. Es gab immer eine Lösung. Wie oft hatte sie sich früher falsch oder nicht gut genug gefühlt. Damit war jetzt Schluss. Sie war richtig, so wie sie war und sie war gut genug. Sie wollte weiter lernen und verstehen, sie wollte sich ganz hingeben, weiter ihre Kunst ausleben, mit Malina zusammen Japan erkunden und alles in vollen Zügen auskosten. Wer weiß, wenn sie weiter an sich arbeitete, was dann noch alles passieren mochte? Vielleicht wurde sie im buddhistischen Lebensrad auf immer höhere Stufen hinauftransportiert? Vielleicht landete sie irgendwann in einem Nirwana? Inzwischen hielt Kara vieles für möglich. Sie versuchte sich das Nirwana vorzustellen. Ihr kam der Gedanke, dass es vielleicht erste Andeutungen von einem Nirwana auch schon zu Lebzeiten geben konnte. Kara hatte einen Moment erlebt, in dem sie ganz in sich ruhte, keine Gedanken, keine Gefühle, nur Frieden in ihr gewesen war. Es war in der Klinik während einer der Meditationen einfach so gekommen. Dieser Moment fühlte sich so an, als wären die ewigen Wolken einmal aufgebrochen und hätten die Sonne durchscheinen lassen. Kara wusste, dass so ein Moment immer möglich war, dass jeder Moment ein solcher Moment sein könnte. Doch davon war sie noch meilenweit entfernt, sie hatte noch ihre Stürme in sich und war inzwischen mit ihnen versöhnt. Einmal hatte sie so etwas wie ein Nirwana erlebt. Sie hatte diesen tiefen Frieden gefühlt. So stellte sie sich das Nirwana vor, ein ewiger tiefer Frieden, zeitlos, raumlos. Immer da.

Lange standen Kara und Malina am Geländer ihrer Dachterrasse, sich die Hand haltend und in die Ferne schauend – Tokyo als stilles Lichtermeer. Alles lag noch vor ihnen. In diesem Leben wollten sie neu durchstarten, einen Neuanfang wagen, den Weg gemeinsam gehen. Sie blickten in ihre inspirierende Zukunft.

Mit dem Lift fuhren sie ins Parterre. Sie wollten durch die Stadt ziehen, sich dem Nachtleben hingeben und in die unzähligen Möglichkeiten eintauchen, die Tokyo zu bieten hatte, waren sie doch erst wenige Tage hier und noch gar nicht richtig angekommen. Noch so viel gab es für sie zu entdecken. Eine ganze Weile dauerte die Fahrt von ganz oben nach ganz unten. Dann glitten die Lifttüren auseinander. Am Eingang grüßten sie den Nachtportier und verließen den Wolkenkratzer.

Herbstwind umwehte ihre zufriedenen Gesichter. Sie spazierten über eine beleuchtete Rasenfläche. Malina wollte etwas abseits der Menschenmenge gehen und den Weg durch einen Park nehmen; doch Kara zog es in eine belebte Straße. Ein Stimmengewirr auf Nihongo und viele Menschen kreuz und quer gehend. Die Laternen schimmerten in unterschiedlichem Licht. Malina horchte auf, sie glaubte, eine ihr vertraute Stimme gehört zu haben, war sich aber nicht sicher und sah sich nach allen Seiten um. Kara zog sie weiter durch die Menschenmenge und da war sie schon wieder, die Stimme, von der Malina glaubte, sie erkannt zu haben. »Malina!« Nun hatte sie es deutlich gehört. Jemand rief ihren Namen. Malina blieb stehen und sah weiter hinten einen zierlichen Schatten – feingliedrig wie eine Porzellanpuppe – auf sie zukommen. Schließlich erkannte sie Nozomi und drehte sich schnell weg. Nein nicht, dachte Malina und ging eilig weiter. Nun war sie es, die Kara hinter sich herzog. Schleunigst wollte sie von hier verschwinden. Kara wunderte sich, warum Malina es plötzlich so eilig hatte, hier gab es doch so viel zu entdecken. »Malina! Warte mal!«

Nozomis Stimme schien dicht hinter ihr und Malina hoffte, dass Kara nichts von all dem bemerkte. Eine Begegnung mit Nozomi würde die einmal gefestigte Beziehung zu Kara wie ein Kartenhaus in sich zusammenfallen lassen, hegte sie doch immer noch heimliche Gefühle für Nozomi. Und das durfte einfach nicht passieren! Kara würde sie sofort durchschauen, schoss es Malina durch den Kopf. Sie waren für einen Moment glücklich. Doch wenn Nozomi auf Kara traf, wäre es wie ein explosives Gemisch und alles wäre dahin. »Stopp, Malina! Warum rennst du denn so!« Das Rufen wollte nicht aufhören und wurde immer lauter, schon glaubte sie, Kara hätte es bemerkt und wollte sich umdrehen. Malina hörte die Stimme dicht hinter ihnen, Nozomi holte weiter auf. Kara dagegen wurde immer langsamer, sie wollte sich hier in aller Ruhe umsehen und sah es gar nicht ein, sich von Malina so herumscheuchen zu lassen. Malina bekam eine solche Angst, dass sie fast rannte. Kara fügte sich dann doch und eilte ihr verwundert hinterher. Als sie am Ende der Straße angekommen waren, zeigte Malina zittrig auf ein Schild der Tokyo Metro. Sie redete auf Kara ein, mit zur Shibuya-Kreuzung zu kommen, diesen Ort müsse sie unbedingt ansehen, unbedingt und jetzt gleich! Kara folgte ihr mehr verblüfft als wirklich interessiert. Malina nahm sie an der Hand und gemeinsam eilten sie die Rolltreppe hinab. Immer wieder drehte sich Malina um, denn sie war sich ziemlich sicher, Nozomi würde sie auch bis hierher verfolgen. Ob sie irgendwen gesehen habe, fragte Kara, die ihren Blick beobachtete. Malina erschrak vor Karas Worten. Sie glaubte, weiter hinten Nozomis Umrisse zu erkennen, war sich aber nicht sicher und schaute noch genauer hin. Ja doch, sie war es! Malina und Kara hasteten die Stufen hinab. Schon saßen sie in der U-Bahn, und die Türen gingen zu. Von Nozomi war nichts mehr zu hören. Die Metrostation verschwand vor den Fenstern. Malina atmete auf. Sie war gerettet.

Die Shibuya-Kreuzung mit ihren unzähligen Möglichkeiten. Hier wollte sich Kara nun doch alles genau ansehen und bat Malina, nicht mehr so zu hetzen. Sie hatte auch keine Lust mehr, vor irgendetwas davonzulaufen, vielmehr war sie sehr neugierig geworden. Beide überquerten einen der riesigen Zebrastreifen und tingelten durch die Hochhäuserschluchten. Bunte Lichter und überall Schriftzeichen. Kara fotografierte alles mit ihrer Kamera und fühlte sich zu neuen Kunstwerken inspiriert. Während sie herumliefen, konnte sich Malina von dem Schrecken erholen, sah aber immer noch ständig in alle Richtungen. Doch da war nichts. Nur der tosende Menschenstrom dieses kommerziellen Zentrums, der unentwegt floss und nie zum Stillstehen kam.

Der Ausflug hatte sie schließlich hungrig gemacht und sie landeten in einem schicken Restaurant. Kara wollte schon Fugu bestellen, doch Malina riet ihr vehement davon ab, war dieser Fisch doch tödlicher als Zyankali! Ja richtig. Kara ärgerte sich nun, nicht von selbst darauf gekommen zu sein. Im Fugu befand sich Tetrodotoxin. Es schauderte ihr bei dem Gedanken an die Summenformel $C_{11}H_{17}N_3O_8$ von Tetrodotoxin und daran, was hätte passieren können, wenn der Koch den Kugelfisch nicht richtig zubereitet hätte. Schließlich bestellten sie was anderes. Ausgelassen saßen sie beisammen und unterhielten sich. Tokyo war eine echt unglaubliche Stadt. Hier war einfach alles ganz krass anders als in Berlin. Kara wollte mehrere Stadtviertel fotografieren, um aus den zusammengesetzten Aufnahmen neue Impressionen entstehen zu lassen, die sie mit Öl auf Leinwand malte. Nicht die einzelnen Menschen sollten diesmal im Fokus stehen, sondern Tokyo in seiner Vielfalt, mit seinen unzähligen verborgenen Gesichtern, die in der Masse verschwammen. Malina erzählte von ihrem geplanten dritten Roman über sie und Kara, ein schrilles Stadtporträt mit viel Spannung – aus den Extremen Berlins und autobiografischen Zügen zusammengesetzt. Kara fand das großartig und wollte mehr davon hören. Und als ihr Malina den Inhalt schilderte, kam Kara auch schon die Idee zu einem Buchcover. Darauf zu sehen, ein weibliches Gesicht, ihr Gesicht, abstrakt, mit klaren Konturen gepinselt und mit einem zerrissenen Ausdruck im Action-Painting-Malstil. In das Auge eine Nadel eingestochen und der Mund vor Schmerz geöffnet. Der Titel, überlegte Kara, sein Schriftzug wie von einem Skalpell zerschnitten und die Coverfarben grell und giftig. Unten dann in zerkritzelten Großbuchstaben die Bezeichnung ›Psychothriller‹. Und all das auf einer ölgetränkten, zerschlissenen Leinwand. Malina klatschte begeistert in die Hände. Genau so sollte es sein. Ein solches Buchcover wollte sie unbedingt haben für ihren Roman. Kara würde es ihr malen.

Malina musste auf die Toilette und fragte den Kellner. Er zeigte ihr die Richtung, immer gerade aus den Korridor entlang und dann links. Sie lief durch den Korridor und hörte plötzlich jemanden leise ihren

Namen rufen – »Malina!« Ruckartig drehte sich Malina um. Aber da war niemand. Das Rufen kam von oben. Malina bekam weiche Knie. Das darf alles nicht wahr sein, schoss es ihr durch den Kopf. Es war doch gar nicht möglich, dass Nozomi ihr tatsächlich bis hierher gefolgt war! Was wollte sie denn von ihr? Ein solches Stalking hätte sie ihr überhaupt nicht zugetraut! Die Frau war doch verrückt. Malinas Angst schlug in Wut um, und sie wollte der jungen Japanerin mal ordentlich ihre Meinung sagen. Sie ging am Ende des Flurs nach rechts, eine Treppe führte nach oben. Eilig stieg sie hinauf und stand am Beginn eines noch viel längeren Korridors. Nozomis Stimme rief von weit hinten. Wie konnte diese Frau sie so verfolgen! Malina schnaubte inzwischen vor Wut und lief weiter, immer Ausschau haltend nach Nozomi. Zunehmend wurde es dunkler, die Deckenbeleuchtung schien hier nicht mehr richtig zu funktionieren, sodass sie immer weniger sehen konnte und schließlich die Orientierung verlor; auch hörte sie Nozomis Stimme nicht mehr. Korridor reihte sich an Korridor. Wohin sie auch sah, es gab weder ein Fenster noch eine Tür, die dunklen Flure wollten kein Ende mehr nehmen, das Restaurant war ja riesig, dachte Malina. Bei dem vielen Gerenne war ihre Wut inzwischen wieder verflogen. Dann stand sie plötzlich vor einer kleinen Tür. Da geht es wohl wieder zum Restaurant, dachte Malina irritiert und drückte die Klinke runter. Hatte sie sich vielleicht bei der Stimme verhört? Malina zweifelte an ihrem Verstand und wollte einfach nur wieder zurück zu Kara. Nozomi sollte ihr gestohlen bleiben. Es war eigentlich auch egal. Warum sollte die Japanerin ausgerechnet ihre Beziehung zerstören wollen, hatte sie Malina doch gar nicht gewollt. Malina hatte einfach überreagiert. Aber seltsam war es schon, dass Nozomi sie so verfolgte.

Malina betrat einen Raum, der ihr eigenartig vertraut vorkam, und spürte eine kalte Hand nach der ihrigen greifen. »Malina! Endlich! Ich hab' dich!« Malina drehte sich erschrocken um. Nozomi stand hinter ihr, bleich und zittrig. Malina bekam eine Gänsehaut. Irgendetwas stimmte nicht. »Warum verfolgst du mich die ganze Zeit! Was ist nur mit dir los?« Nozomi schüttelte den Kopf, als ob Malinas Worte ihr nicht einleuchteten. »Du bist mir doch durch die U-Bahn bis ins Restaurant gefolgt!«, rief Malina genervt. »Was denkst du dir eigentlich?« Nozomi sah sie mit großen Augen und offenem Mund an, als ob Malina verrückt geworden wäre. Sie schaute vollkommen verwirrt und sichtlich besorgt drein. »Aber was redest du da, Malina! Welche U-Bahn? Welches Restaurant?« Malinas sah sie perplex an und meinte: »Was willst du eigentlich noch von mir?« Nozomi schüttelte panisch ihren Kopf. »Sieh dich doch nur mal um! Wir sind weder in der U-Bahn, noch in einem Restaurant!« Malina sah sich um und erkannte in dem Dunkel schmale Fenster hoch oben an der Decke, die spärliches Licht hindurchscheinen ließen. Sie befanden sich auf einem Dachboden. Überall standen antike Möbel und Familienandenken, darunter niedrige Zaisu-Stühle ohne Beine, Armleuchter mit niedergebrannten Kerzen, kunstvoll bemalte Fächer und Gebetsutensilien. Malina sah verstaubte Musikinstrumente; sie hörte wie aus der Ferne eine mit 13 Saiten bespannte Wölbbrettzither, die bei einer Windbewegung gespenstische Geräusche erzeugte. Perücken und unzählige Puppen sah sie in hohen Gestellen und bemerkte zwei sich gegenüberhängende Wandspiegel, deren achteckige Rahmen mit einer Winterlandschaft verziert waren. Malina erschrak. Nun dämmerte ihr allmählich, was wirklich geschehen war, und es kam ihr so vor, als erwache sie gerade aus einem bösen Traum. Sie schwankte und verlor fast den Boden unter den Füßen. »Du befindest dich in Kyoto im Anwesen von Misaki Miyamoto!«, meinte Nozomi aufgeregt, und als sie merkte, dass Malina schon wieder schläfrig wurde, griff sie Malina an beiden Schultern und rüttelte sie wach. »Du bist in dieses Haus gegangen«, redete Nozomi eindringlich auf sie ein. »Weißt du nicht mehr? Du bist schon seit Stunden hier drin. Als du nicht mehr herauskamst, bat ich den Gärtner, nach dir zu sehen. Doch dieser traute sich nicht, das Haus zu betreten. Denn das hat er wohl noch nie getan. Also bin ich selbst ins Haus gegangen, um dich zu holen, und finde nun auch nicht mehr heraus. Was sollen wir bloß tun?« Nozomi war verzweifelt.

Malina nickte stumm und sah in alle Richtungen. Inzwischen war sie hellwach und bei klarem Verstand und begriff, dass sie immer noch in diesem Spukhaus umherirrte. Sie konnte ihren Sinnen nicht mehr trauen. Doch das würde ja bedeuten – Malina schluckte schwer und konnte es nicht fassen! Die Erlebnisse im Aokigahara-Wald, ihre Rückkehr nach Berlin, das Wiedersehen mit Kara, die Fertigstellung ihres zweiten Romans, das abgebrannte Verlagshaus, der Gerichtsprozess, Karas Aufenthalt in der Psychiatrie und ihr gemeinsamer Umzug nach Tokyo. Das alles hatte es demzufolge nie gegeben und hatte nur in ihrem Kopf existiert, eine trügerische Illusion, während sie von einem dunklen Zauber vergiftet die ganze Zeit über wie in Trance durch das Haus Misaki Miyamotos wandelte, aus dem scheinbar kein Weg mehr hinausführte, wenn es einmal betreten worden war. Malina befand sich also die ganze Zeit über in Kyoto in diesem verfluchten Haus, aus dem sie nie rausgekommen war. Es war unfassbar! Sie grübelte weiter und ging die Ereignisse durch. Karas Gerichtsprozess. Als Malina nun gründlich darüber nachdachte, schien ihr das Urteil doch eigentlich zu milde ausgefallen und entsprach viel mehr ihrer Wunschvorstellung. Hätte ein Gericht nicht wesentlich härter urteilen müssen? Natürlich! Und war Karas erfolgreicher Aufenthalt in der Psychiatrie nicht doch eher einem Sachbuch entnommen? Ja, das war er! Malina erinnerte sich wieder, damals ein Sachbuch über Psychotherapie gelesen zu haben, das sie auch Kara empfohlen hatte. Darin wurden diverse Therapien beschrieben. Das vergangene Jahr hatte sich nur in Malinas Kopf abgespielt! Die Realität war eine ganz andere! Eine eisige Kälte kroch an ihr herauf. Malina zitterte. Fassungslos schaute sie in den Raum, umgeben von unzähligen Gegenständen, die ihr nicht geheuer waren – Nō-Masken mit starren Gesichtern, die in der Dunkelheit des Dachbodens gespenstisch wirkten und Samurai-Rüstungen, die im schwachen Licht bedrohliche Schatten warfen.

Die Shinigami-Puppen drehten plötzlich ihre Köpfe und sahen alle in ihre Richtung. Hinter Nozomi, aus dem Dunkel kommend, schlängelte sich ein Frauenkopf und zwei kalte Hände umklammerten mit einem Mal ihre Schultern. Nozomi drehte sich ruckartig um, sie schrie vor Entsetzen und erkannte etwas riesiges Dunkles, das keine menschliche Gestalt hatte, eine glibberige Masse mit halb verrutschten Augen und offenem, schiefen Mund, die sich ihr entgegenzwängte und kaum noch Platz in dem Raum fand. Nozomi verschlug es die Sprache, als die glibbrige dunkle Masse sie umschloss und in seine Schwärze hineinzuziehen drohte – ein eisiger, schleimiger Sog. Malina griff Nozomis Hand und wollte sie wieder herauszuziehen, dann war Nozomi auch schon von der Schwärze umschlossen und es folgte eine unerträgliche Stille; der Klumpengeist hatte sie sich einverleibt. Malina kletterte über Sessel und Stühle, eine Vase zerbrach, sie stieß sich das Bein an einer Tischkante, eine Nō-Maske fing hämisch an zu kichern, die Shinigami-Puppen beobachteten sie mit bösem Blick. Der Raum schien sich zu dehnen und immer größer zu werden; alles wurde plötzlich ganz riesig und Malina kam, so schnell sie auch rannte, nur noch langsam vorwärts; sie kletterte über Teppichfransen und Tapetenfetzen und schließlich blockierte ein Bruchstück der zerbrochenen Vase ihren Weg. Dann, als der Raum sich wieder zusammenzog und schrumpfte, versteckte sie sich in einem Wandschrank. Doch der Frauenkopf mit dürrem Hals folgte ihr ohne jegliche Mühe und die Puppen kreischten: »Im Wandschrank, im Wandschrank ist sie!« Die Wandschranktüren sprangen auch schon auf und vor Malina wälzte sich der Klumpengeist. Die nach widerlich verdorbenem Fleisch riechende Masse, mit dem schiefen, röchelnden Mund raunte Malina entgegen: »Liebe Herrin, wo wollen Sie denn hin? Köstlich, köstlich ist die Herrin heute anzusehen und so liebe Freunde bringt sie dem Klumpengeist! Eine vortreffliche Gesellschaft! Die Herrin beweist Ihren guten Geschmack!« Mehrere Arme formten sich aus der wabernden Masse und mit den Händen riss der Geist seinen Bauch weit auf, nun wollte er auch Malina sich einverleiben – von Nozomi war keine Spur mehr zu sehen in dem zähflüssigen Mageninneren, das auf den Boden tropfte. Der Frauenkopf drehte sich aus dem hinteren Dunkel Malina entgegen und wollte ihr etwas zuflüstern, das wie »Rokurokubi« klang. Gerade noch konnte Malina sich ducken und sich am Wandschrank vorbeizwängen, da stolperte sie auch schon über ihre eigenen Beine und fiel rücklings durch das Glas des einen Wandspiegels hindurch auf die andere Spiegelseite.

Mit dem Gefühl, völlig verdreht zu sein, rappelte sie sich wieder auf. Die langhalsige Frau und der Klumpengeist waren verschwunden, der Dachboden auch. Malina befand sich in einem glasigen Tunnel, der sich endlos fortzusetzen schien und sich im Halbdunkel verlor. Totenstille und zu allen Seiten ein kaltes Schimmern. Malina atmete schwer, ihr Atem kondensierte. Hier war es eiskalt. Sie war wohl eingeschlossen in einer unendlichen Dimension zwischen zwei Spiegeln, die einen endlosen Korridor reflektierten. Malina fühlte sich wie ein Zerrbild ihrer selbst, gefangen zwischen einer schweren Glasplatte und einer hauchdünn polierten Silberschicht. Sie hatte mit dem Betreten des Hauses zu viel gewagt und war ein entsetzliches Risiko eingegangen, was ihr erst viel zu spät bewusst geworden war! Langsam begann sich das spiegelnde Material um Malina herum zu verändern. Ein unheilvolles Knirschen und Knacken durchdrang die Stille, als das brüchige Glas erst wässrig wurde und dann zu gefrieren begann. Es verdichtete sich zu Eis, und der dunkle Korridor wurde immer heller und weitete sich schließlich zu einem Schneefeld. Flocken begannen zu fallen. Von Kälte durchdrungen, zitterte Malina am ganzen Körper. Schneenebel zog auf und hüllte die Umgebung ein, das weite Feld verschwand allmählich in einem undurchdringlichen Weiß. Malina lauschte in die unwirkliche Stille hinein, begleitet vom lautlosen Fallen der Flocken, und nahm ihren eigenen, unruhigen Atemzug wahr. In diesem Augenblick hörte sie ein fernes, melodisches Klangspiel, wie von einer Wölbbrettzither, die leise gezupft wurde. Es war ein Hauch von Musik, der zu Malina drang. Der Klang führte sie durch den Nebel, immer weiter durch den Schnee. Vor ihr zeichnete sich eine quadratische Form ab, und wie sie beim Näherkommen erkannte, waren die linienhaften Konturen ein Torii – ein traditionelles Tor, die Grenze zwischen der materiellen und der spirituellen Welt. Sie näherte sich weiter dem Tor und blieb stehen.

Vor ihr, im dichten Schneenebel, zeichnete sich zunächst ein heller, durchscheinender Umriss ab. Langsam klärte sich die verschwommene Silhouette und offenbarte eine leuchtende Gestalt in weißem Kimono. Malina hatte sie schon einmal gesehen, es war eine Hitobashira, eine menschliche Säule. »Die Herrin ist wieder eingekehrt«, sagte die geisterhafte Gestalt und ihre Stimme verhallte in einem klirrenden Echo. »Die Herrin ist zurück. Sie sei gegrüßt, die Herrin!« Die Gestalt kam noch näher auf Malina zu und hob ihre Arme. Überall drangen plötzlich Flammen aus dem eisigen Boden. Malina drehte sich nach allen Seiten, das Feuer bildete zwei Ringe aus grünen und lilafarbenen Flammen, aus denen sie nicht entkommen konnte. Ihr ganzes Leben zog an ihr vorüber und Malina fühlte eine immer stärker werdende Hitze in sich aufsteigen. Sie verbrannte von innen her. Erst roch sie es, es roch nach verbrannten Haaren, dann wurde ihr immer heißer. Sie konnte nicht mehr atmen, sie hatte eine ganz geschwollene Kehle, mit jedem Atemzug schluckte sie neuen Rauch und musste husten. Es schmerzte und ihr schwindelte. Aber der Geruch war noch nicht einmal das Unerträglichste. Sie sah auf ihre tauben Finger, doch sie streckte nur noch verkohlte Stümpfe nach oben. Wenn sie doch nur weinen oder schreien könnte! Alles vor ihren Augen verschwamm und wurde dunkel. Sie sah nichts mehr. Keine Tränen und keine Stimme. Die Haut zerriss langsam unter den Flammen, als wäre sie aus Papier. Musste sie sterben, sie wollte noch nicht sterben, waren ihre letzten Gedanken. Das Feuer zerfraß sie von innen her – Knochen, Organe, Blutgefäße, und schließlich durchbrannten die Flammen auch die Fettschicht und die Haut. Die Flammen schossen aus den Augenhöhlen und dem Mund und umschlossen den ganzen Körper. Er schrumpelte und schmolz unter der sengenden Hitze zusammen. Ein glühender Klumpen blieb nur noch im Schnee. Immer noch glimmte er, zerfiel langsam zu Asche, erst schwarzer, dann weißer Asche und Malina fühlte nichts mehr; sie sah nun von oben auf das, was von ihr übriggeblieben war. Ihr Bewusstsein hatte sich von ihrem Leib gelöst, ihr Körper war verschwunden und Malina war zu etwas anderem geworden.

Kristina Schippling

Kristina Schippling wurde 1983 in Halle an der Saale geboren und schloss erfolgreich ihre Studien der Germanistik, Philosophie, Pädagogik, Psychologie und des Darstellendes Spiels an der MLU Halle-Wittenberg, der HBK Braunschweig und UDK Berlin ab. Als Stipendiatin des Graduiertenkollegs an der MLU erlangte sie den Doktorgrad mit ihrer interdisziplinären Dissertation zum Thema »Film im Schulbuch«. Als Schriftstellerin und Filmemacherin lebt sie derzeit in Berlin. Kristina Schippling veröffentlicht in Literaturzeitschriften und Anthologien. Ihre erste Novelle »Drei Gesichter« wurde im Mitteldeutschen Verlag publiziert. Es folgten weitere Bücher. In einer Reihe von zahlreichen Filmprojekten ist 2023 ihr erster Dokumentarlangfilm »The Sound of Cologne« erschienen, bei dem sie die Regie und Kamera gemacht hat.

Matthias A. K. Zimmermann

Matthias Alexander Kristian Zimmermann wurde 1981 in Basel (Schweiz) geboren und ist in ländlicher Umgebung im Kanton Aargau aufgewachsen. Er studierte musikalische Komposition, Kunst & Vermittlung, Game Design, Art Education und Pädagogik. Zimmermann ist Schriftsteller, Maler und Medienkünstler. Seine Bilder, die er als »Modellwelten« bezeichnet, reflektieren und erforschen die Kunst-, Design- und Mediengeschichte. Sein Werk erfuhr eine breite Rezension und befindet sich in Sammlungen diverser Museen. Im Kulturverlag Kadmos hat er seinen Roman »Kryonium. Die Experimente der Erinnerung« publiziert und im Hirmer Verlag ist das Kunst- und Sachbuch »Digitale Moderne. Die Modellwelten von Matthias Zimmermann« über ihn erschienen.

Bibliografische Information der Deutschen Nationalbibliothek

Die Deutsche Nationalbibliothek verzeichnet diese Publikation in der Deutschen Nationalbibliografie; detaillierte bibliografische Daten sind im Internet unter http://dnb.d-nb.de abrufbar.

INTOXIKATION. Chemie der Illusionen
Erschienen bei KULTURVERLAG KADMOS
1. Auflage März 2024

Autoren: Matthias A. K. Zimmermann & Kristina Schippling
Satz: Readymade
Buchdesign: Matthias A. K. Zimmermann

Schriften: Garamond, newSlendermanswriting

Druck und Bindung: CPI books GmbH, Leck
Gedruckt auf säurefreiem und chlorfrei gebleichtem Papier
Printed in Germany
ISBN 978-3-86599-563-6